国家电网
STATE GRID

U0662224

电网企业专业技能考核题库

农网配电营业工（综合柜员）

国网宁夏电力有限公司 编

中国电力出版社
CHINA ELECTRIC POWER PRESS

内 容 提 要

本书编写依据国家职业技能鉴定、电力行业职业技能鉴定与国家电网有限公司技能等级评价（认定）相关制度、规范、标准，立足宁夏电网生产实际，融合新型电力系统构建及新时代技能人才发展目标要求。本书主要内容为电网企业技能人员技能等级认定与评价实操试题，包含技能笔答及技能操作两大部分，其中技能笔答主要以问答题形式命题，技能操作以任务书形式命题，均明确了各个环节的考核知识点、标准答案和评分标准。

本书为电网企业生产技能人员的培训教学用书，可供从事相应职业（工种）技能人员学习参考，也可作为电力职业院校教学参考书。

图书在版编目（CIP）数据

农网配电营业工. 综合柜员 / 国网宁夏电力有限公司编. —北京：中国电力出版社，2022.9
电网企业专业技能考核题库
ISBN 978-7-5198-7059-1

Ⅰ. ①农…　Ⅱ. ①国…　Ⅲ. ①农村配电–资格考试–职业技能–鉴定–习题集　Ⅳ. ①TM727.1-44

中国版本图书馆 CIP 数据核字（2022）第 177332 号

出版发行：中国电力出版社
地　　址：北京市东城区北京站西街 19 号（邮政编码 100005）
网　　址：http://www.cepp.sgcc.com.cn
责任编辑：马　丹（010-63412725）　孟花林
责任校对：黄　蓓　常燕昆　于　维
装帧设计：郝晓燕
责任印制：钱兴根

印　　刷：望都天宇星书刊印刷有限公司
版　　次：2022 年 9 月第一版
印　　次：2022 年 9 月北京第一次印刷
开　　本：889 毫米×1194 毫米　16 开本
印　　张：26.25
字　　数：752 千字
定　　价：102.00 元

《电网企业专业技能考核题库 农网配电营业工（综合柜员）》

编 委 会

《电网企业专业技能考核题库 农网配电营业工（综合柜员）》

编 写 组

主　　编　　高伟国

副 主 编　　王登峰　　王翰林

编写人员　　牛文浩　　郑小贤　　刘秀英　　路　东　　赵润迪

　　　　　　王　琰　　陶自楠　　王兴礼　　尹彩芳　　郑鹏竹

　　　　　　吴　燕　　叶　赞　　朱　静

审稿人员　　王　沛　　岳东明　　赵晓琦　　秦　蕊　　安　静

　　　　　　刘新梅　　毛　捷　　董继荣　　孙卫国　　杨　娟

　　　　　　席晓静　　张兴兴

前　言

国网宁夏电力有限公司以国家职业技能鉴定、电力行业职业技能鉴定与国家电网有限公司技能等级评价（认定）相关制度、规范、标准为依据，主要针对电网企业各类技能工种的初级工、中级工、高级工、技师、高级技师等人员，以专业操作技能为主线，立足宁夏电网生产实际，结合新型电力系统构建要求，编写了《电网企业专业技能考核题库》丛书。丛书在编写原则上，以职业能力建设为核心；在内容定位上，突出针对性和实用性，涵盖了国家电网有限公司相关政策、标准、规程、规定及现代电力系统新设备、新技术、新知识、新工艺等内容。

丛书的深度、广度遵循了"适应发展需求、立足实践应用"的工作思路，全面涵盖了国家电网有限公司技能等级评价（认定）内容，能够为国网宁夏电力有限公司实施技能等级评价（认定）专业技能考核命题提供依据，也可服务于同类电网企业技能人员能力水平的考核与认定。本套丛书可供电网企业技能人员学习参考，可作为电网企业生产技能人员的培训教学用书，也可作为电力职业院校教学参考用书。

由于时间和水平有限，难免存在疏漏之处，恳请各位专家和读者提出宝贵意见。

目　录

第一部分
初级工

第一章　农网配电营业工（综合柜员）初级工技能笔答

Jb0001531001　我国现行销售电价分为哪几类？（5分）

考核知识点：用电类别、行业分类、电价执行标准等基本知识

难易度：易

标准答案：

我国现行销售电价分为居民生活用电、农业生产用电、工商业及其他用电三个类别。

Jb0001531002　销售电价由哪几部分组成？（5分）

考核知识点：用电类别、行业分类、电价执行标准等基本知识

难易度：易

标准答案：

销售电价由购电成本、输配电损耗、输配电价、政府性基金组成。

Jb0001531003　工商业及其他用电包括哪几类用电类别？（5分）

考核知识点：电价政策

难易度：易

标准答案：

工商业及其他用电包括非居民照明、非工业、商业、普通工业、大工业。

Jb0001531004　什么是商业用电？（5分）

考核知识点：用电类别、行业分类、电价执行标准等基本知识

难易度：易

标准答案：

凡从事商品交换或提供商业性、金融业、服务性的有偿服务所需的电力。

Jb0001531005　供电营业规范化服务标准中供电服务有哪些要求？（5分）

考核知识点：日常营业中的服务工作

难易度：易

标准答案：

（1）设立抢修电话，并向社会公布。

（2）供电设施计划抢修需停电时，应在7天前向社会公告停电线路、停电区域、停电时间，特殊重要客户应特别通知。

（3）临时处理供电设施故障需停电时，应及时通知客户。

（4）突发故障而停电，客户查询时，应做好解释工作。

Jb0001531006　《国家电网公司供电服务规范》规定，受理客户用电业务时，应主动说明哪些信息？（5分）

考核知识点：日常营业中的服务工作

难易度：易

标准答案：

受理用电业务时，应主动向客户说明该项业务需客户提供的相关资料、办理的基本流程、相关的收费项目和标准，并提供业务咨询和投诉电话号码。

Jb0001531007　《国家电网公司供电服务规范》规定，营业场所的服务内容有哪些？（5分）

考核知识点：日常营业中的服务工作

难易度：易

标准答案：

（1）受理电力客户新装或增加用电容量、变更用电、业务咨询与查询、缴纳电费、报修、投诉等。

（2）设置值班主任，安排领导接待日。

（3）县以上供电营业场所无周休日。

Jb0001531008　大工业客户的电费如何计算？（5分）

考核知识点：用电容量、计量方式、电价和电费结算方式等

难易度：易

标准答案：

大工业客户的电费由三部分组成：

（1）基本电费：根据客户设备容量或客户最大需量来计算。

（2）电量电费：以客户实际使用的电量数计算。

（3）功率因数调整电费：以客户的实际功率因数对客户的实用电费按功率因数调整办法进行调整（增、减）。

Jb0001532009　分次划拨电费有何规定？（5分）

考核知识点：电费催收工作内容及要点

难易度：中

标准答案：

实行分次划拨电费的，每月电费划拨次数一般不少于三次，月末统一抄表后结算。实行分次结算电费的，每月应按结算次数和结算时间，按时抄表后进行电费结算。

Jb0001531010　发现心肺复苏失效，何时可以终止？（5分）

考核知识点：心肺复苏要点

难易度：易

标准答案：

不论在什么情况下，终止心肺复苏，决定于医生，或医生组成的抢救组的首席医生，否则不得放弃抢救。被高压或超高压电击的伤员心跳、呼吸停止，更不应随意放弃抢救。

Jb0001542011　钳形电流表的测量注意事项有哪些？（5分）

考核知识点：安全工器具的使用

难易度：中

标准答案：

（1）根据被测电流回路的电压等级选择合适的钳形电流表，操作时要防止构成相间短路。

（2）使用钳形电流表前，先应注意选择合适的测量挡位，使其指针正确指示，不能使指针过头或指示过小。

（3）要保持安全距离，不得造成相间短路或接地，烧坏设备或危及人身安全。

（4）测量时铁芯钳口要紧密闭合，被测导线尽量置于钳口中心，以减少测量误差。

Jb0001532012 《国家电网公司供电服务规范》中规定的基本道德和技能规范是什么？（5分）

考核知识点：供电服务规范

难易度：中

标准答案：

（1）严格遵守国家法律、法规，诚实守信、恪守承诺。爱岗敬业，乐于奉献，廉洁自律，秉公办事。

（2）真心实意为客户着想，尽量满足客户的合理要求。对客户的咨询、投诉等不推诿，不拒绝，不搪塞，及时、耐心、准确地给予解答。

（3）遵守国家的保密原则，尊重客户的保密要求，不对外泄露客户的保密资料。

（4）工作期间精神饱满，注意力集中。使用规范化文明用语，提倡使用普通话。

（5）熟知本岗位的业务知识和相关技能，岗位操作规范、熟练，具有合格的专业技术水平。

Jb0001532013 《国家电网公司供电服务规范》中故障抢修服务规范的内容有哪些？（5分）

考核知识点：供电服务规范

难易度：中

标准答案：

（1）提供24小时电力故障报修服务，对电力报修请求做到快速反应、有效处理。

（2）加快故障抢修速度，缩短故障处理时间。有条件的地区应配备用于临时供电的发电车。

（3）接到报修电话后，故障抢修人员到达故障现场的时限：城区45分钟、农村90分钟、边远地区2小时，特殊边远地区根据实际情况合理确定。

（4）因天气等特殊原因造成故障较多不能在规定时间内到达现场进行处理的，应向客户做好解释工作，并争取尽快安排抢修工作。

Jb0001531014 《国家电网公司供电服务规范》中现场服务的具体内容是什么？（5分）

考核知识点：供电中现场服务内容

难易度：易

标准答案：

（1）客户侧计费电能表电量抄见。

（2）故障抢修。

（3）客户侧停电、复电。

（4）客户侧用电情况的巡查。

（5）客户侧用电报装工程的设施安装、验收、接电前检查及设备接电。

（6）客户侧计费电能表现场安装、校验。

Jb0001532015 《国家电网公司供电服务奖惩规定》中哪些事件属于特别重大供电服务质量事件？（5分）

考核知识点：特别重大供电服务事件

难易度：中

标准答案：

（1）国家部委有关部门（单位）查实属供电部门主观责任，并被国家部委有关部门（单位）行政处罚的供电服务质量事件。

（2）中央或全国性新闻媒体、主要门户网站等曝光属供电部门主观责任并产生重大负面影响的供电服务质量事件。

（3）给客户或企业造成50万元及以上直接经济损失。

（4）公司认定的其他特别重大供电服务质量事件。

Jb0001532016 《国家电网公司供电服务奖惩规定》中哪些事件属于重大供电服务质量事件？（5分）

考核知识点：重大供电服务质量事件

难易度：中

标准答案：

（1）省级政府有关部门（单位）查实属供电部门主观责任，并被省级政府有关部门（单位）行政处罚的供电服务质量事件。

（2）省级新闻媒体等曝光属供电部门主观责任并产生重大负面影响的供电服务质量事件。

（3）给客户或企业造成20万元及以上50万元以下直接经济损失。

（4）公司认定的其他重大供电服务质量事件。

Jb0001531017 电力客户服务的基本特征有哪些？（5分）

考核知识点：电力客户服务基本特征

难易度：易

标准答案：

服务的无形性、服务的不可分性、服务的易变性、服务的易逝性、服务的普遍性。

Jb0001531018 电力客户按供用电关系可分为哪几类？（5分）

考核知识点：电力客户分类

难易度：易

标准答案：

可分为直供客户、趸售客户、转供电客户。

Jb0001531019 直供客户是指什么？（5分）

考核知识点：直供客户

难易度：易

标准答案：

直供客户是指与电力企业建立直接供用电和计量收费合同关系的客户。

Jb0001533020 转供电客户是指什么？（5分）

考核知识点：转供电客户

难易度：难

标准答案：

在公用供电设施尚未达到的地区，电力企业征得该地区有供电能力的直供客户同意后，以合同形式委托向其附近的客户转供电力，这类客户称转供电客户。

Jb0002531021 《国家电网公司供电服务规范》"95598"服务规范规定受理客户咨询时应该怎样做？（5分）

考核知识点："95598"服务规范

难易度：易

标准答案：

受理客户咨询时，应耐心、细致，尽量少用生僻的电力专业术语，以免影响与客户的交流效果。如不能当即答复，应向客户致歉，并留下联系电话，经研究或请示领导后，尽快答复。客户咨询或投诉叙述不清时，应用客气周到的语言引导或提示客户，不随意打断客人的话语。

Jb0002531022 《国家电网公司供电服务规范》"95598"服务规范规定接到客户报修时应该怎样做？（5分）

考核知识点："95598"服务规范

难易度：易

标准答案：

接到客户报修时，应详细询问故障情况。如判断确属供电企业抢修范围内的故障或无法判断故障原因，应详细记录，立即通知抢修部门前去处理。如判断属客户内部故障，可电话引导客户排查故障，也可应客户要求提供抢修服务，但要事先向客户说明该项服务是有偿服务。

Jb0002531023 《国家电网公司供电服务规范》"95598"服务规范规定哪些诉求应该进行回访？（5分）

考核知识点："95598"服务规范

难易度：易

标准答案：

对客户投诉，应100%跟踪投诉受理全过程，5天内答复。对故障报修，必要时在修复后及时进行回访，听取意见和建议。

Jb0002533024 ［事件过程］某年11月，客户李先生到当地供电所反映他家当月的电量高达728kWh，远远超过了以往任何月份的电量，客户认为电能表有问题，要求帮忙解决。接待他的营业厅客户代表小周告知说："电能表转动过快可能是由于漏电引起，您可以回家后将开关、插头等电源断开，目测电能表是否还会走。"李先生回家做过试验后，于当天下午再次来到供电所反映其家中并无漏电情况。客户代表小周只简单回复说："那我们就不清楚了，我们的电能表应该是准的，你自己回家处理吧。"对该事件，客户代表小周未做任何记录，也没有向供电所负责人汇报。第二天，李先生再次到供电所反映该情况，仍没有得到满意答复。4天过去了，供电所始终没有安排人员去客户家里检查，李先生十分生气就拨打了电视台维权热线与12315投诉电话进行了投诉。请问在此过程中，客户代表小周的行为有哪些违规之处？请对这一事件暴露出的问题提出改进建议。（5分）

考核知识点：供电服务规范、质量标准

难易度：难

标准答案：

（1）违规条款：

1）案例中客户代表小周在客户提出表计不准时让客户自行回家处理违反了《国家电网公司供电服务规范》第十一条第二款"实行首问负责制。无论办理业务是否对口，接待人员都要认真倾听，热心引导，快速衔接，并为客户提供准确的联系人、联系电话和地址"、第四条第二款"真心实意为客户着想，尽量满足客户的合理要求。对客户的咨询、投诉等不推诿，不拒绝，不搪塞，及时、耐心、准确地给予解答"的规定。

2）案例中客户代表小周在客户提出表计不准时未向客户提供校表服务违反了《国家电网公司供电服务规范》第四条第五款"熟知本岗位的业务知识和相关技能，岗位操作规范、熟练，具有合格的专业技术水平"，《供电营业规则》第七十九条"客户认为供电企业装设的计费电能表不准时，有权向供电企业提出校验申请"的规定。

3）案例中客户代表小周未将客户咨询进行登记与反馈违反了《国家电网公司供电服务质量标准》610"受理客户咨询时，对不能当即答复的，应说明原因，并在 5 个工作日内答复客户"的规定。

（2）暴露问题：

1）客户代表对首问负责制没有执行到位，工作责任心不强，对客户反映的问题不能尽心尽责妥善处理。

2）客户代表业务不熟悉，对客户反映电能计量装置不准时应采取的处理方法掌握不到位。

3）客户代表职场经验严重不足，对自己无法解决的业务问题，应如实记录，并尽快求助业务主管，才能最终解决客户的问题，而不是搁置不理。

（3）措施建议：

1）加强客户代表对首问负责制的落实，培养客户代表遇问题勤记录、找答案的工作习惯。

2）加强客户代表的技能和业务知识培训，收集常见投诉与问题，定期组织客户代表对投诉事件或业务问题进行分析学习，提升客户代表解决实际问题的能力。

3）提高 95598 供电服务热线的社会知晓度，尽量引导客户将与用电业务有关的诉求通过 95598 供电服务热线解决，使矛盾尽量化解在企业内部。

Jb0002531025　某日客户至营业厅购电，工作人员帮助客户采用微信方式购电，客户缴纳电费 100 元，但回到家后收到手机短信显示购电金额为 50 元，客户随即拨打营业厅及 95598 电话反映情况。经核实工作人员为客户购电时错将 100 元充值为 50 元，造成收费金额与入账金额不符（无退补流程）。请问在此过程中，工作人员有哪些违规之处？并指出这一事件暴露出的问题。（5 分）

考核知识点：供电服务规范

难易度：易

标准答案：

（1）违规条款：《国家电网公司供电服务规范》第四条第五款"熟知本岗位的业务知识和相关技能，岗位操作规范、熟练，具有合格的专业技术水平"。

（2）暴露问题：营业厅工作人员缺乏认真、严谨的工作态度，误将客户交费金额输入错误，未及时确认客户购电记录。

Jb0002531026　7 月 30 日，95598 供电服务热线接到一位 220V 低压客户陈先生的咨询电话，反映"家中空调因电压低，有时启动不了，特别是中午和晚上。"座席人员询问电压是多少，陈先生说委托电工检查后发现电压为 199V，座席人员解释说："电压偏差超出允许范围、电压质量不合格"，随后派工单给供电公司处理。供电公司回复说明：陈先生家地处市郊工业开发区，近年来外来人口不断增加、用电量激增，公司拟增加一台500kVA的变压器，但因低压线路立杆位置需占用村民王先生家的土地，王先生不同意施工方案，多次阻挠施工，目前公司正积极协调，拟与该村村委会协商新的线路走廊通道，以便推进工程实施，届时该地区电力供需矛盾将会得到缓解。请问在此过程中，供电公司工作人员有哪些违规之处？并对这一事件暴露出的问题提出改进建议。（5分）

考核知识点：供电营业规则知识点

难易度：易

标准答案：

（1）违规条款：

95598座席人员认为220V供电的客户，受电端电压199V超出电压允许偏差范围，电压质量不合格，违反了《供电营业规则》第五十四条"在电力系统正常状况下，供电企业供到客户受电端的供电电压允许偏差为220V单相供电的，为额定值的+7%、－10%"的规定。

（2）暴露问题：

1）座席人员业务水平不足。没有正确判断客户侧220V电压等级电压允许偏差（198～232V），电压199V符合规定。

2）农村地区配网规划深度不够，一旦出现负荷满载或超负荷引起低电压时，往往因为线路走廊无法落实而影响电网改造工程的施工。

（3）措施建议：

1）加大农村地区配网规划和建设力度。充分尊重客户的利益，多与客户协商，争取客户的支持，为电力设施建设和维护工作创造良好的社会环境。

2）加强座席人员业务技能的培训。

Jb0003531027 计算机硬件主要包括哪些设备？（5分）

考核知识点：业务系统信息安全

难易度：易

标准答案：

计算机硬件主要包括主机、显示屏、键盘、鼠标、打印机等。

Jb0004531028 客户在供电所营业厅咨询的用电异常情况主要有哪几种？（5分）

考核知识点：日常用电咨询

难易度：易

标准答案：

客户在供电所营业厅咨询的用电异常情况主要有电费异常、表计异常、安全用电、停复电需求、故障报修。

Jb0004531029 业扩报装的定义是什么？（5分）

考核知识点：业扩报装

难易度：易

标准答案：

业扩报装是电力企业营业工作中的习惯用语，即为新装和增容客户办理各种必需的登记手续和业务手续。业扩报装是供电企业电力供应和销售的受理环节，是电力营销工作的开始。

Jb0004531030　变更用电指什么？（5分）

考核知识点：变更用电

难易度：易

标准答案：

变更用电业务指客户在不增加用电容量和供电回路的情况下，由于自身经营、生产、建设、生活等变化而向供电企业申请，要求改变原《供用电合同》中约定的用电事宜的业务。

Jb0005531031　低压居民新装、增容装表接电指什么？（5分）

考核知识点：低压居民新装、增容装表接电

难易度：易

标准答案：

装表接电是供电企业将申请用电者的受电装置接入供电网的行为。

Jb0005531032　低压零星居民新装、增容适用的电压等级为多少？（5分）

考核知识点：低压居民新装、增容

难易度：易

标准答案：

低压零星居民新装、增容适用电压等级为220/380V。

Jb0005531033　临时用电指什么？（5分）

考核知识点：临时用电

难易度：易

标准答案：

对基建工地、农田水利、市政建设、抢险救灾等非永久性用电，由供电企业供给临时电源的称为临时用电。

Jb0005511034　已知某110kV高压供电工业户，电流互感器变比为50/5，有功电能表起码为165，止码为235。试求该客户有功计费电量。（5分）

考核知识点：用电容量、计量方式、电价和电费结算方式等

难易度：易

标准答案：

解：

该用户电压等级为110kV，所以电压互感器倍率为110 000/100。

该用户综合倍率=电流互感器变比×电压互感器变比=50/5×110 000/100=11 000（倍）

该用户有功计费电量=综合倍率×（止码−起码）=11 000×（235−165）=770 000（kWh）

答：该用户有功计费电量为770 000kWh。

Jb0005511035　某大工业客户装有1000kVA变压器一台，按实际最大需量计收基本电费，供电企业和客户确定当月需量核定值800kW，当月实际抄见需量310kW，求当月基本电费（基本电价为30元/kVA）。（5分）

考核知识点：用电容量、计量方式、电价和电费结算方式等

难易度：易

标准答案：

解：

该户当月基本电费=实际抄见需量×基本电价=310×30=9300（元）

答： 该客户当月基本电费为9300元。

Jb0006531036　移表和迁址的区别是什么？（5分）

考核知识点： 移表、迁址

难易度： 易

标准答案：

在用电地址、用电容量、用电类别、供电点等不变情况下，可办理移表手续。用电地址发生变化，电力设施迁移到新址用电的，按迁址办理。其中，供电点发生变化，新址按照新装用电办理。

Jb0006531037　更名注意事项有哪些？（5分）

考核知识点： 更名注意事项

难易度： 易

标准答案：

（1）在用电地址、用电容量、用电类别不变条件下，客户方可办理更名。

（2）更名一般只针对同一法人及自然人的名称的变更，只需用电人与供电人双方确认即可。

Jb0007531038　营业厅柜台收费注意事项有哪些？（5分）

考核知识点： 营业厅收费管理

难易度： 易

标准答案：

客户在营业厅柜面缴纳电费或业务费用时，营业厅收费人员应准确录入客户户号信息（如无法提供户号，可根据户名、用电地址等信息进行模糊查询），与客户核对基本信息（户号、户名、地址等）一致后，告知客户电费年月、电费金额及应缴纳违约金、业务费用等，客户确认后，方可正常收取。

Jb0007531039　收取支票时，应注意哪些事项？（5分）

考核知识点： 收费、业务费收取的相关工作标准及规定

难易度： 易

标准答案：

收取支票时，应仔细检查票面金额、日期及印鉴等是否清晰正确。

Jb0007531040　哪些业务可以打印电子发票？（5分）

考核知识点： 电费票据管理的重要性及相关制定要求

难易度： 易

标准答案：

打印电子发票的业务包括电费、违约金、高可靠供电费、分布式光伏电费。

Jb0007531041　电子发票如何申领？（5分）

考核知识点： 电费票据管理的重要性及相关制度要求

难易度：易

标准答案：

（1）财务部门负责向主管税务机关申领电子发票，营销部门配合做好申领相关工作。

（2）电子发票实行信息化管理，由财务部门电子发票管理人员负责在税控服务器管理系统完成电子发票票源导入分发工作，确保电子发票数据准确无误。

Jb0007531042　电费票据包括哪些？（5分）

考核知识点： 电费票据管理的重要性及相关制度要求

难易度： 易

标准答案：

电费票据包括电费专用收据、增值税专用发票、增值税电子普通发票、增值税普通发票（纸质）。

Jb0007531043　对作废发票如何处理？（5分）

考核知识点： 电费票据管理的重要性及相关制度要求

难易度： 易

标准答案：

对作废发票，须各联齐全，每联均应加盖"作废"印章，并与发票存根一起保存完好，不得丢失或私自销毁。

Jb0007531044　什么情况下可解除电费风险预警？（5分）

考核知识点： 客户电费信用风险预警管理作用相关知识，电费风险预案、预警工作要求

难易度： 易

标准答案：

对预警启动的主要依据进行监测，当预警界限制定的主要指标稳定下降时，可以对启动的预警进行解除。

Jb0007532045　电费风险因素分析由几部分组成？具体内容有哪些？（5分）

考核知识点： 电费风险防控和管理的内容及要点

难易度： 中

标准答案：

电费风险因素分析由以下三部分组成：

（1）收集与风险相关的信息。

（2）对各类信息进行分析、比较，甄别风险因素，重点甄别主要欠费大户电费回收风险因素。

（3）对风险因素进行分类管理，按政策性、经营性、管理性、法律性，对发生风险的可能性、必然性、变动性和不确定性进行分析。

Jb0008531046　客户实缴电费金额大于应缴电费时该如何处理？（5分）

考核知识点： 资金安全

难易度： 易

标准答案：

客户实缴电费金额大于应缴电费时，剩余金额应作预结算电费处理。严禁为完成电费回收等指标，

将客户预结算电费调节为其他客户预收款或为其他客户冲抵欠费。

Jb0009531047 居民阶梯电价结算客户月电费的电能表抄表周期为多久？每月结算电费的止码为哪个时间的止码？（5分）

考核知识点：电费计算

难易度：易

标准答案：

（1）抄表周期为一个月。

（2）每月月末最后一天24:00时止码。

Jb0009531048 电价形成机制有哪些？（5分）

考核知识点：电费计算

难易度：易

标准答案：

政府定价方式、双方协商方式、市场竞争定价方式。

Jb0009532049 如何做到电费账目与财务账目一致？（5分）

考核知识点：电费计算

难易度：中

标准答案：

严格执行电费账务管理制度。按照财务制度设置电费科目，建立客户电费明细账，电费明细账应能提供客户名称、结算年月、欠费金额、预收金额、电量电费及各项代征费金额等信息，做到电费应收、实收、预收、未收电费台账及银行电费对账台账（辅助账）等电费账目完整清晰、准确无误，确保电费账目与财务账目一致。

Jb0009531050 电费计算的主要流程是什么？（5分）

考核知识点：电费计算流程

难易度：易

标准答案：

电费计算→电费复核→电费发行→核算质量考核→核算工作统计分析。

Jb0009531051 低压非居民客户电费计算公式是什么？（5分）

考核知识点：电费计算流程

难易度：易

标准答案：

总用电量=（本月示数－上月示数）×综合倍率

电量电费=总用电量×销售电价

Jb0009531052 什么是政策性退补？（5分）

考核知识点：退补电费的处理方法

难易度：易

标准答案：

政策性退补是指由于电价调整引起的，对已经发行电费的用电客户所进行的电费退补。

Jb0009531053　政策性退补的工作要求有哪些？（5分）

考核知识点：退补电费的处理方法

难易度：易

标准答案：

政策性调价退补电费，不论金额大小，一律按政策规定办理。政策性调价退补时不涉及对客户档案及抄表示数的调整，只涉及调价退补发行的电价版本和退补时间范围。

Jb0009511054　某10kV高压高供高计工业供电客户，受电容量1000kVA，配置TA变比为75/5。2019年8月1日抄表止码546，2019年9月1日抄表止码665。用户选择按合约最大需量结算电费，需量读数为0.54。请问该客户2019年9月实用电量是多少？基本电费计费需量为多少？（5分）

考核知识点：电费计算

难易度：易

标准答案：

解：

综合倍率=电压互感器变比×电流互感器变比=$10×10^3/100×75/5$=1500（倍）

实用电量=（止码－起码）×综合倍率=（665－546）×1500=178 500（kWh）

基本电费计费需量=需量读数×综合倍率=0.54×1500=810（kWh）

答：该客户实用电量是178 500kWh，基本电费计费需量为810kWh。

Jb0009511055　某居民用电客户2019年12月的电费总额为80元，供电部门规定的交费日期为每月15～25日，该居民客户2020年1月5日到供电营业厅缴纳电费。求该客户应缴纳电费违约金多少元？（5分）

考核知识点：电费计算、违约电费计算

难易度：易

标准答案：

解：

电费违约金从逾期之日起计算至缴纳日止。每日电费违约金按下列规定计算：居民用户每日按欠费总额的千分之一计算。

电费违约金=电费总额×逾期天数×系数=80×（31－25＋5）×1‰=0.88（元）

根据《供电营业规则》规定："电费违约金收取总额按日累加计收，总额不足1元者按1元收取"，所以该客户应缴纳电费违约金1元。

答：该客户应缴纳电费违约金1元。

Jb0009511056　某居民电力客户12月的电费总额为100元，无历欠电费，电力部门规定的交费日期为每月15～25日，该居民户1月5日到供电营业厅交费，试问该客户应缴纳的电费违约金为多少？（5分）

考核知识点：电费计算

难易度：易

标准答案：

解：

根据《供电营业规则》，该客户应缴纳的电费违约金为

电费违约金=电费总额×逾期天数×系数=100×（31－25＋5）×1‰=1.10（元）

答：该居民客户应缴纳的电费违约金为1.10元。

Jb0009511057 某供电所低压养殖客户，三相四线供电，互感器变比为 75/5，5 月抄表止码为 001603，6 月抄表止码为 001730。请计算 6 月该客户的用电量，并说明该客户应执行什么电价类别？（5 分）

考核知识点：电费计算

难易度：易

标准答案：

解：

互感器倍率=75/5=15（倍）

该用户用电量=（止码－起码）×倍率=（1730－1603）×15=1905（kWh）

应执行不满 1kV 农业生产电价。

答：该客户 6 月的用电量为 1905kWh，应执行不满 1kV 农业生产电价。

Jb0009511058 某业务站在一次营业普查中发现一低压动力客户私自增容 50kW，该客户属什么行为？应如何处理？（5 分）

考核知识点：电费计算

难易度：易

标准答案：

解：

属于违约行为（私自超过合同约定容量用电），应承担私增容量 50 元/kW 的违约使用电费。

违约使用电费=私增容量×违约使用电费=50×50=2500（元）

答：该用户属违约行为，应缴纳电费违约金 2500 元。

Jb0009512059 某工业电力客户，有 3 台受电变压器，合同约定按容量计收基本电费，T1、T2、T3 容量分别是 S_1=500kVA，S_2=630kVA，S_3=315kVA。其中 T1、T2 在其一次侧装有连锁装置，互为备用。计算该客户当月基本电费［基本电价 22 元/（kVA·月）］。（5 分）

考核知识点：电费计算

难易度：中

标准答案：

解：

根据《供电营业规则》第八十五条规定："在受电装置一侧装有连锁装置互为备用的变压器，按可能同时使用的变压器容量之和的最大值计收基本电费"，则

基本电费=同时使用的变压器容量之和×基本电价=（630＋315）×22=20 790（元）

答：该客户当月的基本电费为 20 790 元。

Jb0010531060 电力公司微信公众号可以向客户提供哪些服务？（5 分）

考核知识点：新型营销业务

难易度：易

标准答案：

提供电费电量查询、缴费记录查询、准实时电量查询、停电信息查询、营业网点查询等服务业务。

Jb0010531061 分布式光伏发电实行的运营模式是什么？（5 分）

考核知识点：光伏

难易度：易

标准答案：

分布式光伏发电实行"自发自用、余量上网、就近消纳、电网调节"的运营模式。

Jb0010532062 国家电网有限公司电动汽车智能充换电服务网络的建设原则是什么？（5分）

考核知识点：电动汽车

难易度：中

标准答案：

充换电服务网络建设坚持"统一标准、统一规范、统一标识、按需建设、经济实用、安全可靠"的原则，与城市发展规划、电网规划和电动汽车推广应用相结合，满足各种充换电需求。

Jb0010532063 电动汽车智能充换电服务网络 95598 电话服务包括哪些业务？（5分）

考核知识点：电动汽车

难易度：中

标准答案：

充换电服务网络 95598 电话服务业务包括业务咨询、故障报修、投诉、意见等，各项业务流程实行闭环管理。

Jb0011531064 有效沟通的 6 个步骤是什么？（5分）

考核知识点：沟通与协调

难易度：易

标准答案：

事前准备、确认需求、观点、处理异议、达成协议、共同实施。

Jb0011531065 有效沟通确认需求的步骤是什么？（5分）

考核知识点：沟通与协调

难易度：易

标准答案：

确认需求的三个步骤：

（1）提问。

（2）积极聆听。要设身处地地去听，用心和脑去听，为的是理解对方的意思。

（3）及时确认。当没有听清楚、没有理解对方的话时，要及时提出，一定要完整理解对方所要表达的意思，做到有效沟通。

Jb0006553066 某公司 2020 年 10 月 26 日应交而未交电费金额为 10 000 元；2021 年 1 月 24 日应交而未交电费额为 20 000 元。客户于 2021 年 2 月 28 日全部交清。计算该客户应交违约金和合计金额。（5分）

考核知识点：电费违约金计算

难易度：难

标准答案：

解：

当年违约金为

（1）10 000 元当年违约金=欠费金额×欠费天数×系数=10 000×（31－26＋30＋31）×2‰=10 000×66×0.002=1320（元）

（2）20 000 元当年违约金=欠费金额×欠费天数×系数=20 000×（31－24＋28）×2‰=20 000×35×0.002=1400（元）

跨年违约金为

10 000 元跨年违约金=欠费金额×欠费天数×系数=10 000×（31＋28）×3‰=10 000×59×0.003= 1770（元）

违约金合计=10 000 元当年违约金＋20 000 元当年违约金＋10 000 元跨年违约金=1320＋1400＋1770=4490（元）

电费合计=所欠电费＋违约金=10 000＋20 000＋4490=34 490（元）

答：该客户应交违约金 4490 元，合计缴费金额为 34 490 元。

Jb0006543067 某工业电力客户 2019 年 12 月的电费为 2000 元，2020 年 1 月的电费为 3000 元。该客户 2020 年 1 月 18 日到供电企业交清以上电费，该客户 2020 年 1 月应缴纳电费违约金多少元（假设约定的交费日期为每月 10 日至 15 日）？（5 分）

考核知识点：电费违约金的收取标准及计算方法

难易度：难

标准答案：

解：

由于该客户不属居民客户，根据《供电营业规则》应按年度分别进行电费计算。

（1）2020 年当年欠费部分违约金=欠费金额×逾期天数×系数=3000×（18－15）×2‰=18（元）

（2）2019 年 12 月欠费部分违约金=欠费金额×逾期天数×系数=2000×［（31－15）×2‰＋18×3‰］=172（元）

（3）合计应缴纳电费违约金=2020 年当年欠费部分违约金＋2019 年 12 月欠费部分违约金=18＋172=190（元）

答：该客户应缴纳电费违约金 190 元。

Jb0006543068 某企业与供电企业签订电费结算协议，月末 25 日抄表，合同双方约定在抄表后七日内结清电费，付费方式为银行电子托收，若未按期缴纳，从退票之日起收取违约金。该企业用电性质为工业用电，累计欠 2020 年 4、5 月电费分别为 4233.60、4692.24 元，退票日期分别为 29、27 日。6 月 18 日客户结清电费，请计算其应缴纳的违约金金额。（5 分）

考核知识点：电费违约金的收取标准及计算方法

难易度：难

标准答案：

解：

客户欠 2 个月电费，将超过免交违约金的合同约定日期，其中 4 月电费迟交 51 天［合同约定在抄表后七日内结清电费，从退票之日起收取，共 2＋31＋18=51（天）］，5 月电费迟交 23 天［5＋18=23（天）］，因其为商业客户，按 2‰收取，因此，分别计算 2 个月的违约金如下：

4 月电费违约金=欠费金额×欠费天数×系数=4233.60×51×2‰=431.83（元）

5 月电费违约金=欠费金额×欠费天数×系数=4692.24×23×2‰=215.84（元）

违约金合计=4 月电费违约金＋5 月电费违约金=431.83＋215.84=647.67（元）

答：客户应缴纳的违约金 647.67 元。

Jb0006563069　某一户低压修理部客户 2020 年 7 月共用电量 1000kWh，其中峰段电量 600kWh，平段电量 300kWh，谷段电量 100kWh，已知峰段电价 0.709 1 元/kWh、平段电价 0.518 3kWh、谷段电价 0.327 5kWh，请计算该户 7 月应缴电费。（5 分）

考核知识点：电费的计算

难易度：难

标准答案：

解：

峰段电费=峰段电量×峰段电价=600×0.709 1=425.46（元）

平段电费=平段电量×平段电价=300×0.518 3=155.49（元）

谷段电费=谷段电量×谷段电价=100×0.327 5=32.75（元）

总电费=峰段电费＋平段电费＋谷段电费=425.46＋155.49＋32.75=613.70（元）

答：该客户 7 月应缴电费 613.70 元。

Jb0006543070　某村卫生院 2020 年 8 月抄见有功止码 75.28，9 月抄见有功止码 128.51，计算当月电费多少元（假设居民电价 0.448 6 元/kWh，居民合表电价 0.498 6 元/kWh）？（5 分）

考核知识点：居民阶梯电量及电价标准范围，执行月阶梯和执行年阶梯的电费计算

难易度：难

标准答案：

解：

该卫生院为居民合表用电，执行居民合表电价标准：0.498 6 元/kWh。

8 月电量=9 月抄见有功止码－8 月抄见有功止码=128.51－75.28=53.23（kWh）

8 月电费=8 月电量×第二档电价标准=53.23×0.498 6=26.54（元）

答：该户 8 月电费为 26.54 元。

Jb0006543071　某一户一表居民客户计费表为 2013 版本地费控表，2020 年 1～12 月该居民客户共用电量 3240kWh，请计算该客户 2020 年应缴纳的电费金额。（5 分）

考核知识点：电费计算

难易度：难

标准答案：

解：

方法一：

客户购电量中各分档电量：第一档电量 170×12=2040（kWh），按电价 0.448 6 元/kWh 结算；第二档电量（260－170）×12=1080（kWh），按电价 0.498 6 元/kWh 结算；第三档电量 3000－2040－1080=120（kWh），按电价 0.748 6 元/kWh 结算。

客户应缴纳购电费金额为=第一档电量×第一档电价＋第二档电量×第二档电价＋第三档电量×第三档电价=2040×0.448 6＋1080×0.498 6＋120×0.748 6=1543.46（元）。

方法二（或按递增法计算）：

客户应缴纳购电费金额=全部用电量×第一档电价＋第二档电量×第二档加价＋第三档电量×第三档加价=3240×0.448 6＋1080×0.05＋120×0.3=1543.46（元）。

答：客户应缴纳购电费金额为 1543.46 元。

Jb0006561072　某一低压理发店客户 2021 年 2 月共用电量 1100kWh，其中峰段电量 500kWh，平段电量 500kWh，谷段电量 100kWh，用现行电价政策计算该户 2 月应缴电费。（5 分）

考核知识点：电费计算

难易度：易

标准答案：

解：

峰段电费=峰段电量×现行电价政策=500×0.675 1=337.55（元）

平段电费=平段电量×现行电价政策=500×0.488 3=244.15（元）

谷段电费=谷段电量×现行电价政策=100×0.301 5=30.15（元）

总电费=峰段电费＋平段电费＋谷段电费=337.55＋244.15＋30.15=611.85（元）

答：该客户 2 月应缴电费 611.85 元。

Jb0006563073　已知某 10kV 高压供电工业客户，高供高计，电流互感器变比为 50/5，有功电能表起码为 2456，止码为 2578。试求该客户有功计费电量。（5 分）

考核知识点：电费计算

难易度：难

标准答案：

解：

该客户综合倍率=电流互感器变比×电压互感器变比=50/5×10×10^3/100=1000

该客户有功计费电量=综合倍率×（止码－起码）=1000×（2578－2456）=122 000（kWh）

答：该客户有功计费电量为 122 000kWh。

Jb0006543074　某供电所当月应抄表户数 5100 户，实抄表户数 5000 户，电费核算发行后，在核算检查中发现 1 户少抄电量，1 户多抄电量，另有 1 户电价执行错误。请计算该供电所当月电费差错率。（5 分）

考核知识点：平均电价计算

难易度：难

标准答案：

解：

电费差错率=（当期差错户数÷当期实抄户数）×100%=3÷5000×100%=0.06%

答：当月电费差错率 0.06%。

Jb0006541075　某供电所抄表总户数 4200 户，6 月实际抄表 4187 户，请计算 6 月该供电所的实抄率。（5 分）

考核知识点：实抄率计算

难易度：易

标准答案：

解：

实抄率=（当期实抄户数÷当期应抄户数）×100%=4187÷4200×100%=99.69%

答：6 月该供电所实抄率 99.69%。

Jb0006541076　某供电所 6 月应收电费 300 万元。截至 7 月底，共收取电费 289 万元，其中预付电费 5 万元。请计算该公司 6 月的电费回收率。（5 分）

考核知识点：电费计算

难易度：易

标准答案：

解：

电费回收率=（当期实收电费金额÷当期应收电费金额）×100%=［（289−5）÷300］×100%=94.67%

答：该公司 6 月电费回收率为 94.67%。

第二章　农网配电营业工（综合柜员）初级工技能操作

Jc0001541001　操作系统查询功能，查询客户购电记录。（100分）

考核知识点： 日常营业工作的主要内容等

难易度： 易

技能等级评价专业技能考核操作工作任务书

一、任务名称

操作系统查询功能，查询客户购电记录。

二、适用工种

农网配电营业工（综合柜员）初级工。

三、具体任务

（1）熟练操作95598业务支持系统、营销业务应用系统、用电信息采集系统。

（2）通过营销业务应用系统查询户号5011889415自2020年1月至2020年12月的购电记录。

（3）将该客户购电记录信息（包含购电时间、购电类型、购电渠道、客户购电次数、电卡购电次数、本次购电量、本次写卡电量、本次写卡金额、本次购电金额）保存在桌面文件"客户实收台账"，并将此文件另存为"单位＋姓名.xls"（如××公司李某的文件名应为"××李某.xls"）。

四、工作规范及要求

（1）电教室独立完成。

（2）电脑可以登录系统内网并可登录相应业务应用系统。

（3）时间到应立即停止答题，离开考试场地。

（4）考核中出现下列情况之一的，考核成绩为0：

1）非独立完成。

2）在规定时限内，未提交发起。

（5）考生不得询问与考试内容无关的问题，考评员不得提示与考试有关的内容。

五、考核及时间要求

本考核要求完成时间为20分钟，时间到应立即停止操作。

技能等级评价专业技能考核操作评分标准

工种	农网配电营业工（综合柜员）				评价等级	初级工
项目模块	用电营业与服务—用电营业管理			编号		Jc0001541001
单位			准考证号		姓名	
考试时限	20分钟		题型	单项操作题	题分	100分
成绩		考评员		考评组长	日期	
试题正文	操作系统查询功能，查询客户购电记录					

需要说明的问题和要求	（1）独立完成，考试一人一桌一机。 （2）预装好相应 Office 软件、95598 业务支持系统、营销业务应用系统、用电信息采集系统。 （3）配备计时设备，在不影响考试正常进行的前提下为考试提供时间参考					
序号	项目名称	质量要求	满分	扣分标准	扣分原因	得分
1	营销业务应用系统客户档案信息查询	正确查询相关数据明细	100	数据查询错误，每项扣 10 分，扣完为止		
	合计		100			

Jc0001542002　简述钳形电流表的测量注意事项。（100分）

考核知识点： 钳形电流表的测量注意事项

难易度： 中

技能等级评价专业技能考核操作工作任务书

一、任务名称

简述钳形电流表的测量注意事项。

二、适用工种

农网配电营业工（综合柜员）初级工。

三、具体任务

简述钳形电流表的功能及测量注意事项。

四、工作规范及要求

文字描述清晰、规范。

五、考核及时间要求

本考核要求完成时间为 30 分钟，答题完整。

技能等级评价专业技能考核操作评分标准

工种	农网配电营业工（综合柜员）				评价等级		初级工
项目模块	用电营业与服务—用电营业管理			编号		Jc0001542002	
单位			准考证号		姓名		
考试时限	30 分钟	题型		单项操作题		题分	100 分
成绩		考评员		考评组长		日期	
试题正文	简述钳形电流表的测量注意事项						
需要说明的问题和要求	（1）要求单人完成。 （2）答题完整，文字描述清晰、规范						

序号	项目名称	质量要求	满分	扣分标准	扣分原因	得分
1	选择等级正确，防止相间短路	叙述正确	25	回答错误扣 25 分		
2	正确选择挡位	叙述正确	25	回答错误扣 25 分		
3	要保持安全距离，防止危及人身安全	叙述正确	25	回答错误扣 25 分		
4	铁芯钳口要紧密闭合，以减少测量误差	叙述正确	25	回答错误扣 25 分		
	合计		100			

标准答案：

项目：钳形电流表测量注意事项

操作时间		时　分　至　时　分		
考试项目	配分	评分标准	扣分	得分
钳形电流表测量注意	25 分	根据被测电流回路的电压等级选择合适的钳形电流表，操作时要防止构成相间短路		
	25 分	使用钳形电流表前，先应注意选择合适的测量挡位，使其指针正确指示，不能使指针过头或指示过小		
	25 分	要保持安全距离，不得造成相间短路或接地，烧坏设备或危及人身安全		
	25 分	测量时铁芯钳口要紧密闭合，被测导线尽量置于钳口中心，以减少测量误差		
总得分				

Jc0001542003　电能计量装置配置。（100 分）

考核知识点： 电流计算

难易度： 中

技能等级评价专业技能考核操作工作任务书

一、任务名称

电能计量装置配置。

二、适用工种

农网配电营业工（综合柜员）初级工。

三、具体任务

按照如下条件，通过计算完成电能计量装置配置。

某村磨房装有一台三相异步电动机，功率 P 为 48kW，功率因数 $\cos\varphi$ 为 0.85，效率以 100% 计，供电电压 U 为 380V，电能计量装置采用经电流互感器接入式，变比 K_1=100/5，通过计算，为用户在标定电流分别为 1A、5A 的两块电能表中选择一块。

四、工作规范及要求

计算准确，文字描述清晰、规范。

五、考核及时间要求

本考核要求完成时间为 30 分钟，答题完整，文字描述清晰、规范。

技能等级评价专业技能考核操作评分标准

工种		农网配电营业工（综合柜员）			评价等级	初级工
项目模块		用电营业与服务—用电营业管理		编号		Jc0001542003
单位			准考证号		姓名	
考试时限	30 分钟		题型	单项操作题	题分	100 分
成绩		考评员		考评组长	日期	
试题正文	电能计量装置配置					
需要说明的问题和要求	（1）要求单人完成。 （2）计算准确，步骤清晰					

续表

序号	项目名称	质量要求	满分	扣分标准	扣分原因	得分
1	选择公式	公式正确	40	公式错误扣40分		
2	电流计算	数据代入、计算正确	40	计算错误扣40分		
3	总结回答	文字描述清晰、规范	20	回答错误扣20分		
	合计		100			

标准答案：

$$I_1 = P/(\sqrt{3}U\cos\varphi) = 48\,000/(\sqrt{3}\times380\times0.85) = 85.8（A）$$

$$I_2 = I_1/K_1 = 85.8/20 = 4.29（A）$$

选择标定电流为 5A 的电流表。

Jc0001541004　实抄率计算。（100分）

考核知识点：实抄率计算

难易度：易

技能等级评价专业技能考核操作工作任务书

一、任务名称

实抄率计算。

二、适用工种

农网配电营业工（综合柜员）初级工。

三、具体任务

按照如下条件，完成日常营业工作实抄率计算。

2020 年 9 月某供电所抄表员，工作任务单上派发其本月应抄电费户3000 户，其中，照明户 2500 户，动力户 500 户。月末经电费核算员核算，发现其漏抄动力户 2 户、照明户 18 户，估抄照明户 3 户。求该抄表员本月照明户、动力户实抄率 c_1、c_2 及综合实抄率 c_3（保留两位小数）。

四、工作规范及要求

计算准确，文字描述清晰、规范。

五、考核及时间要求

本考核要求完成时间为 30 分钟，答题完整，文字描述清晰、规范。

技能等级评价专业技能考核操作评分标准

工种		农网配电营业工（综合柜员）			评价等级	初级工
项目模块		用电营业与服务—用电营业管理		编号		Jc0001541004
单位			准考证号		姓名	
考试时限	30分钟		题型	单项操作题	题分	100分
成绩		考评员		考评组长	日期	
试题正文	实抄率计算					
需要说明的问题和要求	（1）要求单人完成。 （2）公式正确，数据代入、计算准确，文字描述清晰、规范					

续表

序号	项目名称	质量要求	满分	扣分标准	扣分原因	得分
1	实抄率公式	公式正确	30	公式错误扣30分		
2	实抄率计算	数据代入、计算正确	60	计算错误扣60分		
3	总结回答	文字描述清晰、规范	10	回答错误扣10分		
	合计		100			

Jc0001541005　电流计算。（100分）

考核知识点： 电流计算

难易度： 易

技能等级评价专业技能考核操作工作任务书

一、任务名称

电流计算。

二、适用工种

农网配电营业工（综合柜员）初级工。

三、具体任务

完成如下日常营业中电流计算。

某变压器铭牌参数：S_N=50kVA，U_{1N}=10（1±5%）kV，U_{2N}=0.4kV，当该变压器运行挡位为 I 挡时，求该变压器高低压侧额定电流。

四、工作规范及要求

计算准确，文字描述清晰、规范。

五、考核及时间要求

本考核要求完成时间为30分钟，答题完整，文字描述清晰、规范。

技能等级评价专业技能考核操作评分标准

工种	农网配电营业工（综合柜员）				评价等级	初级工	
项目模块	用电营业与服务—用电营业管理			编号		Jc0001541005	
单位			准考证号		姓名		
考试时限	30分钟		题型	单项操作题		题分	100分
成绩		考评员		考评组长		日期	
试题正文	电流计算						
需要说明的问题和要求	（1）要求单人完成。（2）公式正确，数据代入、计算准确						

序号	项目名称	质量要求	满分	扣分标准	扣分原因	得分
1	高压侧额定电压确定	确定正确	30	确定错误扣30分		
2	高压侧额定电流计算	计算正确	30	计算错误扣30分		
3	低压侧额定电流计算	计算正确	30	计算错误扣30分		
4	总结回答	回答正确	10	回答错误扣10分		
	合计		100			

标准答案：

由于该变压器运行挡位为 I 档，所以该变压器高压侧额定电压为 10.5kV，则高压侧额定电流

$$I_{1N} = \frac{S_N}{\sqrt{3} \times U_{1N}} = \frac{50}{\sqrt{3} \times 10.5} = 2.75（A）$$

低压侧额定电流：$I_{2N} = 2.75 \times (10.5/0.4) = 72.2$（A）

Jc0001553006　10kV 客户违约用电的处理。（100 分）

考核知识点： 违约用电的处理

难易度： 难

技能等级评价专业技能考核操作工作任务书

一、任务名称

10kV 客户违约用电的处理。

二、适用工种

农网配电营业工（综合柜员）初级工。

三、具体任务

根据如下条件，完成 10kV 客户违约用电计算及处理。

供电公司用电检查人员对某饮料厂办理变更用电过程中发现：该厂 2 个月前自行将已办理暂停手续的一台 400kVA 变压器启用，该厂办公用电接在其生活用电线路上，造成每月少计办公用电 5000kWh，其接用时间无法查明，同时该厂未经批准向周边一客户供电，经查该客户共有用电负荷 4kW，请按照《供电营业规则》分析该厂有哪些违约用电行为，怎么处理（假设办公用电与生活用电差价为 0.3 元/kWh）？

四、工作规范及要求

（1）自备计算器、钢笔或中性笔。

（2）计算公式、步骤正确。

五、考核及时间要求

本考核为计算实操任务，严格按照规定步骤完成，考核时间 40 分钟。

技能等级评价专业技能考核操作评分标准

工种	农网配电营业工（综合柜员）				评价等级	初级工
项目模块	用电营业与服务—优质服务			编号		Jc0001553006
单位			准考证号		姓名	
考试时限	40 分钟	题型		多项操作题	题分	100 分
成绩		考评员		考评组长		日期	
试题正文	10kV 客户违约用电的处理					
需要说明的问题和要求	（1）要求单人完成。 （2）列式计算，步骤清晰，文字回答简单规范					

序号	项目名称	质量要求	满分	扣分标准	扣分原因	得分
1	分析原因违约用电行为	内容正确全面	30	缺一条扣 10 分，扣完为止		

序号	项目名称	质量要求	满分	扣分标准	扣分原因	得分
2	处理办法	处理建议正确	10	缺一条扣4分，扣完为止		
		计算正确	60	错误一项扣10分，扣完为止		
合计			100			

标准答案：

（1）该厂有以下3个方面的违约用电行为：

1）擅自使用已在供电企业办理暂停手续的电力设备或启用供电企业封存的电力设备。

2）擅自接用电价高的用电设备或私自改变用电类别。

3）未经供电企业同意，擅自引入（供出）电源或将备用电源和其他电源私自并网的。

（2）处理如下：

1）擅自使用已在供电企业办理暂停手续的变压器，应补交基本电费=基本电价×私自启用容量=22×400=8800（元）

违约使用电费=2×8800=17 600（元）

并停用违约使用的变压器或办理恢复变压器用电手续。

2）办公用电接在生活用电上，接用时间无法查明，按3个月计算，应补交高价低接所引起的差额电费=用电量×差额电价×使用月数=5000×0.3×3=4500（元）

违约使用电费=4500×2=9000（元）。

3）擅自供出电源，除当即拆除接线外，应承担供出电源容量500元/kW的违约使用电费，违约使用电费=供出容量×500（元）=4×500=2000（元）

合计交费=8800+17 600+4500+9000+2000=41 900（元）

Jc0001541007　查询居民客户日用电电量及月末冻结表码。（100分）

考核知识点： 远程抄表的抄表原理、操作流程和注意事项

难易度： 易

技能等级评价专业技能考核操作工作任务书

一、任务名称

查询居民客户日用电电量及月末冻结表码。

二、适用工种

农网配电营业工（综合柜员）初级工。

三、具体任务

在用电信息采集系统中查询某一居民客户某月1～10日每日用电量及当月月末冻结表码，将答案填写在答题纸上。

四、工作规范及要求

填写查询客户编号、户名及对应的需要查询内容。

五、考核及时间要求

本考核要求完成时间为20分钟，时间到应立即停止操作。

技能等级评价专业技能考核操作评分标准

工种	农网配电营业工（综合柜员）				评价等级	初级工
项目模块	用电营业与服务—用电营业管理		编号			Jc0001541007
单位		准考证号			姓名	
考试时限	20分钟	题型		单项操作题	题分	100分
成绩		考评员	考评组长		日期	
试题正文	查询居民客户日用电电量及月末冻结表码					
需要说明的问题和要求	（1）要求单人完成。 （2）填写查询客户编号、户名及对应的需要查询内容					

序号	项目名称	质量要求	满分	扣分标准	扣分原因	得分
1	户号、户名	填写正确	10	错误一项扣5分，扣完为止		
2	1~10日每日总用电量	填写正确	80	错误一项扣8分，扣完为止		
3	年月、月末冻结表码	填写正确	10	错误一项扣5分，扣完为止		
	合计		100			

标准答案：

客户编号		客户名称	
	1日总用电量		
	2日总用电量		
	3日总用电量		
	4日总用电量		
	5日总用电量		
	6日总用电量		
	7日总用电量		
	8日总用电量		
	9日总用电量		
	10日总用电量		
	月末冻结表码		

Jc0001541008　单相电能表参数抄读。（100分）

考核知识点： 用电信息采集系统操作

难易度： 易

技能等级评价专业技能考核操作工作任务书

一、任务名称

单相电能表参数抄读。

二、适用工种

农网配电营业工（综合柜员）初级工。

三、具体任务

在用电信息采集系统中查询某一低压客户当前表计执行电价和剩余金额，并将结果填写在答题纸上。

四、工作规范及要求

填写查询客户编号、户名及对应的需要查询内容。

五、考核及时间要求

本考核要求完成时间为 10 分钟，时间到应立即停止操作。

技能等级评价专业技能考核操作评分标准

工种	农网配电营业工（综合柜员）				评价等级	初级工
项目模块	用电营业与服务—用电营业管理			编号		Jc0001541008
单位			准考证号		姓名	
考试时限	10 分钟	题型		单项操作题	题分	100 分
成绩		考评员		考评组长	日期	
试题正文	单相电能表参数抄读					
需要说明的问题和要求	（1）要求单人完成。 （2）填写查询客户编号、户名及对应的需要查询内容					

序号	项目名称	质量要求	满分	扣分标准	扣分原因	得分
1	户号、户名	填写正确	10	错误一项扣 5 分，扣完为止		
2	阶梯电价	填写正确	40	错误一项扣 10 分，扣完为止		
3	费率电价	填写正确	40	错误一项扣 10 分，扣完为止		
4	剩余金额	填写正确	10	错误一项扣 5 分，扣完为止		
	合计		100			

标准答案：

客户编号		客户名称	
表内执行第几套阶梯电价		第　套	
阶梯一电价执行标准			
阶梯二电价执行标准			
阶梯三电价执行标准			
阶梯四电价执行标准			
表内执行第几套费率电价		第　套	
费率一电价执行标准			
费率二电价执行标准			
费率三电价执行标准			
费率四电价执行标准			
剩余金额			

Jc0001541009　通过营销业务应用系统查询客户组合信息。（100 分）

考核知识点：系统操作

难易度：易

技能等级评价专业技能考核操作工作任务书

一、任务名称

通过营销业务应用系统查询客户组合信息。

二、适用工种

农网配电营业工（综合柜员）初级工。

三、具体任务

（1）熟练操作95598业务支持系统、营销业务应用系统、用电信息采集系统。

（2）通过营销业务应用系统查询某供电所行业分类为"食品、饮料及烟草制品专门零售"的正常用电客户明细。

（3）将查询出的客户明细截图保存在桌面文件"用电客户明细"，并将此文件另存为某供电所客户明细.JPG。

四、工作规范及要求

（1）电教室独立完成。

（2）电脑可以登录系统内网并可登录相应业务应用系统。

（3）时间到应立即停止答题，离开考试场地。

（4）考核中出现下列情况之一的，考核成绩为0：

1）非独立完成；

2）在规定时限内，未提交答卷或未发起相应业务流程。

（5）考生不得询问与考试内容无关的问题，考评员不得提示与考试有关的内容。

五、考核及时间要求

本考核要求完成时间为10分钟，按照技能操作记录单的操作要求进行操作，正确记录查询结果。

技能等级评价专业技能考核操作评分标准

工种	农网配电营业工（综合柜员）			评价等级		初级工	
项目模块	用电营业与服务—用电营业管理			编号		Jc0001541009	
单位			准考证号			姓名	
考试时限	10分钟	题型		单项操作题		题分	100分
成绩		考评员		考评组长		日期	
试题正文	通过营销业务应用系统查询客户组合信息						
需要说明的问题和要求	（1）独立完成，考试一人一桌一机。 （2）预装好相应Office软件、95598业务支持系统、营销业务应用系统、用电信息采集系统						

序号	项目名称	质量要求	满分	扣分标准	扣分原因	得分
1	客户组合信息查询	正确查询相关数据明细	80	数据查询错误，不得分		
2	查询数据保存	按要求进行文件命名并按指定格式保存在指定路径	20	未按要求命名扣10分；保存格式或保存路径不正确扣10分，扣完为止		
	合计		100			

Jc0001552010 客户窃电的检查与处理。（100分）

考核知识点：营销业务应用系统、营销业务管理平台操作手册相关内容

难易度：中

技能等级评价专业技能考核操作工作任务书

一、任务名称

客户窃电的检查与处理。

二、适用工种

农网配电营业工（综合柜员）初级工。

三、具体任务

请现场检查处理被举报的某窃电动力客户（假设实测用电负荷 20kW；工商业及其他电价：峰 0.709 1 元/kWh、平 0.518 3 元/kWh、谷 0.327 5 元/kWh）。

四、工作规范及要求

（1）着装符合要求，穿全棉长袖工作服、绝缘鞋，戴安全帽、线手套。

（2）携带自备工具（钢笔或中性笔、计算器）进入现场，待考评员宣布许可工作命令后开始工作并计时。

（3）打开计量柜（箱）门之前必须对柜（箱）体验电，现场操作严格执行《国家电网有限公司营销现场作业安全工作规程（试行）》。

（4）工作结束清理现场，并向监考老师报告。

五、考核及时间要求

本考核要求完成时间为 30 分钟，答题完整，计算准确，文字描述清晰、规范。

技能等级评价专业技能考核操作评分标准

工种	农网配电营业工（综合柜员）			评价等级	初级工
项目模块	用电营业与服务—优质服务		编号		Jc0001552010
单位		准考证号		姓名	
考试时限	30 分钟	题型	单项操作	题分	100 分
成绩		考评员		考评组长	日期
试题正文	客户窃电的检查与处理				
需要说明的问题和要求	（1）单人操作。 （2）操作时应注意安全，按照标准化作业指导书的技术安全说明做好安全措施。 （3）考试使用电能表为仿真表，通过模拟装置进行参数设置。 （4）考场在指定工位安装 3×380V/220V、3×5（60）A 直通三相电能表，设置三相电压连片断开方式窃电、电流设置为 5A				

序号	项目名称	质量要求	满分	扣分标准	扣分原因	得分
1	安全文明生产	佩戴安全帽；穿全棉长袖工作服；穿绝缘鞋；操作时戴线手套；打开柜门前需先验电	20	有一项未按要求进行扣 5 分，扣完为止		
2	仪器使用	正确使用万用表、钳形电流表	20	万用表、钳形电流表使用错误一次扣 5 分，扣完为止		
3	异常判断	正确判断计量装置异常原因	10	判断错误扣 10 分		
4	计算正确	正确计算追补电量、追补电费、违约使用电费、合计追缴电费	40	计算错误一项扣 10 分，扣完为止		
5	现场恢复	操作结束后清理现场杂物，并将工器具归位摆放整齐	10	现场留有杂物或工器具未归位扣 10 分		
	合计		100			

标准答案：

（1）该户通过断开电能表表尾三相电压连片方式窃电。

（2）计算追补电费，窃电时间无法查明，依据《供电营业规则》第一百零三条规定，按照 20kW、180 天、每天 12h 计算追补电量、电费、违约使用电费、合计追缴电费。

追补电量=窃电负荷×每天使用小时数×使用天数=20×12×180=43 200（kWh）

追补电费=追补电量×电价=43 200×0.518 3=22 390.56（元）

违约使用电费=追补电费×倍数=22 390.56×3=67 171.68（元）

合计追缴电费=追补电费+违约使用电费=22 390.56+67 171.68=89 562.24（元）

Jc0002562011　居民客户家用电器损坏咨询。（100 分）

考核知识点：客户接待及投诉管理

难易度：中

技能等级评价专业技能考核操作工作任务书

一、任务名称

居民客户家用电器损坏咨询。

二、适用工种

农网配电营业工（综合柜员）初级工。

三、具体任务

1. 背景说明

某商铺三相四线供电，昨日供电公司装表接电人员更换接户线时误将中性线与相线搭接错，因换表时线路计划停电，换表人员撤离时未发现异常，当线路恢复供电时，造成该商铺内电视机损坏，经现场人员调查后发现该电视机已损坏无法修复，该电视机已使用 11 年。

考评员模拟客户进行电话咨询，考生实时进行解答。

具体考核内容为：

（电话振铃……）

考生：（考核要点 1）

客户：喂，是××供电公司吗？我是××小区的居民王××，向你反映一个事情。

考生：（考核要点 2）

客户：昨天你们供电××线路出现故障造成我家中电视机损坏。

考生：（考核要点 3）

客户：那你们怎么赔？

考生：（考核要点 4）

客户：好吧，那就这样吧。

考生：（考核要点 5）

2. 工作任务

（1）《居民客户家用电器损坏处理办法》中哪些事件属于电力运行事故？

（2）准确回答客户所提出的问题，并能正确描述案例涉及的相关法律法规的条款内容。

四、工作规范及要求

（1）自备钢笔或中性笔。

（2）文字描述条理清晰，简明扼要。

（3）正确回答《居民客户家用电器损坏处理办法》中哪些事件属于电力运行事故。

（4）正确回答客户所提出的问题，并能描述案例涉及的相关法律法规的条款内容。

五、考核及时间要求

本考核为实操任务，严格按照规定步骤完成，考核时间 30 分钟。

技能等级评价专业技能考核操作评分标准

工种	农网配电营业工（综合柜员）			评价等级	初级工
项目模块	用电营业与服务—用电业务咨询		编号		Jc0002562011
单位		准考证号		姓名	
考试时限	30 分钟	题型	综合操作题	题分	100 分
成绩		考评员	考评组长		日期
试题正文	居民客户家用电器损坏咨询				
需要说明的问题和要求	（1）自备钢笔或中性笔。 （2）文字描述条理清晰，简明扼要				

序号	项目名称	质量要求	满分	扣分标准	扣分原因	得分
1	电力运行事故描述	正确描述《居民客户家用电器损坏处理办法》中属于电力运行事故的事件类型	40	每漏一项扣 10 分，扣完为止；语句表达不清或有错别字酌情扣分		
2	实时解答	实时解答客户的问题，使用文明用语，正确描述案例中涉及的法律法规条文	40	未能正确描述法律法规的条款内容的，每漏一项扣 10 分；与客户沟通过程未使用文明服务用语或回答不规范，每次扣 5 分；以上扣分，扣完为止		
3	服务标准	用词准确，语言简练，语气和语调得当，语速和节奏适中	20	根据考生回答情况酌情扣分		
	合计		100			

标准答案：

（1）《居民客户家用电器损坏处理办法》中所指的电力运行事故，是指在供电企业负责运行维护的 220/380V 供电线路或设备上因供电企业的责任发生的下列事件：

1）在 220/380V 供电线路上，发生相线与中性线接错或三相相序接反；

2）在 220/380V 供电线路上，发生中性线断线；

3）在 220/380V 供电线路上，发生相线与中性线互碰；

4）同杆架设或交叉跨越时，供电企业的高电压线路导线掉落到 220/380V 线路上或供电企业高电压线路对 220/380V 线路放电。

（2）考核要点 1：您好，我是××供电公司×××，请问您需要什么帮助？

考核要点 2：请讲。

考核要点 3：我们已经派人检查过了，确实是我们的责任造成您电器损坏的，给您带来损失，非常抱歉。

考核要点 4：经核实您的电视机已损坏无法修复，根据《居民客户家用电器损坏处理办法》的规定电视机属于电子类产品，它的平均使用年限是 10 年，您家的电视机已使用 11 年，超过了它的使用年限，我们会按照原购货发牌价格的 10% 予以赔偿。

考核要点 5：感谢您的来电，再见。

Jc0003561012　业务咨询（电费）。（100 分）

考核知识点：日常用电咨询

难易度：易

技能等级评价专业技能考核操作工作任务书

一、任务名称

业务咨询（电费）。

二、适用工种

农网配电营业工（综合柜员）初级工。

三、具体任务

客户王某到供电公司营业厅反映，2020年下半年用电未明显增加但电费却多了很多，请分析解释。

四、工作规范及要求

（1）要求统一着工装、单独操作、符合规范服务要求。

（2）根据任务书完成表单填写。

（3）正确解答办理的相关规定。

五、考核及时间要求

（1）学员视现场实际操作情况可要求考评员协助操作，考评员不得提示。

（2）时间到应立即停止操作，整理工具材料离开操作场地。

（3）本考核操作时间为15分钟，时间到应立即停止考评。

技能等级评价专业技能考核操作评分标准

工种	农网配电营业工（综合柜员）				评价等级	初级工
项目模块	用电营业与服务—用电业务咨询			编号	Jc0003561012	
单位			准考证号		姓名	
考试时限	15分钟	题型		综合操作题	题分	100分
成绩		考评员		考评组长	日期	
试题正文	业务咨询（电费）					
需要说明的问题和要求	（1）要求统一着工装、单独操作、符合规范服务要求。 （2）根据任务书完成系统操作。 （3）针对此类用电性质给予合理用电相关建议意见					

序号	项目名称	质量要求	满分	扣分标准	扣分原因	得分
1	服务规范					
1.1	语言表达	用词准确，流畅、语气和蔼，普通话水平符合要求，使用文明礼貌用语	3	不主动使用普通话、语速过快过慢、礼貌用语不规范等每出现一处扣1分，扣完为止		
1.2	着装要求	着营业厅全套工作服，发型符合规范服务要求、佩戴工号牌	3	着装不标准，如袖口未扣，左胸无工号牌等，扣3分		
1.3	仪容仪表	符合仪容仪表规范	3	佩戴夸张饰品、发型发色不符合规范、长发未盘起等，扣3分		
1.4	行为举止	大方、得体	3	站坐走姿不规范，引导手势不规范，单手递交物品等，扣3分		
1.5	服务态度	全程微笑服务、态度热情、服务周达	3	无微笑服务此项不得分		
2	业务受理					
2.1	工作准备	检查电脑、打印机电源，以及席位牌状态、表单、纸笔等	5	未检查不得分		
2.2	迎接客户	您好！（起身相迎、微笑示座、主动问好）"请坐，请问您要办理什么业务？"	5	无规范文明用语，扣2分；无规范行为、举止，扣2分；在客户落座前坐下，扣1分		

续表

序号	项目名称	质量要求	满分	扣分标准	扣分原因	得分
2.3	咨询对接	跟客户确认咨询问题种类	30	未确认业务类型不得分		
2.4	问题分析	（1）查询客户同期电量进行比对，判定是否存在客户内部线路老化漏电或表计计量不准确问题。 （2）查询客户电量情况是否因居民阶梯电价导致电量突增。 （3）帮助客户联系计量人员与客户预约现场检查表计接线及是否存在表计"串户"情况	10	未进行同期对比，扣4分； 未查询阶梯电价，扣3分； 未帮助用户预约现场检查，扣3分		
2.5	一次性告知	（1）客户内部线路可委托有资质的社会电工进行检查。 （2）若怀疑表计计量不准确，可申请校表同步告知表计校验相关规定（需先结清电费、校表时限、表计校验不合格进行换表及退补差错电费）。 （3）告知计量人员联系方式，同时将客户联系方式告知计量人员。 （4）告知客户阶梯电价相关政策	25	未告知客户内部线路可委托有资质的社会电工进行检查，扣5分； 未告知校表政策，扣5分； 未告知计量人员联系方式，同时将客户联系方式告知计量人员，扣5分； 未告知客户阶梯电价相关政策，扣10分		
2.6	送客	起身微笑并问候"您的业务已办理完毕，请带好随身物品，欢迎您下次光临"	5	送客规范不满足要求，扣5分		
3	现场管理规范	工作完毕、清理现场，关闭设备电源、恢复席位牌、整理桌面	5	未清理不得分，扣5分		
	合计		100			

Jc0004541013　受理低压非居民客户新装申请。（100分）

考核知识点：低压非居民客户新装申请

难易度：易

技能等级评价专业技能考核操作工作任务书

一、任务名称

受理低压非居民客户新装申请。

二、适用工种

农网配电营业工（综合柜员）初级工。

三、具体任务

某客户新开一家餐厅，客户至营业厅申请15kW三相用电，请受理该低压非居民客户的新装申请。

四、工作规范及要求

（1）要求统一着工装、单独操作、符合规范服务要求。

（2）根据任务书完成表单填写。

（3）正确解答办理的相关规定。

五、考核及时间要求

（1）学员视现场实际操作情况可要求考评员协助操作，考评员不得提示。

（2）时间到应立即停止操作，整理工具材料离开操作场地。

（3）本考核操作时间为15分钟，时间到应立即停止考评。

技能等级评价专业技能考核操作评分标准

工种	农网配电营业工（综合柜员）			评价等级	初级工
项目模块	用电营业与服务—业扩报装		编号		Jc0004541013
单位		准考证号		姓名	
考试时限	15分钟	题型	单项操作题	题分	100分
成绩		考评员		考评组长	日期

试题正文	受理低压非居民客户新装申请
需要说明的问题和要求	（1）时间到应立即停止操作，整理工具材料离开操作场地。 （2）本考核操作时间为15分钟

序号	项目名称	质量要求	满分	扣分标准	扣分原因	得分
1	服务规范					
1.1	语言表达	用词准确、流畅、语气和蔼，普通话水平符合要求，使用文明礼貌用语	2	不主动使用普通话、语速过快过慢、礼貌用语不规范等每出现一处扣1分，扣完为止		
1.2	着装要求	着营业厅全套工作服，发型符合规范服务要求、佩戴工号牌	2	着装不标准，如袖口未扣、左胸无工号牌等，扣2分		
1.3	仪容仪表	符合仪容仪表规范	2	佩戴夸张饰品、发型发色不符合规范、长发未盘起等，扣2分		
1.4	行为举止	大方、得体	2	站坐走姿不规范，引导手势不规范，单手递交物品等，扣2分		
1.5	服务态度	全程微笑服务、态度热情、服务周达	2	无微笑服务此项不得分		
2	业务受理					
2.1	工作准备	检查电脑、打印机电源，以及席位牌状态、表单、纸笔等	5	未检查不得分		
2.2	迎接客户	您好！（起身相迎、微笑示座、主动问好）"请坐，请问您要办理什么业务？"	5	无规范文明用语，扣2分； 无规范行为、举止，扣2分； 在客户落座前坐下，扣1分		
2.3	业务判定	跟客户确认办理的业务种类的流程和时限	5	未与客户确认办理的业务种类的流程和时限，扣5分		
2.4	申请资料审核	审核资料完整性（房产证、身份证、营业执照），指出缺失资料。 按一证办理，告知客户一证办理的政策	10	未指出客户缺失资料，扣5分； 未告知一证办理政策且未按一证办理政策为客户办理，扣5分		
2.5	表单填写	协助客户填写表单（登记表签字，承诺书签字）	10	未完整准确指导客户填写登记表、承诺书，扣10分		
2.6	发起流程并传递受理环节	正确发起低压非居民客户新装流程，录入客户基础信息及申请用电信息（户名、用电地址、用电容量、单/三相、供电电压、证件信息、联系人信息）并传递受理环节。 请客户对系统录入信息进行核对。 一次性告知客户后续流程及时限（现场勘查、竣工验收、签订合同、装表送电）。 正确完成系统实名制认证（认证类型正确无误）	20	未正确发起低压非居民流程，未录入客户基础信息及申请用电信息（户名、用电地址、用电容量、单/三相、供电电压、证件信息、联系人信息）并传递受理环节，扣5分； 未请客户对系统录入信息进行核对，扣5分； 未一次性告知客户后续流程及时限（现场勘查、竣工验收、签订合同、装表送电），扣5分； 未正确完成系统实名制认证（认证类型正确无误），扣5分		
2.7	告知客户"三不指定"相关规定及优化营商环境要求	告知客户电能表及以上资产由供电企业投资，有受电工程的由客户自主委托有资质的施工单位进行施工，供电公司不指定设计、施工及供货单位，按优化营商环境要求答复客户产权分界点	5	未告知客户申请用电工程施工由客户自主委托有资质的施工单位进行施工，供电公司不指定设计、施工及供货单位，未按优化营商环境要求答复客户产权分界点，扣5分		

续表

序号	项目名称	质量要求	满分	扣分标准	扣分原因	得分
2.8	起草供用电合同及电费结算协议	验收合格后，签订低压非居民供用电合同及相关协议： （1）起草合同及电费结算协议； （2）告知客户合同及协议内容，对协议内违约用电责任、产权分界点、电费缴费日期、欠费停电、电费违约金等敏感条款进行解释说明； （3）指导客户签字； （4）正确盖章（骑缝章）； （5）告知客户电费电价的变化	20	未起草合同及电费结算协议，扣4分； 未告知客户合同及协议内容，未对协议内违约用电责任、产权分界点、电费缴费日期、欠费停电、电费违约金等敏感条款进行解释说明，扣4分； 未指导客户签字，扣4分； 未正确盖章（骑缝章），扣4分； 未告知客户电费电价的变化，扣4分		
2.9	送客	起身微笑并问候"您的业务已办理完毕，请带好随身物品，欢迎您下次光临"	5	送客规范不满足要求，扣5分		
3	现场管理规范	工作完毕、清理现场、关闭设备电源、恢复席位牌、整理桌面	5	未清理不得分，扣5分		
	合计		100			

Jc0004562014 业扩报装及变更用电业务处理。（100分）

考核知识点：业务处理

难易度：中

技能等级评价专业技能考核操作工作任务书

一、任务名称

业扩报装及变更用电业务处理。

二、适用工种

农网配电营业工（综合柜员）初级工。

三、具体任务

完成如下业扩报装及变更用电业务处理。

某投资大厦核定用电容量80kVA，计量电流互感器变比为150/5，总表下分别装设了4只分表，分别用于4家企业用电量的计量。由于4家企业在用电量及电费缴纳方法上产生了一些矛盾，其中一家食品公司向供电公司提出分户用电（20kW）申请，请问供电公司应如何办理？办理业务过程中，对客户受理员的服务质量如何要求？

四、工作规范及要求

（1）考生独立完成答题。

（2）正确描述案例中相关法律法规条款。

（3）为客户提供合理建议。

（4）考生不得询问与考试内容无关的问题，考评员不得提示与考试有关的内容。

五、考核及时间要求

本考核操作时间20分钟。

技能等级评价专业技能考核操作评分标准

工种	农网配电营业工（综合柜员）			评价等级	初级工
项目模块	用电营业与服务—业扩报装		编号		Jc0004562014
单位		准考证号		姓名	

续表

考试时限	20分钟		题型	综合操作题		题分	100分
成绩		考评员		考评组长		日期	

试题正文	业扩报装及变更用电业务处理
需要说明的问题和要求	（1）正确描述案例中相关法律法规及条款。 （2）为客户提供合理建议

序号	项目名称	质量要求	满分	扣分标准	扣分原因	得分
1	业务受理	正确描述客户办理业务相关的法律法规条款	70	相应法律法规条款描述不清，扣20分，描述错误扣70分		
2	服务质量要求	符合公司相关优质服务的标准	30	根据服务质量内容每项不合格扣6分，扣完为止		
	合计		100			

标准答案：

（1）根据《供电营业规则》第三十条的规定，食品公司应申请办理分户手续。在用电地址、供电点、用电容量不变，受电装置具备分装的条件下，允许办理分户，其要求如下：① 在原客户与供电公司结清债务的情况下，再办理分户手续；原有用电容量应由分户者自行协商分割，并达成一致意见后，在原用电容量80kVA中扣除20kW的容量。② 分户发生的工程、材料费用由食品公司承担。③ 分户后，食品公司如容量不够，需要增容，分户后另行向供电公司办理增容手续。

（2）用词准确，语言简练；语气、语调得当，语速适中；发音准确，普通话标准；举止礼貌，精神饱满；态度热情，服务周到。

Jc0004541015　单相配表。（100分）

考核知识点： 配表计算

难易度： 易

技能等级评价专业技能考核操作工作任务书

一、任务名称

单相配表。

二、适用工种

农网配电营业工（综合柜员）初级工。

三、具体任务

某单相居民客户家有1台电视机500W，1台电冰箱1.5kW，15W白炽灯5盏，其他电气设备共300W，计算客户总容量及应配置多大单相电能表？

四、工作规范及要求

计算准确，文字描述清晰、规范。

五、考核及时间要求

本考核要求完成时间为30分钟，答题完整，文字描述清晰、规范。

技能等级评价专业技能考核操作评分标准

工种	农网配电营业工（综合柜员）		评价等级	初级工
项目模块	用电营业与服务—用电营业管理	编号	Jc0004541015	
单位		准考证号	姓名	
考试时限	30分钟	题型	单项操作题	题分	100分
成绩		考评员	考评组长	日期	
试题正文	单相配表			
需要说明的问题和要求	（1）要求单人完成。 （2）计算步骤清晰			

序号	项目名称	质量要求	满分	扣分标准	扣分原因	得分
1	总容量计算	计算正确	30	错误扣30分		
2	电流计算	计算正确	40	错误扣40分		
3	电能表选择	选择正确	30	选择错误扣30分		
	合计		100			

标准答案：

解：

总容量=电视机＋电冰箱＋白炽灯＋其他电气设备＝500＋1500＋15×5＋300＝2375（W）

$$I=P/U=2375/220=10.80（A）$$

应配10～40A单相有功电能表1块。

Jc0005552016　收费员管家卡绑定/解绑流程。（100分）

考核知识点： 电费、业务费收取的相关工作标准及规定

难易度： 中

技能等级评价专业技能考核操作工作任务书

一、任务名称

收费员管家卡绑定/解绑流程。

二、适用工种

农网配电营业工（综合柜员）初级工。

三、具体任务

请简述收费员管家卡绑定/解绑的操作步骤。

四、工作规范及要求

（1）钢笔或中性笔。

（2）文字表述清楚，按顺序填写。

五、考核及时间要求

本考核要求完成时间为20分钟，答题完整，文字描述清晰、规范。

技能等级评价专业技能考核操作评分标准

工种	农网配电营业工（综合柜员）		评价等级	初级工
项目模块	电费管理—收费管理	编号	Jc0005552016	

续表

单位			准考证号			姓名	
考试时限	20分钟		题型		多项操作题	题分	100分
成绩		考评员		考评组长		日期	
试题正文	收费员管家卡绑定/解绑流程						
需要说明的问题和要求	（1）要求单人完成。 （2）自备计算器、钢笔或中性笔。 （3）文字表述清楚						

序号	项目名称	质量要求	满分	扣分标准	扣分原因	得分
1	操作流程	填写完整、准确	100	不完整或不准确每条扣25分，扣完为止		
	合计		100			

标准答案：

收费员管家卡绑定/解绑操作流程：

（1）县（所）/地市公司营业班长发起收费员管家卡绑定/解绑流程。

（2）输入收费员工号，查询后确定需绑定的收费员。

（3）点击"绑定"按钮，选择提供管家卡服务的银行，系统自动匹配管家卡号，完成绑定。

（4）县（所）/地市公司营业班长发起收费员管家卡解绑流程，发送省公司营销服务中心核算员进行审批，审批通过后完成解绑。

Jc0005552017 供电营业厅收费员现金收费的操作流程。（100分）

考核知识点： 电费、业务费收取的相关工作标准及规定

难易度： 中

技能等级评价专业技能考核操作工作任务书

一、任务名称

供电营业厅收费员现金收费的操作流程。

二、适用工种

农网配电营业工（综合柜员）初级工。

三、具体任务

请回答供电营业厅收费员现金收费的操作流程及注意事项，从接待客户开始至完成当天的工作。

四、工作规范及要求

（1）自备钢笔或中性笔。

（2）文字描述条理清晰，简明扼要。

五、考核及时间要求

本考核要求完成时间20分钟，按照现行营业厅收费管理办法执行。

技能等级评价专业技能考核操作评分标准

工种	农网配电营业工（综合柜员）		评价等级	初级工
项目模块	电费管理—收费管理	编号	Jc0005552017	
单位		准考证号		姓名

续表

考试时限	20分钟	题型		多项操作题		题分		100分
成绩		考评员		考评组长		日期		
试题正文	供电营业厅收费员现金收费的操作流程							
需要说明的问题和要求	（1）要求单人完成。 （2）自备钢笔或中性笔。 （3）操作流程要闭环							

序号	项目名称	质量要求	满分	扣分标准	扣分原因	得分
1	操作流程	填写完整、准确	90	不完整或不准确每条扣18分，扣完为止		
2	注意事项	填写正确	10	不正确扣10分		
	合计		100			

标准答案：

（1）操作流程：

1）在营销系统准确录入客户户号，如客户无法提供户号，应按姓名、地址等进行模糊查询，与客户核对基本信息（户号、户名、地址）。

2）如基本信息核对一致，在营销系统查询该客户当月欠费并告知客户，客户缴纳现金后应做好清点，纸币应使用验钞机进行检验，对疑似假币应要求客户更换。

3）现金清点完成后如有余额应找还客户，如客户愿意将剩余金额作为暂存款，则按照预收电费流程操作。

4）询问客户是否需要电费账单或电子发票，准确打印电费账单或电子发票。

5）收取的现金应及时放入保险柜保存，收费人员在每日收费结束后应重新清点款项，填写现金缴款单，并在营销系统完成现金解款，将现金交接给班组长指定负责人，将现金解缴至银行。

（2）注意事项：收费过程中遵守供电服务相关要求。

Jc0005552018　国网商城企业缴费注册及缴费操作流程。（100分）

考核知识点：常用缴费渠道、方式和资金结算方式的相关内容

难易度：中

技能等级评价专业技能考核操作工作任务书

一、任务名称

国网商城企业缴费注册及缴费操作流程。

二、适用工种

农网配电营业工（综合柜员）初级工。

三、具体任务

简述国网商城企业缴费操作流程。

四、工作规范及要求

按照实际操作步骤填写。

五、考核及时间要求

本考核要求完成时间20分钟，要求操作步骤正确，文字描述清晰。

技能等级评价专业技能考核操作评分标准

工种	农网配电营业工（综合柜员）			评价等级	初级工
项目模块	电费管理—收费管理		编号		Jc0005552018
单位		准考证号		姓名	
考试时限	20分钟	题型	多项操作题	题分	100分
成绩		考评员		考评组长	日期

试题正文	国网商城企业缴费注册及缴费操作流程
需要说明的问题和要求	（1）要求单人完成。 （2）步骤规范、流程完整准确清晰

序号	项目名称	质量要求	满分	扣分标准	扣分原因	得分
1	注册流程	填写正确	28	共3项，网址填写错误扣10分；其他错误一项扣9分，扣完为止		
2	缴费流程	填写正确	72	共9项，错误一项扣8分，扣完为止		
	合计		100			

标准答案：

（1）输入网址 http：//www.esgcc.com.cn 进入国网商城→单击免费注册→填写必要信息完成注册。

（2）登录国网商城→单击"电费网银"→单击"企业交费"→选择客户编号所属省份→输入客户编号→填写并勾选相关信息→单击"确认交费"→核对显示的客户编号、名称、用电地址、应缴金额等信息→进行支付。

Jc0005542019　绘制非政策退补流程图。（100分）

考核知识点： 营销业务应用的操作手册相关知识

难易度： 中

技能等级评价专业技能考核操作工作任务书

一、任务名称

绘制非政策退补流程图。

二、适用工种

农网配电营业工（综合柜员）初级工。

三、具体任务

请绘制营销业务应用系统非政策退补流程图。

四、工作规范及要求

（1）自备计算器、铅笔、橡皮、钢笔、中性笔、直尺等。

（2）按照营销业务应用系统规范绘制流程。

五、考核及时间要求

本考核要求完成时间20分钟，要求图形规范、文字描述清晰。

技能等级评价专业技能考核操作评分标准

工种	农网配电营业工（综合柜员）			评价等级	初级工
项目模块	用电营业与服务—用电营业管理		编号		Jc0005542019
单位		准考证号		姓名	

续表

考试时限	20分钟	题型		单项操作题	题分		100分
成绩		考评员		考评组长	日期		
试题正文	绘制非政策退补流程图						
需要说明的问题和要求	（1）要求单人完成。 （2）步骤规范、流程完整准确清晰						

序号	项目名称	质量要求	满分	扣分标准	扣分原因	得分
1	开始	图形规范，表述准确	10	不规范、表述错误，扣10分		
2	流程步骤	图形规范，表述准确	80	步骤错、漏一处扣15分，扣完为止		
3	结束	图形规范，表述准确	10	不规范、表述错误，扣10分		
	合计		100			

标准答案：

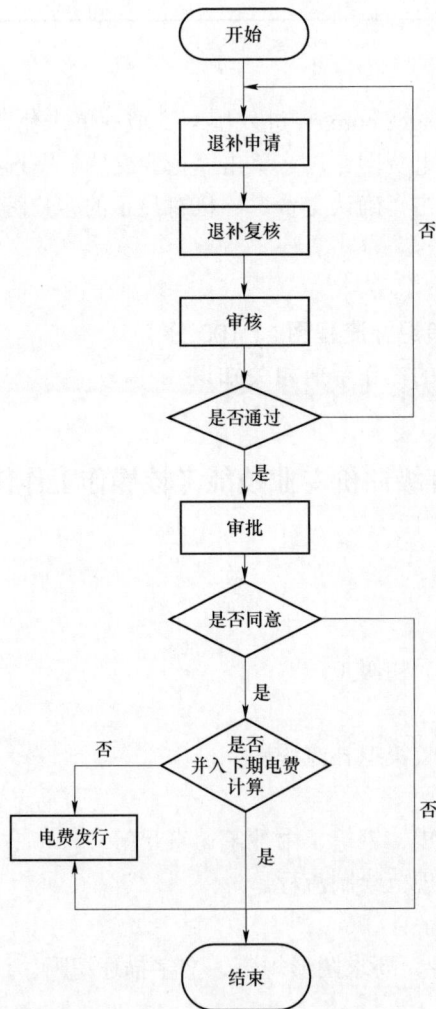

Jc0005541020　开通微信购电的方式。（100分）
考核知识点： 营销业务应用的操作
难易度： 易

技能等级评价专业技能考核操作工作任务书

一、任务名称

开通微信购电的方式。

二、适用工种

农网配电营业工（综合柜员）初级工。

三、具体任务

写出开通微信购电的几种方式，开通后如何确定已开通？

四、工作规范及要求

（1）钢笔或中性笔。

（2）文字表述清楚，客户提供信息完整。

五、考核及时间要求

要求至少写出 3 种方式，考核时间 20 分钟。

技能等级评价专业技能考核操作评分标准

工种	农网配电营业工（综合柜员）			评价等级	初级工	
项目模块	电费管理—收费管理		编号		Jc0005541020	
单位		准考证号		姓名		
考试时限	20 分钟	题型	单项操作题	题分	100 分	
成绩		考评员		考评组长	日期	
试题正文	开通微信购电的方式					
需要说明的问题和要求	（1）要求单人完成。 （2）要求至少写出 3 种方式。 （3）文字表述清楚，客户提供信息完整					

序号	项目名称	质量要求	满分	扣分标准	扣分原因	得分
1	开通方式	填写正确 3 种方式	90	少写一种扣 30 分，扣完为止		
2	客户确认开通方式	正确	10	错误扣 10 分		
	合计		100			

标准答案：

（1）开通方式：

1）客户持卡到供电营业厅，提供身份证、手机号，供电服务人员开通微信购电。

2）客户持购电小票，电话联系供电营业厅，告知客户编号、手机号、身份证号，供电服务人员开通微信购电。

3）客户持购电小票，拨打 24 小时开通电话 4006967220，告知值班人员客户编号、手机号、身份证号，值班人员开通微信购电。

（2）客户确认已开通：开通后系统会发送短信到客户预留联系手机号上，告知客户已经开通手机缴费功能。

Jc0005541021　微信购电的操作步骤。（100 分）

考核知识点： 营销业务应用的操作

难易度： 易

技能等级评价专业技能考核操作工作任务书

一、任务名称

微信购电的操作步骤。

二、适用工种

农网配电营业工（综合柜员）初级工。

三、具体任务

写出微信购电的操作步骤。

四、工作规范及要求

（1）钢笔或中性笔。

（2）文字表述清楚，按顺序填写。

五、考核及时间要求

本考核要求完成时间 20 分钟。

技能等级评价专业技能考核操作评分标准

工种	农网配电营业工（综合柜员）			评价等级	初级工
项目模块	电费管理—收费管理		编号		Jc0005541021
单位		准考证号		姓名	
考试时限	20 分钟	题型	综合操作题	题分	100 分
成绩		考评员	考评组长		日期
试题正文	微信购电的操作步骤				
需要说明的问题和要求	（1）要求单人完成。 （2）自备计算器、钢笔或中性笔。 （3）列式计算				

序号	项目名称	质量要求	满分	扣分标准	扣分原因	得分
1	操作步骤	8 个步骤完整	100	缺一项 12.5 分，扣完为止		
	合计		100			

标准答案：

打开微信→支付→生活缴费→电费→输入客户编号→查询账单→输入购电金额→立即缴费。

Jc0006552022 违约金收取的案例分析。（100 分）

考核知识点： 电费违约金的收取标准及计算方法

难易度： 中

技能等级评价专业技能考核操作工作任务书

一、任务名称

违约金收取的案例分析。

二、适用工种

农网配电营业工（综合柜员）初级工。

三、具体任务

2019 年 3 月 1 日，刘先生到供电公司营业厅缴纳 2 月营业房的电费，该客户 2 月应收电费 81 元，由于超过规定缴费时间一天，导致产生电费 1 元违约金，客户对此产生疑问。请问如何消除客户的误解，以及如何避免客户类似的误会再次出现？

四、工作规范及要求

问题回答全面、准确，条理清晰。

五、考核及时间要求

本考核要求完成时间为 20 分钟，文字描述清晰，术语规范。

技能等级评价专业技能考核操作评分标准

工种	农网配电营业工（综合柜员）				评价等级	初级工	
项目模块	电费管理—收费管理			编号		Jc0006552022	
单位			准考证号			姓名	
考试时限	20 分钟		题型		综合操作	题分	100 分
成绩		考评员		考评组长		日期	
试题正文	违约金收取的案例分析						
需要说明的问题和要求	（1）要求单人完成。 （2）自备钢笔或中性笔						

序号	项目名称	质量要求	满分	扣分标准	扣分原因	得分
1	《供电营业规则》规定的违约金收取的标准	写出共 2 条，内容正确全面	40	错误一条扣 20 分，扣完为止		
2	措施建议	写出共 3 条，内容正确全面	60	错误一条扣 20 分，扣完为止		
	合计		100			

标准答案：

（1）消除误解：做好解释工作，消除客户的误解。根据《供电营业规则》第九十八条"客户在供电企业规定的期限内未交清电费时，应承担电费滞纳的违约责任。电费违约金从逾期之日起计算至缴纳日止。每日电费违约金按下列规定计算：除居民以外的其他客户每日按欠费总额的 0.2‰ 计算；电费为约见收取总额按日累加计收，总额不足 1 元者按 1 元收取。"，工作人员耐心向客户做好解释工作，让客户了解收取一元滞纳金的由来，消除客户的误解。

（2）措施建议如下：

1）加大对《供电营业规则》、电力法律法规及用电常识等电费回收相关政策的宣传力度，强化用电客户"用电是您的权利，缴费是你的义务"的认识，培养客户自觉缴费的意识。

2）推广运用远程费控智能电能表。

3）拓展缴费渠道，为客户提供便捷的缴费方式，方便客户缴纳电费。如预存电费、银行代扣代收电费、线上渠道缴费、POS 机缴费等。

Jc0007541023 光伏客户日发电量及月末冻结表码查询。（100 分）

考核知识点： 系统应用

难易度： 易

技能等级评价专业技能考核操作工作任务书

一、任务名称

光伏客户日发电量及月末冻结表码查询。

二、适用工种

农网配电营业工（综合柜员）初级工。

三、具体任务

在用电信息采集系统中查询某一低压发电客户某月 1～10 日每日发电量及当月月末冻结表码，并将结果填写在答题纸上。

四、工作规范及要求

填写查询客户编号、户名及对应的需要查询内容。

五、考核及时间要求

本题要求完成时间为 20 分钟，时间到应立即停止操作。

技能等级评价专业技能考核操作评分标准

工种	农网配电营业工（综合柜员）			评价等级	初级工
项目模块	新型营销业务—新型营销业务应用系统		编号		Jc0007541023
单位		准考证号		姓名	
考试时限	20 分钟	题型	单项操作题	题分	100 分
成绩		考评员	考评组长	日期	
试题正文	光伏客户日发电量及月末冻结表码查询				
需要说明的问题和要求	（1）要求单人完成。（2）填写查询客户编号、户名及对应的需要查询内容				

序号	项目名称	质量要求	满分	扣分标准	扣分原因	得分
1	户号、户名	填写正确	10	错误一项扣 5 分		
2	1～10 日每日总发电量	填写正确	80	错误一日扣 8 分		
3	年月、月末冻结表码	填写正确	10	错误一项扣 5 分		
	合计		100			

第二部分
中级工

第三章　农网配电营业工（综合柜员）中级工技能笔答

Jb0001432001　什么是运用中的电气设备？（5分）

考核知识点： 违约用电和窃电的处理

难易度： 中

标准答案：

运用中的电气设备是指全部带有电压、一部分带有电压或一经操作即带有电压的电气设备。

Jb0001431002　峰谷分时电价的制定方法主要有哪几种？（5分）

考核知识点： 用电类别、行业分类、电价执行标准等

难易度： 易

标准答案：

峰谷分时电价的制定方法主要有上下浮动比例法、以峰定谷法、边际成本法。

Jb0001432003　什么是非居民照明用电？（5分）

考核知识点： 用电类别、行业分类、电价执行标准等

难易度： 中

标准答案：

除居民生活用电、商业用电、大工业用电生产车间照明以外的照明用电以及空调、电热（不包括基建施工照明、地下铁路照明、地下防空照明、防汛临时照明）等用电或者用电设备总容量不足3kW的动力用电等。

Jb0001431004　工商业及其他用电包括哪几类用电类别？（5分）

考核知识点： 电价政策

难易度： 易

标准答案：

工商业及其他用电包括非居民照明、非工业、商业、普通工业、大工业五类。

Jb0001432005　供电营业规范化服务标准中营业环境有哪些要求？（5分）

考核知识点： 日常营业中的服务工作

难易度： 中

标准答案：

营业环境包括以下内容：

（1）设有客户等候休息处，置备客户书写台。

（2）放置赠送客户的宣传资料，包括电力法规制度、办理用电业务须知、电价与电费制度、用电

常识等。

（3）营业场所应有明显标志，营业柜台应定置摆放标示办理各类业务的标牌。

（4）告示营业时间及受理业务范围、办理程序、收费项目、收费标准和服务程序。

Jb0001431006　《国家电网公司供电服务规范》"95598"服务规范中规定哪些诉求应该进行回访？（5分）

考核知识点："95598"服务规范

难易度：易

标准答案：

对客户投诉，应100%跟踪投诉受理全过程，5天内答复。对故障报修，必要时在修复后及时进行回访，听取意见和建议。

Jb0001431007　《国家电网公司供电服务奖惩规定》中对于供电服务三类过错是如何界定的？（5分）

考核知识点：供电服务三类过错

难易度：易

标准答案：

情节较轻，偶尔发生，未造成不良影响的供电服务过错。

Jb0001432008　用电营业管理的主要工作内容包括哪些？（5分）

考核知识点：用电营业管理概述

难易度：中

标准答案：

（1）新装、增容。

（2）变更用电管理工作。

（3）电费管理（抄表管理、核算管理、电费收缴及账务管理、线损管理）。

（4）供用电合同管理。

（5）营业稽查管理。

（6）供电优质服务。

Jb0001431009　文明服务规范的形象行为规范有哪些要求？（5分）

考核知识点：日常营业中的服务工作

难易度：易

标准答案：

着装、仪容和举止是供电营业职工的外在表现，既反映员工个人修养，又代表企业的形象。

着装的基本要求是统一、整洁、得体；仪容的基本要求是自然、大方、端庄；举止的基本要求是文雅、礼貌、精神。

Jb0001432010　供电营业规范化服务标准中柜台服务有哪些要求？（5分）

考核知识点：日常营业中的服务工作

难易度：中

标准答案：

柜台服务包括以下内容：

（1）上岗员工统一着装，佩戴统一编号的服务证（章）、工号牌。

（2）上岗员工要主动、热情、周到接待客户。

（3）上岗员工必须使用规范化文明用语，提倡使用普通话。

（4）设置咨询服务岗位，为客户提供用电或办理用电手续咨询服务。

（5）办理每件居民客户收费业务的时间不超过 5min，客户办理用电业务的等候时间不超过 20min。

Jb0001431011 **《国家电网公司供电服务规范》营业场所服务规范规定，因计算机系统出现故障而影响业务办理时应如何处理？（5分）**

考核知识点： 日常营业中的服务工作

难易度： 易

标准答案：

因计算机系统出现故障而影响业务办理时，若短时间内可以恢复，应请客户稍候并致歉。若需较长时间才能恢复，除向客户说明情况并道歉外，应请客户留下联系电话，以便另约服务时间。

Jb0001431012 **《国家电网公司供电服务规范》中"95598"服务内容有哪些？（5分）**

考核知识点： 日常营业中的服务工作

难易度： 易

标准答案：

（1）"95598"客户服务热线：停电信息公告、电力故障报修、服务质量投诉、用电信息查询、咨询、业务受理等。

（2）"95598"客户服务网页（网站）：停电信息公告、用电信息查询、业务办理信息查询、供用电政策法规查询、服务质量投诉等。

（3）24 小时不间断服务。

Jb0001431013 **什么是非工业用电？（5分）**

考核知识点： 电价执行标准和执行范围

难易度： 易

标准答案：

凡以电为原动力，或以电冶炼、烘焙、熔焊、电解、电化的试验和非工业生产，其总容量在 3kW 及以上者。

Jb0001431014 **什么是最大需量？（5分）**

考核知识点： 电价执行标准和执行范围

难易度： 易

标准答案：

最大需量是指计量在一定结算期内（一般为一个月）某一段时间（15min 内）客户用电的平均功率，保留其最大一次指示值作为这一结算期的最大需量。

Jb0001431015 **说明智能电能表异常运行显示代码 Err－01、Err－04、Err－06、Err－08、Err－11、Err－12、Err－13、Err－14 的含义。（5分）**

考核知识点： 日常营业工作中的主要内容

难易度：易

标准答案：

Err－01：控制回路错误。

Err－04：时钟电池电压低。

Err－06：存储器故障或损坏。

Err－08：时钟故障。

Err－11：ESAM 验证失败。

Err－12：客户编号不匹配。

Err－13：充值次数错误。

Err－14：购电超囤积。

Jb0001431016 说明智能电能表异常运行显示代码 Err－17、Err－18、Err－22、Err－23、Err－24、Err－51、Err－52、Err－53 的含义。（5 分）

考核知识点：日常营业工作中的主要内容

难易度：易

标准答案：

Err－17：未按编程键。

Err－18：提前拔卡。

Err－22：表计未开户。

Err－23：卡损坏或不明类型卡。

Err－24：表计电压过低。

Err－51：负荷过载。

Err－52：电流严重不平衡。

Err－53：过电压。

Jb0001411017 供电企业在进行营业普查时发现某居民客户在公用 220V 低压线路上私自接用一只 2kW 的电炉进行窃电，且窃电时间无法查明。请计算该居民客户应补交的电费和违约使用电费（电价为 0.448 6 元/kWh）。（5 分）

考核知识点：窃电及违约用电的规定及处罚依据

难易度：易

标准答案：

解：

根据《供电营业规则》规定，该客户窃电时间无法查明，窃电时间按 180 天、每天 6 小时计算。

该客户应补交电费=窃电负荷×使用天数×每天使用小时数×电价=2×180×6×0.448 6=968.98（元）

违约使用电费=补交电费×倍数=968.98×3=2906.94（元）

答：该客户应补交电费 968.98 元，违约使用电费 2906.94 元。

Jb0001431018 某供电所在一次营业普查过程中发现，某高压非工业客户超过合同约定私自增加一台受电变压器容量 30kVA，该客户应缴纳违约使用电费多少元？供电企业该如何处理？（5 分）

考核知识点：窃电及违约用电的规定及处罚依据

难易度：易

标准答案：

（1）该客户应拆除私增容的变压器，并承担私增容量 50 元/kW（元/kVA）的违约使用电费。

根据《供电营业规则》第一百条第二款规定，该客户应缴纳的违约使用电费为 30×50=1500（元）。

（2）若该客户要求继续使用，则按新装增容办理。

Jb0001431019 居民生活用电包括哪些内容？（5分）

考核知识点： 居民生活用电

难易度： 易

标准答案：

（1）城乡居民住宅用电。

（2）城乡居民住宅小区公用附属设施用电。

（3）学校教学和学生生活用电。

（4）社会福利场所生活用电。

（5）宗教场所生活用电。

（6）城乡社区居民委员会服务设施用电。

Jb0001432020 农业生产用电包括哪些内容？（5分）

考核知识点： 农业生产用电

难易度： 中

标准答案：

（1）农业用电。

（2）林木培育和种植用电。

（3）畜牧业用电。

（4）渔业用电。

（5）农业灌溉用电。

（6）农产品初加工用电。

Jb0001432021 大工业用电指什么？（5分）

考核知识点： 大工业用电

难易度： 中

标准答案：

大工业用电是指受电变压器（含不通过受电变压器的高压电动机）容量在 315kVA 及以上的下列用电：

（1）以电为原动力，或以电冶炼、烘焙、熔焊、电解、电化、电热的工业生产用电。

（2）铁路（包括地下铁路、城铁）、航运、电车及石油（天然气、热力）加压站生产用电。

（3）自来水、工业实验、电子计算中心、垃圾处理、污水处理生产用电。

Jb0001433022 农副产品加工业用电指什么？（5分）

考核知识点： 农副产品加工业用电

难易度： 难

标准答案：

农副产品加工业用电是指直接以农、林、牧、渔产品为原料进行的谷物磨制、饲料加工、植物油和制糖加工、屠宰及肉类加工、水产品加工，以及蔬菜、水果、坚果等食品的加工用电。

Jb0002431023　国家电网有限公司的企业宗旨是什么？（5分）

考核知识点：公司战略目标体系

难易度：易

标准答案：

人民电业为人民。

Jb0002431024　国家电网有限公司的使命是什么？（5分）

考核知识点：公司战略目标体系

难易度：易

标准答案：

为美好生活充电，为美丽中国赋能。

Jb0002431025　国家电网有限公司的战略定位是什么？（5分）

考核知识点：公司战略目标体系

难易度：易

标准答案：

国民经济保障者，能源革命践行者，美好生活服务者。

Jb0002431026　某日客户至营业厅办理低压非居民新装用电业务时，工作人员要求客户至指定店面购买电表箱，客户能提供购买清单（其中表箱费用为160元）及微信转账交易记录，经相关人员现场检查后，对涉及该事件的工作人员进行相应处罚。请问在此过程中，工作人员有哪些违规之处？并指出这一事件暴露出的问题。（5分）

考核知识点：国家电网有限公司供电服务规范

难易度：易

标准答案：

（1）违规条款：《国家电网有限公司员工服务"十个不准"》第四条：不准为客户工程指定设计、施工、供货单位。

（2）暴露问题：供电公司监管不到位，出现工作人员为客户指定供货单位的情况。

Jb0002431027　客户4月4日17时02分至营业厅办理增容业务，工作人员当时准备下班，并向客户解释已到下班时间，可等清明假期结束后申请增容业务，客户不满引发投诉。请问在此过程中，工作人员有哪些违规之处？并指出这一事件暴露出的问题。（5分）

考核知识点：国家电网有限公司供电服务规范

难易度：易

标准答案：

（1）违规条款：

1）《国家电网公司供电服务规范》第四条第二款：真心实意为客户着想，尽量满足客户的合理要求。对客户的咨询、投诉等不推诿，不拒绝，不搪塞，及时、耐心、准确地给予解答。

2）《国家电网公司供电服务规范》第十一条第九款：临下班时，对于正在处理中的业务应照常办理完毕后方可下班。下班时如仍有等候办理业务的客户，应继续办理。

（2）暴露问题：

1）营业厅工作人员责任心不强，服务意识淡薄，推诿、搪塞、怠慢客户，对投诉风险的预估性不足。

2）营业厅工作人员未按照对外公布的营业时间营业，给客户带来不良感知。

Jb0002432028 客户分别于 2018 年 8 月和 11 月在营业厅办理 2 户低压非居民新装用电业务，施工结束后施工队工作人员分别两次各向客户收取电表安装费 2400 元，共计 4800 元，存在施工人员未经授权假借供电所工作人员名义向客户收取业扩工程相关费用嫌疑，客户误认为是供电所工作人员行为，故引发投诉。投诉后，工作人员及时联系客户耐心解释，客户对此表示理解。请问在此过程中，工作人员有哪些违规之处？并指出这一事件暴露出的问题。（5 分）

考核知识点：国家电网有限公司员工服务"十个不准"

难易度：中

标准答案：

（1）违规条款：《国家电网有限公司员工服务"十个不准"》第二条：不准违反政府部门批准的收费项目和标准向客户收费。

（2）暴露问题：

1）施工队工作人员工作态度不端正，不能严格要求自己，违反政府部门批准的收费项目和标准向客户收费，严重损害供电部门形象。

2）供电公司管理制度存在漏洞，对施工队监管力度不足。

Jb0003433029 《中华人民共和国网络安全法》什么时候开始施行？有什么特点？（5 分）

考核知识点：信息安全管理

难易度：难

标准答案：

《中华人民共和国网络安全法》自 2017 年 6 月 1 日起施行，该法是我国网络领域的基础性法律，明确加强对个人信息保护，打击网络诈骗。

Jb0004431030 有哪些情形不经批准即可中止供电，但事后应报告本单位负责人？（5 分）

考核知识点：违约用电的处理

难易度：易

标准答案：

不可抗拒力和紧急避险。

Jb0004433031 什么是重要电力客户？（5 分）

考核知识点：用电业务咨询

难易度：难

标准答案：

重要电力客户是指在国家或者一个地区（城市）的社会、政治、经济生活中占有重要地位，对其中断供电将可能造成人身伤亡、较大环境污染、较大政治影响、较大经济损失、社会公共秩序严重混乱的用电单位或对供电可靠性有特殊要求的用电场所。

重要电力客户认定一般由各级供电企业或电力客户提出，经当地政府有关部门批准。

Jb0004431032 配电箱、电表箱如何保证安全？当发现配电箱、电表箱体带电时，应如何处理？（5 分）

考核知识点：用电业务咨询

难易度：易

标准答案：

所有配电箱、电表箱均应可靠接地且接地电阻应满足要求。发现带电时，应断开一级电源将其停电，查明原因，并做相应处理。

Jb0004433033　列举至少两种少计漏计电量的不合理电能计量方式，并提出解决方法。（5分）

考核知识点：用电业务咨询

难易度：难

标准答案：

（1）不合理计量方式：

1）用三相三线电能表计量单相符合电量。

2）计费电能表配置不合理，电能表容量过大或过小。

（2）解决办法：抄表人员或检查人员及时了解客户内部电气设备使用情况及负荷情况。根据客户实际用电负荷情况出具相应工作单至有关部门改变计量方式，分别将三相三线电能表更换为三相四线电能表计量，将常规电能表更换为宽负荷电能表计量。

Jb0005432034　业扩报装管理"三不指定"的原则是什么？（5分）

考核知识点：业扩报装咨询

难易度：中

标准答案：

"三不指定"原则指严格执行国家有关规范客户受电工程市场的规定，按照统一标准开展业扩报装服务工作，健全客户委托受电工程、新建居住区配套工程招投标制度，保障客户对设计、施工、设备供应单位的知情权、自主选择权，不以任何形式指定设计、施工和设备材料供应单位。

Jb0005431035　低压批量新装适用于哪些情况？（5分）

考核知识点：新装增容

难易度：易

标准答案：

低压批量新装适用于居民住宅小区或居民住宅楼、成批的商铺等整体申请的低压部分用电新装，包括一户一表改造。

Jb0005431036　低压居民新装增容归档指什么？（5分）

考核知识点：低压居民新装增容

难易度：易

标准答案：

归档是指对客户的基本档案、电源档案、计费档案、计量档案和合同档案归档，核对客户待归档信息和资料，收集并整理报装资料，完成资料归档。

Jb0005432037　低压非居民新装增容业务办理的期限应当符合哪些规定？（5分）

考核知识点：低压非居民新装增容

难易度：中

标准答案：

（1）受理申请后 2 个工作日内联系客户，并到现场勘查。供电方案答复不超过 5 个工作日。

（2）对客户受电工程启动竣工检验的期限不超过 3 个工作日。

（3）受电装置检验合格并办结相关手续后，装表接电不超过 5 个工作日。

Jb0005413038 某电力客户使用 315kVA、10/0.4kV 的变压器一台，在低压侧应配置多大变比的低压电流互感器？（5 分）

考核知识点： 计量互感器的选择与配置

难易度： 难

标准答案：

解：

计算电流 $I = \dfrac{S}{\sqrt{3}U} = \dfrac{315}{\sqrt{3} \times 0.4} = 454.66（A）$

根据一次额定电流小于正常负荷电流/60%的要求，所以电流互感器的一次额定电流为 500A 或 600A。

答： 可配置额定变比为 500/5A 或 600/5A 的低压电流互感器。

Jb0006431039 改类和改压的区别有哪些？（5 分）

考核知识点： 改类改压

难易度： 易

标准答案：

用电受电装置不变，用电电价类别需要改变时，可以办理改类。因客户原因在原址改变供电电压等级，可以办理改压。

Jb0006431040 说明更名和过户的区别。（5 分）

考核知识点： 变更用电

难易度： 易

标准答案：

（1）更名一般只针对同一法人及自然人的名称的变更，只需要用电人与供电人双方确认即可。

（2）过户是供用电合同主体发生实质变化，需供电方、原用电方、新用电方三者达成一致方可，原客户应与供电企业结清债务。

Jb0007431041 什么是电子托收缴费？特点是什么？（5 分）

考核知识点： 营业厅收费

难易度： 易

标准答案：

（1）电子托收缴费主要是采用托收无承付的方式通过银行来实现缴费，该种方式主要用于企事业单位。

（2）特点：银行根据收付双方签订的合同，收款单位委托银行收款时，不需经过付款单位承付，即可主动将款项划转收款单位的一种同城结算方式。

Jb0007433042 POS 机刷卡交费如何收取？（5分）

考核知识点： 营业厅收费

难易度： 难

标准答案：

（1）核实客户基本信息，并告知客户应缴纳电费金额。

（2）营业厅收费人员应验证客户提供的银行卡是否具备刷卡功能（核查发卡行、银联标志等），验证无误后，告知客户进行刷卡操作，并请客户自行输入密码，不得代为输入密码等信息。

（3）刷卡完毕后，营业厅收费人员应核对签购单上的卡号、金额，并请客户对签购单签字确认。开具电费发票、加盖"收讫"章后，提供给客户。银行卡签购单应与发票收据存根联一同保管。

Jb0007432043 日常的电费收取工作有哪些注意事项？（5分）

考核知识点： 营业厅收费

难易度： 中

标准答案：

电费收取应做到日清日结，收费人员每日将现金交款单、银行进账单、当日电费汇总表交由电费账务人员。

（1）每日收取的现金及支票应当日解交银行。由专人负责每日解款工作并落实保安措施，确保解款安全。当日解款后收取的现金及支票按财务制度存入专用保险箱，于次日解交银行。

（2）收取现金时，应当面点清并验明真伪。收取支票时，应仔细检查票面金额、日期及印鉴等是否清晰正确。

（3）客户实交电费金额大于客户应交电费金额时，作预收电费处理。

Jb0007431044 客户缴纳电费的渠道有几类？（5分）

考核知识点： 缴费渠道、方式和资金结算方式

难易度： 易

标准答案：

客户缴纳电费的渠道可以分为电力、银行、非金融机构三类。

Jb0007431045 常见的缴费方式有哪几种？（5分）

考核知识点： 缴费渠道、方式和资金结算方式

难易度： 易

标准答案：

提供客户缴纳电费的方式有坐收、卡表购电、POS 机刷卡、电力自助终端缴费、线上交费、管家卡缴费等。

Jb0007431046 什么是管家卡？（5分）

考核知识点： 管家卡业务相关工作标准及规定

难易度： 易

标准答案：

管家卡是指供电企业与外部银行合作，根据客户编号分配唯一的银行收款账号，用以区分付款人的结算类产品。

Jb0007431047　按照业务性质不同，管家卡可分为哪几类？（5分）

考核知识点：管家卡业务的相关工作标准及规定

难易度：易

标准答案：

按照业务性质不同，管家卡分为客户管家卡、收费员管家卡、缴费渠道管家卡。

Jb0007432048　电费账务管理主要指什么？（5分）

考核知识点：实收审核及账务处理的相关工作标准及规定

难易度：中

标准答案：

电费账务管理主要指抄核收业务之后所发生的电费资金及账务的审核管理，包括票据、原始凭证及账务资料的管理，并形成正式的报表、凭证和台账，确保电费应收、实收、欠收、预收和电费资金入账信息真实、准确、完整。

Jb0008431049　对电费资金解款、到账确认的时限是如何要求的？（5分）

考核知识点：资金管理

难易度：易

标准答案：

电费资金收缴后应在24小时内解款，解款后应在5个工作日内完成到账确认。

Jb0008431050　电费票据管理台账应包含哪些内容？（5分）

考核知识点：电费票据管理的重要性及相关制定要求

难易度：易

标准答案：

包括电费票据入库数和起讫号码、领取数和起讫号码、已用数和起讫号码、作废数和发票号码、未用数和起讫号码。

Jb0009412051　两部制客户电费计算：某工业电力客户10kV供电，计量方式为高供高计，变压器容量为400kVA，当月有功抄见电量为100 000kWh，无功抄见电量为55 000kvarh。合同约定基本电费按变压器容量收取，不执行峰谷分时电价，请计算该客户当月电费［目录电量电价0.424 4元/kWh，代征费电价0.054 6元/kWh，基本电价22元/（kVA·月）］。（5分）

考核知识点：电费计算

难易度：中

标准答案：

解：

基本电费=容量×单价=400×22=8800（元）

目录电费=有功抄见电量×电量电价=100 000×0.424 4=42 440（元）

代征费=有功抄见电量×代征费电价=100 000×0.054 6=5460（元）

$$功率因数\cos\varphi = \frac{W_P}{\sqrt{W_P^2 + W_Q^2}} = \frac{1}{\sqrt{1 + \frac{W_Q^2}{W_P^2}}} = \frac{1}{\sqrt{1 + \frac{55\,000^2}{100\,000^2}}} = 0.88$$

该户功率因数执行标准为 0.90，查表得功率因数调整电费系数为 1%。

功率因数调整电费=（基本电费+目录电费）×考核系数=（8800+42 440）×1%=512.4（元）

该客户当月电费=基本电费+目录电费+代征费+功率因数调整电费=8800+42 440+5460+512.4=57 212.4（元）

答：该客户当月电费为 57 212.4 元。

Jb0009412052 转供电客户电费计算：已知某 10kV 高压供电工业客户，受电变压器容量为 1000kVA，合同约定按照最大需量计收基本电费，功率因数调整电费系数见表 Jb0009412052。现受供电企业委托对一居民点进行转供电，某月抄见有功总电量为 418 000kWh，无功总电量为 300 000kvarh，最大需量为 800kW，居民点总表有功电量为 18 000kWh，不考虑峰段居民点无功用电量，不执行峰谷分时电价，试计算该大工业客户当月电费［目录电量电价 0.424 4 元/kWh，代征费电价 0.054 6 元/kWh，基本电价 33 元/（kW·月）］。（5 分）

表 Jb0009412052

标准	0.86	0.85	0.84	0.83	0.82	0.81	0.80	0.79	0.78	0.77
0.90	2	2.5	3	3.5	4	4.5	5	5.5	6	6.5
0.85	−0.1	0	0.5	1	1.5	2	2.5	3	3.5	4
0.80	−0.6	−0.5	−0.4	−0.3	−0.2	−0.1	0	0.5	1	1.5

考核知识点：电费计算

难易度：中

标准答案：

解：

大工业客户有功电量=有功总电量−居民有功电量=418 000−18 000=400 000（kWh）

根据《供电营业规则》规定将居民点电量折算为最大需量，最大需量=电量÷180=18 000÷180=100（kW）

大工业客户基本电费=（最大需量−居民折算需量）×基本电价=（800−100）×33=23 100（元）

目录电费=大工业客户有功电量×电量电价=400 000×0.424 4=169 760（元）

代征费=大工业客户有功电量×代征费电价=400 000×0.054 6=21 840（元）

$$功率因数\cos\varphi = \frac{W_P}{\sqrt{W_P^2 + W_Q^2}} = \frac{1}{\sqrt{1 + \frac{W_Q^2}{W_P^2}}} = \frac{1}{\sqrt{1 + \frac{300\ 000^2}{400\ 000^2}}} = 0.80$$

该客户应执行功率因数标准为 0.9，查表得功率因数调整电费系数为 5%。

功率因数调整电费=（目录电费+基本电费）×考核系数=（169 760+23 100）×5%=9643（元）

总电费=目录电费+基本电费+代征费+功率因数调整电费=169 760+23 100+21 840+9643=224 343（元）

答：该大工业客户当月电费为 224 343 元。

Jb0009411053 大工业客户变压器暂换基本电费计算：某大工业客户，装有受电变压器 315kVA 一台。某年 5 月 12 日变压器故障，因无相同容量变压器，征得供电企业同意后暂换一台 400kVA 变压器。供电企业与该客户约定的抄表结算电费日期为每月月末，请计算该客户 5 月应缴纳的基本电费［基本电费按容量收取，基本电价 22 元/（kVA·月）］。（5 分）

考核知识点：电费计算

难易度：易

标准答案：

解：

根据《供电营业规则》第二十五条："自暂换之日起须按替换后的变压器容量计收基本电费"计算，

计费容量=315×11÷30＋400×20÷30=382（kVA）

基本电费=计费容量×基本电价=382×22=8404（元）

答：该客户应缴纳基本电费8404元。

Jb0009431054 供电企业接到居民客户家用电器损坏投诉时该如何处理？（5分）

考核知识点：电费计算、家用电器损坏管理办法

难易度：易

标准答案：

（1）供电企业在接到居民客户家用电器损坏投诉后，应在24小时内派员赴现场进行调查、核实。

（2）供电企业应会同居委会（村委会）或其他有关部门，共同对受害居民客户损坏的家用电器名称、型号、数量、使用年月、损坏现象等进行登记和取证。登记笔录材料应由受害居民客户签字确认，作为理赔处理的依据。

Jb0009432055 哪种情况下供电企业不承担居民家用电器损坏赔偿责任？（5分）

考核知识点：电费计算、家用电器损坏管理办法

难易度：中

标准答案：

（1）供电企业如能提供证明，居民客户家用电器的损坏是不可抗力、第三人责任、受害者自身过错或产品质量事故等原因引起，并经县级以上电力管理部门核实无误，供电企业不承担赔偿责任。

（2）从家用电器损坏之日起7日内，受害居民客户未向供电企业投诉并提出索赔要求的，即视为受害者已自动放弃索赔权。超过7日的，供电企业不再负责其赔偿。

Jb0009413056 居民客户家用电器损坏赔偿计算：供电企业以380/220V向张、王、李三位居民客户供电。某年5月20日，因公用变压器中性线断落导致张、王、李三家家用电器损坏。26日供电企业在收到张、王两家投诉后，分别进行了调查核实，发现在这一事故中张、王、李三家分别损坏电视机、电冰箱、电热水器各一台，且均不可修复。客户出具的购货票表明：张家电视机原价3000元，已使用了5年。王家电冰箱购价2500元，已使用6年。李家热水器购价2000元，已使用2年。供电企业是否应向客户赔偿？如需赔偿，应如何赔偿？（5分）

考核知识点：电费计算、家用电器损坏管理办法

难易度：难

标准答案：

解：

根据《居民客户家用电器损坏处理办法》，三位客户家用电器损坏是由供电部门负责维护的电气设备导致供电故障引起的，应作如下处理：

（1）张家及时投诉，应赔偿金额=电视机原价×折旧系数=3000×（1－5/10）=1500（元）

（2）王家及时投诉，应赔偿金额=电冰箱原价×折旧系数=2500×（1－6/12）=1250（元）

（3）因供电部门在事发7日内未收到李家投诉，视为其放弃索赔权，不予赔偿。

答：供电部门对张、王两家应分别赔偿1500元和1250元，而对李家则不予赔偿。

Jb0009412057　无功补偿容量计算： 某普通工业客户用电容量为 160kVA，其用电设备有功功率为 100kW，本月有功电量为 50 000kWh、无功电量为 50 000kvarh。该客户本月的功率因数为多少？要想达到国家规定入网标准，应至少安装容量为 10kvar 的电容器组多少组？（5 分）

考核知识点：电费计算

难易度：中

标准答案：

解：

（1）该客户本月的功率因数：

$$\cos\varphi = \frac{1}{\sqrt{1+\dfrac{W_Q^2}{W_P^2}}} = \frac{1}{\sqrt{1+\dfrac{5^2}{5^2}}} = 0.71$$

（2）根据入网规定，该客户应执行的功率因数标准为 0.9，应安装无功补偿装置容量：

$$Q = P \times \left(\sqrt{\frac{1}{\cos^2\varphi_1}-1} - \sqrt{\frac{1}{\cos^2\varphi_2}-1} \right)$$

$$= 100 \times \left(\sqrt{\frac{1}{0.71^2}-1} - \sqrt{\frac{1}{0.9^2}-1} \right) = 51.57 \, (\text{kvar})$$

至少安装的电容器组为：$51.57 \div 10 = 5.157 \approx 6$（组）

答：该客户本月的功率因数为 0.71，要想达到国家入网标准，应至少安装容量为 10kvar 的电容器 6 组。

**Jb0009433058　** 同一个受电点内不同计量方式、不同类别用电的功率因数是如何考核的？（5 分）

考核知识点：电费计算

难易度：难

标准答案：

（1）总表内装有不同用电类别的电能表（过表），总表内各类用电功率因数执行标准相同时，按总表计量电量计算的实际功率因数对各计量点电费实施调整。总表内各类用电功率因数执行标准不同时，按总表计量的实际功率因数分别计算功率因数调整电费。

（2）对同一受电点分线分表，装有不同类别的计费表（均为母表），按受电点的总有功、无功电量计算实际功率因数，按每个计量点功率因数执行标准进行电费调整。

（3）大工业客户总表内的照明用电，其有功、无功电量均不参加功率因数计算，同时电费也不参加功率因数调整。但非大工业客户在计算功率因数电费时，照明电量和电费均参与功率因数调整。

Jb0009412059　工业客户功率因数调整电费计算： 某工业用户 10kV 供电，有载调压变压器容量为 160kVA，安装智能电能表。已知某月该用户有功抄见电量为 40 000kWh，无功正向抄见电量为 25 000kvarh，无功反向抄见电量为 5000kvarh。试求该用户当月功率因数调整电费（假设目录电量电价 0.605 4 元/kWh）。（5 分）

考核知识点：电费计算

难易度：中

标准答案：

解：

（1）当月无功电量=无功正向抄见电量＋无功反向抄见电量=25 000＋5000=30 000（kvarh）

（2）功率因数：$\cos\varphi = \dfrac{1}{\sqrt{1+\dfrac{W_Q^2}{W_P^2}}} = \dfrac{1}{\sqrt{1+\dfrac{30\,000^2}{40\,000^2}}} = 0.80$

（3）由于变压器为有载调压方式，因此该户功率因数执行标准应为 0.90，查表得功率因数调整电费系数为 5%，则：

功率因数调整电费=有功抄见电量×电量电价×奖惩系数=40 000×0.605 4×5%=1210.8（元）

答：该客户当月功率因数调整电费为 1210.8 元。

Jb0009431060　什么是非政策性退补？（5 分）

考核知识点：退补电费的处理方法

难易度：易

标准答案：

非政策性退补是指因用电变更、电费计算、抄换表、电价执行、计量装置故障、人为差错、营业差错等原因需进行的退补电量或电费，退补电量或电费申请由抄表催费员发起。

Jb0009411061　某工业电力客户 2019 年 12 月的电费为 2000 元，2020 年 1 月的电费为 3000 元。该客户 2020 年 1 月 18 日到供电企业交清以上电费，试求该客户 2020 年 1 月应缴纳电费违约金（假设约定的交费日期为每月 10 日至 15 日）。（5 分）

考核知识点：电费计算、违约电费计算

难易度：易

标准答案：

解：

由于该客户不属于居民客户，根据《供电营业规则》应按年度分别进行电费违约金计算。

（1）当年欠费部分违约金=1月电费×超期天数×系数=3000×（18－15）×2‰=18（元）

（2）2019 年 12 月欠费部分违约金=12 月电费×（当年超期天数×系数＋跨年超期天数×系数）=2000×（16×2‰＋18×3‰）=172（元）

（3）合计应缴纳电费违约金=18＋172=190（元）

答：该客户应缴纳电费违约金 190 元。

Jb0009411062　某水泥厂 10kV 供电，合同约定容量为 1000kVA。供电企业 2018 年 6 月抄表时发现该客户在计量装置后私自接入一台容量为 100kW 的高压电动机。至发现之日止，客户已使用 3 个月，供电企业应如何处理［基本电价 22 元/（kVA·月）］？（5 分）

考核知识点：电费计算、违约电费计算

难易度：易

标准答案：

解：

根据《供电营业规则》，该客户属于私自增容违约用电行为，应作如下处理：

（1）补收基本电费，补收基本电费=私接容量×基本电价×使用月数=100×22×3=6600（元）。

（2）补缴违约使用电费，违约使用电费=补收基本电费×3 倍=6600×3=19 800（元）。

（3）拆除私接高压电动机，若客户要求继续使用，则按新装增容办理。

Jb0009411063　某供电公司 10kV 一般工商业两部制计费客户，根据最新电价政策平段电量电价为 0.441 元/kWh，其中政府性基金及附加为 0.042 45 元/kWh，不含政府性基金及附加的目录电量电价为 0.398 55 元/kWh。设峰谷调整比例为上下浮动 40%，试计算峰谷电量电价。（5 分）

考核知识点：电费计算、违约电费计算

难易度：易

标准答案：

解：

峰段目录电量电价=目录电量电价×（1＋40%）=（0.441－0.042 45）×1.4=0.398 55×1.4=0.557 97（元/kWh）

峰段电量电价=0.557 97＋0.042 45=0.600 42（元/kWh）

谷段目录电量电价=目录电量电价×（1－40%）=（0.441－0.424 5）×0.6=0.398 55×0.6=0.239 13（元/kWh）

谷段电量电价=0.239 13＋0.042 45=0.281 58（元/kWh）

答：峰段电量电价为 0.600 42 元/kWh，谷段电量电价为 0.281 58 元/kWh。

Jb0009411064　某大工业客户装有 2000kVA 变压器一台，按合同约定需量计收基本电费，供电企业和客户确定合同需量约定值为 1500kW，当月实际抄见需量 1800kW，求当月基本电费（假设基本电价为 30 元/kVA）。（5 分）

考核知识点：电费计算

难易度：易

标准答案：

解：

当月基本电费=需量×基本电价＋超出部分×2 倍×基本电价=1500×30＋（1800－1500）×2×30=63 000（元）

答：当月基本电费为 63 000 元。

Jb0009411065　某供电所在巡视线路时，发现一客户私自在 0.4kV 线路上接一台 5kW 的搅拌机建房用电，用接线时间无法查明，请问该客户属于什么行为？该客户应补交电费及违约使用电费（电价执行 0.767 元/kWh）多少元？（5 分）

考核知识点：电费计算

难易度：易

标准答案：

解：

（1）该客户属于窃电行为。

（2）由于窃电时间无法查明，按照 180 天计算，动力用户每日按照 12 小时计算

该用户应补交电量=私接容量×使用小时数×使用天数=5×12×180=10 800（kWh）

应补交电费=补交电量×电价=10 800×0.767=8283.6（元）

违约使用电费=补交电费×3 倍=8 283.6×3=24 850.8（元）

答：应补交电费 8283.6 元，补交违约使用电费 24 850.8 元。

Jb0010432066　分布式光伏发电项目必须符合哪些条件，才能申请补贴？（5 分）

考核知识点：分布式光伏发电的结算及资金支付的相关规定

难易度：中

标准答案：

（1）按照程序完成备案。

（2）项目建成投产，符合并网相关条件，并完成并网验收等电网接入工作。

符合上述条件的项目可向所在地电网企业提出申请，经同级财政、价格、能源主管部门审核后逐级上报。

Jb0010431067　列举分布式电源的类型（至少五种）。（5分）

考核知识点：分布式电源

难易度：易

标准答案：

分布式电源的类型包括太阳能、天然气、生物质能、风能、地热能、海洋能、资源综合利用发电。

Jb0010431068　简述充换电设施的定义。（5分）

考核知识点：充电桩

难易度：易

标准答案：

充换电设施是指与电动汽车发生电能交换的相关设施的总称，一般包括充电站、换电站、充电塔、分散充电桩等。

Jb0010431069　电动汽车的主要类型有哪些？（5分）

考核知识点：电动汽车

难易度：易

标准答案：

电动汽车的主要类型包括纯电动汽车、混合动力汽车、燃料电池电动汽车。

Jb0011431070　有效沟通的事前准备有哪些？（5分）

考核知识点：沟通与协调

难易度：易

标准答案：

为了提高沟通的效率，要事前准备以下内容：

（1）设立沟通的目标：提前设立目标非常重要，与人沟通之前，心里一定要有一个目标，即希望通过这次沟通达成什么效果。

（2）制订计划：有目标就要有实现目标的计划，即怎么与别人沟通，先说什么，后说什么。

（3）预测可能遇到的异议和争执。

（4）对情况进行分析。

Jb0001452071　某供电所抄表员张某共管理三台变压器。某月甲变压器供电量为3000kWh，售电量为2800kWh；乙变压器供电量为6700kWh，售电量为6200kWh；丙变压器为专用变压器无损户，低压侧计量，当月抄表起码为09958，止码为10354，倍率为10，假设该专用变压器当月对应变损消耗电量为352kWh。试求该抄表员当月总线损率为多少？扣除专用变压器无损户后总线损率为多少？（5分）

考核知识点：线损的定义、组成等

难易度：中

标准答案：

解：

丙变压器供电量=售电量=（止码－起码）×倍率＋变损=（10 354－09 958）×10＋352=4312（kWh）

总供电量=甲供电量＋乙供电量＋丙供电量=3000＋6700＋4312=14 012（kWh）

总售电量=甲售电量＋乙售电量＋丙售电量=2800＋6200＋4312=13 312（kWh）

总线损率=（供电量－售电量）/供电量=（14 012－13 312）/14 012=5%

有损供电量=甲供电量＋乙供电量=3000＋6700=9700（kWh）

有损售电量=甲售电量＋乙售电量=2800＋6200=9000（kWh）

扣无损电量后线损率=（有损供电量－有损售电量）/有损供电量=（9700－9000）/9700=7.22%

答：当月总线损率为5%，扣除专用变压器无损后总线损率为7.22%。

Jb0005443072　某供电所某年11月发行电费为450 000.00元，12月5日在电费抽查中，发现11月少收基本电费17 000.00元，其中，多收A客户3000元，少收B客户20 000.00元，求该所11月的电费差错率。（5分）

考核知识点： 电费差错率计算

难易度： 难

标准答案：

解：

电费差错率=电费差错额÷应收电费总额×100%=（20 000＋3000）÷450 000×100%=5.1%

答：该所11月电费差错率为5.1%。

Jb0006442073　某低压居民客户章某，2021年4月的电费为170.02元，5月的电费为71.33元，客户因出差未能按期缴纳电费，5月30日客户到供电企业缴纳上述电费，试求该客户应缴纳多少违约金（假设约定的缴费日期为每月15日至25日）？（5分）

考核知识点： 违约用电的处理

难易度： 中

标准答案：

解：

4月电费应缴纳的违约金=4月电费×逾期天数×系数=170.02×（30－25＋30）×0.001=5.95（元）

5月电费应缴纳的违约金=5月电费×逾期天数×系数=71.33×（30－25）×0.001=0.36（元）

因5月违约金不足1元，按1元收取。

违约金合计=4月份电费应缴纳的违约金＋5月份电费应缴纳的违约金=5.95＋1=6.95（元）

答：客户应缴纳违约金6.95元。

Jb0006441074　某低压修理部客户2019年12月的电费为3000元，2020年1月的电费为4000元。该客户2020年1月18日才到供电企业缴纳以上电费，试求该客户2020年1月应缴纳电费违约金多少元（假设约定的交费日期为每月10日至15日）？（5分）

考核知识点： 电费的计算

难易度： 易

标准答案：

解：

由于该客户不属于居民客户，根据《供电营业规则》应按年度分别进行电费计算。

（1）当年欠费部分违约金=1 月电费×逾期天数×系数=4000×（18－15）×2‰=24（元）

（2）12 月欠费部分违约金=12 月电费×（当年逾期天数×系数＋跨年逾期天数×系数）= 3000×（16×2‰＋18×3‰）=258（元）

（3）合计应缴纳电费违约金=当年欠费部分违约金＋12 月欠费部分违约金=24＋258=282（元）

答：该客户应缴纳电费违约金 282 元。

Jb0006453075 某幼儿园 2021 年 5 月 3 日新装用电，供电电压 380V，装设电能表 1.5（6）A 一只，75/5 电流互感器三只，起码为 0。2021 年 6 月 1 日抄表止码为 760，请根据现行电价标准计算该户 2021 年 6 月发行电费，并计算出各项代征费。（5 分）

考核知识点：电费计算

难易度：难

标准答案：

解：

用电量=（止码－起码）×倍率=（760－0）×15=11 400（kWh）

总电费=用电量×电价=11 400×0.498 6=5684.04（元）

其中代征费如下：

水利基金代征费=用电量×水利代征电价=11 400×0.001 125=12.83（元）

库区移民代征费=用电量×库区代征电价=11 400×0.001 2=13.68（元）

答：该户 2021 年 6 月发行电费 5684.04 元，水利基金代征费 12.83 元，库区移民代征费 13.68 元。

Jb0006452076 某低压修理部 2021 年 2 月用电量 1000kWh，其中峰段电量 600kWh，平段电量 300kWh，谷段电量 100kWh，按现行电价计算该户 2 月应缴电费。（5 分）

考核知识点：低压非居民客户电价执行标准和电费计算

难易度：中

标准答案：

解：

峰段电费=峰段电量×现行电价=600×0.675 1=405.06（元）

平段电费=平段电量×现行电价=300×0.488 3=146.49（元）

谷段电费=谷段电量×现行电价=100×0.301 5=30.15（元）

总电费=峰段电费＋平段电费＋谷段电费

        =405.06＋146.49＋30.15=581.70（元）

答：该客户 2 月应缴电费 581.70 元。

Jb0006453077 某宾馆使用一台 100kVA 变压器，计量方式高供高计，电流互感器变比为 30/5；已知该客户 2019 年 9 月抄见表码见表 Jb0006453077，请根据给定电价标准计算该客户本月应缴纳多少电费（电价 0.582 00 元/kWh，代征电价合计 0.042 45 元/kWh）？（5 分）

表 Jb0006453077

电能表编号	计量点名称	电量类型	上次示数	本次示数	电流互感器变比
22514	有功（总）	有功（总）	8035.18	8095.79	30/5
22514	有功（峰）	有功（峰）	2471.2	2491.54	30/5
22514	有功（平）	有功（平）	3897.07	3926.56	30/5
22514	有功（谷）	有功（谷）	1665.97	1677.67	30/5
255012	无功（总）	无功（总）	4142.37	4214.74	30/5

考核知识点： 计算电费

难易度： 难

标准答案：

解：

根据电价文件，该户属于 100kVA 及以下用户，不再执行分时电价，其功率因数执行标准应为 0.85，现行 10kV 商业综合电价 0.582 00 元/kWh。

（1）综合倍率=电流互感器变比×电压互感器变比=30/5×10/0.1=600

（2）有功总电量=（本次示数－上次示数）×综合倍率=（8095.79－8035.18）×600=36 366（kWh）

（3）无功总电量=（本次示数－上次示数）×综合倍率=（4214.74－4142.37）×600=43 422（kvarh）

（4）功率因数$=W_P/\sqrt{W_P^2+W_Q^2}$=0.64

（5）经查表该户功率因数调整系数为＋11%

（6）目录电费=（电价－代征电价）×有功总电量=（0.582 0－0.042 45）×36 366=19 621.28（元）

（7）功率因数调整电费=目录电费×奖惩系数=19 621.28×11%=2158.34（元）

（8）各项代征费=有功总电量×代征电价=36 366×0.042 45=1543.74（元）

（9）该户 9 月合计电费=目录电费＋功率因数调整电费＋各项代征费=19 621.28＋2158.34＋1543.74=23 323.36（元）

答： 该客户本月应缴纳电费 23 323.36 元。

Jb0006452078 某供电所 2020 年 11 月农网售电量为 1 557 635kWh，其中开具增值税专用发票的农网售电量为 584 536kWh。请问什么是农网维护费？该供电所 2020 年 11 月应计提的农网维护费是多少（要求写出计算过程，保留 2 位小数）？（5 分）

考核知识点： 电费计算

难易度： 中

标准答案：

解：

（1）农网维护费指保证农村电网正常运行所必需的合理费用，由农村电能损耗、电工合理报酬和农网运行费用三部分构成。

（2）农网维护费=（农网售电量－开具增值税专用发票的农网售电量）×农网维护费提取标准＋开具增值税专用发票的农网售电量×农网维护费提取标准/税率=（1 557 635－584 536）×0.193 4＋584 536×0.193 4/1.13=288 240.94（元）

答： 该供电所 2020 年 11 月应计提的农网维护费为 288 240.94 元。

Jb0006453079 某自来水公司办公楼 10kV 供电，受电变压器容量为 80kVA，用于办公大楼及相邻清真寺用电。高供低计计量方式，装有功电能表一只，电流互感器变比为 100/5，上月有功示数为 975，本月有功示数为 1095，合同约定清真寺用电量占抄见电量的 3%。本月变损电量为有功 523kWh，无功 1933kvarh。计算客户当月电费。（5 分）

考核知识点： 电费计算

难易度： 难

标准答案：

解：

（1）综合倍率=100/5=20

（2）结算电量：

有功总电量=（本月有功示数－上月有功示数）×综合倍率=（1095－975）×20=2400（kWh）

清真寺用电量=有功总电量×3%=2400×3%=72（kWh）

办公用电量=有功总电量－清真寺用电量=2400－72＋523=2851（kWh）

（3）结算电费：

1）办公电费：

办公用电目录电费=办公用电量×（电价－代征电价）=2851×（0.468 3－0.021 325）=1274.33（元）

办公用电代征费=办公用电量×代征电价=2851×0.021 325=60.80（元）

办公电费合计=办公用电目录电费＋办公用电代征费=1274.33＋60.80=1335.13（元）

2）清真寺电费：

清真寺用电目录电费=清真寺用电量×（电价－代征电价）=72×（0.498 6－0.002 325）=35.73（元）

清真寺用电代征费=清真寺用电量×代征电价=72×0.002 325=0.17（元）

清真寺电费合计=清真寺用电目录电费＋清真寺用电代征费=35.73＋0.17=35.90（元）

3）本月应交电费：

本月应交电费合计=办公电费合计＋清真寺电费合计=1335.13＋35.90=1371.03（元）

答：客户当月电费为1371.03元。

Jb0006453080 某工业客户为单一制电价客户，并与供电企业在《供用电合同》中签订有电力运行事故责任条款。8月由于供电企业运行事故造成该客户停电30h，已知该客户7月正常用电量为30 000kWh，电度电价为0.40元/kWh。试求供电企业应赔偿该客户多少元？（5分）

考核知识点： 电费计算

难易度： 难

标准答案：

解：

根据《供电营业规则》，对单一制电价客户停电，供电企业应按客户在停电时间内可能用电量的电量电费的4倍进行赔偿，即：

赔偿金额=可能用电时间×每小时平均用电量×电价×4倍=30×（30 000÷30÷24）×0.40×4＝2000（元）

答：供电企业应赔偿该客户2000元。

第四章　农网配电营业工（综合柜员）中级工技能操作

Jc0001441001　操作系统查询功能——查询客户营销系统中的历史工单。（100分）

考核知识点： 日常营业工作的主要内容等

难易度： 易

技能等级评价专业技能考核操作工作任务书

一、任务名称

操作系统查询功能——查询客户营销系统中的历史工单。

二、适用工种

农网配电营业工（综合柜员）中级工。

三、具体任务

（1）熟练操作95598业务支持系统、营销业务应用系统、用电信息采集系统。

（2）通过营销业务应用系统查询某户号的历史工单。

（3）将该客户历史工单信息（包含申请编号、流程名称、编号、名称、主申请编号、接收时间、完成时间、备注）保存在桌面文件"客户历史工单"，并将此文件另存为"单位+姓名.xls"（如××公司李某的文件名应为"××李某.xls"）。

四、工作规范及要求

（1）电教室独立完成。

（2）电脑可以登录系统内网并可登录相应业务应用系统。

（3）时间到应立即停止答题，离开考试场地。

（4）考核中出现下列情况之一的，考核成绩为0：

1）非独立完成。

2）在规定时限内，未提交发起。

（5）考生不得询问与考试内容无关的问题，考评员不得提示与考试有关的内容。

五、考核及时间要求

考核时间30分钟。

技能等级评价专业技能考核操作评分标准

工种	农网配电营业工（综合柜员）			评价等级	中级工
项目模块	用电营业与服务—用电营业管理		编号		Jc0001441001
单位		准考证号		姓名	
考试时限	30分钟	题型	单项操作题	题分	100分
成绩		考评员	考评组长	日期	
试题正文	操作系统查询功能——查询客户营销系统中的历史工单				

续表

需要说明的问题和要求	（1）独立完成，考试一人一桌一机。 （2）预装好相应 Office 软件、95598 业务支持系统、营销业务应用系统、用电信息采集系统。 （3）配备计时设备，在不影响考试正常进行的前提下为考试提供时间参考					
序号	项目名称	质量要求	满分	扣分标准	扣分原因	得分
1	营销业务应用系统客户档案信息查询	正确查询相关数据明细	100	数据查询错误，每项扣 10 分，扣完为止		
	合计		100			

Jc0001452002　卡表客户购电异常处理。（100 分）

考核知识点：日常营业工作的主要内容

难易度：中

技能等级评价专业技能考核操作工作任务书

一、任务名称

卡表客户购电异常处理。

二、适用工种

农网配电营业工（综合柜员）中级工。

三、具体任务

解决如下客户购电问题：

2021 年 5 月 20 日，某客户（客户表计为 2013 版电能表）前来营业厅购电，工作人员将客户电卡插入读卡器中准备给客户买电，但营销业务应用系统界面却显示"未插表"，工作人员告知客户回去插表后方可继续进行购电，但客户明确表示来买电前确已插表且插表时间持续了几分钟，请问此时工作人员应采取什么措施方可确保客户购电成功？若客户前来营业厅购电，工作人员对电卡进行回读准备为客户购电，但营销业务应用系统中却显示"卡表参数不一致"导致无法为该客户购电，请问此时工作人员应采取什么措施确保客户成功购电？

四、工作规范及要求

（1）自备钢笔或中性笔。

（2）文字描述条理清晰，简明扼要。

（3）正确处理卡表客户购电异常。

五、考核及时间要求

本考核为电费账务实操任务，严格按照规定步骤完成，考核时间 30 分钟。

技能等级评价专业技能考核操作评分标准

工种	农网配电营业工（综合柜员）			评价等级	中级工	
项目模块	用电营业与服务—用电营业管理			编号	Jc0001452002	
单位		准考证号			姓名	
考试时限	30 分钟	题型	多项操作题		题分	100 分
成绩		考评员		考评组长	日期	
试题正文	卡表客户购电异常处理					

续表

需要说明的问题和要求	（1）要求单人完成。 （2）自备钢笔或中性笔					
序号	项目名称	质量要求	满分	扣分标准	扣分原因	得分
1	卡表客户购电异常处理	正确指出卡表购电异常应如何处理	60	正确描述四步骤，错误一步扣 20分，扣完为止		
		正确写出档案维护流程	40	正确描述档案维护流程，并指出应对客户的电能表进行维护，要选择为具有"国网 CPU"标志的厂家，然后正常购电，错误一项扣 10分，扣完为止		
	合计		100			

标准答案：

（1）客户明确表示买电前已插表且插表时间持续了几分钟，但营销业务应用系统中仍显示"未插表"，首先应与客户核实是否正确插卡，若确认客户插卡无误，可按以下步骤进行处理：

1）先重写电卡信息，回去插卡，到营业厅再次买电。

2）如果再次提示"未插表"，派工单到现场核查电能表，如有异常，现场用移动终端进行"一键式"换表处理，然后计算旧表电量电费。

3）根据旧表内电费余额，核查营销业务应用系统预收余额是否正确，若正确，将预收余额补入新表，若不正确，核查处理后，将正确预收余额补入新表。

（2）若营销业务应用系统中显示"卡表参数不一致"，此时业务受理人员应在营销业务应用系统中发起"档案维护"流程，在档案维护流程中对客户的电能表卡表参数进行维护，将电能表的生产厂家选择为具有"国网 CPU"标志的相应厂家，随后为该客户正常购电即可。

Jc0001453003　电能表反转原因分析。（100 分）

考核知识点： 电能表反转原因分析

难易度： 难

技能等级评价专业技能考核操作工作任务书

一、任务名称

电能表反转原因分析。

二、适用工种

农网配电营业工（综合柜员）中级工。

三、具体任务

某供电所在本月抄表后，采集监控系统提出永利一队台区李某单相电能表有反向电量，通过现场检查，接线方式为单相直接接入，通过测试，客户为感性负载，使用钳型电流表测量电流，电流值正常，请回答以下问题：

（1）通过上述条件，初步判断错误接线类型。

（2）画出在此种错误接线下的接线图。

（3）现场检查时，电能表的屏显左下方中有（　　）图标显示。

A   B   C   D

（4）在进行接线改正时应注意的事项有哪些？

四、工作规范及要求

计算准确，文字描述清晰、规范。

五、考核及时间要求

本考核要求完成时间为30分钟，答题完整，文字描述清晰、规范。

技能等级评价专业技能考核操作评分标准

工种	农网配电营业工（综合柜员）			评价等级	中级工
项目模块	用电营业与服务—用电营业管理		编号		Jc0001453003
单位		准考证号		姓名	
考试时限	30分钟	题型	多项操作题	题分	100分
成绩		考评员	考评组长	日期	
试题正文	电能表反转原因分析				
需要说明的问题和要求	要求单人完成				

序号	项目名称	质量要求	满分	扣分标准	扣分原因	得分
1	判断错误接线类型	判断正确	15	判断错误扣15分		
2	错误接线下的接线图	接线图正确	20	错误扣20分		
3	电能表屏幕显示	选择正确	15	选择错误扣15分		
4	接线改正时应注意的事项	列举正确齐全	50	错、漏一项扣12.5分，扣完为止		
	合计		100			

标准答案：

（1）通过上述条件，初步判断错误接线类型为电源与负载线在电能表端子接反。

（2）在此种错误接线下的接线图如图Jc0001453003所示。

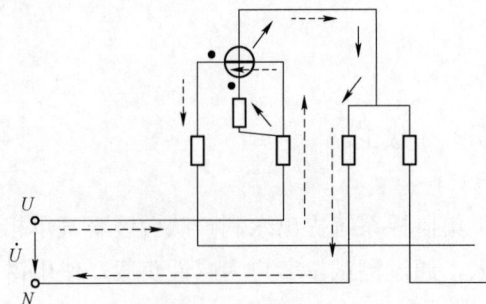

图 Jc0001453003

（3）D。

（4）在进行接线改正时应注意的事项有：

1）防止人身触电。

2）将原接线做好标记。

3）拆线时，先拆电源侧，后拆负荷侧；恢复时，先接负荷侧，后接电源侧。

4）防止相零短路。

Jc0001462004　10kV 客户违约用电处理。（100 分）

考核知识点： 营销业务应用系统、营销业务管理平台操作手册相关内容

难易度： 中

技能等级评价专业技能考核操作工作任务书

一、任务名称

10kV 客户违约用电处理。

二、适用工种

农网配电营业工（综合柜员）中级工。

三、具体任务

供电公司用电检查人员对某饮料厂办理变更用电过程中发现：该厂 2 个月前自行将已办理暂停手续的一台 400kVA 变压器启用，该厂办公用电接在其生活用电线路上，造成每月少计办公用电 5000kWh，其接用时间无法查明，同时该厂未经批准向周边一客户供电，经查该客户共有用电负荷 4kW（假设办公用电与生活用电差价为 0.3 元/kWh，不考虑对功率因数调整电费的影响），请按照《供电营业规则》分析该厂有哪些违约用电行为？怎么处理？

四、工作规范及要求

（1）自备计算器、钢笔或中性笔。

（2）计算公式、步骤正确。

五、考核及时间要求

本考核为计算实操任务，严格按照规定步骤完成，考核时间 40 分钟。

技能等级评价专业技能考核操作评分标准

工种	农网配电营业工（综合柜员）				评价等级	中级工
项目模块	用电营业与服务—优质服务			编号		Jc0001462004
单位			准考证号		姓名	
考试时限	40 分钟		题型	综合操作题	题分	100 分
成绩		考评员		考评组长		日期

试题正文	10kV 客户违约用电的处理
需要说明的问题和要求	（1）要求单人完成。 （2）列式计算，步骤清晰，文字回答简单规范

序号	项目名称	质量要求	满分	扣分标准	扣分原因	得分
1	分析违约用电行为	内容正确全面	30	缺一条扣 10 分，扣完为止		
2	处理办法	处理建议正确	10	缺一条扣 5 分，扣完为止		
		计算正确	60	错误一项扣 10 分，扣完为止		
	合计		100			

标准答案：

（1）该厂共有 3 个方面的违约用电行为，分别为：

1）擅自使用已在供电企业办理暂停手续的电力设备或启用供电企业封存的电力设备。

2）擅自在电价低的供电线路上接用电价高的用电设备或私自改变用电类别。

3）未经供电企业同意，擅自引入（供出）电源或将备用电源和其他电源私自并网。

（2）处理如下：

1）补交基本电费＝20×400×2＝16 000（元），违约使用电费＝2×16 000＝32 000（元），并停用违约使用的变压器或办理恢复变压器用电手续。

2）补交高价低接所引起的差额电费＝5000×3×0.3＝4500（元），违约使用电费＝4500×2＝9000（元）。

3）补交私自供出电源的违约使用电费＝4×500＝2000（元）。

合计交费＝16 000＋32 000＋4500＋9000＋2000＝63 500（元）。

Jc0001462005　窃电客户分析及处理。（100 分）

考核知识点：窃电及违约用电相关规定

难易度：中

技能等级评价专业技能考核操作工作任务书

一、任务名称

窃电客户分析及处理。

二、适用工种

农网配电营业工（综合柜员）中级工。

三、具体任务

某供电所在营业普查时发现客户王某家铺设了一条电线，绕越计量装置从电表箱经过门面房正门，进入了空调外机下面的一个洞，屋内连着空调插座。用电检查人员确认为窃电行为，根据王某家所有电器容量，计算出电费损失共有 1080.58 元，加上三倍的违约使用电费，计算出应缴纳费用共计 4323 元，当场开具了《违约用电、窃电通知单》。上述案例中的窃电量的计算是否合理？为什么？

四、工作规范及要求

问题回答全面，准确，条理清晰。

五、考核及时间要求

本考核要求完成时间为 30 分钟，文字描述清晰，术语规范。

技能等级评价专业技能考核操作评分标准

工种	农网配电营业工（综合柜员）			评价等级	中级工
项目模块	用电营业与服务—优质服务		编号		Jc0001462005
单位		准考证号		姓名	
考试时限	30 分钟	题型	综合操作题	题分	100 分
成绩		考评员		考评组长	日期
试题正文	窃电客户分析及处理				
需要说明的问题和要求	（1）要求单人完成。 （2）问题回答全面，准确，条理清晰				

续表

序号	项目名称	质量要求	满分	扣分标准	扣分原因	得分
1	窃电量	窃电量计算正确	40	回答不全面扣 20 分；窃电量的计算判断错误扣 40 分		
2	处理规定	写出 2 条，内容正确全面	60	每错、漏一条扣 30 分，扣完为止		
	合计		100			

标准答案：

（1）窃电量的认定不合理。该案例中客户绕越计量装置从电表箱经过门面房正门，进入了空调外机下面的一个洞，屋内连着空调插座，应按照现场证据能够证明的电气设备容量进行计算窃电量，而不是根据客户家所有电器的容量计算。

（2）原因：根据《供电营业规则》第一百零三条规定：

1）在供电企业的供电设施上，擅自接线用电的，所窃电量按私接设备额定容量（kVA 视同 kW）乘以实际使用时间计算确定。

2）以其他行为窃电的，所窃电量按计费电能表标定电流值（对装有限流器的，按限流器整定电流值）所指的容量（kVA 视同 kW）乘以实际窃用的时间计算确定。窃电时间无法查明时，窃电日数至少以一百八十天计算，每日窃电时间：电力客户按 12 小时计算；照明客户按 6 小时计算。

Jc0001463006　计量异常业务分析。（100 分）
考核知识点：综合分析
难易度：难

技能等级评价专业技能考核操作工作任务书

一、任务名称
计量异常业务分析。

二、适用工种
农网配电营业工（综合柜员）中级工。

三、具体任务
2021 年 1 月 10 日，某供电所接到上级部门下发的异常数据核查工单，主要工作内容是核查客户用电电能表余额较上月变动大于 1 元，但是电能表表码未变动，供电所立即安排台区经理现场核查，其中一条信息如下：客户王某，用电类别：居民生活照明，现场电能表为 09 版单相本地费控电能表，现场抄见总表码 2532kWh，电价 0.448 6 元/kWh，客户用电时电能表显示屏总显示 ◄ 符号，电能表余额 45.32 元。通过 SG186 系统查询客户电费发行情况见表 Jc0001463006，采集系统查询出该户正向有功总止码 426，反向有功总止码 2106。作为农网配电营业工（综合柜员），请处理如下问题：

表 Jc0001463006

月份	1 月	2 月	3 月	4 月	5 月	6 月	7 月
电量（kWh）	426	426	426	426	426	426	426

（1）电能表显示 ◄ 符号，这个符号代表什么意义？

（2）什么情况下现场电能表会显示 ◄ ？

（3）安排台区经理更换电能表及更正接线，采用一键式换表，更换为远程费控电能表，换表过程中，显示系统余额1033元，电能表余额45.32元，请计算换表后应发行多少电费？通过系统清算调节，换表后系统余额是多少元？

（4）分析此类异常现象会影响营销工作中的哪些指标？

四、工作规范及要求

（1）携带自备工具（钢笔或中性笔）进入现场，待考评员宣布许可工作命令后开始工作并计时。

（2）分析问题条理清晰。

（3）计算正确。

（4）书写完整规范。

五、考核及时间要求

本考核操作时间为30分钟，时间到停止考评。

技能等级评价专业技能考核操作评分标准

工种	农网配电营业工（综合柜员）				评价等级	中级工
项目模块	用电营业与服务—用电营业管理			编号		Jc0001463006
单位			准考证号		姓名	
考试时限	30分钟	题型		综合操作题	题分	100分
成绩		考评员		考评组长	日期	
试题正文	计量异常业务分析					
需要说明的问题和要求	无					

序号	项目名称	质量要求	满分	扣分标准	扣分原因	得分
1	说明符号代表的意义	正确说明符号代表的意义	10	说明错误扣10分		
2	分析电能表出现该符号的原因	正确分析原因	15	分析错误扣15分		
3	计算换表后应发行电费及换表后系统余额	正确计算出结果，有计算步骤和过程	50	计算结果错误扣50分；没有计算步骤和过程扣30分		
4	分析此类异常现象会影响营销工作中哪些指标	分析出至少五条内容	25	少分析一条扣5分，扣完为止		
	合计		100			

标准答案：

（1）电能表显示该符号表示功率反向指示。

（2）电能表相线的进出线接反，电能表接入负荷时会出现此符号。

（3）客户用电量＝2532－426＝2106（kWh）

居民年阶梯二档电量为2040kWh，用电量已达居民阶梯二档，则：

$2040 \times 0.448\,6 = 915.14$（元）

$(2106 - 2040) \times 0.498\,6 = 32.91$（元）

合计发行电费＝915.14＋32.91＝948.05（元）

换表后余额＝1033－948.05＝84.95（元）

（4）这类异常现象，会影响营销工作中的如下指标：

1）系统台区线损率，日线损、月线损等；

2）电能表实抄率；

3）电能表电费核算正确率；

4）跨年后影响电费发行正确率，造成多计或少计电费；

5）电费的正常回收。

Jc0001451007　查询专用变压器客户日用电量及月末冻结表码。（100分）

考核知识点：远程抄表的抄表原理、操作流程和注意事项

难易度：易

技能等级评价专业技能考核操作工作任务书

一、任务名称

查询专用变压器客户日用电量及月末冻结表码。

二、适用工种

农网配电营业工（综合柜员）中级工。

三、具体任务

在用电信息采集系统中查询某一专用变压器客户某月1～10日每日总有功电量及当月月末冻结总有功表码，将结果填写在答题纸上。

四、工作规范及要求

填写查询客户编号、户名及对应的需要查询内容。

五、考核及时间要求

本考核要求完成时间为10分钟，时间到应立即停止操作。

技能等级评价专业技能考核操作评分标准

工种	农网配电营业工（综合柜员）				评价等级	中级工	
项目模块	用电营业与服务—用电营业管理			编号		Jc0001451007	
单位			准考证号			姓名	
考试时限	10分钟	题型		多项操作题		题分	100分
成绩		考评员		考评组长		日期	
试题正文	查询专用变压器客户日用电量及月末冻结表码						
需要说明的问题和要求	（1）要求单人完成。 （2）填写查询客户编号、户名及对应的需要查询内容						

序号	项目名称	质量要求	满分	扣分标准	扣分原因	得分
1	户号、户名	填写正确	10	错误一项扣5分，扣完为止		
2	1～10日每日总用电量	填写正确	80	错误一项扣8分，扣完为止		
3	月末冻结表码	填写正确	10	错误一项扣5分，扣完为止		
	合计		100			

标准答案：

客户编号		客户名称	
	1 日总用电量		
	2 日总用电量		
	3 日总用电量		
	4 日总用电量		
	5 日总用电量		
	6 日总用电量		
	7 日总用电量		
	8 日总用电量		
	9 日总用电量		
	10 日总用电量		
	月末冻结总有功表码		

Jc0001441008　营销业务应用系统查询客户档案基本信息。（100 分）

考核知识点： 系统操作

难易度： 易

技能等级评价专业技能考核操作工作任务书

一、任务名称

营销业务应用系统查询客户档案基本信息。

二、适用工种

农网配电营业工（综合柜员）中级工。

三、具体任务

（1）熟练操作营销业务应用系统。

（2）通过营销业务应用系统查询某户号的户名、城乡类别、客户分类、行业分类、用电容量、用电类别、供电电压、立户日期、是否开通远程购电、预留电话等信息。

（3）将该客户基本信息保存在桌面文件"基本信息"，并将此文件另存为"单位＋客户姓名.xls"（如××公司王某的文件名应为"××王某.xls"）。

（4）写出国家电网有限公司供电服务"十项承诺"中关于此类客户快速抢修及时复电的要求。

四、工作规范及要求

（1）电教室独立完成。

（2）电脑可以登录系统内网并可登录相应业务应用系统。

（3）时间到应立即停止答题，离开考试场地。

（4）考核中出现下列情况之一的，考核成绩为 0：

1）非独立完成；

2）在规定时限内，未提交答卷或未发起相应业务流程。

（5）考生不得询问与考试内容无关的问题，考评员不得提示与考试有关的内容。

五、考核及时间要求

本考核操作时间 15 分钟，按照技能操作记录单的操作要求进行操作，正确记录查询结果。

技能等级评价专业技能考核操作评分标准

工种	农网配电营业工（综合柜员）				评价等级	中级工
项目模块	用电营业与服务—用电营业管理			编号	Jc0001441008	
单位		准考证号			姓名	
考试时限	15 分钟	题型		单项操作	题分	100 分
成绩		考评员		考评组长	日期	
试题正文	营销业务应用系统查询客户档案基本信息					
需要说明的问题和要求	（1）独立完成，考试一人一桌一机。 （2）预装好相应 Office 软件、95598 业务支持系统、营销业务应用系统、用电信息采集系统					

序号	项目名称	质量要求	满分	扣分标准	扣分原因	得分
1	营销业务应用系统客户档案信息查询	正确查询相关数据明细	60	数据查询错误，每项扣 10 分，扣完为止		
2	查询数据保存	按要求进行文件命名，并按指定格式保存在指定路径	20	未按要求命名扣 10 分；保存格式或保存路径不正确扣 10 分，扣完为止		
3	描述国家电网公司供电服务"十项承诺"中关于此类客户快速抢修及时复电的要求	正确描述国家电网公司供电服务"十项承诺"中关于此类客户快速抢修及时复电的要求	20	描述不清楚或不全面扣 10 分，扣完为止		
	合计		100			

标准答案：

国家电网公司"十项承诺"中关于快速抢修及时复电的要求：提供 24 小时电力故障报修服务，供电抢修人员到达现场的平均时间一般为农村地区 90 分钟。到达现场后恢复供电平均时间一般为农村地区 4 小时。

Jc0001442009　互感器配置。（100 分）

考核知识点： 电流计算

难易度： 中

技能等级评价专业技能考核操作工作任务书

一、任务名称

互感器配置。

二、适用工种

农网配电营业工（综合柜员）中级工。

三、具体任务

某工业客户有功负荷 $P=1000\text{kW}$，功率因数 $\cos\varphi=0.8$，10kV 供电，高压计量，计算需配置的电流互感器规格。

四、工作规范及要求

计算准确，文字描述清晰、规范。

五、考核及时间要求

本考核要求完成时间为 30 分钟，答题完整，文字描述清晰、规范。

技能等级评价专业技能考核操作评分标准

工种	农网配电营业工（综合柜员）			评价等级	中级工
项目模块	用电营业与服务—变更用电		编号		Jc0001442009
单位		准考证号		姓名	
考试时限	30分钟	题型	单项操作题	题分	100分
成绩		考评员	考评组长	日期	
试题正文	互感器配置				
需要说明的问题和要求	要求单人完成				

序号	项目名称	质量要求	满分	扣分标准	扣分原因	得分
1	选择公式	公式正确	40	公式错误扣40分		
2	电流计算	数据代入、计算正确	40	计算错误扣40分		
3	总结回答	文字描述清晰、规范	20	回答错误扣20分		
	合计		100			

标准答案：

$$P = \sqrt{3}UI\cos\varphi$$

$$I = \frac{P}{\sqrt{3}U\cos\varphi} - \frac{1000}{\sqrt{3}\times10\times0.8} = 72.17（A）$$

因此需配置 75/5A 的电流互感器。

Jc0002462010　变更业务分析。（100分）

考核知识点： 国家电网有限公司供电服务规范知识点

难易度： 中

技能等级评价专业技能考核操作工作任务书

一、任务名称

变更业务分析。

二、适用工种

农网配电营业工（综合柜员）中级工。

三、具体任务

某日，李先生前来营业厅办理户号为1060580189的用电过户业务。在无原户主身份证的情况下，张先生向客户代表提供了房屋产权证。办理过程中，客户代表发现在营销业务应用系统中户号1060580189的地址为绿光新村 A－103 室，而客户提供的产权证上用电地址为绿光小区 1 座 103 室，为慎重起见客户代表向客户再次确认用电地址。张先生表示因房子刚买，自己并不清楚绿光小区与绿光新村是否为同一个地方。因此，客户代表告知张先生，按照供电公司规定，出现这种情况客户应去社区开具地址一致的证明方可办理。客户张先生一听说还要找社区确认地址，立刻向客户代表再三保证这是同一个地方，并愿意书面承诺今后一旦出现问题由自己一人承担，同时还拿出两张其单位赞助的演唱会门票送给客户代表。在客户的软磨硬泡下，座席人员为其办理了过户手续。1 个月后，绿光新村 A－103 室的客户拨打 95598 供电服务热线投诉说，突然收到供电公司"欠费通知单"，才知道在自己不知情的情况下，家中电表已改到别人的名下、银行代扣代缴业务也被取消。他要求供电公司给个说法，由此产生的欠费滞纳金也应由供电公司承担。请问在此过程中，供电公司工作人员有哪些违规之处？并对这一事件暴露出的问题提出改进建议。

四、工作规范及要求

（1）自备钢笔中性笔。

（2）文字描述条例清晰，简明扼要。

（3）分析供电公司工作人员有哪些违规之处，指出这一事件暴露出的问题并提出改进建议。

五、考核及时间要求

本考核为实操任务，严格按照规定步骤完成，考核时间 30 分钟。

技能等级评价专业技能考核操作评分标准

工种	农网配电营业工（综合柜员）				评价等级	中级工
项目模块	用电营业与服务—优质服务			编号		Jc0002462010
单位			准考证号		姓名	
考试时限	30 分钟	题型		综合操作题	题分	100 分
成绩		考评员		考评组长	日期	
试题正文	变更业务分析					
需要说明的问题和要求	无					

序号	项目名称	质量要求	满分	扣分标准	扣分原因	得分
1	供电公司工作人员有哪些违规之处	判断正确和完整	50	每少一条得分点扣 25 分，扣完为止；描述不清或有错别字酌情扣分		
2	指出这一事件暴露出的问题	正确指出问题	20	每少一条得分点扣 10 分，扣完为止；描述不清或有错别字酌情扣分		
3	提出改进建议	给出正确的改进建议	30	每少一条得分点扣 10 分，扣完为止；描述不清或有错别字酌情扣分		
	合计		100			

标准答案：

（1）违规条款：

1）申请资料不全时，座席人员在客户的软磨硬泡下受理了业务，违反了《供电营业规则》第二十九条"在用电地址、用电容量、用电类别不变条件下，允许办理更名或过户"和《国家电网公司供电服务规范》第六条第三款"当客户的要求与政策、法律、法规及本企业制度相悖时，应向客户耐心解释，争取客户理解，做到有理有节"的规定。

2）客户代表员接受了客户提供的演唱会门票，违反了《国家电网有限公司"十个不准"》第九条"不准接受客户吃请和收受客户礼品、礼金、有价证券等"的规定。

（2）暴露问题：

1）客户代表办理业务未能遵守业务规定，在受理客户过户更名申请时，在发现用电地址不符的情况下未按照规定办理业务。

2）客户代表风险防范意识薄弱，在客户的糖衣炮弹下没有坚守"十个不准"的规定。

（3）措施建议：

1）营业厅应加强对营业业务细节的规范，要求客户代表坚决贯彻执行，应派专人对每日完成的工单进行审核，杜绝错漏。

2）加强客户代表风险防范意识，着重宣贯国家电网有限公司"三个十条"规定，向客户代表逐条说明，定期组织考试。

3）客户代表遇到自己难以确定的问题时，应不回避、不否定、不急于下结论，及时向领导汇报后再答复客户。

Jc0002453011　居民客户家用电器损坏赔偿计算。（100 分）
考核知识点： 法律法规
难易度： 难

技能等级评价专业技能考核操作工作任务书

一、任务名称

居民客户家用电器损坏赔偿计算。

二、适用工种

农网配电营业工（综合柜员）中级工。

三、具体任务

由供电公司以低压方式供电的居民张、王、李三客户，6 月 20 日因公用变压器中性线断线导致三家家电损坏。26 日供电公司在收到张、王两家投诉后，分别进行了调查，发现在该起事故中，张、王、李分别损坏电视机、电冰箱、电热水器各一台，且均不可修复。客户出具的购货发票表明：张家电视机原价 3000 元，已使用了 5 年；王家电冰箱购价 2500 元，已使用 6 年；李家电热水器购价 2000 元，已使用 2 年。供电公司是否应向客户赔偿？如赔偿，应怎样赔偿？

四、工作规范及要求

（1）自备钢笔或中性笔。

（2）文字描述条理清晰，简明扼要。

（3）正确描述有关赔偿依据及计算赔偿金额。

五、考核及时间要求

本考核为实操任务，严格按照规定步骤完成，考核时间 30 分钟。

技能等级评价专业技能考核操作评分标准

工种	农网配电营业工（综合柜员）			评价等级	中级工
项目模块	用电营业与服务—用电营业管理		编号		Jc0002453011
单位			准考证号	姓名	
考试时限	30 分钟	题型	多项操作题	题分	100 分
成绩		考评员		考评组长	日期
试题正文	居民客户家用电器损坏赔偿计算				
需要说明的问题和要求	无				

序号	项目名称	质量要求	满分	扣分标准	扣分原因	得分
1	是否应向客户赔偿	正确描述《居民客户家用电器损坏处理办法》中属于电力运行事故的事件类型	40	每漏一项扣 10 分，扣完为止； 语句表达不清或有错别字酌情扣分		
2	赔偿金额计算	实时解答客户的问题，使用文明用语，正确描述案例中涉及的法律法规条文	60	未能正确描述法律法规的条款内容的，每漏一项扣 10 分； 与客户沟通过程未使用文明服务用语或回答不规范，每次扣 5 分； 以上扣分，扣完为止		
	合计		100			

标准答案：

根据《居民客户家用电器损坏处理办法》，三客户家用电器损坏为供电公司负责维护的供电设备故障引起，应作如下处理：

（1）张家，及时投诉，应赔偿。赔偿金额：

$3000 \times (1 - 5/10) = 1500$（元）

（2）王家，及时投诉，应赔偿。赔偿金额：

$2500 \times (1 - 6/12) = 1250$（元）

（3）李家，因供电公司在事发 7 日内未收到李家投诉，视其为放弃索赔权，不予赔偿。

Jc0002463012 用电业务分析。（100 分）

考核知识点： 综合业务分析

难易度： 难

技能等级评价专业技能考核操作工作任务书

一、任务名称

用电业务分析。

二、适用工种

农网配电营业工（综合柜员）中级工。

三、具体任务

根据业务描述，对业务事件中不妥地方进行分析。

（1）2020 年 9 月，某供热企业到供电公司申请报装用电，报装容量 2×630kVA，一台主用，一台热备用。2020 年 10 月 5 日投入运行。每月基本电费容量按 630kVA 计算。2021 年 3 月 20 日和 21 日因线路故障停电两天。客户认为是供电企业原因造成停电事故，要求给予减免两天基本容量费，供电企业未予以办理，后客户投诉至 95598。

（2）工作任务：

1）该次事件违反了《供电营业规则》的哪些条款？

2）供电企业未扣减基本电费的依据是什么？

3）该次事件暴露出哪些问题？提出整改措施。

四、工作规范及要求

（1）自备钢笔或中性笔。

（2）文字描述条理清晰，简明扼要。

（3）正确描述此案例相关规定。

（4）正确分析此案例中暴露的问题并提出整改措施。

五、考核及时间要求

本考核为实操任务，严格按照规定步骤完成，考核时间30分钟。

技能等级评价专业技能考核操作评分标准

工种	农网配电营业工（综合柜员）		评价等级	中级工
项目模块	用电营业与服务—业扩报装	编号		Jc0002463012
单位		准考证号	姓名	
考试时限	30分钟	题型	综合操作题	题分	100分
成绩	考评员	考评组长	日期	
试题正文	用电业务分析			
需要说明的问题和要求	无			

序号	项目名称	质量要求	满分	扣分标准	扣分原因	得分
1	《供电营业规则》关于基本电费收取的相关规定	正确指出此案例中违反《供电营业规则》的相关条款	50	违反相关条款描述不清或描述不齐全酌情扣分，扣完为止		
2	综合分析	分析此案例暴露的问题	50	根据答案要点酌情扣分，扣完为止		
	合计		100			

标准答案：

（1）该次事件违反以下规定：

1）未按规定对该客户热备用的630kVA变压器收取基本容量费。违反《供电营业规则》第八十五条："以变压器容量计算基本电费的客户，其备用的变压器（含高压电动机），属冷备用状态并经供电企业加封的，不收基本电费；属热备用状态的或未经加封的，不论使用与否都计收基本电费"的规定。

2）对于客户的咨询没有按照规定进行合理的宣传和解释，造成客户投诉。违反《供电营业规则》第八十四条："事故停电、检修停电、计划限电不扣减基本电费"的规定。

（2）暴露的问题：

1）业务受理人员业务知识不全面。

2）电价政策执行不到位。

3）工作人员的优质服务意识不强。

（3）措施建议：

1）加强工作人员专业技能培训。

2）加强工作人员的电价政策培训和解读。

3）加强人员的思想教育，健全考核机制，提高优质服务意识和服务水平。

Jc0003462013　业务咨询（业扩）。（100分）

考核知识点：业扩报装咨询

难易度：中

技能等级评价专业技能考核操作工作任务书

一、任务名称

业务咨询（业扩）。

二、适用工种

农网配电营业工（综合柜员）中级工。

三、具体任务

某客户到供电所营业厅咨询，2020 年客户租了一间商铺打算开一家餐厅，餐厅的用电设备都买来后发现负荷太大，单相供电线路无法承受，需 380V 供电，请针对客户的需求进行解释说明。

四、工作规范及要求

（1）要求统一着工装、单独操作、符合规范服务要求。

（2）根据任务书完成表单填写。

（3）正确解答办理的相关规定。

五、考核及时间要求

（1）学员视现场实际操作情况可要求考评员协助操作，考评员不得提示。

（2）时间到应立即停止操作，整理工具材料离开操作场地。

（3）本考核操作时间为 15 分钟，时间到应立即停止考评。

技能等级评价专业技能考核操作评分标准

工种	农网配电营业工（综合柜员）			评价等级		中级工		
项目模块	用电营业与服务—用电业务咨询			编号		Jc0003462013		
单位			准考证号			姓名		
考试时限	15 分钟		题型		综合操作题		题分	100 分
成绩		考评员		考评组长			日期	
试题正文	业务咨询（业扩）							
需要说明的问题和要求	（1）根据任务书完成系统操作。 （2）针对此类用电性质给予合理用电相关建议意见							

序号	项目名称	质量要求	满分	扣分标准	扣分原因	得分
1	服务规范					
1.1	语言表达	用词准确，流畅、语气和蔼，普通话水平符合要求，使用文明礼貌用语	3	不主动使用普通话、语速过快过慢、礼貌用语不规范等每出现一处扣 1 分，扣完为止		
1.2	着装要求	着营业厅全套工作服，发型符合规范服务要求、佩戴工号牌	3	着装不标准，如袖口未扣，左胸无工号牌等，扣 3 分		
1.3	仪容仪表	符合仪容仪表规范	3	佩戴夸张饰品、发型发色不符合规范、长发未盘起等，扣 3 分		
1.4	行为举止	大方、得体	3	站坐走姿不规范，引导手势不规范，单手递交物品等，扣 3 分		
1.5	服务态度	全程微笑服务、态度热情、服务周到	3	无微笑服务此项不得分		
2	业务受理					
2.1	工作准备	检查电脑、打印机电源，以及席位牌状态、表单、纸笔等	5	未检查不得分		

续表

序号	项目名称	质量要求	满分	扣分标准	扣分原因	得分
2.2	迎接客户	您好！（起身相迎、微笑示座、主动问好）"请坐，请问您要办理什么业务？"	5	无规范文明用语，扣2分；无规范行为、举止，扣2分；在客户落座前坐下，扣1分		
2.3	初步对接	（1）请客户提供客户户名、户号等信息，并在系统查询供电电量、供电电压等相关用电信息；（2）了解客户的用电设备容量、供电电压等	5	未请客户提供客户户名、户号等信息，并在系统查询供电容量、供电电压等相关用电信息，扣3分；未了解客户的用电设备容量、供电电压等，扣2分		
2.4	问题分析	（1）告知客户应办理非居民增容业务；（2）告知客户内部线路更换可委托有资质的社会电工进行更换；（3）告知客户"三不指定"政策；（4）告知客户办理增容所需携带的资料、具体业务环节、办理时限	30	未告知客户应办理非居民增容业务，扣5分；未告知客户内部线路更换可委托有资质的社会电工进行更换，扣10分；未告知客户"三不指定"政策，扣5分；未告知客户办理增容所需携带的资料、具体业务环节、办理时限，扣10分		
2.5	一次性告知	（1）客户内部线路可委托有资质的社会电工进行更换，但接表计接线需打开表尾盖，需联系供电公司计量人员到场，由计量人员现场打接线完成后重新加封；（2）增容手续应由法人本人进行办理；（3）法人无法到场办理，可出具授权书由授权人代办；（4）告知客户增容容量统计方法	30	客户未委托有资质的社会电工进行更换，未联系供电公司计量人员到场，由计量人员现场打接线完成后重新加封，扣10分；未告知客户增容手续应由法人本人进行办理，扣5分；未告知客户法人无法到场办理，可出具授权书由授权人代办，扣5分；未告知客户增容容量统计方法（现有用电设备容量之和×0.8－原用电容量），扣10分		
2.6	送客	送客规范	5	未起身微笑并问候"您的业务已办理完毕，请带好随身物品，欢迎您下次光临"，扣5分		
3	工作完毕、清理现场	关闭设备电源、恢复席位牌、整理桌面	5	未清理不得分		
	合计		100			

Jc0004452014 低压居民新装业务办理。（100分）

考核知识点： 低压居民客户新装

难易度： 中

技能等级评价专业技能考核操作工作任务书

一、任务名称

低压居民新装业务办理。

二、适用工种

农网配电营业工（综合柜员）中级工。

三、具体任务

某居民客户到供电所营业厅进行低压居民新装申请，客户应该提供什么材料？"一证"受理的内容有哪些？国家电网有限公司供电服务"十项承诺"里关于该户的接电时间是怎么规定的？

四、工作规范及要求

（1）自备钢笔或中性笔。

（2）文字描述条理清晰，简明扼要。

（3）正确描述此案例相关规定。

五、考核及时间要求

本考核为实操任务，严格按照规定步骤完成，考核时间 30 分钟。

技能等级评价专业技能考核操作评分标准

工种		农网配电营业工（综合柜员）				评价等级	中级工	
项目模块		用电营业与服务—业扩报装			编号		Jc0004452014	
单位				准考证号			姓名	
考试时限		30 分钟		题型		单项操作	题分	100 分
成绩		考评员			考评组长		日期	
试题正文		低压居民新装业务办理						
需要说明的问题和要求		无						

序号	项目名称	质量要求	满分	扣分标准	扣分原因	得分
1	新装的办理	正确描述客户需要提供的资料	30	每少分析一条条款扣 10 分，扣完为止；描述不清或有错别字酌情扣分		
2	新装的相关规定	"一证"受理内容	30	每少分析一条条款扣 5 分，扣完为止；描述不清或有错别字酌情扣分		
3	新装的相关规定	正确描述新装办理期限	40	每少分析一条条款扣 20 分，扣完为止；描述不清或有错别字酌情扣分		
	合计		100			

标准答案：

（1）客户应该提供身份证（或户口本、护照等有效身份证明）。

（2）"一证"受理包括身份证、户口本、军官证或士兵证、台胞证、港澳通行证、外国护照、外国永久居留证（绿卡）或其他有效身份证明文书等。

（3）国家电网有限公司供电服务"十项承诺"规定：低压客户平均接电时间，居民客户 5 个工作日。

Jc0004452015　电能表的配置。（100 分）

考核知识点： 根据负荷配表

难易度： 中

技能等级评价专业技能考核操作工作任务书

一、任务名称

电能表的配置。

二、适用工种

农网配电营业工（综合柜员）中级工。

三、具体任务

某客户 380V 供电，用电设备是 2 台电动机，单台额定容量 10kW。试计算该户应配置的电能表规格（计算时不考虑电动机的效率，但要考虑功率因数 0.85）。

四、工作规范及要求
标准选取、计算正确。

五、考核及时间要求
本考核要求完成时间为 30 分钟，计算正确，答题完整，文字描述清晰、规范。

技能等级评价专业技能考核操作评分标准

工种	农网配电营业工（综合柜员）				评价等级	中级工
项目模块	用电营业与服务—变更用电			编号	Jc0004452015	
单位			准考证号		姓名	
考试时限	30 分钟	题型	多项操作题		题分	100 分
成绩		考评员		考评组长	日期	
试题正文	电能表的配置					
需要说明的问题和要求	（1）要求单人完成。（2）计算正确，答题完整					

序号	项目名称	质量要求	满分	扣分标准	扣分原因	得分
1	根据负荷计算电流	数据计算正确	70	公式错误扣 50 分；计算错误扣 20 分		
2	选择电能表	选择正确	30	选择错误扣 30 分		
	合计		100			

标准答案：

$$I = \frac{P}{\sqrt{3}U\cos\varphi} = \frac{20\,000}{\sqrt{3}\times380\times0.85} = 36（A）$$

电流为 36A，根据计量工作实际情况，宜选用三相四线 $3\times5（-60）$A 电能表。

Jc0005452016　收费员管家卡绑定/解绑流程中的注意事项。（100 分）
考核知识点： 电费、业务费收取的相关工作标准及规定
难易度： 中

技能等级评价专业技能考核操作工作任务书

一、任务名称
收费员管家卡绑定/解绑流程中的注意事项。

二、适用工种
农网配电营业工（综合柜员）中级工。

三、具体任务
请简述收费员管家卡绑定/解绑的操作过程中的注意事项。

四、工作规范及要求
（1）钢笔或中性笔。
（2）文字表述清楚，按顺序填写。

五、考核及时间要求
考核时间 20 分钟。

技能等级评价专业技能考核操作评分标准

工种	农网配电营业工（综合柜员）			评价等级	中级工
项目模块	电费管理—收费管理		编号	Jc0005452016	
单位		准考证号		姓名	
考试时限	20分钟	题型	多项操作题	题分	100分
成绩		考评员	考评组长	日期	
试题正文	收费员管家卡绑定/解绑流程中的注意事项				
需要说明的问题和要求	（1）要求单人完成。 （2）自备计算器、钢笔或中性笔。 （3）文字表述清楚				

序号	项目名称	质量要求	满分	扣分标准	扣分原因	得分
1	注意事项	填写正确	100	不完整或不准确每条扣33分，扣完为止		
	合计		100			

标准答案：

收费员管家卡绑定/解绑操作过程中的注意事项：

（1）收费员按照"一工号一管家卡"原则绑定管家卡。不允许收费员多人用一个工号收费。收费员当日解款当日进账，进账金额与报表金额一一对应，进账金额不能有长短款，杜绝一报多单。

（2）营销业务应用系统对管家卡使用效率进行校验设置。对一个月以上未发生银行资金流水的收费员管家卡号进行预警提示，确认使用情况，确保管家卡使用效率。

（3）各单位收费员选择管家卡时，建议根据实际情况（上门收款入账银行、附近银行）选择绑定银行。收费员跨行进账产生的手续费用，由地市农村电力服务公司报销支付。

Jc0005441017　省级直收后营业厅收费（坐收）流程。（100分）

考核知识点： 电费、业务费收取的相关工作标准及规定

难易度： 易

技能等级评价专业技能考核操作工作任务书

一、任务名称

省级直收后营业厅收费（坐收）流程。

二、适用工种

农网配电营业工（综合柜员）中级工。

三、具体任务

简述省级直收后营业厅收费（坐收）流程。

四、工作规范及要求

（1）钢笔或中性笔。

（2）文字表述清楚，按顺序填写。

五、考核及时间要求

考核时间30分钟。

技能等级评价专业技能考核操作评分标准

工种		农网配电营业工（综合柜员）			评价等级	中级工
项目模块		电费管理—收费管理		编号		Jc0005441017
单位			准考证号		姓名	
考试时限	30分钟	题型		单项操作题	题分	100分
成绩		考评员		考评组长	日期	
试题正文	省级直收后营业厅收费（坐收）流程					
需要说明的问题和要求	无					

序号	项目名称	质量要求	满分	扣分标准	扣分原因	得分
1	操作流程	填写完整、准确	100	共计5条，不完整或不准确每条扣20分		
	合计		100			

标准答案：

省级直收后营业厅收费（坐收）操作流程：

（1）收费员坐收现金（包括自助交费终端现金）。

（2）收费员当日解款、进账、生成日报表并发送。

（3）营销业务应用系统根据收费员绑定的管家卡号和对账文件，自动进行到账确认。如3个工作日内未到账确认通过，营销业务应用系统将日报表自动退至收费员解款环节，由地市公司收费员处理后重新发送。

（4）营销业务应用系统自动生成凭证、审核记账、集成凭证至财务管控系统。

（5）地市公司电费账务员进入营销业务应用系统和财务管控系统分别打印营销实收日报汇总表和财务凭证，整理后按月移交地市财务部。

Jc0005452018　预收电费退费处理。（100分）

考核知识点：营业厅收费管理

难易度：中

技能等级评价专业技能考核操作工作任务书

一、任务名称

预收电费退费处理。

二、适用工种

农网配电营业工（综合柜员）中级工。

三、具体任务

2020年7月，某面粉厂因经营不善破产，相关人员前来办理销户手续。经核实该面粉厂有预收电费2000元，表余电量结算电费485.6元未发行。请问应退客户预收电费多少元？请绘出预收退费的具体操作流程图。

四、工作规范及要求

（1）自备钢笔或中性笔。

（2）文字描述条理清晰，简明扼要。

五、考核及时间要求

本考核为电费账务实操任务，严格按照规定步骤完成，考核时间20分钟。

技能等级评价专业技能考核操作评分标准

工种	农网配电营业工（综合柜员）			评价等级	中级工
项目模块	用电营业与服务—用电营业管理		编号	Jc0005452018	
单位		准考证号		姓名	
考试时限	20分钟	题型	多项操作题	题分	100分
成绩		考评员	考评组长	日期	
试题正文	预收电费退费处理				
需要说明的问题和要求	要求单人完成				

序号	项目名称	质量要求	满分	扣分标准	扣分原因	得分
1	退预收电费金额计算	计算金额正确	40	计算错误扣40分		
2	退费流程图绘制	退费流程图绘制完整、无误	60	主要环节每缺少一个扣6分，扣完为止		
	合计		100			

标准答案：

（1）退预收电费金额：

应退预收电费＝2000－485.6＝1514.4（元）

（2）流程图绘制如图Jc0005452018所示。

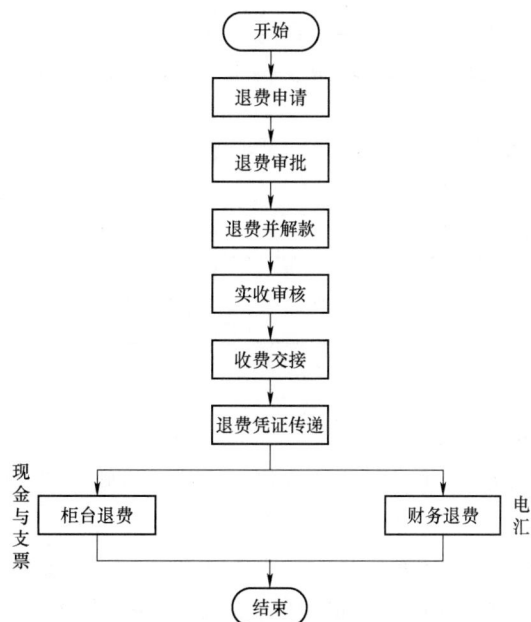

图 Jc0005452018

Jc0005452019　电费解缴。（100分）

考核知识点： 电费解缴

难易度： 中

技能等级评价专业技能考核操作工作任务书

一、任务名称

电费解缴。

二、适用工种

农网配电营业工（综合柜员）中级工。

三、具体任务

审核员在审核一张结算方式为"现金"、解款银行为工商银行、金额为 1234.56 元的日实收交接报表时，发现实际扫描的原始单据是客户通过网银转账，收款银行为建设银行，金额为 1234.65 元的银行单据，立即进行了日报退回操作。请分析：

（1）审核员应发现几处错误？请逐一列举。

（2）本着"一报一单"的原则，收费员应如何纠正错误？简要写出操作步骤。

四、工作规范及要求

文字描述清晰、规范。

五、考核及时间要求

本考核要求完成时间为 30 分钟，答题完整，文字描述清晰、规范。

技能等级评价专业技能考核操作评分标准

工种	农网配电营业工（综合柜员）			评价等级	中级工
项目模块	电费管理—收费管理		编号		Jc0005452019
单位		准考证号		姓名	
考试时限	30 分钟	题型	多项操作题	题分	100 分
成绩		考评员	考评组长	日期	
试题正文	电费解缴				
需要说明的问题和要求	（1）要求单人完成。 （2）答题完整				

序号	项目名称	质量要求	满分	扣分标准	扣分原因	得分
1	判断错误	判断正确	40	错误一处扣 10 分，扣完为止		
2	入户纠正错误	方法正确可行	60	错误一处扣 10~12.5 分，扣完为止		
	合计		100			

标准答案：

（1）审核应员发现 3 处错误，具体如下：

1）结算方式错误。根据原始单据信息结算方式应选择"进账单"，不应选为"现金"。

2）解款银行错误。解款银行应为"建设银行"，不应为"工商银行"。

3）收费及解款金额错误。原银行单据金额为 1234.65 元，错收成 1234.56 元。

（2）收费员本着"一报一单"的原则对退回的报表做"冲正"处理，操作步骤如下：

1）进入营销业务系统收费账务管理→坐收→银行资金解款→交接单修改中"班长已退回"界面，查找到退回报表并做"取消交接单"操作。

2）进入营销业务系统收费账务管理→坐收→银行资金解款中"已解款"界面，查询出已取消的实收日报，进行解除解款。

3）进入营销业务系统收费账务管理→坐收→冲正中"坐收冲正"界面，对该客户进行错误冲并进行重新收费。

4）进入营销业务系统收费账务管理→坐收→坐收收费界面，对该客户重新进行正确收费。

Jc0005442020　电量追补。（100分）

考核知识点： 电量追补

难易度： 中

技能等级评价专业技能考核操作工作任务书

一、任务名称

电量追补。

二、适用工种

农网配电营业工（综合柜员）中级工。

三、具体任务

某低压供电客户，经现场校验表计慢走15%，自装表之日起已收取客户电量50000kWh，请计算该客户应补收多少电量？

四、工作规范及要求

计算准确，文字描述清晰、规范。

五、考核及时间要求

本考核要求完成时间为30分钟，答题完整，文字描述清晰、规范。

技能等级评价专业技能考核操作评分标准

工种	农网配电营业工（综合柜员）			评价等级	中级工
项目模块	电费管理—收费管理		编号		Jc0005442020
单位		准考证号		姓名	
考试时限	30分钟	题型	单项操作题	题分	100分
成绩		考评员	考评组长	日期	
试题正文	电量追补				
需要说明的问题和要求	要求单人完成				

序号	项目名称	质量要求	满分	扣分标准	扣分原因	得分
1	追补公式	公式正确	20	公式错误扣20分		
2	误差判断	判断正确	20	判断错误扣20分		
3	应追补电量计算	数据代入，计算正确	20	数据代入，计算错误扣20分		
4	追补依据	引用正确	20	依据错误扣20分		
5	确定追补电量	计算确定正确	20	计算确定错误扣20分		
	合计		100			

标准答案：

$$应退补电量 = \frac{错误电量}{1+实际误差} \times 实际误差$$

表计慢走15%，则实际误差为−15%，代入公式计算

$$应追补电量 = \frac{50\,000}{1+(-15\%)} \times (-15\%) = -8824（kWh）$$

根据《供电营业规则》规定，电能表超差按二分之一时间进行补收电量，

$$故实际补收电量 = -8824 \times \frac{1}{2} = -4412（kWh）$$

即该客户应补收电量 4412kWh。

Jc0006453021　10kV 双回路供电高低压侧分列运行客户高可靠性供电费计算。（100 分）

考核知识点：电费计算

难易度：难

技能等级评价专业技能考核操作工作任务书

一、任务名称

10kV 双回路供电高低压侧分列运行客户高可靠性供电费计算。

二、适用工种

农网配电营业工（综合柜员）中级工。

三、具体任务

某一新建小区申请 10kV 供电，供电方式为双回路供电，变压器以两台为一组由两条回路分别供电，且供电回路高低压侧均分列运行，由地下电缆接入，报装容量为 2×1000kVA 变压器，施工建设 16 层住宅用电。请问该客户是否缴纳高可靠性费用，若缴纳应缴多少？依据是什么？

四、工作规范及要求

（1）自备计算器、钢笔或中性笔。

（2）计算公式、步骤正确。

五、考核及时间要求

本考核为计算实操任务，严格按照规定步骤完成，考核时间 20 分钟。

技能等级评价专业技能考核操作评分标准

工种	农网配电营业工（综合柜员）			评价等级	中级工
项目模块	电费管理—收费管理		编号		Jc0006453021
单位		准考证号		姓名	
考试时限	20分钟	题型	多项操作题	题分	100分
成绩		考评员	考评组长	日期	
试题正文	10kV 双回路供电高低压侧分列运行客户高可靠性供电费计算				
需要说明的问题和要求	（1）要求单人完成。 （2）列式计算，步骤清晰，文字回答简单规范				

序号	项目名称	质量要求	满分	扣分标准	扣分原因	得分
1	高可靠性供电费收取规定	文字表达规范完整，要点明确	60	知识点不明确每条扣 20 分，扣完为止		
2	高可靠性费用	金额正确	40	结果错误扣 40 分		
	合计		100			

标准答案：

根据《关于收取高可靠性供电费用和临时接电费用的通知》（宁价商发〔2011〕32 号文）规定，新装及增加用电容量的客户，其两条及以上供电回路高低压侧均分列运行，客户各部分负荷均由单独回路供电且彼此无任何电气连接的，各供电回路均不收取高可靠性供电费用。

该客户虽有两条回路供电，但两条回路高低压侧均分列运行，且负荷间彼此无任何电气连接，所以该客户不应收取高可靠性供电费用。

Jc0007441022　光伏客户档案信息及结算电量电费查询。（100 分）

考核知识点： 光伏客户电费查询

难易度： 易

技能等级评价专业技能考核操作工作任务书

一、任务名称

光伏客户档案信及结算电量电费查询。

二、适用工种

农网配电营业工（综合柜员）中级工。

三、具体任务

请使用自己的工号在营销系统查询某一光伏客户并网电压、发电量消纳方式、发电客户类型、发电关口表号，该用户某月结算发电量、补助金额，将结果填写在答题纸上。

四、工作规范及要求

填写查询客户编号、户名及对应的需要查询内容。

五、考核及时间要求

本考核要求完成时间为 20 分钟，时间到应立即停止操作。

技能等级评价专业技能考核操作评分标准

工种	农网配电营业工（综合柜员）				评价等级	中级工
项目模块	电费管理—收费管理			编号		Jc0007441022
单位			准考证号		姓名	
考试时限	20 分钟	题型		单项操作题	题分	100 分
成绩		考评员		考评组长		日期	
试题正文	光伏客户档案信息及结算电量电费查询					
需要说明的问题和要求	（1）要求单人完成。 （2）填写查询发电客户编号、户名及对应的需要查询内容					

序号	项目名称	质量要求	满分	扣分标准	扣分原因	得分
1	户号、户名	填写正确	20	错误一项扣 10 分，扣完为止		
2	查询客户并网电压、发电方式、发电量消纳方式、发电客户类型、发电关口表号	填写正确	50	错误一项扣 10 分，扣完为止		
3	查询电费年月、结算发电量、补助金额	填写正确	30	错误一项扣 10 分，扣完为止		
	合计		100			

第三部分
高级工

第五章　农网配电营业工（综合柜员）
高级工技能笔答

Jb0001331001　什么是非居民照明用电？（5分）

考核知识点：用电类别、行业分类、电价执行标准等

难易度：易

标准答案：

除居民生活用电、商业用电、大工业用电生产车间照明以外的照明用电以及空调、电热（不包括基建施工照明、地下铁路照明、地下防空照明、防汛临时照明）等用电或者用电设备总容量不足 3kW 的动力用电等。

Jb0001331002　居民家庭住宅、居民住宅小区、执行居民电价的非居民客户电动汽车充换电设施的电价是怎样设定的？（5分）

考核知识点：电价政策

难易度：易

标准答案：

居民家庭住宅、居民住宅小区、执行居民电价的非居民客户中设置的充电设施用电，执行居民阶梯电价第二档电量对应的电价标准，即 0.498 6 元/kWh。

Jb0001331003　供用电合同分为哪几类？（5分）

考核知识点：供用电合同的签订原则、签订内容、电费结算相关条款

难易度：易

标准答案：

常用的供用电合同有高压供用电合同、低压供用电合同、临时供用电合同、趸购电合同、转供电合同、居民供用电合同、市场化售电合同七种。

Jb0001331004　在签订供用电合同时，应注意哪些事项？（5分）

考核知识点：电费回收工作的内容及具体要求

难易度：易

标准答案：

（1）要明确供用电合同的性质。

（2）签约前，要对客户进行必要的资信情况调查，合同中文字表述要明确严密，不产生歧义。

Jb0001331005　私自迁移、更动和擅自操作供电企业的用电计量装置、电力负荷管理装置、供电设施以及约定由供电企业调度的客户受电设备的违约用电怎么处理？（5分）

考核知识点：日常用电咨询

难易度：易

标准答案：

私自迁移、更动和擅自操作供电企业的用电计量装置、电力负荷管理装置、供电设施以及约定由供电企业调度的客户受电设备者，属于居民客户的，应承担每次 500 元的违约使用电费；属于其他客户的，应承担每次 5000 元的违约使用电费。

Jb0001332006　欠费客户的停复电的操作权限是怎样规定的？（5分）

考核知识点： 电费催收工作内容及要点

难易度： 中

标准答案：

（1）低压客户：由地市、区县供电公司、供电所装表接电人员执行。

（2）10kV 公网高压客户：由地市公司相关部门（单位）执行。

（3）10kV 专线、35kV 及以上客户：由地市公司调控中心执行。

Jb0001331007　《国家电网公司供电服务规范》中营业场所服务规范对于实行首问责任制的具体要求是什么？（5分）

考核知识点： 国家电网有限公司供电服务规范

难易度： 易

标准答案：

无论办理业务是否对口，接待人员都要认真倾听，热心引导，快速衔接，并为客户提供准确的联系人、联系电话和地址。

Jb0001331008　《国家电网公司供电服务规范》中营业场所服务规范对于实行限时办结制的具体要求是什么？（5分）

考核知识点： 营业场所服务规范对于实行限时办结制的要求

难易度： 易

标准答案：

办理居民客户收费业务的时间一般每件不超过 5 分钟，办理客户用电业务的时间一般每件不超过 20 分钟。

Jb0001331009　《国家电网公司供电服务规范》"95598"服务规范中规定接听电话时应该怎样做？（5分）

考核知识点： "95598"服务规范

难易度： 易

标准答案：

接听电话时，应做到语言亲切、语气诚恳、语音清晰、语速适中、语调平和、言简意赅。应根据实际情况随时说"是""对"等，以示在专心聆听，重要内容要注意重复、确认。通话结束，须等客户先挂断电话后再挂电话，不可强行挂断。

Jb0001331010　《国家电网公司供电服务规范》"95598"服务规范中规定受理客户咨询时应该怎样做？（5分）

考核知识点： "95598"服务规范

难易度： 易

标准答案：

受理客户咨询时，应耐心、细致，尽量少用生僻的电力专业术语，以免影响与客户的交流效果。如不能当即答复，应向客户致歉，并留下联系电话，经研究或请示领导后，尽快答复。客户咨询或投诉叙述不清时，应用客气周到的语言引导或提示客户，不随意打断客人的话语。

Jb0001331011 《国家电网公司供电服务奖惩规定》中对于供电服务一类过错是如何界定的？（5分）

考核知识点： 供电服务一类过错

难易度： 易

标准答案：

一类过错是指情节严重，长期存在，给客户造成1万元及以上5万元以下直接经济损失，或给企业形象造成较大影响的供电服务过错。

Jb0001331012 《国家电网公司供电服务奖惩规定》中对于供电服务二类过错是如何界定的？（5分）

考核知识点： 供电服务二类过错

难易度： 易

标准答案：

二类过错是指情节较重，频繁发生，给客户造成1万元以下直接经济损失，或在一定范围内给企业形象造成不良影响的供电服务过错。

Jb0001331013 用电营业管理工作的特点有哪些？（5分）

考核知识点： 用电营业管理概述

难易度： 易

标准答案：

政策性强、生产和经营的整体性、技术和经营的统一性、电力发展的先行性、营业窗口的服务性。

Jb0001332014 日常营业工作中属于服务性质的工作有哪些？（5分）

考核知识点： 日常营业工作

难易度： 中

标准答案：

属于服务性质的有解答客户用电咨询；排解客户用电纠纷；接受客户投诉举报；宣传供用电法律法规、电价政策、安全用电常识；应客户要求提供劳务及费用计收而开展的业务。

Jb0001332015 文明服务规范的一般行为规范有哪些要求？（5分）

考核知识点： 日常营业工作中的服务工作

难易度： 中

标准答案：

接待、会话、服务、沟通属文明服务的一般行为。供电营业职工的一言一行事关工作质量、工作效率和企业形象，必须从客户的需求出发，科学、规范地做好接待和服务工作，赢得客户的满意和信赖。

接待的基本要求是微笑、热情、真诚；会话的基本要求是亲切、诚恳、谦虚；服务的基本要求是快捷、周到、满意；沟通的基本要求是冷静、理智、策略。

Jb0001332016　供电营业规范化服务标准中咨询服务有哪些要求？（5分）

考核知识点： 日常营业工作中的服务工作

难易度： 中

标准答案：

咨询服务包括以下内容：

（1）开设并公告用电业务查询电话，提供查询服务，回答客户的电费账务查询、用电申请办理情况查询、电力法规查询等。

（2）对社会公布的服务电话，应在铃响4声内摘机通话。

（3）接到客户书面查询电费账目后，应在7个工作日内书面回复客户。

（4）提倡建立自动查询系统。

Jb0001331017　城乡一户一表居民客户执行清洁供暖不分时电价时，电能表电价如何设置？（5分）

考核知识点： 清洁供暖电价执行标准和执行范围

难易度： 易

标准答案：

城乡一户一表居民客户只执行清洁供暖电价时，在供暖期间执行居民阶梯一档电价，即0.448 6元/kWh。非供暖期间执行居民阶梯电价，即一档电价0.448 6元/kWh，二档电价0.498 6元/kWh，三档电价0.748 6元/kWh。

Jb0001331018　常见的窃电手段有哪几种？（5分）

考核知识点： 窃电及违约用电相关规定

难易度： 易

标准答案：

常见的窃电手段有以下几种：

（1）欠电压法窃电。

（2）欠电流法窃电。

（3）移相法窃电。

（4）扩差法窃电。

（5）无表法窃电。

Jb0001332019　《供电营业规则》规定客户发生哪些用电事故应及时向供电企业报告？（5分）

考核知识点： 用电营业管理

难易度： 中

标准答案：

供电企业接到客户以下事故报告后，应派员赴现场调查，在七天内协助客户提出事故调查报告：

（1）人身触电死亡。

（2）导致电力系统停电。

（3）专线掉闸或全厂停电。

（4）电气火灾。

（5）重要或大型电气设备损坏。

（6）停电期间向电力系统倒送电。

Jb0001332020 《供电营业规则》规定供电企业在哪些情形下须经批准方可实施中止供电？（5分）

考核知识点： 用电营业管理

难易度： 中

标准答案：

（1）危害供用电安全，扰乱供用电秩序，拒绝检查者。

（2）拖欠电费经通知催交仍不交者。

（3）受电装置经检验不合格，在指定期间未改善者。

（4）客户注入电网的谐波电流超过标准，以及冲击负荷、非对称负荷等对电能质量产生干扰与妨碍，在规定限期内不采取措施者。

（5）拒不在限期内拆除私增用电容量者。

（6）拒不在限期内交付违约用电引起的费用者。

（7）违反安全用电、计划用电有关规定，拒不改正者。

（8）私自向外转供电力者。

Jb0002332021 国家电网有限公司"两个转变"的基本内涵是什么？（5分）

考核知识点： 优质服务

难易度： 中

标准答案：

（1）转变电网发展方式：建设以特高压电网为骨干网架，各级电网协调发展，具有信息化、自动化、互动化特征的坚强智能电网，实现电网发展方式转变。

（2）转变公司发展方式：建设统一的企业文化，建立科学的"三集五大"管理体系，建成具有一流创新能力、发展能力、服务能力和国际竞争力的现代企业，实现公司发展方式转变。

Jb0002332022 国家电网有限公司"三抓一创"工作思路的内容及内涵是什么？（5分）

考核知识点： 优质服务

难易度： 中

标准答案：

（1）"三抓一创"：抓发展、抓管理、抓队伍、创一流。

（2）具体内涵：

1）抓发展：把发展作为第一要务，集中力量加快电网建设，不断拓展业务空间，保持发展速度，提高发展质量。

2）抓管理：把管理作为永恒主题，坚持依法经营企业、严格管理企业、勤俭办企业，积极推进体制机制和管理创新，不断提高经营管理水平。

3）抓队伍：把人才作为第一资源，坚持以人为本，增强队伍素质，充分发挥干部员工队伍的积极性、主动性、创造性。

4）创一流：把一流作为工作标准和奋斗方向，通过开展同业对标，努力赶超国内一流，争创国际一流。

Jb0002332023　国家电网有限公司供电服务"十项承诺"中对供电可靠率、居民客户端电压合格率、电力故障抢修时限、供电营业场所信息公开、投诉处理时限是如何规定的？（5分）

考核知识点：95598特殊客户管理规范、优质服务

难易度：中

标准答案：

（1）城市地区：供电可靠率不低于99.90%，居民客户端电压合格率96%。农村地区：供电可靠率和居民客户端电压合格率经国家电网有限公司核定后，由各省（自治区、直辖市）电力公司公布承诺指标。

（2）提供24小时电力故障报修服务，供电抢修人员到达现场的时间一般不超过：城区范围45分钟；农村地区90分钟；特殊边远地区2小时。

（3）严格执行价格主管部门制定的电价和收费政策，及时在供电营业场所和网站公开电价、收费标准和服务程序。

（4）受理客户投诉后，1个工作日内联系客户，7个工作日内答复处理意见。

Jb0002332024　2018年11月客户申请低压居民新装用电业务，业务受理人员留取客户相关办电资料并答复随后会有现场勘查人员联系为其勘查接电，由于现场勘查人员忘记了该客户低压居民新装用电业务，未及时与其联系。2019年1月15日，客户再次至营业厅咨询业务办理进度，业务受理人员未找到客户的申请资料，需客户再次提交相关信息资料方可办理新装用电业务，引发投诉。请问在此过程中，工作人员有哪些违规之处？并指出这一事件暴露出的问题。（5分）

考核知识点：供电服务规范、供电服务"十项承诺"

难易度：中

标准答案：

（1）违规条款：

1）《国家电网公司供电服务规范》第四条第二款：真心实意为客户着想，尽量满足客户的合理要求。对客户的咨询、投诉等不推诿，不拒绝，不搪塞，及时、耐心、准确地给予解答。

2）《国家电网公司供电服务规范》第四条第五款：熟知本岗位的业务知识和相关技能，岗位操作规范、熟练，具有合格的专业技术水平。

3）《国家电网有限公司供电服务"十项承诺"》第六条：低压客户平均接电时间：居民客户5个工作日，非居民客户15个工作日。

（2）暴露问题：

1）营业厅工作人员责任心不强，工作不细致，丢失客户申请资料，造成客户重复往返，延误客户用电。

2）供电公司监管不到位，工作人员未在规定时限为客户完成新装业务。

Jb0003333025　公司对内外网邮箱、社会互联网、移动终端管理有哪些保密要求？（5分）

考核知识点：客户资料信息安全

难易度：难

标准答案：

（1）在公司办公环境内，应使用信息内网邮件系统发送邮件。可以通过信息内网邮件系统发送的电子邮件，禁止通过信息外网邮件系统及互联网信箱发送。

（2）严禁通过公司信息内网邮箱发送涉及国家秘密的文件资料。

（3）严禁通过公司信息外网邮箱发送涉及国家秘密、企业秘密以及公司重要工作内容、重要数据

和敏感文件资料。

（4）严禁通过社会互联网邮箱、论坛、博客、即时通信工具（例如QQ、微信等）、微博、社交平台等媒体，发布、存储、发送涉及国家秘密和企业秘密的文件资料，以及公司经营、管理、业务、技术有关的工作信息和数据。

（5）严禁使用移动终端（如手机、平板电脑等设备）存储、处理、发送国家秘密以及企业秘密以及公司重要工作内容、重要数据、敏感信息，不得在移动通信终端（如手机、平板电脑等）通话中谈论涉密事项。

Jb0004331026　在什么情况下保安电源应由客户自备？（5分）

考核知识点：高压客户新装、增容

难易度：易

标准答案：

（1）在电力系统瓦解或不可抗力造成供电中断时，仍需保证供电的。

（2）客户自备电源比从电力系统供给更为经济合理的。

Jb0004331027　变压器是怎样分类的？（5分）

考核知识点：变压器分类

难易度：易

标准答案：

变压器分为电力变压器和特种变压器，电力变压器又分为油浸式和干式两种。

电力变压器可以按照绕组耦合方式、相数、冷却方式、绕组数、绕组导线材质和调压方式分类。

Jb0004331028　低压业扩报装范围是指什么？（5分）

考核知识点：用电业务咨询

难易度：易

标准答案：

低压业扩报装范围是指用电电压等级在 1kV 以下的客户新装或增容工作，低压业扩工作涉及面广，工作量较大，流程的具体运转是由供电营业厅"一口对外"完成的。

Jb0004332029　简述"SG186"营销业务应用系统的主要功能模块（列举10个以上）。（5分）

考核知识点：营销系统功能

难易度：中

标准答案：

营销业务应用系统的主要功能模块包括新装增容及变更用电、供用电合同管理、抄表管理、核算管理、收费账务管理、资产管理、95598 业务管理、计量点管理、计量体系管理、市场管理、线损管理、电能信息采集、用电检查管理、客户关系管理、客户联络、能效管理、有序用电管理、发电客户档案管理、稽查及工作质量和客户档案资料管理等业务模块。

Jb0005332030　低压居民新装、增容资料归档的主要工作包括哪些？（5分）

考核知识点：低压居民新装增容业务办理

难易度：中

标准答案：

（1）检查客户档案信息的完整性。档案信息主要包括申请信息、设备信息、基本信息、供电方案信息、计费信息、计量信息（包括采集装置）等。如果存在档案信息错误或信息不完整，则发起相关流程纠错。

（2）为客户档案设置物理存放位置，形成并记录档案存放号。

（3）检查上传电子档案的完整性和规范性，对缺失和不规范的进行补录和整改。

Jb0005321031　画出直接接入式三相四线电能表的原理接线图。（5分）

考核知识点： 电能表接线原理

难易度： 易

标准答案：

原理接线图如图 Jb0005321031 所示。

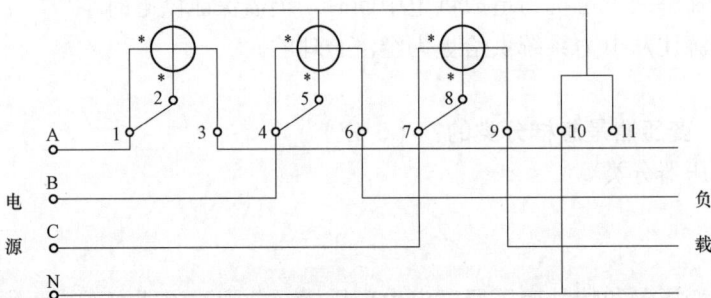

图 Jb0005321031

Jb0005322032　画出经电流互感器低压三相四线电能表的原理接线图。（5分）

考核知识点： 电能表接线原理

难易度： 中

标准答案：

原理接线图如图 Jb0005322032 所示。

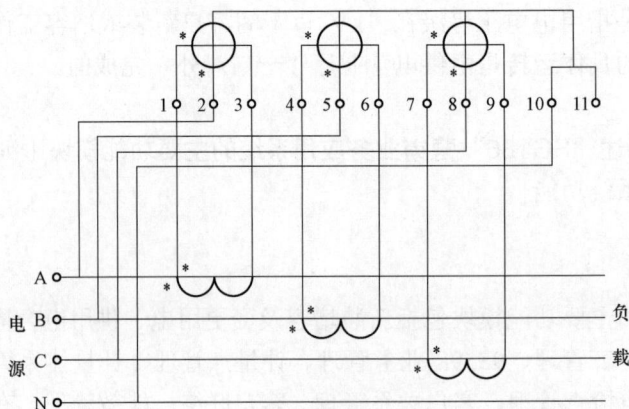

图 Jb0005322032

Jb0006332033　客户移表须向供电企业提出申请，供电企业应按哪些规定办理？（5分）

考核知识点： 变更用电

难易度： 中

标准答案：

（1）在用电地址、用电容量、用电类别、供电点等不变情况下，可办理移表手续。

（2）移表所需的费用由客户承担。

（3）客户不论何种原因，不得自行移动表位。否则，属于居民客户的，应承担每次 500 元的违约使用电费；属于其他客户的应承担每次 5000 元的违约使用电费（供电营业规则第一百条第 5 项）。

Jb0006332034　客户并户应持有关证明向供电企业提出申请，供电企业应按哪些规定办理？（5分）

考核知识点： 变更用电

难易度： 中

标准答案：

（1）在同一供电点，同一用电地址的相邻两个及以上客户允许办理并户。

（2）原客户应在并户前向供电企业结清债务。

（3）新客户用电容量不得超过并网前各户容量总和。

（4）并户引起的工程费用由并户者承担。

（5）并户的受电装置应经检验合格，由供电企业重新装表计费。

Jb0007332035　客户缴费方式有哪些？针对客户缴费方式如何进行账务核对？（5分）

考核知识点： 收费管理

难易度： 中

标准答案：

（1）缴费方式：

1）银行、代收网点代收代扣缴费。

2）电子托收缴费。

3）线上缴费。

（2）账务核对方式：各市供电公司应设置专人，每日负责与银行、银联、第三方支付等进行账务核对，并严格依据双方协议，及时完成电费资金划转。加强营销、财务对账管理，按照公司规定和业务流程定期开展营财账目核对工作，发现差异迅速查明原因，重大情况及时向上级报告。

Jb0007332036　电费回收风险控制和管理有哪些规定？（5分）

考核知识点： 电费风险防控和管理

难易度： 中

标准答案：

加强电费回收风险防控和管理，及时对电费账龄进行分析排查。在收取电费时，首先确保不发生当期欠费，然后按照发生欠费的先后时间排序，先追缴早期的欠费，最大程度防范电费回收风险。追缴欠费工作中，要采取切实措施，避免超过诉讼时效。

Jb0007333037　现金解款单交费如何收取？（5分）

考核知识点： 营业厅收费

难易度： 难

标准答案：

（1）核实客户基本信息，并告知客户应缴纳电费金额。

（2）营业厅收费人员收取现金解款单后，应验证现金解款单真伪，核对金额、总户号等信息，验证无误后，在营销信息系统中进行销账处理。

（3）客户缴纳电费完成后，开具电费发票、加盖"收讫"章后，提供给客户。如客户为部分交费，则不打印电费发票，出具收据并盖章提供给客户，告知客户全额缴纳后，可到供电营业厅凭收据换取电费发票。

（4）收取的现金解款单应及时放入保险箱保管。

Jb0007333038　现金交费应如何收取？（5分）

考核知识点： 营业厅收费

难易度： 难

标准答案：

（1）核实客户基本信息，并告知客户应缴纳电费金额。

（2）客户缴纳现金后，应做好清点，对50、100元纸币应使用验钞机进行检验，小于50元的纸币及硬币应采用人工方式进行判别，对疑似假币应要求客户给予更换。对破损、污损较严重或难以辨识的纸币及硬币，应要求客户给予更换。清点完成后，按照余额找还客户，并请客户清点、查收，收费过程实行唱收唱付。如客户愿意将剩余金额作为暂存款，则按照预交电费流程操作。

（3）客户缴纳电费完成后，开具电费发票、加盖"收讫"章后，提供给客户。如客户为部分交费，则不打印电费发票，出具收据并盖章提供给客户，告知客户全额缴纳后，可到供电营业厅凭收据换取电费发票。

（4）收取的现金应及时放入保险箱保管。

Jb0007331039　在计算电能表误差超差退补电费时，如何确定退补时间？（5分）

考核知识点： 营业厅收费

难易度： 易

标准答案：

其退补时间按规定是从上次校验或换装投入之日起至误差更正之日止的二分之一时间计算。

Jb0007332040　电费回收的工作内容是什么？（5分）

考核知识点： 电费回收工作

难易度： 中

标准答案：

按电费通知、电费收缴、欠费催收、欠费停复电、欠费司法援助、电费坏账核销顺序开展应收电费的收取、催收、欠费处理工作，保证供电企业主营收入任务全面完成。

Jb0007331041　常见的结算方式有哪些？（5分）

考核知识点： 缴费渠道、方式和资金结算方式

难易度： 易

标准答案：

结算方式是指客户通过一定的形式和条件来支付电费的程序和方法，例如，现金、现金缴款回单、转账支票、转账、汇票等。

Jb0007331042　居民电费违约金是怎样收取的？（5分）

考核知识点： 电费违约金的收取标准及计算方法

难易度： 易

标准答案：

按规定期限到期之日的次日起计算，居民客户的电费违约金每日按欠费总额的千分之一计算。总额不足 1 元者按 1 元收取。

Jb0007332043　电费回收风险对策制定包含哪些内容？（5 分）

考核知识点： 电费风险防控和管理

难易度： 中

标准答案：

（1）建立客户台账，根据客户缴费方式将客户进行分类。

（2）收集客户信息。

（3）根据收集信息及权重评价客户回收风险，根据评价结果对客户进行电费风险评估，并划分相应风险等级。

（4）根据风险等级对高风险客户进行电费回收风险预警。

Jb0007332044　简述柜台坐收方式收费时的注意事项。（5 分）

考核知识点： 收费管理

难易度： 中

标准答案：

采用柜台收费（坐收）方式时，应核对户号、户名、地址等信息，告知客户电费金额及收费明细，避免错收。客户同时采取现金、支票与汇票支付同一笔电费的，应分别进行账务处理。

Jb0007312045　某电力客户 4 月装表用电，电能表的准确度等级为 2.0，到 9 月时经计量检定机构检验发现该客户电能表的误差为 −5%，假设该客户 4 ~ 9 月用电量为 19 000kWh，电价为 0.45 元/kWh，试问应向该客户追补多少电量？实际用电量是多少？合计应缴纳电费是多少？（5 分）

考核知识点： 电费异常分析及处理

难易度： 中

标准答案：

解：

《供电营业规则》第八十条规定："互感器或电能表误差超允许范围时，以'0'误差为基准，按验证后的误差值退实用电量。退补时间从上次检验或换装后投入之日起至误差更正之日止的二分之一时间计算"，则以"0"误差为基准的超差电量计算如下：

$$超差电量 = \left(\frac{19\,000}{1-5\%} - 19\,000 \right) = 1000\,(kWh)$$

$$追补电量 = 超差电量 \times \frac{1}{2} = 1000 \times \frac{1}{2} = 500\,(kWh)$$

$$实际用电量 = 用电量 + 追补电量 = 19\,000 + 500 = 19\,500\,(kWh)$$

$$应缴纳电费 = 实际用电量 \times 电价 = 19\,500 \times 0.45 = 8775\,(元)$$

答： 应追补电量为 500kWh，实际用电量为 19 500kWh，合计应缴纳电费 8775 元。

Jb0008333046　保险箱管理内容包括哪些？（5 分）

考核知识点： 资金安全

难易度：难

标准答案：

（1）购置的保险箱的质量、性能、功能、保险箱的放置位置必须经过单位保卫部门确认，保险箱必须在保卫部门登记备案。

（2）保险箱只能存放与工作相关的物品，严禁存放私人物品。出纳岗位负责保险箱内现金、支付密码器、网上银行客户证书、现金和银行记账凭证的收付讫章等的安全。税务管理岗位负责保险箱内从税务机关购回的空白普通发票、空白增值税发票等的安全。资金管理岗位负责保险箱内存放的银行空白票据、银行票据登记簿、网上银行客户证书、各银行账户资料等的安全。审核岗位负责保险箱内所存放银行印鉴等的安全。财务部门负责人负责保险箱所存放银行印鉴及与财务工作相关资料等的安全。营销部门营业厅（含农村供电所）收费岗位负责保险箱内所存放营销收费现金的安全。

（3）保险箱保管使用人应妥善保管保险箱钥匙和密码，定期更换保险箱密码。

Jb0008331047　客户实缴电费金额大于应缴电费时该如何处理？（5分）

考核知识点： 资金安全

难易度： 易

标准答案：

客户实缴电费金额大于应缴电费时，剩余金额应作预结算电费处理，严禁为完成电费回收等指标，将客户预结算电费调节为其他客户预收款或为其他客户冲抵欠费。

Jb0009332048　电费计算的内容主要有哪些？（5分）

考核知识点： 电费计算

难易度： 中

标准答案：

根据用电客户的抄表数据、用电客户档案信息以及执行的电价标准进行用电客户各类型电量、电费的计算。电量计算是对抄见电量、变压器损耗电量、线路损耗电量、扣减电量（转供、分表、定比定量）、退补电量各种类型电量进行计算，得出结算电量。再通过结算电量和相应的电价，计算出各种电费。电费计算包括电量电费、基本电费、功率因数调整电费、代征电费等各电费类型的计算。

Jb0009311049　某工业客户为单一制电价客户，并与供电企业在供用电合同中签订电力运行事故责任条款，7月由于供电企业运行事故造成该客户停电30h，已知该客户6月正常用电量为30 000kWh，电量电价为0.40元/kWh，试求供电企业应赔偿该客户多少元？（5分）

考核知识点： 电费计算

难易度： 易

标准答案：

解：

根据《供用电营业规则》，对单一制电价客户停电企业应按客户在停电时间内可能用电量的电量电费的4倍进行赔偿。

赔偿金额＝可能用电时间×每小时平均用电量×电价×4倍

＝30×（30 000÷30÷24）×0.40×4＝2000（元）

答： 供电企业应赔偿该客户2000元。

Jb0009311050 某私营工业户某月抄见有功电量为 40 000kWh，无功电量为 20 000kvarh。后经检查发现，该无功电能表为非止逆表。已知该客户本月向系统倒送无功电量 5000kvarh，试求该客户当月实际功率因数。（5分）

考核知识点：电费计算

难易度：易

标准答案：

解：

根据规定，无功电量 $W_Q = 20\,000 + 5000 \times 2 = 30\,000$（kvarh），有功电量 $W_P = 40\,000$（kWh），则：

$$\cos\varphi = \frac{1}{\sqrt{1 + \dfrac{W_Q^2}{W_P^2}}} = \frac{1}{\sqrt{1 + \dfrac{30\,000^2}{40\,000^2}}} = 0.8$$

答：该客户的当月实际功率因数为 0.8。

Jb0009312051 某居民客户反映电能表不准，检查人员查明这块电能表准确等级为 2.0，电能表常数为 3600r/kWh，当客户打开一盏 60W 的灯时，用秒表测得电能表转 6r 用电时间为 1min。试求该电能表的相对误差为多少？并判断该表是否不准？如不准，是快了还是慢了？（5分）

考核知识点：电费计算

难易度：中

标准答案：

解：

根据公式计算正常情况下该表转 6r 所需时间 $T =$ 转数/（电能表常数×使用功率）$= N/(c \times P) = 6 \times 3600 \times 1000/(3600 \times 60) = 100$（s）

相对误差 $R =$（计算用时－实际用时）/实际用时 $=(T-t)/t = (100-60)/60 = 66.67\% > 2\%$

答：该电能表相对误差为 66.67%，该表不准，转快了。

Jb0009313052 某供电所低压客户，行业为食品、饮料及烟草制品专门零售，新冠肺炎疫情期间实行降低用电成本及复工复产电价补贴政策，执行现行电价，电能表示数见表 Jb0009313052，请计算该客户 6 月电费。（5分）

表 Jb0009313052

电费年月	示数类型	上次示数	本次示数	综合倍率
202006	有功（总）	25 422.74	25 820.87	1
202006	有功（峰）	11 055.27	11 237.05	1
202006	有功（谷）	6216.41	6325.86	1
202006	有功（平）	8151.06	8257.96	1

考核知识点：电费计算

难易度：难

标准答案：

解：

有功（总）=（本次示数－上次示数）= 25 820.87－25 422.74 = 398（kWh）

有功（峰）=（本次示数－上次示数）= 11 237.05－11 055.27 = 182（kWh）

有功（谷）＝（本次示数－上次示数）＝6325.86－6216.41＝109（kWh）

有功（平）＝（本次示数－上次示数）＝398－182－109＝107（kWh）

该客户复工复产电价补贴后电费：

峰电费：有功（峰）×［（到户电价－代征费）×峰段上调比例＋代征费］＝182×［（0.518 3－0.041 325）×1.4＋0.041 325－0.05］＝119.95（元）

谷电费：有功（谷）×［（到户电价－代征费）×谷段下调比例＋代征费］＝109×［（0.518 3－0.041 325）×0.6＋0.041 325－0.05］＝30.25（元）

平电费：有功（平）×到户电价＝107×（0.518 3－0.05）＝50.11（元）

合计补贴后电费：119.95＋30.25＋50.11＝200.31（元）

降低用电成本优惠：200.31×（－5%）＝－10.02（元）

该客户6月应交电费：200.31＋（－10.02）＝190.29（元）

答：该客户6月电费为190.29元。

Jb0009313053　某工业客户10kV公网供电，变压器容量1000kVA，高压侧装设一只（1）5（6）A计费电能表，电流互感器变比为75/5。供用电合同约定按合约最大需量计算基本电费，合同约定最大需量值为1000kW，每月抄表例日为10日。该客户变压器于2019年10月13日暂停恢复，2019年11月电能表示数见表Jb0009313053，试计算该客户11月应缴纳电费（基本电费按自然月计算）。（5分）

表 Jb0009313053

表计关系	示数类型	上月示数	本月示数	电量电价（元/kWh）	基金及附加费（元/kWh）
总表	有功总段	5472	5501	—	0.054 6
总表	有功峰段	1852	1862	0.648 8	
总表	有功平段	—	—	0.479	
总表	有功谷段	1836	1844.6	0.309 2	
总表	无功总段	1405	1417	—	
总表	最大需量	—	0.217 6	33 元/（kW·月）	—

考核知识点：电费计算

难易度：难

标准答案：

解：

（1）综合倍率：

大工业总表综合倍率＝电流互感器变比×电压互感器变比＝75/5×10/0.1＝1500

（2）抄见电量：

有功总电量＝（本月示数－上月示数）×综合倍率＝（5501－5472）×1500＝43 500（kWh）

有功峰电量＝（本月示数－上月示数）×综合倍率＝（1862－1852）×1500＝15 000（kWh）

有功谷电量＝（本月示数－上月示数）×综合倍率＝（1844.6－1836）×1500＝12 900（kWh）

无功总电量＝（本月示数－上月示数）×综合倍率＝（1417－1405）×1500＝18 000（kvarh）

有功平电量＝有功总电量－有功峰电量－有功谷电量＝43 500－15 000－12 900＝15 600（kWh）

（3）目录电量电费：

有功峰电费＝有功峰电量×电价＝15 000×（0.648 8－0.054 6）＝8913.00（元）

有功谷电费＝有功谷电量×电价＝12 900×（0.309 2－0.054 6）＝3284.34（元）

有功平电费＝有功平电量×电价＝15 600×（0.479－0.054 6）＝6620.64（元）

总电费＝8913.00＋3284.34＋6620.64＝18 817.98（元）

（4）基本电费：根据《基本电费核算办法》规定："基本电费按月计算，但新装、增容、变更与终止用电当月的基本电费，可按实用天数（日用电不足 24 小时的，按一天计算）每日按全月基本电费的三十分之一计算。用电客户的变压器封停当天不收基本电费，启封当天应计收基本电费。事故停电、检修停电、计划限电不扣减基本电费"。

10 月变压器运行天数＝31－13＋1＝19 天，

10 月计费容量＝运行容量/30×运行天数＝（1000/30）×19＝633（kW）

11 月基本电费＝（1000＋633）×33＝53 889（元）

（5）功率因数调整电费：该户应执行 0.90 的功率因数标准。查表得电费调整系数为－0.3%。

功率因数调整电费＝（18 817.98＋53 889）×（－0.3%）＝－218.12（元）

（6）基金及附加费：

基金及附加费＝有功总电量×基金及附加电价＝43 500×0.054 6＝2375.10（元）

（7）本月应收电费：

应收电费＝18 817.98＋53 889－218.12＋2375.1＝74 863.96（元）

答：该客户 11 月应缴纳电费 74 863.96 元。

Jb0009313054　某婚纱影楼 380V 供电，装设三相四线、3×10（60）A、表号为 0002818015 的计费电能表一只。后装设 5kW 光伏发电设备一套，选择自发自用、余量上网的发电方式并入电网，在逆变器出口侧加装表号为 0002836586 的电能表一只。请根据表 Jb0009313054 的示数信息，计算该客户当月网购电费及分布式发电结算费用（设定当地燃煤机组标杆上网电网为 0.259 5 元/kWh，分布式光伏发电补贴标准为 0.42 元/kWh）。（5 分）

表 Jb0009313054

电能表编号	表计类型	示数类型	上次示数	本次示数	电量电价（元/kWh）	代征电价（元/kWh）
0002818515	商业总表	有功（总）	14 040.82	14 926.35	—	—
0002818515	商业总表	有功（峰）	6157.91	6532.37	0.930 2	
0002818515	商业总表	有功（平）	6220.12	6575.51	0.68	0.054 6
0002818515	商业总表	有功（谷）	1662.79	1818.47	0.429 8	
0002818515	商业总表	反相有功（总）	2635.87	2714.24	—	—
0002836586	总表	有功（总）	8389.04	8640.08	—	—

考核知识点：电费计算

难易度：难

标准答案：

解：

（1）本月网购电费：

1）网购电量：

有功总电量＝14 926.35－14 040.82＝886（kWh）

有功峰电量＝6532.37－6157.91＝374（kWh）

有功谷电量＝1818.47－1662.79＝156（kWh）

有功平电量 $=886-374-156=356$（kWh）

2）目录电量电费：

峰段目录电量电费 $=$ 有功峰电量 $\times$ 峰段电价 $=374\times$（$0.930\,2-0.054\,6$）$=327.47$（元）

谷段目录电量电费 $=$ 有功谷电量 $\times$ 谷段电价 $=156\times$（$0.429\,8-0.054\,6$）$=58.53$（元）

平段目录电量电费 $=$ 有功平电量 $\times$ 平段电价 $=356\times$（$0.68-0.054\,6$）$=222.64$（元）

目录电量电费合计 $=$ 峰段目录电量电费 $+$ 谷段目录电量电费 $+$ 平段目录电量电费

$$=327.47+58.53+222.64=608.64（元）$$

（2）代征费：

代征费 $=$ 有功总电量 $\times$ 代征电价 $=886\times0.054\,6=48.38$（元）

（3）本月网购电费：

本月网购电费合计 $=$ 目录电量电费 $+$ 代征费 $=608.64+48.38=657.02$（元）

（4）分布式发电结算费用：

发电量 $=8640.08-8389.04=251$（kWh）

上网电量 $=2714.24-2635.87=78$（kWh）

上网结算电费 $=$ 上网电量 $\times$ 上网电价 $=78\times0.259\,5=20.24$（元）

发电量补贴 $=251\times0.42=105.42$（元）

分布式发电结算费用 $=$ 上网结算电费 $+$ 发电量补贴 $=20.24+105.42=125.66$（元）

答：本月应缴纳的网购电费为 657.02 元，当月分布式发电结算费用为 125.66 元。

Jb0009312055　某工厂 2019 年 12 月应收电费 8190.36 元，当月缴费期限为 12 月 30 日，该客户 2020 年 1 月应收电费 6780.27 元，当月缴费期限为 1 月 30 日，因该客户资金困难，2019 年 12 月电费分别于 2020 年 1 月 25 日缴纳 5190.36 元，2 月 8 日缴纳 3000 元。2020 年 1 月电费在 2 月 15 日缴清，请计算该客户应缴纳的违约金。（5 分）

考核知识点：电费计算

难易度：中

标准答案：

解：

（1）2019 年 12 月电费应收取的违约金：

2020 年 1 月 25 日缴纳 5190.36 元，跨年违约金按照 3‰ 计算，当年违约金按照 2‰ 计算。

跨年欠费违约金 $=$ 欠费金额 $\times$ 欠费天数 $\times$ 系数 $=5190.36\times$（$25-1$）$\times3‰=373.71$（元）

当年欠费违约金 $=$ 欠费金额 $\times$ 欠费天数 $\times$ 系数 $=5190.36\times1\times2‰=10.38$（元）

2020 年 2 月 8 日缴纳 3000 元，跨年违约金按照 3‰ 计算，当年违约金按照 2‰ 计算。

跨年欠费违约金 $=$ 欠费金额 $\times$ 欠费天数 $\times$ 系数 $=3000\times$（$39-1$）$\times3‰=342$（元）

当年欠费违约金 $=$ 欠费金额 $\times$ 欠费天数 $\times$ 系数 $=3000\times1\times2‰=6$（元）

2019 年 12 月欠费应收取的违约金 $=373.71+10.38+342+6=732.09$（元）

（2）2020 年 1 月电费应收取的违约金：

2020 年 1 月 25 日应缴纳 6780.27 元，当年违约金按照 2‰ 计算。

当年欠费违约金 $=$ 欠费金额 $\times$ 欠费天数 $\times$ 系数 $=6780.27\times$（$16-1$）$\times2‰=203.41$（元）

（3）该客户两月欠费应缴纳的违约金 $=732.09+203.41=935.50$（元）

答：该客户应缴纳违约金 935.50 元。

Jb0009312056　某 380V 用电的小饭馆，2018 年 7 月 1 日新装一块三相 10（40）A 智能电能表，电能表起码均为 0。客户购电 100 元。因工作人员失误，电能表未设置分时电价，营销系统初次立户时也未正确维护分时电价，在客户已购电并将电卡插入电能表后的第二天，供电公司业务受理员通过稽查监控系统发现该户系统电价维护错误并进行了更正，更正时电表止码：总 23，峰 12，谷 3，平 8。此后一直按采集到的止码按月发行电费。供电公司人员 2013 年 9 月 1 日发现现场电能表电价设置异常并进行了更正，更正时抄表止码：总 560、峰 298、谷 89、平 173，请回答计算截至 2018 年 9 月 1 日，该户在营销系统和电能表上的预付电费余额分别为多少？应补收客户的差额电费多少？假设现场电价设置错误若一直不更改，以后的电费发行过程中会出现什么问题？（5 分）

考核知识点：电费计算

难易度：中

标准答案：

解：

（1）预付电费余额计算：

1）营销系统：

2018 年 7 月 1 日—2 日期间：

电费 = 23 × 0.767 = 17.64（元）

2018 年 7 月 2 日—9 月 1 日期间：

峰电费 =（止码 – 起码）× 电价 =（298 – 12）× 1.056 4 = 302.13（元）

谷电费 =（止码 – 起码）× 电价 =（89 – 3）× 0.477 6 = 41.07（元）

平电费 =（止码 – 起码）× 电价 =（173 – 8）× 0.767 = 126.56（元）

总电费 = 17.64 + 302.13 + 41.07 + 126.56 = 487.40（元）

系统预付电费余额 = 1000 – 487.40 = 512.60（元）

2）电能表：

电费 =（止码 – 起码）× 电价 =（560 – 0）× 0.767 = 429.52（元）

电能表预付电费余额 = 1000 – 429.52 = 570.48（元）

答：营销系统、电能表上的预付电费余额分别为 512.60 元、570.48 元。

（2）补收差额电费 = 469.76 – 429.52 = 40.24（元）

（3）由于系统电价和现场电能表电价不一致，（系统平均电价高），系统电费余额有可能小于现场电能表电费余额，发行电费时会出现不应出现的欠费情况，实际客户并不欠费，若此时客户正好又预购电，会导致客户无法正常购电。

Jb0009311057　一客户电能表经计量检定发现慢 8%。已知该电能表自换装之日起至发现之日止，电能表电量为 12 500kWh，应追补多少电量？（5 分）

考核知识点：电费计算

难易度：易

标准答案：

解：假设该客户正确计量电量 = 测量值/（1 + γ）= 12 500/（1 – 8%）= 13 587（kWh）

根据《供电营业规则》第八十条第 1 款规定："电能表超差或非人为因素致计量不准，按投入之日起至误差更正之日止的二分之一时间计算退补电量"，则：

应补电量 = 计量电量 × 1/2 =（13 587 – 12 500）× 1/2 = 543.5（kWh）

答：应补电量 543.5kWh。

Jb0009312058 某供电所抄表员共管理三台变压器。某月甲变压器供电量为 3000kWh，售电量为 2800kWh。乙变压器供电量为 6700kWh，售电量为 6200kWh。丙变压器为专用变压器无损户，低压侧计量，当月抄表起码为 09958，止码为 10354，倍率为 10，假设该专用变压器当月对应变损消耗电量为 352kWh。试求该抄表员当月总线损率为多少？扣除专用变压器无损户后总线损率为多少？（5分）

考核知识点：电费计算

难易度：中

标准答案：

解：

丙变压器供电量 = 售电量 =（止码−起码）×倍率+变损电量

=（10 354−09958）×10+352=4312（kWh）

总供电量 = 甲变压器供电量+乙变压器供电量+丙变压器供电量

=3000+6700+4312=14 012（kWh）

总售电量 = 甲变压器售电量+乙变压器售电量+丙变压器售电量

=2800+6200+4312=13 312（kWh）

总线损率 =（总供电量−总售电量）/总供电量 =（14 012−13 312）/14 012=5%

有损供电量 = 甲变压器供电量+乙变压器供电量=3000+6700=9700（kWh）

有损售电量 = 甲变压器售电量+乙变压器售电量=2800+6200=9000（kWh）

扣无损线损率 =（有损供电量−有损售电量）/有损售电量 =（9700−9000）/9700=7.22%

答：该抄表员当月总线损率为5%，扣除专用变压器无损户后总线损率为7.22%

Jb0010332059 办理电动汽车充换电设施用电是否需要收费？（5分）

考核知识点：新型营销业务

难易度：中

标准答案：

供电公司在充换电设施用电申请受理、设计审查、装表接电等全过程服务中，不收取任何服务费用，包括用电启动方案编制费、高可靠性供电费、负控装置费及迁移费用、复验费等各项业务费用。对于电动汽车充换电设施，从产权分界点至公共电网的配套接入工程、因充换电设施接入引起的公共电网改造，由公司负责投资建设。

Jb0010331060 电动汽车智能充换电服务网络的线上服务包括哪些渠道？（5分）

考核知识点：电动汽车

难易度：易

标准答案：

充换电网络线上服务是通过车联网平台的"e充电"App、e充电网站、微信公众号等互联网线上渠道，为客户提供的服务。

Jb0010331061 根据场站类型和车辆类型可将电动汽车充换电模式分为哪几类？（5分）

考核知识点：电动汽车

难易度：易

标准答案：

根据场站类型和车辆类型可将电动汽车充换电模式分为直流充电、交流充电、电池更换等模式。

Jb0010333062 全球能源发展的趋势是什么？（5分）

考核知识点：新能源

难易度：难

标准答案：

全球能源发展的趋势是清洁化、电气化、网络化、智能化。

Jb0011331063 简述开放式问题的优点和劣势。（5分）

考核知识点：沟通与协调

难易度：易

标准答案：

（1）优点：收集信息全面，得到的反馈信息更多，谈话气氛轻松，有助于帮助分析对方真正理解。

（2）劣势：浪费时间，谈话内容容易跑偏，在沟通的过程中，话题容易跑偏，离开了最初的谈话目标。一定要注意收集信息要用开放式的问题，特别是确认某一个特定的信息适合用开放式问题。

Jb0006341064 某低压380V供电客户有功功率为56kW，实测相电流为50A，相电压为380V，试求该客户功率因数为多少（答案保留两位有效数字）？（5分）

考核知识点：功率因数计算

难易度：易

标准答案：

解：

根据公式 $P=\sqrt{3}UI\cos\varphi$（P 为有功功率，I 为相电流，U 为相电压）得：

$$\cos\varphi=\frac{P}{\sqrt{3}UI}=\frac{56\times10^{3}}{\sqrt{3}\times380\times100}=0.85$$

答：该客户的功率因数为0.85。

Jb0006343065 某工业客户采用10kV供电，供电变压器为250kVA，计量方式为低压计量。根据供用电合同，该户每月加收线损电量3%和变损电量。已知该客户5月抄见有功电量为40 000kWh，无功电量为10 000kvarh，有功变损为1037kWh，无功变损为7200kvarh。试求该客户5月的功率因数调整电费为多少（假设电价为0.50元/kWh）？（5分）

考核知识点：电费计算

难易度：难

标准答案：

解：

总有功电量＝（抄见电量＋变损电量）×（1＋加收线损电量比例）

＝(40 000＋1037)×(1＋3%)＝42 268（kWh）

总无功电量 ＝（抄见电量＋变损电量）×（1＋加收线损电量比例）

$$= (10\,000 + 7200) \times (1 + 3\%) = 17\,716 \text{（kvarh）}$$

$\tan\varphi = 17\,716 \div 42\,268 = 0.419$，查表得功率因数为 0.92，电费调整率为 -0.3%，

则功率因数调整电费 ＝总有功电量×电价×奖罚系数

$$= 42\,268 \times 0.50 \times (-0.3\%) = -63.40 \text{（元）}$$

答：功率因数调整电费为 -63.40 元。

Jb0006352066 某客户采用低压 380V 供电，从事养殖业，合同容量 10kW，安装 5（60）A 智能电能表一块，执行农业生产电价。有功总止码：2 月 7922.07，3 月 8240.63；有功峰止码：2 月 3131.94，3 月 3247.38；有功谷止码：2 月 1648.03，3 月 1723.83；有功平止码：2 月 3142.1，3 月 3269，试计算 3 月应缴电费（假设电量电价：平段 0.473 元/kWh、峰段 0.653 75 元/kWh、谷段 0.292 25 元/kWh）。（5 分）

考核知识点： 低压非居民客户电价执行标准和电费计算

难易度： 中

标准答案：

解：

（1）峰段电费 ＝（止码－起码）×电价 ＝（3247.38－3131.94）×0.653 75 ＝ 75.47（元）

（2）谷段电费 ＝（止码－起码）×电价 ＝（1723.83－1648.03）×0.292 25 ＝ 22.15（元）

（3）平段电费 ＝（止码－起码）×电价 ＝（3269－3142.1）×0.473 ＝ 60.02（元）

（4）总电费 ＝峰段电费＋谷段电费＋平段电费 ＝ 75.47＋22.15＋60.02 ＝ 157.64（元）

答：该户 3 月应缴电费为 157.64 元。

Jb0006363067 某工厂 8 月 7 日增容投产，其原有 315kVA 变压器增至 630kVA。该月 20 日因计划检修，电力公司停电一天，8 月 26 日按合同约定抄表结算电费，电费发票反映该户当月基本电费为 11 440 元 [基本电价 20 元/（kVA·月），基本电费按自然月收取]，请分析电费发票收取的基本电费是否正确？应追补多少？（5 分）

考核知识点： 用电容量、计量方式、电价和电费结算方式

难易度： 难

标准答案：

解：

（1）增容前基本电费：计费容量 315kVA，按自然月结算，从 8 月 1 日到 8 月 7 日，计费天数：7－1＝6（天）；基本电费计费容量：315/30×6＝63（kVA）；增容前基本电费＝基本电费计费容量×基本电价＝63×20＝1260（元）。

（2）增容后基本电费：计费容量为 630kVA，按自然月结算，从 8 月 7 起到 8 月 31 日，计划检修停电，基本电费照收。计费天数＝31－7＋1＝25（天）；基本电费计费容量：630/30×25＝525（kVA）；增容后基本电费＝基本电费计费容量×基本电价＝525×20＝10 500（元）。

（3）全月合计基本电费＝增容前基本电费＋增容后基本电费＝1260＋10 500＝11 760（元）；基本电费收取不对，应追收基本电费＝11 760－11 440＝320（元）。

答：电费发票收取的基本电费不正确，应追补 320 元。

Jb0006363068 某工业客户变压器容量为 400kVA，装有有功电能表和双向无功电能表各 1 块。已知某月该户有功电能表抄见电量为 40 000kWh，无功电能抄见电量为正向 25 000kvarh，反向 5000kvarh。试求该户当月功率因数调整电费为多少［假设工业客户电价为 0.25 元/kWh，基本电费电价为 10 元/（kVA·月）］？（5 分）

考核知识点：电费计算

难易度：难

标准答案：

解：

该户当月电量电费＝抄见电量×电价＝40 000×0.25＝10 000（元）

基本电费＝变压器容量×基本电费电价＝400×10＝4000（元）

该户当月无功电量＝无功正向电量＋无功反向电量＝25 000＋5000＝30 000（kvarh）

$$\cos\varphi = \frac{1}{\sqrt{1+\dfrac{无功电量^2}{有功电量^2}}} = \frac{1}{\sqrt{1+\dfrac{30\,000^2}{40\,000^2}}} = 0.8$$

该户应执行功率因数标准应为 0.9，查表得功率因数调整率为 5%，则：

该户当月的功率因数调整电费＝（电量电费＋基本电费）×奖惩系数

$$= （10\,000+4000）×5\% = 700（元）$$

答：该户当月的功率因数调整电费为 700 元。

Jb0006352069 某企业客户 5 月计费电量 100 000kWh，其中峰段电量 20 000kWh，谷段电量 50 000kWh。客户所在供电区域实行峰段电价为平段电价的 160%，谷段电价为平段电价的 40% 的分时电价政策。该客户 5 月电量电费因执行分时电价支出多或少百分之几（不考虑功率因数调整电费）？（10 分）

考核知识点：电费计算

难易度：中

标准答案：

解：

设分时与不分时电费支出分别为 E_1、E_2，平段电价为 1 元/kWh。

E_1＝峰段电量×峰段电价＋平段电量×平段电价＋谷段电量×谷段电价＝160%×20 000＋（100 000－20 000－50 000）×1＋40%×50 000＝82 000（元）

E_2＝100 000（元）

因为 $E_1 < E_2$，所以执行分时电价后少支出电费为

$$\frac{E_2-E_1}{E_2}×100\% = \frac{100\,000-82\,000}{100\,000}×100\% = 18\%$$

答：执行分时电价少支出电量电费 18%。

Jb0006363070 某超市 380V 供电，安装本地费控智能电能表一只，用电容量 10kW，因经营不善于 2019 年 8 月 15 日申请改类，更改为机动车、电子产品和日用产品修理业。用电检查人员与抄表人员 8 月 16 日到客户现场检查后将电价重新进行了设置。业务受理员在改类时并未按照更改电价

时的表码进行系统录入，而是将电能表有功（峰）、有功（谷）起码均输入为 0。2020 年 4 月发行电费后该客户欠费 1.2 元，经核实电能表电价信息、发行表码信息等现场与营销系统均一致。后在检查历史工单时发现导致欠费的原因可能为改类时表码输入错误导致的，请根据表 Jb0006363070 数据计算客户改类后电能表扣费和营销系统发行电费的差值，并在营销系统内完成相应流程的操作（一般工商业及其他电价：平段电价 0.518 3 元/kWh，代征电价 0.041 325 元/kWh）。（30 分）

表 Jb0006363070

	有功（总）	有功（峰）	有功（谷）	有功（平）
改类时现场表码	1000	400	200	400
改类时营销系统录入表码	1000	0	0	400
营销系统发行电费表码	2000	700	300	1000

考核知识点：电费计算

难易度：难

标准答案：

解：

峰段电价 ＝（平段电价 － 代征电价）×1.4 ＋ 代征电价 ＝（0.518 3 － 0.041 325）×1.4 ＋ 0.041 325
$$= 0.709\ 09（元/kWh）$$

谷段电价 ＝（平段电价 － 代征电价）×0.6 ＋ 代征电价 ＝（0.518 3 － 0.041 325）×0.6 ＋ 0.041 325
$$= 0.327\ 51（元/kWh）$$

改类后客户电表内电量：

$W_{总1}$ ＝ 发行总电量 － 改类时总电量 ＝ 2000 － 1000 ＝ 1000（kWh）

$W_{峰1}$ ＝ 发行峰电量 － 改类时峰电量 ＝ 700 － 400 ＝ 300（kWh）

$W_{谷1}$ ＝ 发行谷电量 － 改类时谷电量 ＝ 300 － 200 ＝ 100（kWh）

$W_{平1}$ ＝ 发行平电量 － 改类时平电量 ＝ 1000 － 400 ＝ 600（kWh）

改类后客户电表内扣费金额：

$F_{峰1} = W_{峰1} ×$ 峰段电价 ＝ 300 × 0.709 09 ＝ 212.73（元）

$F_{谷1} = W_{谷1} ×$ 谷段电价 ＝ 100 × 0.327 51 ＝ 32.75（元）

$F_{平1} = W_{平1} ×$ 平段电价 ＝ 600 × 0.518 3 ＝ 310.98（元）

表内总扣费金额：$F_{总1} = F_{峰1} + F_{谷1} + F_{平1}$ ＝ 212.73 ＋ 32.75 ＋ 310.98 ＝ 556.46（元）

改类后营销系统内发行电量：

$W_{总2}$ ＝ 发行总电量 － 改类时营销系统总电量 ＝ 2000 － 1000 ＝ 1000（kWh）

$W_{峰2}$ ＝ 发行峰电量 － 改类时营销系统峰电量 ＝ 700 － 0 ＝ 700（kWh）

$W_{谷2}$ ＝ 发行谷电量 － 改类时营销系统谷电量 ＝ 300 － 0 ＝ 300（kWh）

$W_{平2} = W_{总2} - W_{峰2} - W_{谷2}$ ＝ 1000 － 700 － 300 ＝ 0（kWh）

改类后客户营销系统内发行电费金额：

$F_{峰2} = W_{峰2} ×$ 峰段电价 ＝ 700 × 0.709 09 ＝ 496.36（元）

$F_{谷2} = W_{谷2} ×$ 谷段电价 ＝ 300 × 0.327 51 ＝ 98.25（元）

$F_{平2} = W_{平2} ×$ 平段电价 ＝ 0 × 0.518 3 ＝ 0（元）

营销系统内发行电费总金额：$F_{总2}=F_{峰2}+F_{谷2}+F_{平2}=496.36+98.25+0=594.61$（元）

所以客户改类后电能表扣费和营销系统发行电费的差值为

$F_{总2}-F_{总1}=594.61-556.46=38.15$（元）

答：客户改类后电能表扣费和营销系统发行电费的差值为 38.15 元。

第六章　农网配电营业工（综合柜员）高级工技能操作

Jc0001341001　操作系统查询功能——查询客户抄表台账。（100分）

考核知识点：日常营业工作

难易度：易

技能等级评价专业技能考核操作工作任务书

一、任务名称

操作系统查询功能——查询客户抄表台账。

二、适用工种

农网配电营业工（综合柜员）高级工。

三、具体任务

（1）熟练操作95598业务支持系统、营销业务应用系统、用电信息采集系统。

（2）通过营销业务应用系统查询某户号2019年1~9月的抄表台账。

（3）将该客户及抄表台账信息保存在桌面文件"客户抄表台账"，并将此文件另存为"单位+姓名.xls"（如××公司张某的文件名应为"××张某.xls"）。

四、工作规范及要求

（1）电教室独立完成。

（2）电脑可以登录系统内网并可登录相应业务应用系统。

（3）时间到应立即停止答题，离开考试场地。

（4）考核中出现下列情况之一的，考核成绩为0：

1）非独立完成；

2）在规定时限内未提交。

（5）考生不得询问与考试内容无关的问题，考评员不得提示与考试有关的内容。

五、考核及时间要求

本考核要求完成时间为20分钟，时间到应立即停止操作。

技能等级评价专业技能考核操作评分标准

工种	农网配电营业工（综合柜员）			评价等级	高级工
项目模块	用电营业与服务—用电营业管理		编号		Jc0001341001
单位		准考证号		姓名	
考试时限	20分钟	题型	单项操作题	题分	100分
成绩		考评员	考评组长	日期	
试题正文	操作系统查询功能——查询客户抄表台账				
需要说明的问题和要求	（1）独立完成，考试一人一桌一机。 （2）预装好相应Office软件、95598业务支持系统、营销业务应用系统、用电信息采集系统。 （3）配备计时设备，在不影响考试正常进行的前提下为考试提供时间参考				

续表

序号	项目名称	质量要求	满分	扣分标准	扣分原因	得分
1	营销业务应用系统客户档案信息查询	正确查询相关数据明细	100	数据查询错误，每项扣10分，扣完为止		
	合计		100			

Jc0001341002 操作系统查询功能——查询客户实收台账。（100分）

考核知识点： 日常营业工作

难易度： 易

技能等级评价专业技能考核操作工作任务书

一、任务名称

操作系统查询功能——查询客户实收台账。

二、适用工种

农网配电营业工（综合柜员）高级工。

三、具体任务

（1）熟练操作95598业务支持系统、营销业务应用系统、用电信息采集系统。

（2）通过营销业务应用系统查询某户号2019年9月～2020年9月的实收台账。

（3）将该客户实收台账信息保存在桌面文件"客户实收台账"，并将此文件另存为"单位＋姓名.xls"（如××公司张某的文件名应为"××张某.xls"）。

四、工作规范及要求

（1）电教室独立完成。

（2）电脑可以登录系统内网并可登录相应业务应用系统。

（3）时间到应立即停止答题，离开考试场地。

（4）考核中出现下列情况之一的，考核成绩为0：

1）非独立完成；

2）在规定时限内，未提交。

（5）考生不得询问与考试内容无关的问题，考评员不得提示与考试有关的内容。

五、考核及时间要求

本考核要求完成时间为20分钟，时间到应立即停止操作。

技能等级评价专业技能考核操作评分标准

工种	农网配电营业工（综合柜员）				评价等级	高级工
项目模块	用电营业与服务—用电营业管理			编号		Jc0001341002
单位			准考证号		姓名	
考试时限	20分钟		题型	单项操作题	题分	100分
成绩		考评员		考评组长	日期	
试题正文	操作系统查询功能——查询客户实收台账					
需要说明的问题和要求	（1）独立完成，考试一人一桌一机。 （2）预装好相应Office软件、95598业务支持系统、营销业务应用系统、用电信息采集系统。 （3）配备计时设备，在不影响考试正常进行的前提下为考试提供时间参考					

续表

序号	项目名称	质量要求	满分	扣分标准	扣分原因	得分
1	营销业务应用系统客户档案信息查询	正确查询相关数据明细	100	数据查询错误，每项扣10分，扣完为止		
	合计		100			

Jc0001353003　三相四线电能表故障分析并处理。（100分）

考核知识点：日常营业工作

难易度：难

技能等级评价专业技能考核操作工作任务书

一、任务名称

三相四线电能表故障分析并处理。

二、适用工种

农网配电营业工（综合柜员）高级工。

三、具体任务

某 $3 \times 220/380V$、3×5（60）A 直通三相四线电能表，通过万用表测量表尾 C 相电压为零、A 相正常、B 相正常。假定三相负荷平衡，写出有功功率表达式并计算更正系数。

四、工作规范及要求

（1）着装符合要求，穿全棉长袖工作服、绝缘鞋，戴安全帽、线手套。

（2）携带自备工具（钢笔或中性笔、计算器）进入现场，待考评员宣布许可工作命令后开始工作并计时。

（3）打开计量柜（箱）门之前必须对柜（箱）体验电，现场操作严格执行《国家电网公司电力安全工作规程（配电部分）》。

（4）工作结束清理现场，并向考评员报告。

五、考核及时间要求

本考核操作时间为30分钟，时间到停止考评。

技能等级评价专业技能考核操作评分标准

工种	农网配电营业工（综合柜员）			评价等级	高级工	
项目模块	用电营业与服务—用电营业管理			编号	Jc0001353003	
单位			准考证号		姓名	
考试时限	30分钟		题型	多项操作题	题分	100分
成绩		考评员		考评组长	日期	
试题正文	三相四线电能表故障分析并处理					
需要说明的问题和要求	（1）单人操作。 （2）操作时应注意安全，按照标准化作业指导书的技术安全说明做好安全措施					

序号	项目名称	质量要求	满分	扣分标准	扣分原因	得分
1	异常处理	正确处理计量异常	20	异常未处理扣20分		
2	功率表达式	正确列出有功功率表达式	40	错误一项扣10分，扣完为止		
3	计算结果	正确计算更正系数	40	更正系数计算错误扣40分		
	合计		100			

标准答案：

（1）处理：恢复表尾 C 相电压连片。

（2）有功功率计算

$$P_1 = U_A I_A \cos\varphi, \quad P_2 = U_B I_B \cos\varphi, \quad P_3 = 0$$

$$P = P_1 + P_2 + P_3 = 2UI\cos\varphi$$

（3）计算更正系数：

$$K_P = \frac{P_0}{P} = \frac{3UI\cos\varphi}{2UI\cos\varphi} = \frac{3}{2}$$

Jc0001353004　客户窃电的检查与处理。（100 分）

考核知识点： 违约用电和窃电的处理

难易度： 难

<h2 style="text-align:center">技能等级评价专业技能考核操作工作任务书</h2>

一、任务名称

客户窃电的检查与处理。

二、适用工种

农网配电营业工（综合柜员）高级工。

三、具体任务

供电所对匿名举报的某餐厅窃电行为进行现场检查处理，发现该餐厅采用将三相电压连片断开的方式窃电，实测用电负荷为 10kW，请依据规定对客户进行处理。

四、工作规范及要求

（1）着装符合要求，穿全棉长袖工作服、绝缘鞋，戴安全帽、线手套。

（2）携带自备工具（钢笔或中性笔、计算器）进入现场，待考评员宣布许可工作命令后开始工作并计时。

（3）打开计量柜（箱）门之前必须对柜（箱）体验电，现场操作严格执行《国家电网公司电力安全工作规程（配电部分）》。

（4）工作结束清理现场，并向考评员报告。

五、考核及时间要求

本考核操作时间为 30 分钟，时间到停止考评。

<h3 style="text-align:center">技能等级评价专业技能考核操作评分标准</h3>

工种	农网配电营业工（综合柜员）				评价等级	高级工
项目模块	用电营业与服务—优质服务			编号		Jc0001353004
单位			准考证号		姓名	
考试时限	30 分钟		题型	多项操作题	题分	100 分
成绩		考评员		考评组长	日期	
试题正文	客户窃电的检查与处理					
需要说明的问题和要求	（1）单人操作。 （2）操作时应注意安全，按照标准化作业指导书的技术安全说明做好安全措施					

续表

序号	项目名称	质量要求	满分	扣分标准	扣分原因	得分
1	判断正确	正确判断客户行为性质	20	判断错误扣 20 分		
2	计算正确	正确计算追补电量、追补电费	20	计算错误一项扣 10 分，扣完为止		
3	计算正确	正确计算违约使用电费	40	计算错误扣 40 分		
4	计算正确	合计追缴电费	20	计算错误一项扣 10 分，扣完为止		
	合计		100			

标准答案：

（1）该户断开电能表表尾三相电压连片方式用电属于窃电行为。

（2）计算追补电费，窃电时间无法查明，依据《供电营业规则》第一百零三条规定，按照 15kW、180 天、每天 12 小时计算追补电量、电费、违约使用电费、合计追缴电费。

追补电量 = $10 \times 12 \times 180 = 21\,600$（kWh）

追补电费 = $21\,600 \times 0.488\,3 = 10\,547.28$（元）

违约使用电费 = $10\,547.28 \times 2 = 21\,094.56$（元）

合计追缴电费 = $10\,547.28 + 21\,094.56 = 31\,641.84$ 元。

Jc0001363005 违约用电分析。（100 分）

考核知识点： 综合业务分析

难易度： 难

技能等级评价专业技能考核操作工作任务书

一、任务名称

综合业务分析。

二、适用工种

农网配电营业工（综合柜员）高级工。

三、具体任务

某用电客户属居民生活用电，后将房屋卖给个体户，于 2020 年 3 月按居民生活用电办理了过户手续。2020 年 5 月台区经理发现该个体户实际从事饭店经营，并发现主装表位置已经改变，电能表下容量已超过原户主容量，同时向外转供一间修车铺用电，并发现空调表外接线。试分析：

（1）该案例暴露了哪些问题？

（2）供电企业应如何处理？

四、工作规范及要求

（1）自备钢笔或中性笔。

（2）文字描述条理清晰，简明扼要。

五、考核及时间要求

本考核为实操任务，严格按照规定步骤完成，考核时间 30 分钟。

技能等级评价专业技能考核操作评分标准

工种	农网配电营业工（综合柜员）				评价等级	高级工
项目模块	用电营业与服务—用电营业管理			编号		Jc0001363005
单位			准考证号		姓名	
考试时限	30分钟	题型		综合操作题	题分	100分
成绩		考评员		考评组长		日期
试题正文	违约用电分析					
需要说明的问题和要求	（1）正确描述此案例暴露出的问题。 （2）正确描述此案例处理的依据内容					

序号	项目名称	质量要求	满分	扣分标准	扣分原因	得分
1	《供电营业规则》关于基本电费收取的相关规定	正确指出此案例中违反《供电营业规则》的相关条款	50	违反相关条款描述不清或描述不齐全，酌情扣分，扣完为止		
2	综合分析	分析此案例暴露的问题	50	根据答案要点酌情扣分，扣完为止		
	合计		100			

标准答案：

（1）暴露问题如下：

1）居民用电改商业用电——私自改变用电类别。

2）装表位置改变——私自迁移。

3）容量超出原户主容量——私自增容。

4）私自向外转供——私自转供。

5）空调表外接线——窃电。

（2）按照《供电营业规则》规定，该客户应承担违约、窃电责任：

1）私自改变用电类别除应按实际使用提起补缴其高低电价差额电费外，还应承担 2 倍的差额电费的违约使用电费。

2）私自移表应承担 5000 元的违约使用电费。

3）私自增容应承担 50 元/kW 的违约使用电费。

4）私自转供电应承担供出容量 500 元/kW 的违约使用电费。

5）窃电应给予制止，并可当场终止供电，并按所窃电量补交电费，并承担补交电费 3 倍的违约使用电费。

Jc0001352006 违约用电客户分析及处理。（100 分）

考核知识点： 窃电及违约用电相关规定

难易度： 中

技能等级评价专业技能考核操作工作任务书

一、任务名称

违约用电客户分析及处理。

二、适用工种

农网配电营业工（综合柜员）高级工。

三、具体任务

某石料厂（高供低计）自行迁移新址，但用电容量（10kV 配电变压器容量为 315kVA）及供电点未变，两个月后经用电检查员检查发现，对该客户应如何处理？

四、工作规范及要求

问题回答全面，准确，条理清晰。

五、考核及时间要求

本考核要求完成时间为 20 分钟，文字描述清晰，术语规范。

技能等级评价专业技能考核操作评分标准

工种	农网配电营业工（综合柜员）			评价等级	高级工
项目模块	用电营业与服务—优质服务		编号		Jc0001352006
单位		准考证号		姓名	
考试时限	20 分钟	题型	多项操作题	题分	100 分
成绩		考评员	考评组长	日期	
试题正文	违约用电客户分析及处理				
需要说明的问题和要求	（1）要求单人完成。 （2）问题回答全面，准确，条理清晰				

序号	项目名称	质量要求	满分	扣分标准	扣分原因	得分
1	处理规定	写出 3 条，内容正确全面	100	每错、漏一条扣 30 分，扣完为止		
	合计		100			

标准答案：

（1）根据《供电营业规则》第二十六条规定，客户迁址，须在 5 天前向供电企业提出申请，未申请且私自迁址，属于违约用电行为。

（2）根据《供电营业规则》第二十六条第五项规定，自迁新址不论是否引起供电点变动，一律按新装用电重新办理手续，按规定缴纳各种费用。

（3）根据《供电营业规则》第一百条第五项规定，私自迁移、更动和擅自操作供电企业的用电计量装置等，该客户应承担 5000 元的违约使用电费。

Jc0001352007　10kV 客户违约用电处理。（100 分）

考核知识点：违约用电和窃电的处理

难易度：中

技能等级评价专业技能考核操作工作任务书

一、任务名称

10kV 客户违约用电处理。

二、适用工种

农网配电营业工（综合柜员）高级工。

三、具体任务

某供电所开展用电检查时发现，某 10kV 大工业客户，报装容量为 315kVA 变压器一台，在此基础上，私自增加 1 台 80kVA 的变压器用电，两个月后用电检查人员发现当即开具违约用电处理工单，客户签字确认。当即工单处理：该客户属于私自增容，按照供电营业规则，应缴纳 20 元/kVA 的违约使用电费 4000 元，请分析用电检查人员的处理是否正确。

四、工作规范及要求

（1）自备计算器、钢笔或中性笔。

（2）计算公式、步骤正确。

五、考核及时间要求

本考核为计算实操任务，严格按照规定步骤完成，考核时间 40 分钟。

技能等级评价专业技能考核操作评分标准

工种	农网配电营业工（综合柜员）			评价等级	高级工	
项目模块	用电营业与服务—优质服务		编号		Jc0001352007	
单位		准考证号			姓名	
考试时限	40 分钟	题型	多项操作题		题分	100 分
成绩		考评员		考评组长	日期	
试题正文	10kV 客户违约用电处理					
需要说明的问题和要求	（1）要求单人完成。 （2）列式计算，步骤清晰，文字回答简单规范					

序号	项目名称	质量要求	满分	扣分标准	扣分原因	得分
1	分析违约用电行为	处理依据准确，有相应的规章制度	20	缺一条扣 10 分，扣完为止		
2	处理办法	处理建议正确	20	缺一条扣 10 分，扣完为止		
3	计算	计算正确	60	错误一项扣 20 分，扣完为止		
	合计		100			

标准答案：

（1）该客户属于大宗工业电价，私自增容部分应按照《供电营业规则》规定追收增容部分基本电费及 3 倍的违约使用电费：

1）基本电费按照 20 元/kVA 计收，基本电费追收金额 $= 80 \times 20 \times 2 = 3200$（元）；

2）违约使用电费 $= 3200 \times 3 = 9600$（元）；

3）应向客户补收金额 $= 9600 + 3200 - 4000 = 8800$（元）。

（2）拆除私自增容变压器，若客户要求继续使用，则按照新装增容办理。

（3）说明用电检查人员业务不熟，未按照供电营业规则正确处理。

Jc0001351008 简述新建抄表段的业务流程。（100 分）

考核知识点：抄表工作的内容

难易度：易

技能等级评价专业技能考核操作工作任务书

一、任务名称

简述新建抄表段的业务流程。

二、适用工种

农网配电营业工（综合柜员）高级工。

三、具体任务

绘制新建抄表段业务流程图及所对应的工作内容。

四、工作规范及要求

按照营销业务应用系统规范流程填写。

五、考核及时间要求

考核时间 20 分钟，要求操作步骤正确，文字描述清晰。

技能等级评价专业技能考核操作评分标准

工种	农网配电营业工（综合柜员）			评价等级	高级工
项目模块	用电营业与服务—用电营业管理		编号		Jc0001351008
单位		准考证号		姓名	
考试时限	20 分钟	题型	多项操作题	题分	100 分
成绩		考评员	考评组长	日期	
试题正文	简述新建抄表段的业务流程				
需要说明的问题和要求	（1）要求单人完成。 （2）步骤规范、流程完整准确清晰				

序号	项目名称	质量要求	满分	扣分标准	扣分原因	得分
1	新建抄表段工作内容	各环节工作内容完整	40	每个环节工作内容不完整扣 20 分，扣完为止		
2	业务流程图	流程完整准确	60	每个流程步骤错误扣 10 分，扣完为止		
	合计		100			

标准答案：

抄表段新建工作内容包括"申请"和"审批"两个环节。在"申请"环节，需要维护录入抄表段编号、抄表段名称、抄表段属性、供电单位、抄表段组编号、抄表段组说明、抄表事件类型、抄表方式、抄表周期、台区、线路、抄表例日、抄表员、核算员等基本信息。"审批"环节主要是对抄表段建立必要性，并对抄表段属性的正确性进行确认，审批通过才能生成新的抄表段。

新建抄表段业务流程如图 Jc0001351008 所示。

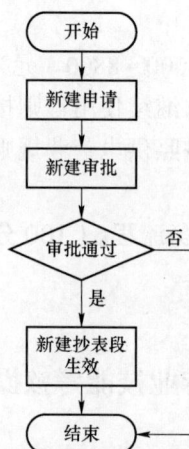

图 Jc0001351008

Jc0001341009　营销业务应用系统查询客户电源信息。（100分）

考核知识点：系统操作

难易度：易

技能等级评价专业技能考核操作工作任务书

一、任务名称

营销业务应用系统查询客户电源信息。

二、适用工种

农网配电营业工（综合柜员）高级工。

三、具体任务

（1）熟练操作95598业务支持系统、营销业务应用系统、用电信息采集系统。

（2）通过营销业务应用系统查询某户号的电源编号、电源类别、供电电压、供电容量、电源相数、变电站、供电线路、供电台区、产权分界点等信息。

（3）将该客户基本信息保存在桌面文件"客户电源信息"，并将此文件另存为"单位＋客户姓名.xls"（如××公司张某的文件名应为"××张某.xls"）。

四、工作规范及要求

（1）电教室独立完成。

（2）电脑可以登录系统内网并可登录相应业务应用系统。

（3）时间到应立即停止答题，离开考试场地。

（4）考核中出现下列情况之一的，考核成绩为0。

1）非独立完成；

2）在规定时限内，未提交答卷或未发起相应业务流程。

（5）考生不得询问与考试内容无关的问题，考评员不得提示与考试有关的内容。

五、考核及时间要求

本考核操作时间15分钟，按照技能操作记录单的操作要求进行操作，正确记录查询结果。

技能等级评价专业技能考核操作评分标准

工种	农网配电营业工（综合柜员）				评价等级	高级工
项目模块	用电营业与服务—用电营业管理			编号		Jc0001341009
单位			准考证号		姓名	
考试时限	15分钟	题型		单项操作题	题分	100分
成绩		考评员		考评组长	日期	
试题正文	营销业务应用系统查询客户电源信息					
需要说明的问题和要求	（1）独立完成，考试一人一桌一机。 （2）预装好相应Office软件、95598业务支持系统、营销业务应用系统、用电信息采集系统					

序号	项目名称	质量要求	满分	扣分标准	扣分原因	得分
1	营销业务应用系统客户档案信息查询	正确查询相关数据明细	80	数据查询错误，每项扣10分，扣完为止		
2	查询数据保存	按要求进行文件命名并按指定格式保存在指定路径	20	未按要求命名扣10分；保存格式或保存路径不正确扣10分，扣完为止		
	合计		100			

Jc0001353010 台区线损率的计算。（100分）
考核知识点： 线损的定义、组成等
难易度： 难

技能等级评价专业技能考核操作工作任务书

一、任务名称

台区线损率的计算。

二、适用工种

农网配电营业工（综合柜员）高级工。

三、具体任务

某供电所小塘村一队公用变电站台区变压器容量 100kVA，所辖客户 48 户，采集成功率 100%。2020 年 12 月 20 日，日线损报表显示该台区供电量 750kWh，售电量 750kWh，分布式电源上网电量 50kWh，台区倒供电量 75kWh，损失电量 −25kWh，线损率 −3.13%。台区客户王某属光伏发电，余额上网客户，发电量 50kWh，用电量 75kWh。该台区及客户用电情况见表 Jc0001353010，根据现场与系统核实情况判断该台区损失电量、线损率是否正确，若错误请计算正确的损失电量和当日台区线损率。

表 Jc0001353010

类型	起码	止码	倍率
总表正向示数	963 300	963 325	30
总表反向示数	2355.23	2355.63	30
客户发电正向示数	1253	1303	1
客户发电反向示数	3.56	13.56	1
客户用电正向示数	1253	1306	1
客户用电反向示数	1258	1288	1
台区总售电量	750kWh		

四、工作规范及要求

（1）自备钢笔或中性笔。

（2）计算公式、步骤正确。

五、考核及时间要求

本考核为计算实操任务，严格按照规定步骤完成，考核时间 30 分钟。

技能等级评价专业技能考核操作评分标准

工种	农网配电营业工（综合柜员）			评价等级	高级工
项目模块	用电营业与服务—用电营业管理		编号		Jc0001353010
单位		准考证号		姓名	
考试时限	30 分钟	题型	多项操作题	题分	100 分
成绩		考评员		考评组长		日期	
试题正文	台区线损率的计算				
需要说明的问题和要求	要求单人完成				

续表

序号	项目名称	质量要求	满分	扣分标准	扣分原因	得分
1	损失电量、线损率	正确判断损失电量、线损率	20	结果判断错误扣20分		
2	供电量	实际供电量计算正确	20	计算步骤错误扣10分；结果错误扣10分		
3	售电量	实际售电量计算正确	20	计算步骤错误扣10分；结果错误扣10分		
4	损失电量	实际损失电量计算正确	20	计算步骤错误扣10分；结果错误扣10分		
5	线损率	实际线损率计算正确	20	计算步骤错误扣10分；结果错误扣10分		
	合计		100			

标准答案：

该台区损失电量－25kWh、线损率－3.13%计算结果错误。

（1）实际供电量：总表正向电量＋光伏上网电量－台区总表的反向电量＝（96 3325－963 300）×30＋（1288－1258）－（2355.63－2355.23）×30＝750＋30－12＝768（kWh）

（2）实际售电量：台区总售电量750kWh

（3）实际损失电量：实际供电量－实际售电量＝768－750＝18（kWh）

（4）实际线损率：

$$\frac{供电量－售电量}{供电量}\times100\%=\frac{768-750}{768}\times100\%=2.34\%$$

该台区实际损失电量18kWh，实际线损率2.34%。

Jc0002362011　业扩报装业务分析。（100分）

考核知识点：供电服务规范、供电服务"十项承诺"

难易度：中

技能等级评价专业技能考核操作工作任务书

一、任务名称

业扩报装业务分析。

二、适用工种

农网配电营业工（综合柜员）高级工。

三、具体任务

2020年11月5日某客户申请低压居民新装业务，业务受理人员引导客户通过"网上国网"App办理了用电申请，在营销系统确认后将流程发出，但忘记继续跟踪。2020年11月20日，客户再次至营业厅询问业务办理进度，业务受理人员答复忘了处理，引发投诉。请问在此过程中，工作人员有哪些违规之处？并指出这一事件暴露出的问题。

四、工作规范及要求

（1）自备钢笔或中性笔。

（2）文字描述条理清晰，简明扼要。

（3）分析工作人员有哪些违规之处，并指出这一事件暴露出的问题。

五、考核及时间要求

本考核为实操任务，严格按照规定步骤完成，考核时间30分钟。

技能等级评价专业技能考核操作评分标准

工种	农网配电营业工（综合柜员）				评价等级	高级工	
项目模块	用电营业与服务—优质服务			编号		Jc0002362011	
单位			准考证号			姓名	
考试时限	30分钟		题型	综合操作题		题分	100分
成绩		考评员		考评组长		日期	
试题正文	业扩报装业务分析						
需要说明的问题和要求	无						

序号	项目名称	质量要求	满分	扣分标准	扣分原因	得分
1	工作人员违规之处	判断正确和完整	60	每少一条得分点扣20分，扣完为止；描述不清或有错别字酌情扣分		
2	暴露出的问题	正确指出问题	40	每少一条得分点扣20分，扣完为止；描述不清或有错别字酌情扣分		
	合计		100			

标准答案：

（1）违规条款：

1）《国家电网公司供电服务规范》第四条第二款：真心实意为客户着想，尽量满足客户的合理要求。对客户的咨询、投诉等不推诿，不拒绝，不搪塞，及时、耐心、准确地给予解答。

2）《国家电网公司供电服务规范》第四条第五款：熟知本岗位的业务知识和相关技能，岗位操作规范、熟练，具有合格的专业技术水平。

3）《国家电网有限公司供电服务"十项承诺"》第六条：居民客户全过程办电时间不超过5个工作日。

（2）暴露问题：

1）营业厅工作人员责任心不强，工作不细致，丢失客户申请资料，造成客户重复往返，延误客户用电。

2）供电公司监管不到位，工作人员未在规定时限为客户完成新装业务。

Jc0002363012　优质服务业务分析。（100分）

考核知识点：供电服务规范、居民家用电器损坏处理办法

难易度：难

技能等级评价专业技能考核操作工作任务书

一、任务名称

优质服务业务分析。

二、适用工种

农网配电营业工（综合柜员）高级工。

三、具体任务

某供电所居民客户李先生拨打 95598 供电服务热线反映：昨日蓝天小区 3 号楼旁配电箱爆炸，导致楼内 30 多户的电视、冰箱等家用电器受到不同程度损坏，要求赔偿。客服代表答复李先生让其自行修理。李先生随即拨打 95598 供电服务热线，代表所有受损客户进行了集体投诉，第三天，工作人员到现场对损坏的电器进行登记，除李先生家的电视机已使用 11 年，不予赔偿之外，对其他客户均做了不同程度的修理或者赔偿处理。请问该案例有哪些违规之处，暴露出什么问题？并对这一事件暴露出的问题提出改进建议。

四、工作规范及要求

（1）自备钢笔或中性笔。

（2）文字描述条理清晰，简明扼要。

（3）分析供电公司工作人员有哪些违规之处，并指出这一事件暴露出的问题并提出改进建议。

五、考核及时间要求

本考核为实操任务，严格按照规定步骤完成，考核时间 30 分钟。

技能等级评价专业技能考核操作评分标准

工种	农网配电营业工（综合柜员）				评价等级	高级工	
项目模块	用电营业与服务—优质服务			编号		Jc0002363012	
单位			准考证号			姓名	
考试时限	30 分钟	题型		综合操作题		题分	100 分
成绩		考评员		考评组长		日期	
试题正文	优质服务业务分析						
需要说明的问题和要求	无						

序号	项目名称	质量要求	满分	扣分标准	扣分原因	得分
1	供电公司工作人员违规之处	判断正确和完整	40	每少一条得分点扣 13 分，扣完为止；描述不清或有错别字酌情扣分		
2	暴露出的问题	正确指出问题	30	每少一条得分点扣 10 分，扣完为止；描述不清或有错别字酌情扣分		
3	提出改进建议	给出正确的改进建议	30	每少一条得分点扣 10 分，扣完为止；描述不清或有错别字酌情扣分		
	合计		100			

标准答案：

（1）违规条款：

1）客户代表让客户自行处理的行为违反了《国家电网公司供电服务规范》第十一条第二款"实行首问负责制。无论办理业务是否对口，接待人员都要认真倾听，热心引导，快速衔接，并为客户提供准确的联系人、联系电话和地址"和第四条第二款"真心实意为客户着想，尽量满足客户的合理要求。对客户的咨询、投诉等不推诿，不拒绝，不搪塞，及时、耐心、准确地给予解答"的规定。

2）客户代表让客户自行修理损坏的家用电器的行为违反了《居民家用电器损坏处理办法》第四条"出现若干户家用电器同时损坏时，居民客户应及时向当地供电企业投诉，并保持家用电器损坏原状。供电企业在接到居民客户家用电器损坏投诉后，应在 24 小时内派员赴现场进行调查、核实"的规定。

3）工作人员对李先生家使用 11 年的电视不予赔偿，违反了《居民家用电器损坏处理办法》第十条"使用年限已超过本规定第十二条规定各类家用电器的平均使用年限（电视机使用寿命为 10 年）仍在使用的，或者折旧后的差额低于原价10%的，按原价的 10%予以赔偿"的规定。

（2）暴露问题：

1）客户代表和到现场的工作人员业务水平薄弱，对家电烧损的处理业务不熟悉。

2）现场工作人员执行规章制度的意识不强，未在规定时限内到客户处调查核实。

3）没有制定可操作性强的家用电器损坏赔偿流程和实施细则。

（3）措施建议：

1）客户代表和现场工作人员要加强对《居民家用电器损坏处理办法》的学习。

2）加强对客户代表服务意识的培训。

3）制定可操作性强的家用电器损坏赔偿流程和实施细则。

Jc0002363013　电费异常业务分析。（100 分）
考核知识点： 供电营业规则要求
难易度： 难

技能等级评价专业技能考核操作工作任务书

一、任务名称

电费异常业务分析。

二、适用工种

农网配电营业工（综合柜员）高级工。

三、具体任务

根据业务描述，对业务事件中不妥地方进行分析：

（1）2020 年 9 月，某化工企业到供电公司申请报装用电，报装容量 2×630kVA，一台主用，一台热备用，2020 年 10 月 5 日投入运行。基本电费结算方式为按容量收取，每月基本电费容量按 630kVA 计算。2021 年 3 月 20 日和 21 日因线路故障停电两天。客户认为是供电企业原因造成停电事故，要求给予减免两天基本容量费，供电企业未予以办理，后客户投诉至 95598。

（2）工作任务：

1）该事件违反了《供电营业规则》的哪些条款？

2）供电企业未扣减基本电费的依据是什么？

3）该事件暴露出哪些问题？

四、工作规范及要求

（1）自备钢笔或中性笔。

（2）文字描述条理清晰，简明扼要。

（3）正确描述此案例相关规定。

（4）正确分析此案例中暴露的问题。

五、考核及时间要求

本考核为实操任务，严格按照规定步骤完成，考核时间 30 分钟。

技能等级评价专业技能考核操作评分标准

工种	农网配电营业工（综合柜员）		评价等级	高级工
项目模块	用电营业与服务—用电营业管理	编号	Jc0002363013	
单位		准考证号	姓名	
考试时限	30分钟	题型 综合操作题	题分	100分
成绩	考评员	考评组长	日期	
试题正文	电费异常业务分析			
需要说明的问题和要求	无			

序号	项目名称	质量要求	满分	扣分标准	扣分原因	得分
1	《供电营业规则》关于基本电费收取的相关规定	正确指出此案例中违反《供电营业规则》的相关条款	50	违反相关条款描述不清或描述不齐全，酌情扣分，扣完为止		
2	综合分析	分析此案例暴露的问题	50	根据答案要点酌情扣分，扣完为止		
	合计		100			

标准答案：

（1）该事件违反以下规定：

1）未按规定对该客户热备用的630kVA变压器收取基本容量费。违反《供电营业规则》第八十五条"以变压器容量计算基本电费的客户，其备用的变压器（含高压电动机），属冷备用状态并经供电企业加封的，不收基本电费；属热备用状态的或未经加封的，不论使用与否都计收基本电费"的规定。

2）对于客户的咨询没有按照规定进行合理的宣传和解释，造成客户投诉。违反《供电营业规则》第八十四条"事故停电、检修停电、计划限电不扣减基本电费"的规定。

（2）暴露问题：

1）业务受理人员业务知识不全面。

2）电价政策执行不到位。

3）工作人员的优质服务意识不强。

Jc0003362014 受理新建居住区低压批量用电申请。（100分）

考核知识点： 低压居民客户新装申请

难易度： 中

技能等级评价专业技能考核操作工作任务书

一、任务名称

受理新建居住区低压批量用电申请。

二、适用工种

农网配电营业工（综合柜员）高级工。

三、具体任务

某房地产开发商至营业厅申请小区新装用电，请完成业务受理。

四、工作规范及要求

（1）按要求完成着装及仪容仪表整理进入考场。

（2）正确解答办理的相关规定。

五、考核及时间要求

（1）考评员可对考生剩余时间进行提醒，对回答内容考评员不得提示。

（2）本考核操作时间为 15 分钟。

（3）时间到应立即停止考评。

技能等级评价专业技能考核操作评分标准

工种	农网配电营业工（综合柜员）		评价等级	高级工
项目模块	用电营业与服务—用电营业管理	编号		Jc0003362014
单位		准考证号	姓名	
考试时限	15 分钟	题型	综合操作题	题分	100 分
成绩	考评员	考评组长	日期	

试题正文	受理新建居住区低压批量用电申请
需要说明的问题和要求	（1）单人操作学员视现场实际操作情况可要求考评员协助操作，考评员不得提示。 （2）时间到应立即停止操作，整理工具材料离开操作场地。 （3）严格遵守安全操作规程

序号	项目名称	质量要求	满分	扣分标准	扣分原因	得分
1	服务规范					
1.1	语言表达	用词准确，流畅、语气和蔼，普通话水平符合要求，使用文明礼貌用语	2	不主动使用普通话、语速过快过慢、礼貌用语不规范等每出现一处扣 1 分，扣完为止		
1.2	着装要求	着营业厅全套工作服，发型符合规范服务要求、佩戴工号牌	2	着装不标准，如袖口未扣，左胸无工号牌等，扣 2 分		
1.3	仪容仪表	符合仪容仪表规范	2	佩戴夸张饰品、发型发色不符合规范、长发未盘起等，扣 2 分		
1.4	行为举止	大方、得体	2	站坐走姿不规范，引导手势不规范，单手递交物品等，扣 2 分		
1.5	服务态度	全程微笑服务、态度热情、服务周达	2	无微笑服务此项不得分		
2	业务受理					
2.1	工作准备	检查电脑、打印机电源、席位牌状态、表单、纸笔等	5	未检查不得分		
2.2	迎接客户	您好！（起身相迎、微笑示座、主动问好）"请坐，请问您要办理什么业务？"	5	无规范文明用语，扣 2 分；无规范行为、举止，扣 2 分；在客户落座前坐下，扣 1 分		
2.3	业务判定	确认客户办理小区新装用电申请	5	未确认不得分		
2.4	时限规范	高压单电源不超过 15 个工作日，高压双电源不超过 30 个工作日；根据《关于国网中卫供电公司 2019 年优化营商环境提升供电服务水平实施计划的汇报》高压客户办电环节压减至 4 个以内。高压客户平均接电时间分别减至 70 天以内	20	错漏一处扣 5 分，扣完为止		
2.5	业务收资	（1）填写申请表； （2）客户主体资格证明（身份证及统一社会信用代码证书）； （3）如委托他人办理，需同时提供经办人有效身份证明及授权委托书； （4）发放业务办理告知书； （5）建设项目批复文件、建设用地规划许可证、设计建筑总平面图及建筑面积清单	20	漏一处扣 5 分，扣完为止		

序号	项目名称	质量要求	满分	扣分标准	扣分原因	得分
2.6	受理规范	（1）填写用电申请书，告知用电容量； （2）履行一次性告知； （3）农网配电营业工（综合柜员）查验客户用电申请资料，审查合格后方可正式受理	20	错漏一处扣5分，扣完为止		
2.7	闭环管理	确认客户有无其他用电需求	5	每错漏一处扣2分，扣完为止		
3	送客	送客规范	5	未起身微笑并问候"您的业务已办理完毕，请带好随身物品，欢迎您下次光临"，扣5分		
4	工作完毕、清理现场	关闭设备电源、恢复席位牌、整理桌面	5	未清理不得分		
	合计		100			

Jc0004352015　绘制低压客户新装流程图，并写出业务费用。（100分）

考核知识点： 业扩报装咨询

难易度： 中

技能等级评价专业技能考核操作工作任务书

一、任务名称

绘制低压客户新装流程图，并写出业务费用。

二、适用工种

农网配电营业工（综合柜员）高级工。

三、具体任务

请绘制低压客户新装流程图，并回答业务费用收取标准。

四、工作规范及要求

（1）自备计算器、铅笔、橡皮、钢笔、中性笔、直尺等。

（2）按照营销业务应用系统规范绘制流程。

五、考核及时间要求

本考核要求完成时间20分钟，要求图形规范、文字描述清晰。

技能等级评价专业技能考核操作评分标准

工种		农网配电营业工（综合柜员）			评价等级		高级工
项目模块		用电营业与服务—业扩报装		编号		Jc0004352015	
单位			准考证号			姓名	
考试时限	20分钟		题型	多项操作题		题分	100分
成绩		考评员		考评组长		日期	
试题正文	绘制低压客户新装流程图，并写出业务费用						
需要说明的问题和要求	（1）要求单人完成。 （2）步骤规范、流程完整准确清晰						

序号	项目名称	质量要求	满分	扣分标准	扣分原因	得分
1	开始	图形规范，表述完整准确	5	不规范、表述错误扣5分		

续表

序号	项目名称	质量要求	满分	扣分标准	扣分原因	得分
2	主流程步骤	关键环节规范完整	50	步骤错、漏一处扣5分，扣完为止		
3	子流程步骤	有供电工程子流程	10	步骤错、漏一处扣5分，扣完为止		
4	子流程	合同签订子流程	10	无子流程扣10分		
5	审批	是否通过绘制分支	10	缺漏一处扣2分，扣完为止		
6	结束	图形规范，表述准确	5	不规范、表述错误扣5分		
7	办理时限	业务费用表述准确	10	每缺少一条扣3分，扣完为止		
	合计		100			

标准答案：

（1）办理环节

（2）业务费用：

1）低压单电源客户：不收取任何费用。

2）低压双电源及以上客户：收取高可靠性供电费。依据宁发改价格〔2019〕122号，架空线路建设的按照260元/kVA收取，客户自建本级电压外部供电工程，按照200元/kVA收取。

3）地下电缆按架空线路费用的1.5倍计收。

Jc0004363016 确定客户用电比例。（100分）

考核知识点：确定用电比例

难易度：难

技能等级评价专业技能考核操作工作任务书

一、任务名称

确定客户用电比例。

二、适用工种

农网配电营业工（综合柜员）高级工。

三、具体任务

某企业高压侧计量，厂区内装有350kW电动机一台，三班制生产，居民生活区总用电容量为80kW，办公用电总容量140kW，未装分表。请根据该企业用电负荷确定该客户用电比例。

四、工作规范及要求

计算准确，文字描述清晰、规范。

五、考核及时间要求

本考核要求完成时间为30分钟，答题完整，文字描述清晰、规范。

技能等级评价专业技能考核操作评分标准

工种	农网配电营业工（综合柜员）			评价等级	高级工
项目模块	用电营业与服务—用电营业管理		编号	Jc0004363016	
单位		准考证号		姓名	
考试时限	30 分钟	题型	综合操作题	题分	100 分
成绩		考评员		考评组长	日期
试题正文	确定客户用电比例				
需要说明的问题和要求	要求单人完成				

序号	项目名称	质量要求	满分	扣分标准	扣分原因	得分
1	确定方案	方案正确，文字描述清晰、规范	30	计算错误扣 30 分		
2	计算总电量	数据代入、计算正确	30	计算错误扣 30 分		
3	计算各用电比例	数据代入、计算正确	30	计算错误一项扣 10 分，扣完为止		
4	总结回答	文字描述清晰、规范	10	回答错误扣 10 分		
	合计		100			

标准答案：

根据用电负荷不同的用电特性，生产用电应按 24h、生活用电应按 6h，办公用电应按 8h 计算其用电量，则理论计算电量：

理论计算电量 = 24×350 + 6×80 + 8×140 = 10 000（kWh）

其用电比例计算如下：

工业用电比例 = 8400/10 000 = 84%

居明生活用电比例 = 480/10 000 = 4.8%

非居民照明用电比例 = 1120/10 000 = 11.2%

该客户的用电比例应为工业 84%，居民生活 4.8%，非居民照明 11.2%。

Jc0005352017 非卡表客户管家卡绑定/解绑流程。（100 分）

考核知识点： 电费、业务费收取的相关工作标准及规定

难易度： 中

技能等级评价专业技能考核操作工作任务书

一、任务名称

非卡表客户管家卡绑定/解绑流程。

二、适用工种

农网配电营业工（综合柜员）高级工。

三、具体任务

请简述非卡表客户管家卡绑定/解绑的操作步骤。

四、工作规范及要求

（1）自备钢笔或中性笔。

（2）文字表述清楚，按顺序填写。

五、考核及时间要求

考核时间 30 分钟。

技能等级评价专业技能考核操作评分标准

工种	农网配电营业工（综合柜员）			评价等级	高级工
项目模块	电费管理—收费管理		编号		Jc0005352017
单位		准考证号		姓名	
考试时限	30 分钟	题型	多项操作题	题分	100 分
成绩		考评员	考评组长		日期
试题正文	非卡表客户管家卡绑定/解绑流程				
需要说明的问题和要求	（1）要求单人完成。 （2）自备计算器				

序号	项目名称	质量要求	满分	扣分标准	扣分原因	得分
1	操作流程	填写完整、准确	100	不完整或不准确每条扣 15 分，扣完为止		
	合计		100			

标准答案：

非卡表客户管家卡绑定/解绑操作流程：

（1）县（所）/地市公司收费员发起客户管家卡绑定/解绑流程。

（2）输入客户编号，查询后确定需绑定的户号，点击"绑定"按钮，选择提供管家卡服务的银行，系统自动匹配管家卡号。

（3）客户销户或更名时，县（所）/地市公司收费员发起管家卡解绑流程。

（4）客户户号与管家卡号绑定后，下载电费账户变更协议并打印，现场与客户签订协议。

（5）将客户签订完的电费账户变更协议扫描上传附件，并发送营业班班长审核。客户销户或更名发起解绑流程，提供的资料（销户或更名佐证材料）也需扫描上传并发送营业班班长审核。

（6）县（所）/地市公司营业班长对发送的管家卡绑定/解绑业务进行审核。绑定审核通过，流程结束；绑定审核不通过，返回到绑定环节。解绑业务审核通过，发送省公司营销服务中心核算员进行审批。

（7）省公司营销服务中心核算员对解绑申请进行审批，审批通过，流程结束；审批不通过返回县（所）/地市公司收费员解绑环节。

Jc0005353018　退费资料审核、退费审批权限及账务处理。（100 分）

考核知识点： 退费处理

难易度： 难

技能等级评价专业技能考核操作工作任务书

一、任务名称

退费资料审核、退费审批权限及账务处理。

二、适用工种

农网配电营业工（综合柜员）高级工。

三、具体任务

某企业销户后预收余额为 18 540 元，该企业向供电所营业窗口提供了代办人王某的身份证复印件。请审核该企业提供的退费资料，回答需补充的退费资料，以及退费审批权限的划分。

四、工作规范及要求

（1）自备计算器、钢笔或中性笔。

（2）计算公式、步骤正确。

（3）计算结果正确。

五、考核及时间要求

本考核为计算实操任务，严格按照规定步骤完成，考核时间 30 分钟。

技能等级评价专业技能考核操作评分标准

工种	农网配电营业工（综合柜员）			评价等级		高级工
项目模块	电费管理—收费管理		编号		Jc0005353018	
单位		准考证号		姓名		
考试时限	30 分钟	题型	多项操作题		题分	100 分
成绩		考评员	考评组长		日期	
试题正文	退费资料审核、退费审批权限及账务处理					
需要说明的问题和要求	（1）要求单人完成。 （2）自备计算器、钢笔或中性笔					

序号	项目名称	质量要求	满分	扣分标准	扣分原因	得分
1	退费资料的审核	退费资料应完整，准确，一一对应	50	每发现一处错误扣 8 分，扣完为止		
2	退费审批权限	正确区分每级别岗位或金额划分	50	每发现一处错误扣 10 分，扣完为止		
	合计		100			

标准答案：

（1）退费资料审核后缺少的退费资料：

1）该企业加盖公章的退费申请；

2）该企业加盖财务专用章的收到退款的收据；

3）加盖公章的营业执照复印件；

4）该企业加盖公章的退费业务授权张某办理的授权书；

5）该企业加盖公章的开户许可证复印件；

6）加盖财务专用章的收款账号信息；

7）加盖财务专用章的交费单据复印件。

（2）退费审批权限的划分：

1）一级审批：县领导审批，电费实收员审批；

2）二级审批：电费专业领导审批（1 万元以下）；

3）三级审批：营销部领导审批（1 万元及以上 5 万元以下）；

4）四级审批：公司分管营销业务领导审批（5 万元及以上）。

Jc0005353019　集团客户缴费处理。（100 分）

考核知识点： 电费、业务费收取

难易度： 难

技能等级评价专业技能考核操作工作任务书

一、任务名称

集团客户缴费处理。

二、适用工种

农网配电营业工（综合柜员）高级工。

三、具体任务

2020年11月，某公司集团主关联缴费户期初预收余额为1200元，11月缴纳预收电费50 000元，应收电费发行31 827.88元。11月新增两个子户，系统未关联，应收电费共计3487.51元。

（1）关联缴费户收费方式有几种？描述收费过程及结果，哪种收费方式便于后续账务查询对账？

（2）关联新增的两个子客户需提供什么手续？

（3）该集团客户期末预收电费余额是多少？

四、工作规范及要求

（1）自备钢笔或中性笔。

（2）文字描述条理清晰，简明扼要，计算步骤正确。

（3）正确处理关联缴费户业务。

五、考核及时间要求

本考核为电费账务实操任务，严格按照规定步骤完成，考核时间20分钟。

技能等级评价专业技能考核操作评分标准

工种	农网配电营业工（综合柜员）			评价等级	高级工
项目模块	电费管理—收费管理		编号		Jc0005353019
单位		准考证号		姓名	
考试时限	20分钟	题型	多项操作题	题分	100分
成绩		考评员	考评组长		日期
试题正文	集团客户缴费处理				
需要说明的问题和要求	要求单人完成				

序号	项目名称	质量要求	满分	扣分标准	扣分原因	得分
1	关联户操作	关联户收费方式描述正确	60	两种收费方式共计40分，每种方式描述错误或描述不清的扣5～20分，扣完为止；后续账务查询对账的影响描述共计20分，每种方式描述错误或描述不清的扣5～10分，扣完为止		
		正确描述申请关联户需提供的手续	20	描述错误或描述不清的扣5～20分，扣完为止		
		正确计算账户余额	20	计算错误扣20分		
	合计		100			

标准答案：

（1）关联缴费户有两种收费方式：

1）在坐收界面通过"客户编号"对主关联户收费。此方法是将集团缴费金额统一挂入主户形成预收电费，后通过结转主关联户预收电费的方式实现主户和子户的实收账务处理。

2）在坐收界面通过"关联缴费号"收费。查询主关联号关联明细后收取电费，此方法是对所有关联缴费户集中下账，剩余金额系统自动按预收给主关联户挂账。

第一种收费方式便于账务查询及核对工作。第二种收费方式账务查询及核对时，需逐户核查应实收电费，对账工作繁杂。

（2）集团客户提供新增子客户书面关联申请，经审核无误后进行营销系统关联业务操作。

（3）该集团客户客户明细账的预收电费余额：

预收电费余额＝1200＋50 000－31 827.88－3487.51＝15 884.61（元）

Jc0006341020　电费违约金的计算。（100分）

考核知识点：违约用电的处理

难易度：易

技能等级评价专业技能考核操作工作任务书

一、任务名称

电费违约金的计算。

二、适用工种

农网配电营业工（综合柜员）高级工。

三、具体任务

某普通工业客户2020年12月的电费为5650元，2021年1月的电费为9450元。该客户2021年1月25日才到供电企业缴纳以上电费，试求该客户2021年1月应缴纳电费违约金多少元（假设约定的缴费日期为每月15～20日）？

四、工作规范及要求

（1）自备钢笔或中性笔。

（2）计算公式、步骤正确。

（3）正确计算违约金。

五、考核及时间要求

本考核为计算实操任务，严格按照规定步骤完成，考核时间30分钟。

技能等级评价专业技能考核操作评分标准

工种		农网配电营业工（综合柜员）				评价等级		高级工
项目模块		电费管理—收费管理			编号		Jc0006341020	
单位			准考证号			姓名		
考试时限	30分钟		题型		单项操作题		题分	100分
成绩		考评员		考评组长			日期	
试题正文	电费违约金的计算							
需要说明的问题和要求	要求单人完成							

序号	项目名称	质量要求	满分	扣分标准	扣分原因	得分
1	违约金的计算	正确计算应缴纳违约金的金额	100	分年度计算应缴纳违约金，当年2‰，跨年3‰，公式每错误一项扣20分； 结果每错一项扣20分； 以上扣分，扣完为止		
	合计		100			

标准答案：

（1）2020 年欠费违约金：

当年违约金 $= 5650 \times (31 - 20) \times 2‰ = 124.30$（元）

跨年度违约金 $= 5650 \times 25 \times 3‰ = 423.75$（元）

（2）2021 年欠费违约金：

违约金 $= 9450 \times (25 - 20) \times 2‰ = 94.50$（元）

（3）该客户应缴纳的违约金 $= 124.30 + 423.75 + 94.50 = 642.55$（元）

Jc0006341021　平均电价计算。（100 分）

考核知识点：平均电价计算

难易度：易

技能等级评价专业技能考核操作工作任务书

一、任务名称

平均电价计算。

二、适用工种

农网配电营业工（综合柜员）高级工。

三、具体任务

甲、乙两工业企业设备容量均为 560kVA，7 月甲厂用电量为 20 000kWh，乙厂用电量为 80 000kWh，假设基本电价为 10 元/（kVA·月），电量电价为 0.25 元/kWh，求甲、乙两厂的月平均电价分别是多少（不考虑功率因数调整电费）？

四、工作规范及要求

计算准确，文字描述清晰、规范。

五、考核及时间要求

本考核要求完成时间为 30 分钟，答题完整，文字描述清晰、规范。

技能等级评价专业技能考核操作评分标准

工种	农网配电营业工（综合柜员）				评价等级	高级工	
项目模块	电费管理—收费管理			编号		Jc0006341021	
单位			准考证号		姓名		
考试时限	30 分钟	题型		单项操作题		题分	100 分
成绩		考评员		考评组长		日期	
试题正文	平均电价计算						
需要说明的问题和要求	要求单人完成						

序号	项目名称	质量要求	满分	扣分标准	扣分原因	得分
1	甲厂平均电价	数据代入、计算正确	40	计算错误扣 40 分		
2	乙厂平均电价	数据代入、计算正确	40	计算错误扣 40 分		
3	总结回答	文字描述清晰、规范	20	回答错误扣 20 分		
	合计		100			

标准答案：

$$甲厂月平均电价 = \frac{560\times10 + 0.25\times20\,000}{20\,000} = 0.53（元/kWh）$$

$$乙厂月平均电价 = \frac{560\times10 + 0.25\times80\,000}{80\,000} = 0.32（元/kWh）$$

Jc0006362022 居民电费结算异常处理。（100 分）

考核知识点： 电费异常分析及处理

难易度： 中

技能等级评价专业技能考核操作工作任务书

一、任务名称

居民电费结算异常处理。

二、适用工种

农网配电营业工（综合柜员）高级工。

三、具体任务

某客户 1 月 1 日安装 09 版智能电能表，现场参数正常。但 3 月 31 日因表计欠电压需要换表，客户用电量统计见表 Jc0006362022，客户累计购电 300 元，按月抄表算费，换表时表计余额是多少元？系统账户余额是多少元？换表后应对客户补写多少元电费至新装电能表内？

表 Jc0006362022

月份	1 月	2 月	3 月
电量（kWh）	116	193	288

四、工作规范及要求

（1）自备计算器、钢笔或中性笔。

（2）计算公式、步骤正确。

（3）计算结果正确。

五、考核及时间要求

本考核为计算实操任务，严格按照规定步骤完成，考核时间 30 分钟。

技能等级评价专业技能考核操作评分标准

工种	农网配电营业工（综合柜员）				评价等级	高级工
项目模块	收费管理—电费、电费违约金计算			编号		Jc0006362022
单位		准考证号			姓名	
考试时限	30 分钟	题型		综合操作题	题分	100 分
成绩		考评员		考评组长		日期
试题正文	居民电费结算异常处理					
需要说明的问题和要求	要求单人完成					

序号	项目名称	质量要求	满分	扣分标准	扣分原因	得分
1	现场电能表余额	现场电能表每月扣费、应扣总电费、电能表余额计算正确	50	每发现一处错误扣 10 分,扣完为止		

续表

序号	项目名称	质量要求	满分	扣分标准	扣分原因	得分
2	系统账户余额	系统应收电费、账户余额计算正确	20	每发现一处错误扣 10 分，扣完为止		
3	写卡金额	正确判断需要写卡的金额	30	写卡金额回答错误扣 30 分		
	合计		100			

标准答案：

（1）现场电能表实际扣费：

1 月电费 = 116×0.448 6 = 52.04（元）

2 月电费 = 170×0.448 6 + 23×0.498 6 = 87.73（元）

3 月电费 = 170×0.448 6 + 90×0.498 6 + 28×0.748 6 = 142.10（元）

应扣总电费 = 52.04 + 87.73 + 142.10 = 281.87（元）

现场电能表余额 = 300 − 281.87 = 18.13（元）

（2）系统应收电费 = （116 + 193 + 288）×0.448 6 = 597×0.448 6 = 267.81（元）

系统账户余额 = 300 − 267.81 = 32.19（元）

（3）营销业务应用系统 12 月电量电费结算完毕后，从次年 2 月开始对上年度阶梯电费按年周期进行清算，年阶梯清算后的差额电费会写卡到客户电能表内，所以对客户补写现场电能表余额 18.13 元至新装电表内。

Jc0006341023 电子发票的开具。（100 分）

考核知识点： 电费票据的工作标准及规定

难易度： 易

技能等级评价专业技能考核操作工作任务书

一、任务名称

电子发票的开具。

二、适用工种

农网配电营业工（综合柜员）高级工。

三、具体任务

某超市 2020 年 1 月 4 日申请低压新装，于 2020 年 1 月 9 日送电。2 月电费发行后，客户前来缴纳电费 7900.76 元，收费员电费收取后，为客户开具电子发票，供电公司工作人员开具电子发票应如何操作？

四、工作规范及要求

（1）自备钢笔或中性笔。

（2）文字描述条理清晰，简明扼要。

（3）掌握电子发票开具的相关步骤。

五、考核及时间要求

本考核为电费票据开具的实操任务，严格按照规定步骤完成，考核时间 20 分钟。

技能等级评价专业技能考核操作评分标准

工种	农网配电营业工（综合柜员）			评价等级	高级工
项目模块	电费管理—电费发票解读		编号		Jc0006341023
单位		准考证号		姓名	
考试时限	20分钟	题型	单项操作题	题分	100分
成绩		考评员	考评组长		日期
试题正文	电子发票的开具				
需要说明的问题和要求	要求单人完成				

序号	项目名称	质量要求	满分	扣分标准	扣分原因	得分
1	电子发票的开具	正确列出发票打印步骤	100	共计2个步骤，不完整或不准确扣每条扣10～50分，扣完为止		
	合计		100			

标准答案：

（1）在电子发票开具前，为客户生成开票元数据，为开票做数据准备工作。路径：收费账务管理→电费收缴→辅助功能→应收补打发票，输入所需要打印发票的客户户号，输入所需打印电费的年月，点击查询；界面显示出查询结果后，勾选要选定的记录，点击"生成发票元数据"。

（2）为客户开具发票，并提供发票下载及打印功能。路径：收费账务管理→电费收缴→辅助功能→电子发票查询下载，输入所需要打印发票的客户户号，输入所需打印电费的年月，点击查询；界面显示出查询结果后，在"内网下载地址"点击打印发票便可打印电子发票，也可以在此界面把外网地址提供给客户，由其自行打印。

Jc0006342024　应收电费税金计提。（100分）

考核知识点： 增值税发票的相关工作标准及规定

难易度： 中

技能等级评价专业技能考核操作工作任务书

一、任务名称

应收电费税金计提。

二、适用工种

农网配电营业工（综合柜员）高级工。

三、具体任务

某月某居民客户抄见电量800kWh，通过计算得出客户本期电费358.88元，计算税额、不含税金额、商品服务单价。

四、工作规范及要求

（1）自备钢笔或中性笔。

（2）文字描述条理清晰，简明扼要。

（3）掌握电子发票开具的相关步骤。

五、考核及时间要求

本考核为电费票据开具的实操任务，严格按照规定步骤完成，考核时间20分钟。

技能等级评价专业技能考核操作评分标准

工种	农网配电营业工（综合柜员）			评价等级	高级工
项目模块	电费管理—电费发票解读		编号		Jc0006342024
单位		准考证号		姓名	
考试时限	20分钟	题型	单项操作题	题分	100分
成绩		考评员	考评组长	日期	
试题正文	应收电费税金计提				
需要说明的问题和要求	要求单人完成				

序号	项目名称	质量要求	满分	扣分标准	扣分原因	得分
1	不含税金额	正确计算不含税金额	33	算错扣33分		
2	税额	正确计算税额	33	算错扣33分		
3	商品服务单价	正确计算商品服务单价	34	算错扣34分		
	合计		100			

标准答案：

不含税金额 $= 358.88 \div 1.13 = 317.59$（元）

税额 $= 317.59 \times 13\% = 41.29$（元）

商品服务单价 $= 317.59 \div 800 = 0.40$（元/kWh）

Jc0006363025　电能表运行判断及其功率计算。（100分）

考核知识点：功率计算

难易度：难

技能等级评价专业技能考核操作工作任务书

一、任务名称

电能表运行判断及其功率计算。

二、适用工种

农网配电营业工（综合柜员）高级工。

三、具体任务

在指定工位（3×220/380V、3×1.5（6）A 三相电能表，电流互感器变比 100/5），电能表有功脉冲 1min 闪烁 100 次，根据脉冲闪烁次数与有功常数的关系计算有功功率并填写表 Jc0006363025－1。

表 Jc0006363025－1

表号	规格	有功常数	有功功率

四、工作规范及要求

（1）着装符合要求，穿全棉长袖工作服、绝缘鞋，戴安全帽、线手套。

（2）携带自备工具（钢笔或中性笔、计算器）进入现场，待考评员宣布许可工作命令后开始工作并计时。

（3）打开计量柜（箱）门之前必须对柜（箱）体验电，现场操作严格执行《国家电网公司电力安全工作规程（配电部分）》。

（4）工作结束清理现场，并向考评员报告。

五、考核及时间要求

本考核操作时间为 20 分钟，时间到停止考评。

技能等级评价专业技能考核操作评分标准

工种	农网配电营业工（综合柜员）			评价等级	高级工
项目模块	用电营业与服务—用电营业管理		编号	Jc0006363025	
单位		准考证号		姓名	
考试时限	20 分钟	题型	综合操作题	题分	100 分
成绩		考评员	考评组长	日期	
试题正文	电能表运行判断及其功率计算				
需要说明的问题和要求	（1）单人操作。 （2）操作时应注意安全，按照标准化作业指导书的技术安全说明做好安全措施。 （3）考试使用电能表为仿真表，通过模拟装置进行参数设置。 （4）考场在指定工位安装 3×220/380V、3×1.5（6）A、常数 3200r/kWh 的三相电能表，假定电流互感器变比 100/5。 （5）假定电能表有功指示灯 1min 闪烁 100 次				

序号	项目名称	质量要求	满分	扣分标准	扣分原因	得分
1	安全文明生产	佩戴安全帽；穿全棉工作服；穿绝缘鞋；操作时戴线手套；打开柜门前需先验电	20	有一项未按要求进行扣 5 分，扣完为止		
2	参数抄读	正确抄读电能表铭牌各项参数	15	错误 1 项扣 5 分，扣完为止		
3	计算正确	正确计算有功功率	40	计算错误扣 40 分		
4	填写记录	正确、规范填写记录表	15	数据填写错误 1 处扣 5 分；单位使用错误 1 处扣 5 分；以上扣分，扣完为止		
5	现场恢复	操作结束后清理现场杂物，并将工器具归位摆放整齐	10	现场留有杂物或工器具未归位扣 10 分		
	合计		100			

标准答案：

正确抄读电能表铭牌参数，掌握电能表有功常数与功率指示灯规定时间闪烁次数的关系，计算出当前有功功率（表内空白处以考核现场电能计量装置参数示数值为准），填写表 Jc0006363025 – 2。

表 Jc0006363025 – 2

表号	规格	有功常数	有功功率
	3×220/380V、3×1.5（6）A	3200r/kWh	37.5kW

$$P = \frac{100 \times 60}{3200} \times \frac{100}{5} = 37.5 \,(\text{kW})$$

Jc0007352026　客户咨询居民分布式电源并网。（100 分）

考核知识点： 用电业务咨询

难易度： 中

技能等级评价专业技能考核操作工作任务书

一、任务名称
客户咨询居民分布式电源并网。

二、适用工种
农网配电营业工（综合柜员）高级工。

三、具体任务
王某到供电所营业厅咨询居民分布式电源并网需要办理的手续，请受理该业务。

四、工作规范及要求
（1）要求统一着工装、单独操作、符合规范服务要求。

（2）根据任务书完成表单填写。

（3）正确解答办理的相关规定。

五、考核及时间要求
（1）学员视现场实际操作情况可要求考评员协助操作，考评员不得提示。

（2）时间到应立即停止操作，整理工具材料离开操作场地。

（3）本考核操作时间为20分钟，时间到应立即停止考评。

技能等级评价专业技能考核操作评分标准

工种	农网配电营业工（综合柜员）				评价等级		高级工
项目模块	新型营销业务—新型营销业务应用系统			编号		Jc0007352026	
单位			准考证号			姓名	
考试时限	20分钟	题型		多项操作题		题分	100分
成绩		考评员		考评组长		日期	
试题正文	客户咨询居民分布式电源并网						
需要说明的问题和要求	无						

序号	项目名称	质量要求	满分	扣分标准	扣分原因	得分
1	服务规范					
1.1	语言表达	用词准确，流畅、语气和蔼，普通话水平符合要求，使用文明礼貌用语	3	不主动使用普通话、语速过快过慢、礼貌用语不规范等每出现一处扣1分，扣完为止		
1.2	着装要求	着营业厅全套工作服，发型符合规范服务要求、佩戴工号牌	3	着装不标准，如袖口未扣，左胸无工号牌等，扣3分		
1.3	仪容仪表	符合仪容仪表规范	3	佩戴夸张饰品、发型发色不符合规范、长发未盘起等，扣3分		
1.4	行为举止	大方、得体	3	站坐走姿不规范，引导手势不规范，单手递交物品等，扣3分		
1.5	服务态度	全程微笑服务、态度热情、服务周达	3	无微笑服务此项不得分		
2	业务受理					
2.1	工作准备	检查电脑、打印机电源，以及席位牌状态、表单、纸笔等	5	未检查不得分		
2.2	迎接客户	您好！（起身相迎、微笑示座、主动问好）"请坐，请问您要办理什么业务？"	5	无规范文明用语，扣2分；无规范行为、举止，扣2分；在客户落座前坐下，扣1分		

续表

序号	项目名称	质量要求	满分	扣分标准	扣分原因	得分
2.3	业务判定	确认客户咨询居民分布式电源并网需要的手续	5	未确认不得分		
2.4	咨询问题回答	在受理您分布式电源并网申请时，客户需提供的申请材料包括： （1）《分布式电源并网申请表》； （2）申请人身份证明材料（身份证、户口簿或护照等）； （3）光伏发电项目建设地点房产证或其他房屋产权证明文件（或乡镇及以上政府出具的房屋使用证明）； （4）对于占用公共场地的项目，还需提供业主委员会出具的项目同意书或所有相关居民家庭签字的项目同意书，物业公司出具的开工许可意见； （5）若客户受用电人委托办理业务，还需提供客户有效身份证明及委托书	55	每错漏一项扣11分，扣完为止		
2.5	闭环管理	确认客户有无其他用电需求	5	未确认不得分		
3	送客	送客规范	5	未起身微笑并问候"您的业务已办理完毕，请带好随身物品，欢迎您下次光临"，扣5分		
4	工作完毕、清理现场	关闭设备电源、恢复席位牌、整理桌面	5	未清理不得分，扣5分		
	合计		100			

Jc0007341027　查询光伏客户日发电量及月末冻结表码。（100 分）

考核知识点： 远程抄表的抄表原理、操作流程和注意事项

难易度： 易

技能等级评价专业技能考核操作工作任务书

一、任务名称

查询光伏客户日发电量及月末冻结表码。

二、适用工种

农网配电营业工（综合柜员）高级工。

三、具体任务

在用电信息采集系统中查询某一低压发电客户某月 1～10 日每日发电量及当月月末冻结表码，并将结果填写在答题纸上。

四、工作规范及要求

填写查询客户编号、户名及对应的需要查询内容。

五、考核及时间要求

本考核要求完成时间为 10 分钟，时间到应立即停止操作。

技能等级评价专业技能考核操作评分标准

工种		农网配电营业工（综合柜员）			评价等级	高级工
项目模块		用电营业与服务—用电营业管理		编号		Jc0007341027
单位			准考证号		姓名	
考试时限	10 分钟	题型		单项操作题	题分	100 分

成绩		考评员		考评组长		日期	
试题正文		查询光伏客户日发电量及月末冻结表码					
需要说明的问题和要求		要求单人完成					

序号	项目名称	质量要求	满分	扣分标准	扣分原因	得分
1	户号、户名	填写正确	10	错误一项扣5分，扣完为止		
2	1~10日每日总用电量	填写正确	80	错误一项扣8分，扣完为止		
3	日期、月末冻结表码	填写正确	10	错误一项扣5分，扣完为止		
	合计		100			

标准答案：

客户编号		客户名称	
	1日发电量		
	2日发电量		
	3日发电量		
	4日发电量		
	5日发电量		
	6日发电量		
	7日发电量		
	8日发电量		
	9日发电量		
	10日发电量		
	月末冻结表码		

第四部分
技　师

第七章 农网配电营业工（综合柜员）
技师技能笔答

Jb0001232001 《供电营业规则》规定客户发生哪些用电事故应及时向供电企业报告？（5分）

考核知识点：用电营业管理

难易度：中

标准答案：

供电企业接到客户以下事故报告后，应派员赴现场调查，在七天内协助客户提出事故调查报告：

（1）人身触电死亡。

（2）导致电力系统停电。

（3）专线掉闸或全厂停电。

（4）电气火灾。

（5）重要或大型电气设备损坏。

（6）停电期间向电力系统倒送电。

Jb0001232002 《供电营业规则》规定供电企业在哪些情形下须经批准方可实施中止供电？（5分）

考核知识点：用电营业管理

难易度：中

标准答案：

（1）对危害供用电安全，扰乱供用电秩序，拒绝检查者。

（2）拖欠电费经通知催交仍不交者。

（3）受电装置经检验不合格，在指定期间未改善者。

（4）客户注入电网的谐波电流超过标准，以及冲击负荷、非对称负荷等对电能质量产生干扰与妨碍，在规定限期内不采取措施者。

（5）拒不在限期内拆除私增用电容量者。

（6）拒不在限期内交付违约用电引起的费用者。

（7）违反安全用电、计划用电有关规定，拒不改正者。

（8）私自向外转供电力者。

Jb0001231003 对同杆塔架设的多层电力线路进行验电时，注意事项有哪些？（5分）

考核知识点：违约用电和窃电的处理

难易度：易

标准答案：

（1）先验低压、后验高压。

（2）先验下层、后验上层。

（3）先验近侧、后验远侧。

Jb0001231004 营销业务领域相关的业务划分有哪些？（5分）

考核知识点： 用电营业管理概述

难易度： 易

标准答案：

营销业务领域分为客户服务与客户关系、电费管理、电能计量及信息采集、市场与需求侧。

Jb0001231005 什么是用电分析？（5分）

考核知识点： 用电营业管理

难易度： 易

标准答案：

通过对某一统计周期内各项用电数据及其相关动态进行科学分类、统计、调查，并运用常用的对比法、分类法和因素法进行分析，统称为用电分析。

Jb0001232006 用电分析的作用是什么？（5分）

考核知识点： 用电营业管理

难易度： 中

标准答案：

（1）通过对各类用电数据及其相关动态进行纵向、横向、相连、相关的定量、定性分析，得出社会经济发展动态、用电需求动态及发展趋势等规律，找出问题，为制订电力计划、分析电力成本、制订（修订）电价和相关的政策法规以及电力预测提供决策依据。

（2）为国家、地区制订国民经济中、长期计划，进行宏观调控服务。

（3）促进安全、合理用电，提高电能利用率。

Jb0001232007 用电分析的主要内容包括哪些？（5分）

考核知识点： 用电营业管理

难易度： 中

标准答案：

（1）电力营销形势综述。

（2）电力营销指标完成情况分析（售电量、电费收入、平均电价、欠费）。

（3）电力市场分析。

（4）电力营销策略。

（5）当期重点工作完成情况。

（6）下期指标预测。

（7）下期工作思路。

Jb0001232008 对"一户一表"居民客户执行清洁供暖电价，客户选择在供暖期电价执行峰谷分时电价，请写出电价执行标准及分时时段。（5分）

考核知识点： 销售电价的分类及实施范围

难易度： 中

标准答案：

居民峰谷电价标准是峰段在现行电价标准基础上加 0.05 元/kWh，即 0.498 6 元/kWh，谷段在现行电价标准上降低 0.2 元/kWh，即 0.248 6 元/kWh。时段分为 2 个时段，即谷段 22:00～8:00（10h）、峰段 8:00～22:00（14h），客户选择后一年内保持不变。

Jb0001232009 营销移动作业服务终端实现的业务主要有哪些？（5分）

考核知识点：日常营业中的服务工作

难易度：中

标准答案：

（1）受理业扩报装及相关业务环节办理。

（2）开展现场用电检查业务。

（3）开展电能计量现场装拆业务。

（4）开展现场抄表业务。

（5）进行远程电费充值的现场应急处置等。

Jb0001232010 宁夏回族自治区居民阶梯电价实施的有关配套措施有哪些？（5分）

考核知识点：销售电价的分类及实施范围

难易度：中

标准答案：

（1）对全区城乡"低保户"和农村"五保户"家庭，每户每月设置 10kWh 免费电量。具体操作时采用先征后返的方式，即国网宁夏电力有限公司将 10kWh 免费电量折算成现金，根据民政部门提供的户数，将款拨付到自治区财政专户，财政部门依据民政部门的补贴家庭名单，通过县区"一卡通"直接发放到受益家庭。

（2）适当解决一户多人口问题。户籍人口为 5 人及以上的家庭，具备分户条件的，尽量分户分表。不具备分户条件的，每户每月增加 40kWh 的阶梯电量基数，即第一档电量每月 0～210kWh，第二档电量每月 211～300kWh；第三档电量每月超过 300kWh 部分。

（3）居民阶梯电价以年为周期执行，按月进行各档电量结算，年底统一清算，多退少补。

Jb0001232011 政府性基金及附加费分为哪几类？每一类的征收标准是多少？（5分）

考核知识点：用电类别、行业分类、电价执行标准等

难易度：中

标准答案：

政府性基金及附加费分为以下几类：

（1）国家重大水利工程建设基金，征收标准为 0.112 5 分/kWh。

（2）大中型水库移民后期扶持资金，征收标准为 0.12 分/kWh。

（3）可再生能源电价附加，征收标准为 19 分/kWh。

Jb0001232012 客户侧功率因数低的原因有哪些？有什么危害？（5分）

考核知识点：用电营业管理

难易度：中

标准答案：

（1）功率因数低的原因：

1）大量采用感应电动机或其他感应用电设备。

2）电感性用电设备不配套或使用不合理，造成设备长期轻载或空载运行。

3）采用日光灯、路灯照明时，没有配电容器。

4）变电设备负载率和年利用小时数过低。

（2）功率因数低的危害：

1）增加了供电线路的功率损失。

2）增加了线路的电压降，降低了电压质量。

3）降低了发、供电设备的利用率。

4）增加了企业的电费支出，加大了成本。

Jb0001232013 《电力法》中对电力运行事故责任是如何规定的？（5分）

考核知识点： 用电营业管理

难易度： 中

标准答案：

（1）因电力运行事故给客户或者第三人造成损害的，电力企业应依法承担赔偿责任。

（2）电力运行事故由下列原因之一造成的，电力企业不承担赔偿责任：一是不可抗力，二是客户自身的过错。

（3）因客户或者第三人的过错给电力企业或者其他客户造成损害的，该客户或者第三人应当依法承担赔偿责任。

Jb0001232014 《电力供应与使用条例》中发电、供电系统因故需要停止供电时应如何处理？（5分）

考核知识点： 日常营业工作

难易度： 中

标准答案：

（1）因供电设施计划检修需要停电时，供电企业应当提前7天通知客户或者进行公告。

（2）因供电设施临时检修需要停止供电时，供电企业应当提前24h通知重要客户。

（3）因发电、供电系统发生故障需要停电、限电时，供电企业应当按照事先确定的限电序位进行停电或者限电。引起停电或者限电的原因消除后，供电企业应当尽快恢复供电。

Jb0001231015 宁夏回族自治区农业生产用电范围是如何规定的？（5分）

考核知识点： 销售电价的分类及实施范围

难易度： 易

标准答案：

农业生产用电是指农作物、林业培植和种植、畜牧业和渔业、农业排灌、农产品初加工和储藏、秸秆初加工及保鲜仓储设施用电，不包括其他农、林、牧、渔服务业用电。

Jb0001231016 什么是窃电？（5分）

考核知识点： 违约用电和窃电的处理

难易度： 易

标准答案：

窃电是一种以非法侵占使用电能为形式，实质以盗窃供电企业电费为目的的行为，是一种严重的违法犯罪行为，窃电不仅破坏了正常的供用电秩序，盗窃了电能，而且使供电企业蒙受经济损失。

Jb0001232017 窃电应如何处理？（5 分）

考核知识点：违约用电和窃电的处理

难易度：中

标准答案：

供电企业对查获的窃电者，应予制止，并可当场中止供电。窃电者应按所窃电量补交电费并承担补交电费三倍的违约使用电费。拒绝承担窃电责任的，供电企业应报请电力管理部门依法处理。窃电数额较大或情节严重的，供电企业应提请司法机关依法追究刑事责任。

Jb0001232018 窃电量应如何计算？（5 分）

考核知识点：违约用电和窃电的处理

难易度：中

标准答案：

（1）在供电企业的供电设施上，擅自接线用电的，所窃电量按私接设备额定容量（kVA 视同 kW）乘以实际使用时间计算确定。

（2）以其他行为窃电的，所窃电量按计费电能表标定电流（对装有限流器的，按限流器整定电流）所指的容量（kVA 视同 kW）乘以实际窃用的时间计算确定。窃电时间无法查明时，窃电日数至少以180 天计算，每日窃电时间：电力客户按 12h 计算，照明客户按 6h 计算。

Jb0001232019 参与电力市场直接交易客户的准入条件有哪些？（5 分）

考核知识点：用电营业管理

难易度：中

标准答案：

（1）优先用电电压等级在 110kV 及以上的大型客户，根据年度交易电量总规模扩大到一定规模以上的 35kV 客户，高新技术企业电压等级可放宽至 10kV 及以上，逐步扩大到全电压等级。

（2）符合《产业结构调整指导目录》等产业政策和节能环保要求的企业。

（3）未被国家或自治区列入产业淘汰类的企业。

（4）环保排放达标，能耗不高于自治区限定标准的企业。

（5）无长期拖欠电费，无恶意违反交易规则等不良信用记录的企业。

（6）开展电力需求侧管理工作，安装在线监测系统并运行良好的企业。

（7）依法取得售电资质的售电公司，可参与直接交易。

Jb0001232020 《居民客户家用电器损坏处理办法》中所称的电力运行事故，是指在供电企业负责运行维护的 220/380V 供电线路或设备上因供电企业的责任发生的哪些事件？（5 分）

考核知识点：日常营业工作中的主要内容

难易度：中

标准答案：

（1）在 220/380V 供电线路上，发生相线与中性线接错或三相相序接反。

（2）在 220/380V 供电线路上，发生相线与中性线互碰。

（3）在 220/380V 供电线路上，发生中性线断线。

（4）同杆架设或交叉跨越时，供电企业的高压线路导线掉落到 220/380V 线路上或供电企业高电压线路对 220/380V 线路放电。

Jb0001231021 《居民家用电器损坏处理办法》对受害居民客户向供电企业投诉并提出索赔要求的时限是如何规定？（5分）

考核知识点：居民家用电器损坏处理办法

难易度：易

标准答案：

从家用电器损坏之日起7日内，受害居民客户未向供电企业投诉并提出索赔要求的，即视为受害者已自动放弃索赔权。超过7日的，供电企业不再负责其赔偿。

Jb0001232022 依照《居民家用电器损坏处理办法》，对于不可修复的家用电器，供电企业应该如何进行赔偿？（5分）

考核知识点：居民家用电器损坏处理办法

难易度：中

标准答案：

对不可修复的家用电器，其购买时间在6个月及以内的，按原购货发票价，供电企业全额予以赔偿。购置时间在6个月以上的，按原购货发票价，并按各类家用电器的平均使用年限中的使用寿命折旧后的余额，予以赔偿。使用年限已超过各类家用电器的平均使用年限仍在使用的，或者折旧后的差额低于原价10%的，按原价的10%予以赔偿。使用时间以发货票开具的日期开始计算。

Jb0001232023 现场抄表时应注意哪些事项？（5分）

考核知识点：日常营业工作的主要内容

难易度：中

标准答案：

（1）认真查看电能表计量装置的铭牌、编号、指示值、倍率，防止误抄、误算。

（2）注意检查客户的用电情况，发现用电量突增、突减时，要在现场查明原因进行处理。

（3）认真检查电能计量装置的接线和运行情况，发现客户有违章或窃电时，要在现场填写调查报告书，保护现场并及时报告。与客户接触要用文明礼貌的服务语言，注重客户的风俗习惯，讲究工作方法和艺术，争取得到客户的协助与支持。

Jb0001232024 宁夏回族自治区居民阶梯电价的实施范围是如何规定的？（5分）

考核知识点：销售电价的分类及实施范围

难易度：中

标准答案：

（1）居民阶梯电价的实施范围为电网供电区域内实行"一户一表"的城乡居民客户。居民客户原则上以住宅为单位，一个房产证明对应的住宅为一"户"，没有房产证明的，以供电企业为居民客户安装的电能表（合表客户除外）为单位。

（2）对于2015年1月1日起，仍未改造的合表客户用电价格，执行居民阶梯电价第二档电量对应的电价标准。

Jb0001232025 什么情况下可以免收电费违约金？（5分）

考核知识点：违约用电和窃电的处理

难易度：中

标准答案：

有下列原因引起的电费违约金，可经审批同意后实施电费违约金免收：

（1）供电营业人员抄表差错或电费计算出现错误影响客户按时缴纳电费。

（2）银行代扣电费出现错误或超时影响客户按时缴纳电费。

（3）因营销业务应用系统客户档案资料不完整或错误，影响客户按时缴纳电费。

（4）因营销业务应用系统或网络发生故障时影响客户正常缴纳电费。

Jb0001232026　宁夏回族自治区居民阶梯电价分档电量和电价标准是如何规定的？（5分）

考核知识点： 用电类别、行业分类、电价执行标准等

难易度： 中

标准答案：

（1）第一档电量每月0～170kWh（含170kWh），执行现行价格0.448 6元/kWh。

（2）第二档电量每月171～260kWh（含260kWh），每千瓦时加价0.05元，即0.498 6元/kWh。

（3）第三档电量每月超过260kWh部分，每千瓦时加价0.3元，即0.748 6元/kWh。

（4）考虑到我区居民客户一年四季用电量不均衡，存在季节性差异，居民阶梯电价以年度电量为单位实施（即年阶梯），第一档电量0～2040kWh（含2040kWh），执行电价0.448 6元/kWh。

（5）第二档电量2041～3120kWh（含3120kWh），执行电价0.498 6元/kWh。

（6）第三档电量为超过3120kWh部分，执行电价0.748 6元/kWh。

Jb0001232027　执行居民电价的非居民客户分为哪几类？（5分）

考核知识点： 用电类别、行业分类、电价执行标准等基本知识

难易度： 中

标准答案：

（1）城乡居民住宅小区公用附属设施用电。

（2）学校教学和学生生活用电。

（3）社会福利场所生活用电。

（4）宗教场所生活用电。

（5）城乡社区居民委员会和农村村民委员会服务设施用电。

（6）监狱监房生活用电。

（7）乡镇政府、卫生院用电。

（8）居民类采暖用电。

Jb0001231028　基本电价计费标准分为哪几种类型？（5分）

考核知识点： 用电类别、行业分类、电价执行标准等

难易度： 易

标准答案：

基本电价计费标准分为按变压器容量和最大需量两种类型，变压器容量基本电价收取标准为20元/（kVA·月），最大需量基本电价收取标准为30元/（kVA·月）。

Jb0001232029　电价的定义是什么？由哪些部分组成？制定电价的原则是什么？（5分）

考核知识点： 用电类别、行业分类、电价执行标准等

难易度： 中

标准答案：

（1）电能销售的价格叫电价，电价是电能价值的货币表现。

（2）电价由电力部门的成本、税收和利润三部分组成。

（3）根据《中华人民共和国电力法》第三十六条的规定，制定电价应当坚持合理补偿成本、合理确定收益、依法计入税金、坚持公平负担、促进电力事业发展的原则。

Jb0001232030　功率因数异常的主要原因有哪些？（5分）

考核知识点：用电类别、行业分类、电价执行标准等基本知识

难易度：中

标准答案：

（1）电量原因造成功率因数异常，主要是由于未抄表、表抄错、计量装置故障、自动抄表数据错误、拆表冲突造成的数据无法输入等。

（2）参数错误，主要是客户的功率因数标准设置错误、行业分类与执行电价不对应等。

（3）客户自身的原因，主要是客户的用电设备配置不合理、无功过补偿或欠补偿、用电情况不正常等。

（4）违约用电、窃电。

（5）客户变更用电时未按照要求进行特抄等。

Jb0001231031　《供用电合同》应具备哪些条款？（5分）

考核知识点：供用电合同的签订原则、签订内容、电费结算相关条款

难易度：易

标准答案：

《供用电合同》应具备以下条款：

（1）供电方式、供电质量和供电时间。

（2）用电容量、用电地址和用电性质。

（3）计量方式、电价和电费结算方式。

（4）供用电设施维护责任的划分。

（5）合同的有效期限。

（6）违约责任。

（7）双方共同认为应当约定的其他条款。

Jb0001232032　电费违约金收取的规则是什么？（5分）

考核知识点：供电营业规则

难易度：中

标准答案：

（1）居民客户每日按欠费总额的1‰计算。

（2）其他客户。

（3）当年欠费部分，每日按欠费总额的2‰计算。

（4）跨年度欠费部分，每日按欠费总额的3‰计算。

电费违约金收取总额按日累加计收，总额不足1元者按1元收取。

Jb0001232033　客户受电端的供电电压允许偏差是怎么规定的？（5分）

考核知识点：国家电网有限公司供电服务规范

难易度：中

标准答案：

（1）35kV 及以上电压供电的，电压正、负偏差的绝对值之和不超过额定值的 10%。

（2）10kV 及以下三相供电的，为额定值的±7%。

（3）220V 单相供电的，为额定值的 +7%，−10%。

（4）在电力系统非正常状况下，客户受电端的电压最大允许偏差不应超过标称电压的±10%。

Jb0001232034 《国家电网公司供电服务规范》"95598"服务规范中规定接到客户报修时应怎样做？（5分）

考核知识点：供电服务规范

难易度：中

标准答案：

接到客户报修时，应详细询问故障情况。如判断确属供电企业抢修范围内的故障或无法判断故障原因，应详细记录，立即通知抢修部门前去处理；如判断属客户内部故障，可电话引导客户排查故障，也可应客户要求提供抢修服务，但要事先向客户说明该项服务是有偿服务。

Jb0001231035 《国家电网公司供电服务规范》中现场服务纪律规定进入客户现场时应怎样做？（5分）

考核知识点：供电服务规范

难易度：易

标准答案：

进入客户现场时，应主动出示工作证件，并进行自我介绍。进入居民室内时，应先按门铃或轻轻敲门，主动出示工作证件，征得同意后，穿上鞋套，方可入内。

Jb0001232036 哪些行为属于窃电？（5分）

考核知识点：违约用电和窃电的处理

难易度：中

标准答案：

（1）在供电单位的供电设施上，擅自接线用电。

（2）绕越供电单位安装的电能计量装置用电。

（3）伪造或开启供电单位电能计量装置。

（4）故意损坏供电单位电能计量装置。

（5）故意使供电单位的电能计量装置不准或失效。

（6）采用其他方法窃电。

Jb0001231037 认定违约用电和窃电事实证据的形式有哪些？（5分）

考核知识点：违约用电和窃电的处理

难易度：易

标准答案：

物证、书证、勘验笔录、视听资料、当事人陈述、证人证言、鉴定结论。

Jb0001232038　抄表中发现窃电、违约用电应如何处理？（5分）

考核知识点：窃电及违约用电相关规定

难易度：中

标准答案：

（1）现场抄表，发现窃电现象时，抄表员现场不得自行处理，应不惊动客户，保护好现场，及时与公司用电检查人员或班组联系，等公司有关人员到达现场取证后，方可离开。

（2）现场抄表，发现封印脱落、表位移动、高价低接、用电性质变化等违约用电现象时，做好相应的记录。现场作业不得自行处理和惊动电力客户，应及时与用电检查人员联系，待公司有关人员到达现场配合检查取证后方可离开，如仍有抄表工作未完成应先完成抄表工作。

Jb0001212039　某一户一表居民客户，某年 9 月安装电能表，9～12 月共发行阶梯电量 1300kWh，电表按月阶梯扣费，9～11 月电表扣费 543.67 元，客户 12 月抄见电量为 300kWh。按月阶梯年清算原则，应退补电费为多少？（5分）

考核知识点：现行电价政策

难易度：中

标准答案：

解：

（1）年阶梯应收电费：

1）年阶梯分档电量（9～12 月）：

第一档电量 $=170 \times 4 = 680$（kWh）

第二档电量 $=（260 - 170）\times 4 = 360$（kWh）

第三档电量 $=260 \times 4 = 1040$（kWh）以上部分

2）按递增法计算客户 9～12 月执行年阶梯应收电费 $=$ 第一档电量 × 一档电价 + 第二档电量 × 二档加价 + 第三档电量 × 三档加价 $=1300 \times 0.4486 + 360 \times 0.05 + （1300 - 360 - 680）\times 0.3 = 679.18$（元）

（2）电能表 12 月扣费 $=12$ 月第一档电量 × 一档电价 + 12 月第二档电量 × 二档加价 + 12 月第三档电量 × 三档加价 $=300 \times 0.4486 + 90 \times 0.05 + （300 - 170 - 90）\times 0.3 = 151.08$（元）

（3）年清算金额 $=$ 电能表扣费 + 12 月扣费 - 年阶梯应收电费 $=543.67 + 151.08 - 679.18 = 15.57$（元）

答：应退补电费为 15.57 元。

Jb0001211040　某大工业客户装有 2000kVA 变压器 1 台，已知基本电费电价为 10 元/（kVA·月），电量电费电价为 0.20 元/kWh，峰段电价为 0.30 元/kWh，谷段电价为 0.10 元/kWh，该客户当月抄见有功总电量为 1 000 000kWh，峰段电量为 400 000kWh，谷段电量为 200 000kWh。试求该户当月平均电价？（5分）

考核知识点：电价政策

难易度：易

标准答案：

解：

该户当月平段电量 $=$ 有功总电量 - 峰段电量 - 谷段电量 $=1 000 000 - 400 000 - 200 000 = 400 000$（kWh）

当月基本电费 $=$ 变压器容量 × 基本电费电价 $=2000 \times 10 = 20 000$（元）

当月总电费 $=$ 当月基本电费 + 当月峰段电量 × 峰段电价 + 当月平段电量 × 平段电价 + 当月谷段电

量×谷段电价＝20 000＋400 000×0.3＋400 000×0.2＋200 000×0.1＝240 000（元）

平均电价＝当月总电费÷有功总电量＝240 000÷1 000 000＝0.24（元/kWh）

答：该客户当月平均电价为 0.24 元/kWh。

Jb0002231041　国家电网有限公司的战略目标是什么？（5分）

考核知识点：战略目标体系

难易度：易

标准答案：

建设具有中国特色国际领先的能源互联网企业。

Jb0002232042　一级重要电力客户指什么？（5分）

考核知识点：安全工作规程

难易度：中

标准答案：

一级重要电力客户是指中断供电将可能产生下列后果之一的电力客户：

（1）直接引发人身伤亡的。

（2）造成严重环境污染的。

（3）发生中毒、爆炸或火灾的。

（4）造成重大政治影响的。

（5）造成重大经济损失的。

（6）造成较大范围社会公共秩序严重混乱的。

Jb0002232043　某天，客户张先生前来营业厅办理客户号为 0012345678 的二手房用电过户业务。在无原户主身份证的情况下，张先生向客户代表提供了房屋产权证。办理过程中，客户代表发现营销业务应用系统中户号 0012345678 的地址为"绿光新村 A－103 室"，而客户提供的产权证上用电地址为"绿光小区 I 座 103 室"，为慎重起见客户代表向客户再次确认用电地址。张先生表示因房子刚买，自己并不清楚绿光小区与绿光新村是否为同一个地方。因此，客户代表告知张先生，按照供电公司规定，出现这种情况客户应去社区开具地址一致的证明方可办理。客户张先生一听说还要找社区确认地址，立刻向客户代表再三保证这是同一个地方，并愿意书面承诺今后一旦出现问题由自己一人承担，同时还拿出两张其单位赞助的演唱会门票送给客户代表。在客户的软磨硬泡下，座席人员为其办理了过户手续。1 个月后，绿光新村 A－103 室的客户拨打 95598 供电服务热线投诉说，突然收到供电公司"欠费通知单"，才知道在自己不知情的情况下，家中电表已改到别人的名下、银行代扣代缴业务也被取消。他要求供电公司给个说法，由此产生的欠费滞纳金也应由供电公司承担。请问在此过程中，供电公司工作人员有哪些违规之处？并对这一事件暴露出的问题提出改进建议。（5分）

考核知识点：供电服务规范、供电营业规则要求、员工服务"十个不准"

难易度：中

标准答案：

（1）违规条款：

1）申请资料不全时，座席人员在客户的软磨硬泡下受理了业务，违反了《供电营业规则》第二十九条"在用电地址、用电容量、用电类别不变条件下，允许办理更名或过户"和《国家电网公司供电服务规范》第六条第三款"当客户的要求与政策、法律、法规及本企业制度相悖时，应向客户耐心解释，争取客户理解，做到有理有节"的规定。

2）客户代表员接受了客户提供的演唱会门票，违反了《国家电网有限公司"十个不准"》第九条"不准接受客户吃请和收受客户礼品、礼金、有价证券等"的规定。

（2）暴露问题：

1）客户代表办理业务未能遵守业务规定，在受理客户过户更名申请时，在发现用电地址不符的情况下未按照规定办理业务。

2）客户代表风险防范意识薄弱，在客户的糖衣炮弹下没有坚守"十个不准"的规定。

（3）措施建议：

1）营业厅应加强对营业业务细节的规范，要求客户代表坚决贯彻执行，应派专人对每日完成的工单进行审核，杜绝错漏。

2）加强客户代表风险防范意识，着重宣贯国家电网公司"三个十条"规定，向客户代表逐条说明，定期组织考试。

3）客户代表遇到自己难以确定的问题时，应不回避、不否定、不急于下结论，及时向领导汇报后再答复客户。

Jb0002232044　居民客户李先生来到营业厅要求办理用电，客户代表小陈经系统核查，发现该客户 4 年前因欠费超过 1 年被供电公司销户。客户代表小陈说："李先生，由于您拖欠电费达 1 年以上，且长达 1 年未用电，按照我们公司规定，供电公司有权进行销户，如重新用电，必须在结清欠费后按新装办理。"客户李先生一听就非常气愤地说："好好的电表被你们拆了，你们供电公司这是霸王条款。"客户代表小陈说："李先生，公司就是这么规定的。您这种情况，必须按照新装用电办理，同时还要缴纳装表费。"这时李先生情绪激动，大声地说："你这是什么态度，我还要投诉你们供电公司，欠费都没有通知我，就把电表给销户了。我告诉你，结清电费可以，我是不会缴纳装表费的。"客户代表小陈说："时间都过去这么久了，再说欠费通知那是抄表班的事，我才来上班不到一年，不太清楚当年的事。"随即李先生拨打了 95598 供电服务热线进行投诉。请问在此过程中，供电公司工作人员有哪些违规之处？并指出这一事件暴露出的问题并提出改进建议。（5 分）

考核知识点： 供电服务规范、供电营业规则要求、员工服务"十个不准"

难易度： 中

标准答案：

（1）违规条款：

1）该案例中客户代表小陈推脱其工龄短，不清楚当年事情的行为违反了《国家电网公司供电服务规范》第四条第二款"真心实意为客户着想，尽量满足客户的合理要求。对客户的咨询、投诉等不推诿、不拒绝、不搪塞、及时、耐心、准确地给予解答"和第四条第五款"熟知本岗位的业务知识和相关技能，岗位操作规范、熟练，具有合格的专业技术水平"的规定。

2）本案例中客户代表小陈的按照公司规定长期欠费且未用电被供电公司销户"的解释有悖《供电营业规则》第三十三条的规定"客户连续六个月不用电，也不申请办理暂停用电手续者，供电公司须以销户终止其用电。客户需要再用电时，按新装用电办理"的规定。

3）客户代表小陈告知客户李先生办理新装用电需缴纳装表费的行为违反了《国家电网有限公司员工服务"十个不准"》第二条"不准违反政府部门批准的收费项目和标准向客户收费"的规定。

（2）暴露问题：

1）客户代表缺乏沟通技巧，语气生硬，态度傲慢。

2）客户代表工作责任心不足，对客户提出的疑问推诿塞责，造成客户情绪激动并投诉。

3）营业厅管控不到位，对出现的异常情况未及时妥善处理。

（3）措施建议：

1）加强新进员工的服务礼仪、沟通技巧和业务技能培训。建立典型案例库，有针对性地进行沟通技巧、方式的培养。

2）对客户推诿塞责现象，应结合营业窗口的服务评价系统进行评价，列入绩效考核。

3）建立营业厅主管的现场管控机制，主管现场巡视形成常态，做到定期定时。有条件的营业厅应设立大堂经理，适时处理突发事件。

Jb0002232045　2015 年 11 月 11 日 11 时，客户关先生来到某供电公司营业厅投诉，其昨晚开车行驶在某路上坡处，被地面突起的电缆井盖刮到汽车底盘，汽车底盘严重受损，气囊弹出，关先生要求供电公司对车辆的损失给予赔偿。营业厅客户代表按规范受理了关先生的投诉，及时派转相关部门处理，当日 16 时左右，责任部门回复客户代表，现场井盖确属该部门维护，但现场情况是因市政的地面下陷导致电缆井盖超出下陷地面，才使汽车被刮倒，责任不在供电公司，应属市政的责任。随后客户代表向该负责人建议，即便责任不在供电公司，也应该马上通知市政公司做紧急处理，防止再发生车辆被刮的事件，该负责人接受了客户代表的建议。客户代表向班长汇报了此事，随之向客户说明现场的情况，同时留给客户营业厅的联系电话，提醒客户若有事可再联系，客户表示接受。5 月 16 日 10 时，营业厅接到该市电视台记者要求采访的电话，记者反映：车辆损坏的车主说供电公司人员否认现场井盖是供电公司，为了将责任划定清楚，记者要求供电公司派相关人员一起到现场确认井盖的产权归属。随后，营业厅班长再次联系到该部门的负责人，向其说明了记者的意图，并询问是否已经通知市政前去道路维修了，该负责人说还没有。此时营业厅班长预感到该事件有可能被媒体曝光，遂告知该负责人尽快与记者沟通，以防止新闻报道时出现偏差，将事件责任引向供电公司。当日 15 时，该部门负责人回复，已经与市政沟通近日将会进行道路维修，但没有与记者联系，并要求营业厅向记者进行答复。为了防止事态的扩大，营业厅班长便与记者进行联系，但是该记者手机始终关机，在无奈的情况下，营业厅班长将该事件的前后始末向该公司的新闻中心进行了汇报。当日 18 时，当地电视台的新闻直通车便将该事件进行了报道，且舆论导向直指供电公司。在新闻报道的次日，事发地段又再次发生了车辆被刮事件。请问在此过程中，供电公司工作人员有哪些违规之处？并指出这一事件暴露出的问题、提出改进建议。（5 分）

考核知识点：国家电网有限公司供电服务规范

难易度：中

标准答案：

（1）违规条款：

1）供电公司部门负责人未主动通知市政前往维修，违反了《国家电网公司供电服务规范》第四条第二款"真心实意为客户着想，尽量满足客户的合理要求。对客户的咨询、投诉等不推诿、不拒绝、不搪塞，及时、耐心、准确地给予解答"的规定。

2）此事件并未对客户进行回访，导致事件升级，违反了《国家电网公司供电服务规范》第三十二条"建立对投诉举报客户的回访制度。及时跟踪投诉举报处理进展情况，进行督办，并适时予以通报。"的规定。

（2）暴露问题：

1）维护责任部门对营业厅的回复不及时，工作态度怠慢，既没有及时与市政部门联系，也没有在紧急情况下与记者及时联系，直接导致曝光事件的发生。

2）应急处置不及时。现场没有及时处理，在事件处理过程中，责任部门与营业厅工作人员有推诿现象，延误事件处理的最佳时机。

3）对电力服务事件没有执行应急处置，在事件曝光后没有足够重视和应急处置，次日再次发生同类事件，有损供电公司形象。

（3）措施建议：

1）建立服务快速响应机制，明确服务处理流程，确定服务职责。

2）提升为民服务意识和责任意识，积极处理与供电服务有关的服务事件。

3）建立供电服务突发事件应急处置体系，完善服务应急预案，畅通信息沟通渠道，有效处理客户投诉和负面事件，防止事态扩大，提高对服务突发事件的应急处置能力。

Jb0002232046　某供电公司计划于 4 月 30 日 7:00~18:00 对某 110kV 变电站 I 段母线进行停电改造，停电范围涉及专线供电客户某电子厂，为便于客户提早做好生产准备，供电公司提前七天将停电信息电话告知该电子厂，该厂接到停电通知后，立即向供电公司报告，近期是生产旺季，4 月 30 日要生产最后一批出口订单，能否将停电时间推迟一天即 5 月 1 日。该厂代表同时拨打 95598 供电服务热线说明情况，要求推迟停电时间。95598 座席人员安抚了客户的情绪，立即咨询相关部门，调度部门反馈信息各项停电工作已按 4 月 30 日准备，停电时间无法更改。95598 座席人员及时将此信息告知该客户，该客户对此行为感到不满。请问在此过程中，供电公司工作人员有哪些违规之处？并对这一事件暴露出的问题提出改进建议。（5 分）

考核知识点：国家电网有限公司供电服务规范、服务质量标准

难易度：中

标准答案：

（1）违规条款：

1）对客户提出的赶制订单，推迟一天停电的合理要求没有尽量满足，而是生硬地给予答复。违反了《国家电网公司供电服务规范》第四条第二款"真心实意为客户着想，尽量满足客户的合理要求。对客户的咨询、投诉等不推诿、不拒绝、不搪塞，及时、耐心、准确地给予解答"的规定。

2）供电公司没有按照规定对专线客户进行协商停电，单方面决定停电时间。违反了《国家电网公司供电服务质量标准》"对专线进行计划停电，应与客户进行协商，并按协商结果执行"的规定。

（2）暴露问题：专线客户协商停电机制有待健全。对于专线供电客户只按照国家电网有限公司"十项承诺"提前 7 天进行公告，而没有进一步根据《国家电网公司供电服务质量标准》，与客户协商停电时间，停电通知的管理制度不严，流程不完善，缺少专线客户停电全过程管理，致使专线客户提出的合理要求无法实现。

（3）措施建议：

1）制定专线客户停电协商管理规定。从制度上保证专线客户协商制得到落实，应尽量满足专线客户的合理要求，提高客户满意度。

2）建立完善的协商告知和管理流程。遇到专线客户停电，调度部门应提前传递信息，多部门协同，明确责任主体，确保信息畅通，做好客户告知工作，满足客户需求。

Jb0002232047　某年 4 月 11 日上午 12:00，客户李女士在营业厅等待办理打印电费清单。客户代表小王：营业厅已下班，办不了了，下午再过来吧。客户李女士：小妹，我只打印一份电费清单，不会占用很多时间的。客户代表小王：唉，那你提供一下客户编号。当天 14:35 客户代表收到客户李女士的投诉。投诉内容为客户代表面无表情，态度冷淡，随意将其家中电费清单打印给身份未经核实的人士。请问在此过程中，供电公司工作人员有哪些违规之处？并对这一事件暴露出的问题提出改进建议。（5 分）

考核知识点：国家电网有限公司供电服务规范、员工服务"十个不准"

难易度：中

标准答案：

（1）违规条款：

1）该案例中客户代表小王关于"请你提供客户编号"的行为违反了《国家电网公司供电服务规范》第六条第二款"为客户提供服务时，应礼貌、谦和、热情。接待客户时，应面带微笑，目光专注，做到来有迎声、去有送声。与客户会话时，应亲切、诚恳，有问必答。工作发生差错时，应及时更正并向客户道歉"的规定。

2）该案例中客户代表小王没有对客户李女士身份的有效性进行核实，即打印了电费清单给客户的行为违反了《国家电网有限公司员工服务"十个不准"》第五条"不准擅自变更客户用电信息，对外泄露客户个人信息及商业秘密"的规定。

3）该案例中客户代表"已经下班，不予打印电费清单"的行为违反了《国家电网公司供电服务规范》第十一条第九款"临下班时，对于正在处理中的业务应照常办理完毕后方可下班。下班时如仍有等候办理业务的客户，应继续办理。"的规定。

（2）暴露问题：

1）客户代表服务意识较差，对待客户态度冷淡，没有进行换位思考，接待礼仪不到位等是造成客户投诉的主因。

2）客户代表业务规范执行不到位，客户代表打印清单时未核实客户身份，泄露了客户的个人隐私。

（3）措施建议：

1）加强营业人员的服务意识培养，通过切实有效的服务情景模拟演练来提高营业人员素质。

2）客户电费信息、基本信息、联系方式等均属于客户的个人信息，具有保密性，供电公司应制定相关为客户信息保密的规定。

3）电费清单打印应与发票打印、查阅客户档案等业务同等级管理。出台相关规定规范电费清单打印业务。

Jb0003233048 公司对内外网计算机、办公设备以及安全移动存储设备管理有哪些保密要求？（5分）

考核知识点： 信息安全

难易度： 难

标准答案：

（1）内外网计算机必须设置8位以上数字、字符、大小写字母（四选三）组合开机密码，必须安装防病毒、保密自动检测工具等安全防护软件。

（2）内网计算机可存储、处理企业秘密，不能存储、处理国家秘密。只能使用经过公司认证的安全移动存储介质。禁止连接无线鼠标、键盘、随身Wi-Fi等无线设备以及手机、相机、普通移动存储介质。

（3）内网计算机、安全移动存储介质、具备数据存储功能的打印机、扫描仪、传真机、复印机、多功能一体机自动化设备和硒鼓等耗材，在送外维修、出售、赠送、丢弃之前，应送保密部门审核后处理。

（4）外网计算机严禁存储、处理任何涉密信息。

（5）禁止计算机、打印机、复印机、扫描仪、传真机、多功能一体机等设备在内外网交叉使用。

（6）安全移动存储介质的交换区和保密区均不得使用初始密码。涉及企业秘密内容及公司重要经营、管理信息和核心数据必须存储在保密区。安全移动存储介质不得传递涉及国家秘密信息。

Jb0004232049 业扩报装的主要内容有哪些？（5分）

考核知识点： 用电业务咨询

难易度:中

标准答案:

(1)受理客户新装、增容和增设电源的用电业务申请。

(2)根据客户和电网的情况(通过现场查勘),制订供电方案。

(3)组织因业扩报装引起的供电设施新建、扩建工程的设计、施工、验收、启动。

(4)对重要客户内部受电工程进行设计审查、中间检查和竣工验收。

(5)签订供用电合同。

(6)装表接电。

(7)汇集整理有关资料并建档立户。

Jb0004231050 农业排灌和多级扬水电价的执行范围是什么?(5分)

考核知识点: 电价执行标准和执行范围

难易度: 易

标准答案:

用于农作物种植、林木培育和种植(仅限于退耕还林、防沙治沙)的灌溉及排涝用电统一执行农业排灌电价。上述灌溉及排涝用电范围中的多级扬水(扬程在50m及以上)用电的,统一执行多级扬水用电价格。农村地区人畜饮水用电执行农业排灌电价。

Jb0004231051 未经供电企业同意,擅自引入(供出)电源或将备用电源和其他电源私自并网的违约用电怎么处理?(5分)

考核知识点: 违约用电的处理

难易度: 易

标准答案:

未经供电企业同意,擅自引入(供出)电源或将备用电源和其他电源私自并网的,除当即拆除接线外,应承担其引入(供出)或并网电源容量500元/kW(元/kVA)的违约使用电费。

Jb0004233052 居民报修故障常见原因有哪些?(5分)

考核知识点: 日常用电咨询

难易度: 难

标准答案:

(1)平房客户一户无电。故障原因:客户内部故障导致熔丝烧断或空气断路器跳闸,接户线故障、表脱线或表烧等故障。

(2)平房客户几户无电。故障原因:接户线或进户管线连接处故障。

(3)平房客户一片无电。故障原因:变压器低压负荷开关跳闸、低压线路断线或配电变压器故障。

(4)楼房单元内一户无电。故障原因:表脱线、表烧、端子排进线、空气断路器或熔丝故障。

(5)楼房整个单元无电。故障原因:接、进户线断线;端子排进线总端子烧坏;低压电缆分支箱内断路器跳闸;高压或低压缺相。

(6)楼房部分单元(两个及以上)无电。故障原因:低压电缆分支箱内断路器跳闸;高压或低压缺相。

(7)相邻几栋楼或部分街区停电。故障原因:

1)户外配电变压器供电:变压器低压负荷开关跳闸。跌落式高压熔断器熔断或配电变压器本体故障。低压线、低压电缆或低压设备故障。

2）小区配电房供电：低压出线断路器跳闸或电缆故障。

Jb0004232053 何为安全电压？安全电压有哪几个等级？（5分）
考核知识点：业扩报装咨询
难易度：中
标准答案：

在各种不同环境条件下，人体接触到有一定电压的带电体后，其各部分组织不发生任何损害，该电压称为安全电压。我国根据具体条件和环境，规定安全电压等级有42、36、24、12、6V五个等级。

Jb0004233054 生产现场作业"十不干"的主要内容有哪些？（5分）
考核知识点：日常营业中的服务工作
难易度：难
标准答案：

（1）无票的不干。
（2）工作任务、危险点不清楚的不干。
（3）危险点控制措施未落实的不干。
（4）超出作业范围未经审批的不干。
（5）未在接地保护范围内的不干。
（6）现场安全措施布置不到位、安全工器具不合格的不干。
（7）杆塔根部、基础和拉线不牢固的不干。
（8）高处作业防附落措施不完善的不干。
（9）有限空间内气体含量未经检测或检测不合格的不干。
（10）工作负责人（专责监护人）不在现场的不干。

Jb0004232055 电能表的错误接线可分哪几类？（5分）
考核知识点：业扩报装咨询
难易度：中
标准答案：

（1）电压回路和电流回路发生短路或断路。
（2）电压互感器和电流互感器极性接反。
（3）电能表元件中没有接入规定相别的电压和电流。

Jb0004233056 电能表更换后，客户认为电能表走得太快怎么办？（5分）
考核知识点：日常营业中的服务工作
难易度：难
标准答案：

（1）首先应与客户沟通，确认是否因电器增加、电器使用时间过长或电费结算周期变化等原因造成用电量增加。
（2）根据《供电营业规则》第七十九条"客户认为供电企业装设的计费电能表不准时，有权向供电企业提出校验申请，在客户交付验表费后供电企业应在七天内检验，并将检验结果通知客户。如计费电能表的误差在允许范围内，验表费不退。如计费电能表的误差超出允许范围时，除退还验表费外，还应按本规则第八十条规定退补电费"的规定，如果客户确实认为电能表过快，可以到当地供电营业厅办理校表手续。

（3）如果客户对出具的检定结果有异议，供电企业应与客户一同将电能表送往各级技术监督部门的检定机构进行检定，供电企业根据检定结果承担相应责任。

Jb0004233057　低压非居民客户新装、增容需要提供的申请材料有哪些？（5分）
考核知识点： 用电业务咨询

难易度： 难

标准答案：

（1）低压非居民客户新装需要提供的申请材料包括：房产证明材料（房产证、建房许可证、房管公房租赁证、房屋居住权证明、宅基地证明等）、房屋产权人身份证明（身份证、军官证、护照等有效证件）、用电人主体资格证明材料（如营业执照或事业单位登记证、组织机构代码证、税务登记证、社团登记证等）、单位客户法人代表（负责人）身份证明、法人代表（负责人）开具的委托书及被委托人身份证明、负荷组成和用电设备清单（含空调清单）。

（2）低压非居民客户增容需要提供的申请材料包括：低压非居民客户新装需要提供的所有申请材料、电费缴费卡或近期电费发票。

Jb0004233058　高压客户新装、增容需要提供的申请材料有哪些？（5分）
考核知识点： 用电业务咨询

难易度： 难

标准答案：

（1）高压客户新装需要提供的申请材料包括：用电申请报告、房产证或房屋租赁合同、用电设备清单、营业执照或组织机构代码证、法人代表身份证、规划平面图、政府立项批复文件及规划选址意见书、采矿等特种生产企业，须提供政府合法的许可证照。

（2）增容客户还应提原装容量的有关资料包括：客户受电装置的一、二次接线图，继电保护方式和过电压保护，配电网络布置图，自备电源及接线方式，供用电合同书。

Jb0004233059　变更用电的主要内容有哪些？（5分）
考核知识点： 变更用电业务咨询

难易度： 难

标准答案：

（1）减少合同约定的用电容量（简称减容）。

（2）暂时停止全部或部分受电设备的用电（简称暂停）。

（3）临时更换大容量变压器（简称暂换）。

（4）迁移受电装置用电地址（简称迁址）。

（5）移动受电计量装置安装位置（简称移表）。

（6）暂时停止用电并拆表（简称暂拆）。

（7）改变客户的名称（简称更名或过户）。

（8）一户分列为两户及以上的客户（简称分户）。

（9）两户及以上客户合并为一户（简称并户）。

（10）合同到期终止用电（简称销户）。

（11）改变供电电压等级（简称改压）。

（12）改变用电类别（简称改类）。

Jb0004233060　客户反映电能表异常的处理方法有哪些？（5分）

考核知识点：日常用电咨询

难易度：难

标准答案：

（1）综合柜员应指导客户按以下步骤简单判断电能表计量是否正常：

1）首先请居民断开表后开关（或断开所有家里用电设备，拔掉电源），观察电能表脉冲指示灯是否闪烁（5min左右），若灯还在闪烁，则表明电能表可能有故障。

2）若灯不闪烁，合上表后开关，记录电能表示数，单独开启一个功率较大的用电设备，断开其他所有用电设备，半小时后断开该用电设备，记录电能表总电量示数，将两个电量示数相减，得到该设备半小时内的用电量，与该设备计算用电量进行比较。如误差较大，初步判断表计可能出现故障或客户内部线路存在漏电现象。

（2）农村客户反映电能表多计电量，综合柜员应按照以下几个步骤处理：

1）首先对客户系统内的以往用电情况与故障阶段进行比对核实，进行初步判断。

2）请台区经理到达现场后根据客户实际设备使用情况和时间进行估算（同时考虑夏、冬等季节性用电），向客户解释为何会有大电量产生，努力消除客户疑问。如抄见电量与以往电量差距巨大，可建议客户申请验表。如客户对供电企业验表结果存在疑问，可建议客户到当地技术监督局验表，然后根据法定的检验结果进行处理，如确实发现电能表计异常，则根据相关规定退补电量。

Jb0004232061　擅自使用已在供电企业办理暂停手续的电力设备或启用供电企业封存的电力设备的违约用电应怎么处理？（5分）

考核知识点：日常用电咨询

难易度：中

标准答案：

擅自使用已在供电企业办理暂停手续的电力设备或启用供电企业封存的电力设备的，应停用违约使用的设备。属于两部制电价的客户，应补交擅自使用或启用封存设备容量和使用月数的基本电费，并承担二倍补交基本电费的违约使用电费；其他客户应承担擅自使用或启用封存设备容量每次30元/kW（元/kVA）的违约使用电费。启用属于私增容被封存的设备的，违约使用者还应承担违约责任。

Jb0004232062　在发供电系统正常情况下，供电企业应连续向客户供应电力，哪些情形须经批准方可中止供电？（5分）

考核知识点：日常用电咨询

难易度：中

标准答案：

（1）对危害供用电安全，扰乱供用电秩序，拒绝检查者。

（2）拖欠电费经通知催交仍不交者。

（3）受电装置经检验不合格，在指定期间未改善者。

（4）客户注入电网的谐波电流超过标准，以及冲击负荷、非对称负荷等对电能质量产生干扰与妨碍，在规定期限内不采取措施者。

（5）拒不在限期内拆除私增用电容量者。

（6）拒不在限期内交付违约用电引起的费用者。

（7）违反安全用电、计划用电有关规定，拒不改正者。

（8）私自向外转供电力者。

Jb0005232063 《供电营业规则》规定变更或者解除供用电合同应满足什么条件？（5分）

考核知识点： 业扩报装

难易度： 中

标准答案：

供用电合同的变更或者解除，必须依法进行。有下列情形之一的，允许变更或解除供用电合同：

（1）当事人双方经过协商同意，并且不因此损害国家利益和扰乱供用电秩序。

（2）由于供电能力的变化或国家对电力供应与使用管理的政策调整，使订立供用电合同时的依据被修改或取消。

（3）当事人一方依照法律程序确定确实无法履行合同。

（4）由于不可抗力或一方当事人虽无过失，但无法防止的外因，致使合同无法履行。

Jb0005232064 在法定期限内如何解决供用电合同履行发生的争议？（5分）

考核知识点： 业扩报装

难易度： 中

标准答案：

（1）双方自行协商解决。

（2）提请电力管理部门调解。

（3）供用电合同有明确仲裁条款的，向约定的仲裁机构申请仲裁。

（4）供用电合同未约定仲裁或约定不明的，依法向人民法院提起诉讼。

（5）供用电合同争议经裁决后，对方拒不执行的，应及时申请法院强制执行。

Jb0005233065 简述宁夏回族自治区高可靠性供电费用收取范围。（5分）

考核知识点： 业扩报装

难易度： 难

标准答案：

（1）新装及增加用电容量的客户，在供电方案批复后，其两条及以上供电回路并列连接及运行，或虽分列运行，但一经切换即可通过高、低压侧连接供电的同一负荷，除其中一条正常运行且供电容量最大的供电回路不收取高可靠性供电费用外，其余各回路均收取高可靠性供电费用（含备用供电回路、保安电源供电回路）。

（2）新建公用电厂，其备用及保安电源由电网专线供电的收取高可靠性供电费用。启动备用变压器直接连接于电网，通过两回及以上上网线路供电的，按一回收取高可靠性供电费用。

（3）新建企业自备电厂，无论其用电负荷直接与电网连接还是通过电厂升压站与电网连接，与电网连接的两回及以上多回路均应按下网用电容量收取高可靠性供电费用（含启动备用变压器用电容量、保安电源）。

（4）新装及增加用电容量的客户，其两条及以上供电回路高低压侧均分列运行，客户各部分负荷均由单独回路供电且彼此无任何电气连接的，各供电回路均不收取高可靠性供电费用。

（5）按照国家发改价〔2011〕1002号文件的规定，对电气化铁路暂缓收取高可靠性供电费用。

Jb0005231066 业务受理指什么？主要工作内容包括哪些？（5分）

考核知识点：业务受理

难易度：易

标准答案：

（1）客户利用"掌上电力"客户端办理用电申请后，综合柜员在营销系统内对生成的工作单转入后续流程处理。

（2）再次查验客户材料是否齐全，现场打印电子申请单，并请客户签字。

（3）做好实名制认证，确认客户信息联系人和联系方式。

Jb0005231067 供电质量是指什么？（5分）

考核知识点：安全工作规程

难易度：易

标准答案：

（1）供电质量是指电能质量和供电可靠性。

（2）电能质量是指电压、频率和波形质量。

（3）供电可靠性是指供电企业每年对客户停电的时间和次数。

Jb0005232068 《供电营业规则》规定在什么情况下保安电源应由客户自备？（5分）

考核知识点：业扩报装

难易度：中

标准答案：

（1）在电力系统瓦解或不可抗力造成供电中断时，仍需保证供电的。

（2）客户自备电源比从电力系统供给更为经济合理的。

供电企业向有重要负荷的客户提供的保安电源，应符合独立电源的条件。有重要负荷的客户在取得供电企业供给的保安电源的同时，还应有非电性质的应急措施，以满足安全的需要。

Jb0005232069 低压非居民新装、增容，资料归档的主要工作包括哪些？（5分）

考核知识点：低压新装增容业务

难易度：中

标准答案：

（1）检查客户档案信息的完整性。档案信息主要包括申请信息、设备信息、基本信息、供电方案信息、计费信息、计量信息（包括采集装置）等。如果存在档案信息错误或信息不完整，则发起相关流程纠错。

（2）为客户档案设置物理存放位置，形成并记录档案存放号。

（3）检查上传电子化档案的完整性和规范性，对缺失以及不规范的进行补录和整改。

Jb0005232070 临时用电供用电合同应当具备哪些条款？（5分）

考核知识点：临时用电

难易度：中

标准答案：

（1）供电方式、供电质量、供电时间。

（2）用电容量、用电地址、用电性质。

（3）计量方式和电价、电费结算方式。

（4）供用电设施维护责任的划分。

（5）合同的有效期限。

（6）违约责任。

（7）双方共同认为应当约定的其他条款。

Jb0005211071 某新装客户的计费表安装三相四线有功电能表 1 套，额定电压为 3×380/220V，配置互感器变比为 200/5，抄表员首次抄表时发现有一相电流互感器铭牌标记为 300/5，抄表时当前有功示数为 300kWh。发现此类情况后抄表员应如何处理？已知经供电公司用电检查人员组织客户将 300/5 互感器更换为 200/5 的互感器，更换互感器时表内当前有功示数为 325kWh，请计算该户的退补电量。（5 分）

考核知识点： 抄表作业工作规定、制度规范

难易度： 易

标准答案：

（1）抄表员应开展下列工作：

1）正确抄取表计参数及电量信息，在电量退补期间，客户先按抄见电量如期缴纳电费。

2）抄取互感器铭牌信息，填写异常单并提交业务接洽，由相关部门开展电量退补工作。

（2）退补电量计算：

更正率 =（正确用电量 − 错误用电量）/错误用电量 × 100%

正确用电量 = 1/3 + 1/3 + 1/3 = 1

错误用电量 = 1/3 + 1/3 + 1/3 × [(200/5)/(300/5)] = 8/9

更正率 = (1 − 8/9)/(8/9) × 100% = 12.5%

抄见电量 = (200/5) × 325 = 13 000（kWh）

追补电量 = 更正率 × 抄见电量 = 12.5% × 13 000 = 1625（kWh）

答： 该户应追补电量 1625kWh。

Jb0006232072 **改压注意事项有哪些？（5 分）**

考核知识点： 改类、改压

难易度： 中

标准答案：

客户改压（因客户原因需要在原址改变供电电压等级）应向供电企业提出申请。供电企业应按下列规定办理：

（1）超过原容量者，超过部分按增容手续办理。

（2）改压引起的工程费用由客户负担。由于供电企业的原因引起客户供电电压等级变化的，改压引起的客户外部工程费用由供电企业负担。

Jb0006232073 **客户并户应持有关证明向供电企业提出申请，供电企业应按哪些规定办理？（5 分）**

考核知识点： 分户、并户

难易度： 中

标准答案：

（1）在同一供电点、同一用电地址的相邻两个及以上客户允许办理并户。

（2）原客户应在并户前向供电企业结清债务。

（3）新客户用电容量不得超过并网前各户容量总和。

（4）并户引起的工程费用由并户者承担。

（5）并户的受电装置应经检验合格，由供电企业重新装表计费。

Jb0006232074　客户分户应持有关证明向供电企业提出申请，供电企业应按哪些规定办理？（5分）

考核知识点： 分户、并户

难易度： 中

标准答案：

（1）在用电地址、供电点、用电容量不变，且其受电装置具备分装的条件时，允许办理分户。

（2）在原客户与供电企业结清债务的情况下，再办理分户手续。

（3）分立后的新客户应与供电企业重新建立供用电关系。

（4）原客户的用电容量由分户者自行协商分割，需要增容者，分户后另行向供电企业办理增容手续。

（5）分户引起的工程费用由分户者承担。

（6）分户后受电装置应经供电企业检验合格，由供电企业分别装表计费。

Jb0006232075　销户注意事项有哪些？（5分）

考核知识点： 变更用电

难易度： 中

标准答案：

（1）客户应在销户前与供电企业结清电费（含电费违约金）和其他业务费用。

（2）如因客户原因使供电企业未能实施拆表销户，销户业务暂缓实施，待现场具备条件可实施后再行销户。

（3）供电企业根据申请办理拆表销户，由此引发的纠纷由销户申请人承担。

（4）如现场计量装置等供电设施失窃或损坏，需交清赔表费等相应费用后办理销户。

（5）业务办理以营销系统流程为准，因涉及客户电费是否结清，只有客户在电费结清的情况下才能予以办理。

（6）临时用电客户销户后，客户在约定期限内拆除临时用电设施的，全额退还临时接电费。超过约定期限的，按合同约定扣除临时接电费，预交费用抵扣完为止。

Jb0006232076　暂停注意事项有哪些？（5分）

考核知识点： 暂停用电办理

难易度： 中

标准答案：

（1）此业务适用于高压客户，居民客户及低压非居民客户不办理暂停业务，一般办理暂拆业务。

（2）需填写《其他业务申请表》《暂停（减容）用电申请表》申请表，并加盖与系统户名一致的单位公章。

（3）客户办理暂停，须提前五个工作日向供电企业提出申请，供电企业按规定办理。

（4）客户可申请整台或整组变压器（含不通过受电变压器的高压电动机）暂时停止使用，每次时间不得少于15天，一个日历年内累计时间不得超过六个月。按最大需量计收基本电费客户，须为整日历月的暂停。

（5）业务办理以营销系统流程为准，因涉及客户电费是否结清问题，只有客户在电费结清的情况下才能予以办理。

Jb0007232077 什么情况下可以免收电费违约金？（5分）

考核知识点： 电费计算

难易度： 中

标准答案：

有下列原因引起的电费违约金，可经审批同意后实施电费违约金免收：

（1）供电营业人员抄表差错或电费计算出现错误影响客户按时缴纳电费。

（2）银行代扣电费出现错误或超时影响客户按时缴纳电费。

（3）因营销业务应用系统客户档案资料不完整或错误，影响客户按时缴纳电费。

（4）因营销业务应用系统或网络发生故障时影响客户正常缴纳电费。

Jb0007231078 什么是电费回收风险？（5分）

考核知识点： 电费风险防控和管理

难易度： 易

标准答案：

电费回收风险是指因用电企业关停、破产、重组、转制，客户经营状况不良，客户流动资金紧缺，客户转租，政府拆迁，社会稳定等原因，引起的电费不能及时回收等风险。

Jb0007232079 电费风险因素分析由几部分组成？具体内容有哪些？（5分）

考核知识点： 电费风险防控和管理

难易度： 中

标准答案：

电费风险因素分析由以下3部分组成：

（1）收集与风险相关的信息。

（2）对各类信息进行分析、比较，甄别风险因素，重点甄别主要欠费大户电费回收风险因素。

（3）对风险因素进行分类管理，按政策性、经营性、管理性、法律性，对发生风险的可能性、必然性、变动性和不确定性进行分析。

Jb0007231080 收取现金时应注意哪些事项？（5分）

考核知识点： 收费、业务费收取的相关工作标准及规定

难易度： 易

标准答案：

收费员在收（退）现金时应双手递接并唱收唱付，当面检验现金的真伪，当收到假币时应要求客户更换。根据客户编号查询客户应缴电费、违约金、预收电费或业务费，在营销业务应用系统中进行收费，同时核对缴费金额与系统内收费金额是否一致。收费员在收到客户缴纳的电费后，应正确打印电费票据。

Jb0007232081 简述柜台坐收方式收费时的注意事项。（5分）

考核知识点： 收费、业务费收取的相关工作标准及规定

难易度：中

标准答案：

采用柜台收费（坐收）方式时，应核对户号、户名、地址等信息，告知客户电费金额及收费明细，避免错收。客户同时采取现金、支票与汇票支付同一笔电费的，应分别进行账务处理。

Jb0007231082 应收电费、实收电费和电费回收率的定义是什么？（5分）

考核知识点：抄核收统计报表的种类、内容及要求

难易度：易

标准答案：

（1）应收电费：供电公司根据客户电能计量装置的记录，按照国家核准的电价，向客户应该收取的电费。

（2）实收电费：供电公司向客户实际收取的电费。

（3）电费回收率：实收电费占应收电费的百分比。

Jb0007232083 退费管理需要注意哪些事项？（5分）

考核知识点：收费管理

难易度：中

标准答案：

（1）如该户的收费人员当日款项未交接，则该收费人员可在营销信息系统内进行冲正操作，并从已收现金中支出。如该收费人员款项已完成交接，则不得直接在柜面退费，需客户提出申请后，通过退费流程进行客户退费。

（2）客户正常退费，应通过退费流程并提供相应资料，到财务部门申请费用进行退费，不得从当日现金收费中支出。

（3）客户缴纳电费、业务费用或购买电费充值卡时，如支付金额超过 3000 元，应引导客户直接将款项划转到公司指定账户，凭现金解款单、银行进账单等缴费或办理相关业务。如客户首次支付大额现金，对于银行网点距离供电所营业厅较远的，应提醒客户尽量在上午缴纳或先行预约，便于现金及时解交银行。

（4）在现金收费过程中，如缺少零钱，不得自行垫付，应由班组长统一在备用金中给予全额兑换。

Jb0007211084 某大工业客户容量为 1630kVA（1000kVA 变压器和 630kVA 变压器各 1 台），2019 年 6 月向供电公司申请暂停 1000kVA 变压器 1 台，供电公司经核查后同意并于 7 月 10 日对其 1000kVA 变压器加封。基本电费按容量计收。试求该客户 7 月的基本电费为多少［基本电价为 20 元/（kVA·月），抄表例日为每月 20 日］？（5分）

考核知识点：电价执行标准、电费计算及异常处理

难易度：易

标准答案：

解：

7 月基本电费＝使用容量×基本电价＋暂停容量×基本电价×使用天数÷30 天

$$= 630 \times 20 + 1000 \times 20 \times 9 \div 30 = 18\,600（元）$$

答：该客户 7 月基本电费为 18 600 元。

Jb0007232085 客户管家卡的绑定流程是什么？（5分）

考核知识点：管家卡业务相关工作标准及规定

难易度：中

标准答案：

营业厅收费员在营销业务系统中发起客户管家卡绑定流程：

（1）客户选择交费银行后，收费员在营销业务应用系统内输入客户编号，查询需绑定的户号，选择对应银行，系统自动分配管家卡号。

（2）管家卡号绑定后，收费员在营销业务应用系统中下载《电费账户变更协议》并打印。

（3）业务人员10个工作日内与客户联系，并签订《电费账户变更协议》。

（4）营业厅收费员收到已签订的电费账户变更协议（公章、签字齐全），当日扫描上传。由地市供电公司客户服务中心审核，时限为3个工作日。

Jb0007232086 《国网宁夏电力有限公司电费回收管理办法》（宁电营销〔2020〕41号）中规定，对于什么情况的客户可采用预交预存电费结算方式？（5分）

考核知识点：预收电费管理处理的相关工作标准及规定

难易度：中

标准答案：

对于失信客户、信用评价等级较低、欠费风险较高的客户要采用预交预存电费结算方式。对于新增、恢复负荷及其他客户，要积极与客户协商，签订预交预存缴费方式的电费结算协议，逐步扭转缴费方式，提高预交预存电费缴费方式比例。

Jb0008231087 《国家电网有限公司电费抄表核收管理办法》（国家电网企管〔2019〕502号）中，对于电力客户开具何种增值税发票是如何规定的？（5分）

考核知识点：增值税发票的相关工作标准及管理规定

难易度：易

标准答案：

对于一般纳税人或有需求的小规模纳税人均按税务部门规定开具增值税专用发票。对于其他电力客户开具增值税电子普通发票。

Jb0008231088 客户实缴电费金额大于应缴电费时该如何处理？（5分）

考核知识点：资金安全

难易度：易

标准答案：

客户实缴电费金额大于应缴电费时，剩余金额应作预结算电费处理，严禁为完成电费回收等指标，将客户预结算电费调节为其他客户预收款或为其他客户冲抵欠费。

Jb0008231089 如何确保电费资金安全？（5分）

考核知识点：资金安全管理的相关规定

难易度：易

标准答案：

电费核算与收费岗位应分别设置，不得兼岗。抄表及收费人员不得以任何借口挪用、借用电费资金。收费网点应安装监控和报警系统，将收费作业全过程纳入监控范围。

Jb0008232090　电子发票的定义是什么？（5分）

考核知识点： 电费票据管理的重要性及相关制定要求

难易度： 中

标准答案：

电子发票是指公司系统各级供电企业在电力销售、营业收费中，开具数据电文形式的收费凭证。电子发票是符合国家税务总局统一标准，通过增值税电子发票税控系统发行的。税务设备加密、生成的增值税电子普通发票，其法律效力、基本用途、基本使用规定等与税务机关编制的增值税普通发票相同。

Jb0008231091　客户获取电子发票的途径有哪几种？（5分）

考核知识点： 电费票据管理的重要性及相关制定要求

难易度： 易

标准答案：

（1）营业厅：

1）客户可以在营业厅柜台由业务人员直接打印电子发票。

2）若客户索要电子发票电子版，可将外网地址提供给客户，由其自行打印。

（2）"电e宝""网上国网"App：客户可以在"电e宝""网上国网"App上直接开具电子发票并进行下载。

Jb0009232092　SG186营销业务应用系统自动发行电费时，抄表数据复核、电量电费审核环节发现异常应如何处理？（5分）

考核知识点： 电费计算

难易度： 中

标准答案：

对于异常数据，营销业务系统自动拆分工单，并将该工单保留在该环节，同时触发异常工单发送至相应人员待办中进行处理。异常工单处理主要步骤如下：

（1）对拆分出的异常抄表数据，采取现场核查、补抄等方法，将相应数据准确、完整地录入系统，确保抄表数据准确。

（2）及时核查处理并返回结果，形成异常工单闭环。

Jb0009233093　因电能计量装置自身原因引起计量不准，应如何退补电费？（5分）

考核知识点： 电费计算

难易度： 难

标准答案：

因电能计量装置自身原因引起计量不准，应按下列规定退补相应电量的电费：

（1）互感器或电能表误差超出允许范围时，以"0"误差为基准，按验证后的误差退补电量。退补时间从上次校验或换装后投入之日起至误差更正之日止的1/2时间计算。

（2）连接线的电压降超出允许范围时，以允许电压降为基准，按验证后实际值与允许值之差补收电量。补收时间从连接线投入或负荷增加之日起至电压降更正之日止。

（3）其他非人为原因致使计量记录不准时，以客户正常月份的用电量为基准退补电量。退补时间按抄表记录确定。

Jb0009212094 某工业客户用电容量为 200kVA,某月有功电量为 40 000kWh,无功电量为 30 000kvarh,电费(不含代征费)总金额为 12 600 元,功率因数调整电费系数见表 Jb0009212094。经营业普查发现抄表员漏计无功电量 9670kvarh,该客户应追补电费多少元?(5 分)

表 **Jb0009212094**

标准	0.81	0.8	0.79	0.78	0.77	0.76	0.75	0.74	0.73	0.72	0.71
0.90	4.5	5	5.5	6	6.5	7	7.5	8	8.5	9	9.5
0.85	2	2.5	3	3.5	4	4.5	5	5.5	6	6.5	7
0.80	−0.1	0	0.5	1	1.5	2	2.5	3	3.5	4	4.5

考核知识点: 电费计算

难易度: 中

标准答案:

解:

该客户执行功率因数标准为 0.90。

该客户抄见功率因数 $= \cos\varphi_1 = \dfrac{1}{\sqrt{1+\dfrac{\text{无功电量}^2}{\text{有功电量}^2}}} = \dfrac{1}{\sqrt{1+\dfrac{30\,000^2}{40\,000^2}}} = 0.80$

查表得功率因数调整系数为 5%。

客户实际功率因数为 $\cos\varphi_2 = \dfrac{1}{\sqrt{1+\dfrac{\text{无功电量}^2}{\text{有功电量}^2}}} = \dfrac{1}{\sqrt{1+\dfrac{39\,670^2}{40\,000^2}}} = 0.71$

查表得功率因数调整系数为 9.5%。

该客户实际电费 $= 12\,600 \div (1+5\%) \times (1+9.5\%) = 13\,140$(元)

应追补交电费 = 实际电费 − 电费 $= 13\,140 - 12\,600 = 540$(元)

答:该客户应追补电费 540 元。

Jb0009232095 卡表客户、坐收客户、业务费开具电子发票的要求具体是什么?(5 分)

考核知识点: 电费票据管理的重要性及相关制度要求

难易度: 中

标准答案:

(1)卡表客户均为预付费客户,客户缴纳电费时,首先为客户开具收据,作为缴费凭证。客户当月电费发行后,为客户开具电子发票。

(2)坐收客户:

1)坐收客户缴纳预收电费,则为客户开具收据。

2)坐收客户缴清欠费,则可以直接为客户开具电子发票。

(3)业务费:

1)高可靠性供电费,流程归档前,为客户开具收据,流程归档后为客户开具电子发票。

2)违约使用电费,为客户开具电子发票。

Jb0009213096 某宾馆有 100kVA 变压器一台,计量方式高供高计,电流互感器变比为 30/5 三只。该客户 2019 年 9 月抄见表码见表 Jb0009213096，请按现行电价标准计算该客户本月应缴纳多少电费？（5 分）

表 Jb0009213096

电能表编号	计量点名称	电量类型	上次示数	本次示数	电流互感器变比
22514	有功（总）	有功（总）	8035.18	8095.79	30/5
22514	有功（峰）	有功（峰）	2471.2	2491.54	30/5
22514	有功（平）	有功（平）	3897.07	3926.56	30/5
22514	有功（谷）	有功（谷）	1665.97	1677.67	30/5
255012	无功（总）	无功（总）	4142.37	4214.74	30/5

考核知识点：电费计算

难易度：难

标准答案：

解：

根据电价文件，该户属于 100kVA 及以下宾馆，不再执行分时电价，其功率因数调整标准应为 0.85，现行 10kV 商业综合电价 0.598 8 元/kWh。

综合倍率＝电流互感器变比×电压互感器变比＝30/5×10/0.1＝600

有功总电量＝（本次示数－上次示数）×综合倍率＝（8095.79－8035.18）×600＝36 366（kWh）

无功总电量＝（本次示数－上次示数）×综合倍率＝（4214.74－4142.3）600＝43 422（kvarh）

功率因数 $=\dfrac{W_P}{\sqrt{W_P^2+W_Q^2}}=0.64$

经查表该户功率因数调整系数为＋11%

目录电费＝（综合电价－代征电价）×有功总电量＝（0.598 8－0.043 2）×36 366＝20 204.95（元）

功率因数调整电费＝目录电费×调整系数＝20 204.95×11%＝2222.54（元）

各项代征费＝有功总电量×代征电价＝36 366×0.043 2＝1571.01（元）

该户 9 月合计电费＝目录电费＋功率因数调整电费＋各项代征费＝20 204.95＋2222.54＋1571.01
＝23 998.5（元）

答：该客户 9 月应缴纳 23 998.5 元。

Jb0009212097　某普通工业客户采用 10kV 供电，供电变压器为 250kVA，计量方式用低压计量。根据《供用电合同》，该户每月加收线损电量 3% 和变损电量。已知该客户 3 月抄见有功电量为 40 000kWh，无功电量为 10 000kvarh，有功变损为 1037kWh，无功变损为 7200kvarh。试求该客户 3 月的功率因数调整电费为多少（假设电价为 0.50 元/kWh）？（5 分）

考核知识点：电费计算

难易度：中

标准答案：

解：

总有功电量＝（抄见电量＋变损电量）×（1＋加收线损电量）＝（40 000＋1037）×（1＋3%）
＝42 268（kWh）

总无功电量＝（抄见电量＋变损电量）×（1＋加收线损电量）＝（10 000＋7200）×（1＋3%）
＝17 716（kvarh）

$\tan\varphi = 17\ 716 \div 42\ 268 = 0.419$，查表得功率因数为 0.92，电费调整率为 -0.3%，

则功率因数调整电费＝总有功电量×电价×调整系数＝$42\ 268 \times 0.50 \times (-0.3\%) = -63.40$（元）

答：功率因数调整电费为 -63.40 元。

Jb0009211098　供电企业在进行营业普查时发现某居民户在公用 220V 低压线路上私自接用一只 2000W 的电炉进行窃电，且窃电时间无法查明。试求该居民户应补交电费和违约使用电费多少元（假设电价为 0.30 元/kWh）？（5 分）

考核知识点：电费计算

难易度：易

标准答案：

解：

根据《供电营业规则》，窃电按 180 天，每天 6h 计算：

该客户所窃电量为（2000/1000）×180×6＝2160（kWh）

应补交电费＝窃电量×电价＝2160×0.30＝648（元）

违约使用电费＝补交电费×3 倍＝648×3＝1944（元）

答：该客户应补交电费 648 元，违约使用电费 1944 元。

Jb0009212099　有甲、乙两企业设备容量均为 560kVA，5 月甲厂用电量为 20 000kWh，乙厂用电量为 80 000kWh，如基本电价为 10 元/（kVA·月），电量电价为 0.25 元/kWh 时，甲、乙两厂的月平均电价分别是多少（不考虑功率因数调整电费）？（5 分）

考核知识点：电费计算

难易度：中

标准答案：

解：

$$\text{甲厂月平均电价} = \frac{\text{容量×基本电价＋电价×甲厂用电量}}{\text{甲厂用电量}} = \frac{560 \times 10 + 0.25 \times 20\ 000}{20\ 000} = 0.53\text{（元/kWh）}$$

$$\text{乙厂月平均电价} = \frac{\text{容量×基本电价＋电价×乙厂用电量}}{\text{乙厂用电量}} = \frac{560 \times 10 + 0.25 \times 80\ 000}{80\ 000} = 0.32\text{（元/kWh）}$$

答：甲厂月平均电价为 0.53 元/kWh，乙厂月平均电价为 0.32 元/kWh。

Jb0009211100　某低压三相四线动力客户有功功率为 54kW，实测相电流为 100A，相电压为 380V，试求该客户功率因数为多少（保留两位有效数字）？（5 分）

考核知识点：电费计算

难易度：易

标准答案：

解：

根据公式 $P = \sqrt{3}UI\cos\varphi$（$P$ 为有功功率，U 为相电压，I 为相电流）得

$$\cos\varphi = \frac{P}{\sqrt{3}UI} = \frac{54 \times 10^3}{\sqrt{3} \times 380 \times 100} = 0.82$$

答：该客户的功率因数为 0.82。

Jb0009211101 某工厂有功功率 $P=1000$kW，功率因数 $\cos\varphi=0.8$，10kV 供电，高压计量。求需配置多大的电流互感器？（5 分）

考核知识点：电费计算

难易度：易

标准答案：

解：

按题意有

$P=\sqrt{3}UI\cos\varphi$（P 为有功功率，U 为供电电压，I 为电流），得

$$I=\frac{P}{\sqrt{3}U\cos\varphi}-\frac{1000}{\sqrt{3}\times10\times0.8}=72.17（A）$$

答：配置 75/5A 的电流互感器。

Jb0009212102 某一 220V 自发自用余电上网分布式发电客户，由某花园 1 号公用变压器供电。2016 年 11 月，发电侧计量表计（表号 000352905）正向起码 8722.74、止码 8946.47。上网侧计量表计（表号 0003793480）正向起码 1147.01、正向止码 1190.25，反向起码 7770.71、止码 7973.34（计算倍率为 1）。计算客户当月用电量及当月分布式发电结算费用（上网标杆电价 0.259 5 元/kWh，发电补贴标准 0.42 元/kWh）。（5 分）

考核知识点：电费计算

难易度：中

标准答案：

解：

（1）当月用电量：

发电量＝发电侧正向止码－发电侧正向起码＝8946.47－8722.74＝224（kWh）

上网电量＝上网侧反向止码－上网侧反向起码＝7973.34－7770.71＝203（kWh）

网购电量＝上网侧正向止码－上网侧正向起码＝1190.25－1147.01＝43（kWh）

用电量＝发电量－上网电量＋网购电量＝224－203＋43＝64（kWh）

（2）当月分布式发电结算费用。

上网结算电费＝上网电量×上网电价＝203×0.259 5＝52.68（元）

发电量补贴＝发电量×补贴电价＝224×0.42＝94.08（元）

结算费用＝52.68＋94.08＝146.76（元）

答：客户当月用电量为 64kWh，发电结算费用为 146.76 元。

Jb0009212103 某渔业养殖基地客户用电容量为 160kVA，某月有功电量为 48 000kWh，无功电量为 43 000kvarh，求该户应执行功率因数标准为多少？当月实际功率因数为多少？（5 分）

考核知识点：电费计算

难易度：中

标准答案：

解：

该户应执行功率因数标准为 0.80，其实际功率因数为

$$\cos\varphi = \frac{1}{\sqrt{1+\dfrac{\text{无功电量}^2}{\text{有功电量}^2}}} = \frac{1}{\sqrt{1+\dfrac{43\,000^2}{48\,000^2}}} = 0.74$$

答：该户应执行功率因数标准为 0.80，当月实际功率因数为 0.74。

Jb0009212104　某供电单位用电信息采集系统 1 天内应采集的客户为 3582 户，1 天内采集成功的客户共 3541 户，请计算此供电单位周期采集成功率。（5 分）

考核知识点：电费计算

难易度：中

标准答案：

解：

周期采集成功率 = 1 天内采集成功的客户总数 ÷ 1 天内应采集的客户总数 × 100%

　　　　　　　 = 3541 ÷ 3582 × 100% = 98.86%

答：此供电单位周期采集成功率为 98.86%。

Jb0009212105　某商业客户私自绕越供电企业计量装置用电，用电容量 50kW，时间无法查明，问该客户行为属于什么性质？按规定追补电费及违约使用电费各多少元（假设含代征费电价为 0.767 元/kWh）？（5 分）

考核知识点：电费计算

难易度：中

标准答案：

该客户行为属于窃电行为。

由于此商业客户窃电时间无法查明，窃电天数按 180 天，每日窃电 12h 计算，

追补电量 = 用电容量 × 180 × 12 = 50 × 180 × 12 = 108 000（kWh）

追补电费 = 追补电量 × 电价 = 108 000 × 0.767 = 82 836（元）

违约使用电费 = 追补电费 × 3 倍 = 82 836 × 3 = 248 508（元）

答：该客户应追补电费 82 836 元，违约使用电费 248 508 元。

Jb0009212106　某供电单位用电信息采集系统一周内应采集的客户共 150 000 户，一周内采集成功的客户共 145 900 户，请计算此供电单位一周的采集成功率。（5 分）

考核知识点：电费计算

难易度：中

标准答案：

解：

采集成功率 = （采集成功户数/应采集户数）× 100% = （145 900/150 000）× 100% = 97.27%

答：此供电单位一周的采集成功率为 97.27%。

Jb0009212107　某低压电力客户，采用低供低计，在运行中电流互感器 B 相二次断线，后经检查发现，抄见电能为 10 万 kWh，试求应向该客户追补多少用电量（设三相对称）？（5 分）

考核知识点：电费计算

难易度：中

标准答案：

解：

先求更正率，因三相电能表的正确接线计量功率为

$$P=3UI\cos\varphi$$

因 B 相电流互感器二次断线，则 B 相电量为 $UI\cos\varphi=0$

B 相互感器断线后表计量功率值为 $P=2UI\cos\varphi$

则更正率＝（$3UI\cos\varphi-2UI\cos\varphi$）/（$2UI\cos\varphi$）×100%＝50%

追补用电量＝更正率×抄见用电量＝50%×100 000＝50 000（kWh）

答：应向该客户追补用电量 50 000kWh。

Jb0009212108 某新装客户的计费表装三相四线 200/5A 有功电能表 1 套，自装表之日起 7 个月共收取客户计量电量 90 000kWh，现抄表员发现有一相电流互感器误装为 150/5A，应退补电量多少？（5 分）

考核知识点：电费计算

难易度：中

标准答案：

解：

求更正率计算公式

差额率＝［（正确电量－错误电量）/错误电量］×100%

正确电量 $=\dfrac{1}{3}+\dfrac{1}{3}+\dfrac{1}{3}=1$

错误电量 $=\dfrac{1}{3}+\dfrac{1}{3}+\dfrac{1}{3}\times\dfrac{200/5}{150/5}=\dfrac{10}{9}$

代入公式计算得

差额率 $=\dfrac{1-(10/9)}{(10/9)}\times100\%=-10\%$

追补电量＝差额率×抄见电量＝－10%×90 000＝－9000（kWh）

答：应退电量 9000kWh。

Jb0009212109 某工厂有功负荷为 2000kW，功率因数为 0.8，10kV 高压侧计量。该户 2019 年 7 月有功表止码：000056，无功表止码：000045，8 月有功表止码：000187，无功止码：000169，则需配置多大电流互感器？计算该户 2019 年 7 月有功和无功实用电量。（5 分）

考核知识点：电费计算

难易度：中

标准答案：

解：

（1）电流互感器配置：

根据公式 $P=\sqrt{3}\,UI\cos\varphi$（$P$ 为有功负荷，U 为供电电压，I 为电流）得

$$I=P/（\sqrt{3}\,U\cos\varphi)=2000/（\sqrt{3}\times10\times0.8）=144.3（A）$$

应配置 150/5 电流互感器。

（2）综合倍率＝电压互感器变比×电流互感器变比＝10 000/100×150/5＝3000

有功实用电量＝（止码－起码）×综合倍率＝（000187－000056）×3000＝393 000（kWh）

无功实用电量＝（止码－起码）×综合倍率＝（000169－000045）×3000＝372 000（kvarh）

答：需配置150/5电流互感器，7月有功和无功实用电量分别为393 000kWh、372 000kvarh。

Jb0009211110 某农牧场装有 400kVA 公用配电变压器一台，低压所带负荷及相关信息见表 Jb0009211110。2019 年 9 月农牧场主变压器关口表抄见电量为 60 000kWh，请计算该农牧场饲料加工用电量所占总售电量的比重及该农牧场公用配电变压器 9 月线损率。（5 分）

表 **Jb0009211110**

序号	客户名称	设备容量（kW）	用电类别	当月有功电量（kWh）	行业用电分类
1	农场办公	100		15 000	非居民照明
2	饲料加工	120		14 000	农业生产
3	养鱼场	150		18 000	农业生产
4	餐馆	30		9000	非居民照明

考核知识点：电费计算

难易度：易

标准答案：

解：

（1）该农牧场饲料加工用电量所占总售电量的比重：

总售电量＝15 000＋14 000＋18 000＋9000＝56 000（kWh）

饲料加工用电量所占总售电量的比重＝饲料加工/总售电量＝14 000/56 000＝25%

（2）该农牧场公用配电变压器 9 月线损率计算如下：

供电量＝关口表抄见电量＝60 000（kWh）

售电量＝15 000＋14 000＋18 000＋9000＝56 000（kWh）

线损率＝（供电量－售电量）/供电量＝（60 000－56 000）/60 000＝6.7%

答：该农牧场饲料加工用电量占售电量比重为25%，公用配电变压器线损率为6.7%。

Jb0009232111 《居民客户家用电器损坏处理办法》对可修复的家用电器是如何处理的？（5 分）

考核知识点：家用电器损坏管理办法

难易度：中

标准答案：

（1）对损坏家用电器的修复，供电企业承担被损坏元件的修复责任。修复时应尽可能以原型号、规格的新元件修复。无原型号、规格的新元件可供修复时，可采用相同功能的新元件替代。

（2）修复所发生的元件购置费、检测费、修理费均由供电企业负担。

（3）不属于责任损坏或未损坏的元件，受害居民客户也要求更换时，所发生的元件购置费与修理费应由提出要求者负担。

Jb0009232112 《居民客户家用电器损坏处理办法》对不可修复的家用电器是如何处理的？（5 分）

考核知识点：家用电器损坏管理办法

难易度：中

标准答案：

对不可修复的家用电器，其购买时间在 6 个月及以内的，按原购货发票价，供电企业全额予以赔偿。购置时间在 6 个月以上的，按原购货发票价进行使用寿命折旧后的余额，予以赔偿。使用年限已超过使用寿命仍在使用的，或者折旧后的差额低于原价 10% 的，按原价的 10% 予以赔偿。使用时间以发货票开具的日期为准开始计算。对无法提供购货发票的，应由受害居民客户负责举证，经供电企业核查无误后，以证明出具的购置日期时的国家定价为准，按规定清偿。以外币购置的家用电器，按购置时国家外汇牌价折人民币计算其购置价，以人民币进行清偿。清偿后，损坏的家用电器归供电企业所有。

Jb0009232113 《居民客户家用电器损坏处理办法》对各类家用电器的平均使用年限是如何规定的？（5分）

考核知识点：家用电器损坏管理办法

难易度：中

标准答案：

（1）电子类：如电视机、音响、录音机、充电器等，使用寿命为 10 年。

（2）电机类：如电冰箱、空调器、洗衣机、电风扇、吸尘器等，使用寿命为 12 年。

（3）电阻电热类：如电饭煲、电热水器、电茶壶、电炒锅等，使用寿命为 5 年。

（4）电光源类：白炽灯、气体放电灯、调光灯等，使用寿命为 2 年。

Jb0010231114 分布式电源发电量如何结算？（5分）

考核知识点：清洁能源业务咨询及受理

难易度：易

标准答案：

分布式电源发电量可以全部自用、全部上网、自发自用余电上网，由客户自行选择，客户不足电量由电网提供。上、下网电量分开结算，各级供电公司均应按国家规定的电价标准全额保障性收购上网电量，为享受国家补贴的分布式电源提供补贴、计量和结算服务。

Jb0010231115 分布式光伏发电项目是按什么给予补贴的？补贴资金是按照什么方式支付的？（5分）

考核知识点：分布式光伏发电的结算及资金支付的相关规定

难易度：易

标准答案：

国家对分布式光伏发电项目按电量给予补贴，补贴资金通过电网企业转付给分布式发电项目单位。

Jb0010231116 分布式电源分为哪几种类型？（5分）

考核知识点：清洁能源业务咨询及受理

难易度：易

标准答案：

分布式电源分为以下两种类型（不含小水电）：

（1）第一类：10kV 及以下电压等级接入，且单个并网点总装机容量不超过 6000kW 的分布式电源。

（2）第二类：35kV 电压等级接入，年自发自用电量大于 50% 的分布式电源。或 10kV 电压等级接入且单个并网点总装机容量超过 6000kW，年自发自用电量大于 50% 的分布式电源。

Jb0010231117　国家电网有限公司"互联网＋营销服务"中微信公众号和支付宝服务的功能定位是什么？（5分）

考核知识点："互联网＋营销服务"

难易度：易

标准答案：

微信公众号和支付宝服务窗等省（市）级运营电子渠道，基于第三方服务平台，只提供客户查询、交费服务，不涉及供电服务主营业务服务。

Jb0010231118　国家电网有限公司"互联网＋营销服务"中"电e宝"的功能定位是什么？（5分）

考核知识点："互联网＋营销服务"

难易度：易

标准答案：

"电e宝"是公司自主线上支付平台，面向全体电力客户提供电费代收、电费红包、电费充值卡等服务，实现电力在线交费和公司营销推广等功能，是业务费代收、公共事业服务代收和车联网支付渠道的重要电子支付渠道之一。

Jb0010231119　国家电网有限公司"互联网＋营销服务"中95598网站的功能定位是什么？（5分）

考核知识点："互联网＋营销服务"

难易度：易

标准答案：

95598网站是公司统一对外的PC端服务窗口，面向高、低压电力客户提供电力信息发布、网上业务受理、网上缴费、信息自助查询等线上服务，是公司电子渠道服务内容最全、服务功能最强的智能互动服务平台，是标准化客户服务的主要渠道之一。

Jb0010231120　SG186营销业务应用系统中，如何查询客户远程充值状态？（5分）

考核知识点：缴费渠道、线上办电相关的规定、制度

难易度：易

标准答案：

查询客户远程充值状态的路径：收费账务管理→远程电费下发→远程电费下发查询。

Jb0010231121　通过"网上国网"App线上办电时，可选择的办电项目有哪些？（5分）

考核知识点：缴费渠道、线上办电相关的规定、制度

难易度：易

标准答案：

可选择的办电项目有新装、增容更名/过户、暂停/减容、容量恢复、需量值变更、容量/需量变更、电能表校验、增值税变更、充电桩报装。

Jb0010231122　通过"网上国网"App中可选择的查询项目有哪些？（5分）

考核知识点：缴费渠道、线上办电相关的规定、制度

难易度：易

标准答案：

可选择的办电项目有电费账单、电量电费、电子发票、账务信息、服务网点、用电知识、用电档案信息、用电负荷、服务记录、停电信息、用电趋势。

Jb0010232123　单户自然人居民380（220）V电压接入分布式电源并网申请时供电营业窗口在受理时应收集哪些资料？（5分）

考核知识点： 分布式电源并网服务

难易度： 中

标准答案：

（1）《分布式电源并网申请表》。

（2）申请人身份证明材料（身份证、户口簿或护照等）。

（3）光伏发电项目建设地点房产证或其他房屋产权证明文件。

（4）对于占用公共场地的项目，还需提供业主委员会出具的项目同意书或所有相关居民家庭签字的项目同意书，物业公司出具的开工许可意见。

（5）其他相关资料。

Jb0011233124　协调的形式主要有哪几种？（5分）

考核知识点： 沟通与协调

难易度： 难

标准答案：

协调的形式多种多样，主要有如下几种：

（1）会议协调。为保证企业内外各不相同的部门之间，在技术力量、财政力量、贸易力量等方面达到平衡，保证企业的统一领导和力量集中，使各部门在统一目标下自觉合作，必须经常开好各类协调会议，这也是发挥集体力量、鼓舞士气的一种重要方法，会议的类型有以下几种：

1）信息交流会议。这是一种典型的专业人员的会议，通过交流各个不同部门的工作状况和业务信息，使大家减少会后工作可能发生的问题。

2）表明态度会议。这是一种商讨、决定问题的会议。与会者对上级决定的政策、方案、规划和下达的任务，表明态度、感觉和意见，对以往类似问题执行中的经验、教训提出意见，这种会议对于沟通上下级之间感情和密切关系起到重要作用。

3）解决问题会议。这是会同有关人员共同讨论解决某项专题的会议，目的是使与会人员能够统一思想，协商解决问题。

4）培训会议。旨在传达指令并增进了解，从事训练，并对即将执行的政策、计划、方案、程序进行解释，这是动员发动和统一行动的会议。

（2）现场协调。这是一种快速有效的协调方式。把有关人员带到问题的现场，请当事人自己讲述产生问题的原因和解决问题的办法，同时允许有关部门提要求。使当事人有一种"压力感"，感到自己部门确实没有做好工作。使其他部门也愿意"帮一把"，或出些点子，这样有利于统一认识，使问题尽快解决。对于一些"扯皮太久"，群众意见大的问题，可以采取现场协调方式来解决问题。

（3）结构协调。通过调整组织机构、完善职责分工等办法来进行协调。对待那些处于部门与部门之间、单位与单位之间的"结合部"的问题，以及诸如由于分工不清、职责不明所造成的问题，应当采取结构协调的措施。"结合部"的问题可以分为两种，一种是"协同型"问题，这是一种"三不管"的问题，就是有关的各部门都有责任，又都无全部责任，需要有关部门通过分工和协作关系的明确共同努力完成；另一种是"传递型"问题，它需要协调的是上下工序和管理业务流程中的业务衔接问题，可以通过把问题划给联系最密切的部门去解决，并相应扩大其职权范围。

Jb0001263125 某供电所有两条 10kV 线路，一条 10kV 专线、一条 10kV 公网线路。其中专线计量点设在变电站出线侧，月末抄见电量 70 000kWh；公网线路关口计量点月末抄见电量为 50 000kWh。公网线路所带负荷包括三户专用变压器和一台公用变压器，专用变压器客户月末抄见电量分别为 21 000kWh、16 000kWh、3000kWh，公用变压器台区关口表月末抄见电量 6000kWh，所带客户抄见电量 5700kWh。请计算当月公用变压器台区线损率、公网线路线损率及供电所综合线损率。（5 分）

考核知识点：线损的计算

难易度：难

标准答案：

解：

（1）公用变压器台区线损率。

公用变压器台区供电量为 6000kWh，公用变压器台区售电量为 5700kWh

公用变压器台区线损率＝（台区供电量－台区售电量）÷台区供电量×100%

＝（6000－5700）÷6000×100%＝5%

（2）公网线路线损率。

公网线路供电量为 50 000kWh

公网线路售电量＝21 000＋16 000＋3000＋5700＝45 700（kWh）

公网线路线损率＝（公网线路供电量－公网线路售电量）÷公网线路供电量×100%

＝（50 000－45 700）÷50 000×100%＝8.6%

（3）供电所综合线损率。

综合供电量＝专线关口电量＋公网线路关口电量＝70 000＋50 000＝120 000（kWh）

综合售电量＝专线关口电量＋公网线路售电量＝70 000＋45 700＝115 700（kWh）

综合线损率＝（综合供电量－综合售电量）÷综合供电量×100%

＝（120 000－115 700）÷120 000×100%＝3.58%

答：当月公用变压器台区线损率为 5%、公网线路线损率为 8.6%、综合线损率为 3.58%。

Jb0005243126 某供电所 12 月应收电费 300 万元，截至 12 月底，共收取电费 295 万元，其中预付电费 50 万元。请计算该公司 12 月的电费回收率。（5 分）

考核知识点：收费管理

难易度：难

标准答案：

解：

电费回收率＝（实收电费金额÷应收电费金额）×100%

＝［（295－50）÷300］×100%＝81.67%

答：该公司 12 月电费回收率为 81.67%。

Jb0006252127 某厂房有功功率为 2000kW，功率因数为 0.8，10kV 高供高计。该户 2021 年 3 月有功表止码：000046，无功表止码：000035，4 月有功表止码：000177，无功止码：000159。计算该客户需配置多大电流互感器？该客户 2021 年 3 月有功和无功实用电量、实际功率因数分别为多少？（5 分）

考核知识点：互感器配置

难易度：中

标准答案：

解：

（1）电流互感器配置：

根据公式 $P=\sqrt{3}\,UI\cos\varphi$（$P$ 为有功负荷，U 为供电电压，I 为电流）得

$$I=P/\sqrt{3}\,U\cos\varphi=2000/（\sqrt{3}\times10\times0.8）=144.34（A）$$

应配置 150/5 电流互感器

（2）综合倍率＝电压互感器变比×电流互感器变比＝10 000/100×150/5＝3000

有功实用电量＝（止码－起码）×综合倍率＝（000177－000046）×3000＝393 000（kWh）

无功实用电量＝（止码－起码）×综合倍率＝（000159－000035）×3000＝372 000（kWh）

（3）$\cos\varphi=\dfrac{1}{\sqrt{1+\dfrac{\text{无功电量}^2}{\text{有功电量}^2}}}=\dfrac{1}{\sqrt{1+\dfrac{372\,000^2}{393\,000^2}}}=0.73$

答：该客户应配置 150/5 电流互感器，该客户 3 月有功实用电量、无功实用电量、实际功率因数分别为 393 000kWh、372 000kWh、0.73。

Jb0006242128　某非工业客户，10kV 供电，安装一台 80kVA 的 S9 变压器，S9 系列变压器（6～10kV　80kVA）损耗见表 Jb0006242128。低压侧装设两只平行计费表分别是 1 表、2 表，某月有功抄见电量：表 1 为 11 812kWh，表 2 为 1278kWh。采用查表法计算该户每只表应分摊的变损电量。（5 分）

表 Jb0006242128

铁损 0.24kW	铜损 1.25kW	空载电流 1.80%	阻抗电压 4.00%
负荷率（%）	月用电量（kWh）	应加电量	
		有功（kWh）	无功（kvarh）
10	4608 以下	183	1062
20	4609～9216	212	1136
30	9217～13 824	260	1261
40	13 825～18 432	328	1435
50	18 433～23 040	416	1659
60	23 041～27 648	523	1933
70	27 649～32 256	649	2256
80	32 257～36 864	795	2629
90	36 865～41 472	960	3052
100	41 473 以上	1145	3525

考核知识点：用电容量、计量方式、电价和电费结算方式等

难易度：中

标准答案：

解：

该户有功总用电量＝表 1 抄见电量＋表 2 抄见电量＝11 812＋1278＝13 090（kWh）

根据有功抄见总电量、变压器容量、型号查表得有功变损电量为260kWh。

根据国网宁夏电力有限公司2011年《关于高供低计专变客户变压器损耗分摊结算的通知》中"同一客户的平行计量点、主分计量点没有分摊变损协议的，变压器损耗将按照各计量表计的抄见电量比例进行分摊，计量点是定量的不参与损耗分摊"的规定，表1、表2变损电量计算如下：

表1应分摊变损电量＝表1抄见电量/有功总用电量×变损电量

$$＝11\ 812/13\ 090×260＝235（kWh）$$

表2应分摊变损电量＝变损电量－表1抄见电量＝260－235＝25（kWh）

答：表1、表2应分摊变损电量分别为235kWh、25kWh。

Jb0006243129 某医院10kV供电，变压器容量800kVA，高供高计，2020年9月电能表示数见表Jb0006243129，请计算该户当月应缴纳电费。（5分）

表Jb0006243129

示数类型	上次示数	本次示数	电流互感器变比	电量电价（元/kWh）	代征电价（元/kWh）
有功总	592.21	649.89			
有功峰段	269.22	288.82		0.681 09	
有功平段			50/5	0.498 3	0.041 325
有功谷段	152.36	166.66		0.315 51	
无功总	90.74	96.54			

考核知识点：用电容量、计量方式、电价和电费结算方式等

难易度：难

标准答案：

解：

（1）综合倍率＝电压互感器变比×电流互感器变比＝10/0.1×50/5＝1000

（2）抄见电量。

有功总电量＝（本次示数－上次示数）×综合倍率＝（649.89－592.21）×1000＝57 680（kWh）

无功总电量＝（本次示数－上次示数）×综合倍率＝（96.54－90.74）×1000＝5800（kWh）

（3）目录电量电费：该户行业分类属于综合医院，不执行峰谷分时电价，因此该户执行工商业及其他1～10kV单一制电价，不执行峰谷分时电价。

目录电费＝有功总电量×（电量电价－代征电价）＝57 680×（0.498 3－0.041 325）＝26 358.32（元）

（4）功率因数调整电费：该户应执行0.85的功率因数标准

$$\cos\varphi=\cfrac{1}{\sqrt{1+\cfrac{无功电量^2}{有功电量^2}}}=\cfrac{1}{\sqrt{1+\cfrac{5800^2}{57\ 680^2}}}=0.99$$

查表得电费调整系数为－1.1%。

功率因数调整电费＝目录电费×调整系数＝26 358.32×（－1.1%）＝－289.94（元）

（5）代征费

代征费＝有功总电量×代征电价＝57 680×0.041 325＝2383.63（元）

应收电费合计＝目录电费＋功率因数调整电费＋代征费＝26 358.32＋（－289.94）＋2383.63

$$＝28\ 452.01（元）$$

答：该户当月应缴纳电费 28 452.01 元。

Jb0006253130　某供电所管辖的 10kV 专用变压器客户，高供低计，容量 125kVA，互感器变比 200/5，该客户主计量点执行工商业电价，子计量点定比 0.5 提取电量执行贫困县农业排灌电价。2020 年 8 月抄见表码：有功总：23 492.83，峰：9650.48，平：11 177.66，谷 2664.69，无功：13 598.62；2020 年 9 月抄见止码：有功总：23 627.58，峰：9706.64，平 11 246.01，谷 2674.93，无功 13 701.12。请计算 8 月各计量点电费及各项代征费（查表得本月有功变损 259kWh，无功变损 694kvarh，工商业电价 0.532 元/kWh，农业排灌 0.292 元/kWh）。（5 分）

考核知识点：电量、电费计算

难易度：难

标准答案：

解：

（1）综合倍率＝电流互感器变比＝200/5＝40（倍）

（2）总电量＝（有功总止码－有功总起码）×综合倍率＝（23 627.58－23 492.83）×40＝5390（kWh）

农业排灌定比电量＝总电量×定比比例＝5390×0.5＝2695（kWh）

农业排灌变损定比电量＝变损电量×定比比例＝259×0.5＝130（kWh）

峰段电量＝（峰段止码－峰段起码）×综合倍率×定比比例
　　　　＝（9706.64－9650.48）×40×0.5＝1123（kWh）

平段电量＝（平段止码－平段起码）×综合倍率×定比比例＋（变损－变损定比电量）
　　　　＝（11 246.01－11 177.66）×40×0.5＋（259－130）＝1496（kWh）

谷段电量＝（谷段止码－谷段起码）×综合倍率×定比比例
　　　　＝（2674.93－2664.69）×40×0.5＝205（kWh）

无功电量＝（无功止码－无功起码）×综合倍率×定比比例＋无功变损电量
　　　　＝（13 701.12－13 598.62）×40＋694＝4794（kvarh）

（3）该户功率因数：$\cos\varphi = \dfrac{1}{\sqrt{1+\dfrac{无功电量^2}{有功电量^2}}} = \dfrac{1}{\sqrt{1+\dfrac{4794^2}{5390^2}}} = 0.76$

该客户功率因数执行标准为 0.85，查表得功率因数调整电费系数为 4.5%

峰段电费＝峰段电量×峰段电价＝1123×0.685 37＝769.67（元）

平段电费＝平段电量×平段电价＝1496×0.489 55＝732.37（元）

谷段电费＝谷段电量×谷段电价＝205×0.293 73＝60.21（元）

功率因数调整电费＝（峰段电费＋平段电费＋谷段电费）×调整系数
　　　　　　　　＝（769.67＋732.37＋60.21）×4.5%＝70.30（元）

工商业用电量＝峰段电量＋平段电量＋谷段电量＝1123＋1496＋205＝2824（kWh）

农网还贷＝工商业用电量×代征标准＝2824×0.02＝56.48（元）

国家重大水利建设基金＝工商业用电量×代征标准＝2824×0.002 25＝6.36（元）

库区移民＝工商业用电量×代征标准＝2824×0.001 2＝3.40（元）

可再生资源＝工商业用电量×代征标准＝2824×0.019＝53.66（元）

农业排灌电费＝（农业排灌电量＋农业排灌变损电量）×农排电价＝（2695＋130）×0.292＝824.90（元）

农业排灌功率因数调整电费＝农业排灌电费×调整系数＝824.90×4.5%＝37.12（元）

农业排灌电费＝农业排灌电费＋农业排灌功率因数调整电费＝824.90＋37.12＝862.02（元）

总电费 = 769.67 + 732.37 + 60.21 + 862.02 + 56.48 + 6.36 + 3.40 + 53.66 = 2544.17（元）

Jb0006263131 某供电所 10 月发行电费 195 632.12 元，收取电费 232 356.32 元，其中收回上月欠费 35 000.00 元、违约金 1050.00 元、当月电费 186 943.58 元。10 月查处窃电，追补电量电费 21 365.21 元，全部缴清。本年度应收电费 863 562.52 元，实收电费 843 562.35 元。请计算该供电所 10 月欠费、预收电费、电费回收率，以及本年度欠费及电费回收率。（5 分）

考核知识点：电费的计算

难易度：难

标准答案：

解：

（1）当月欠费。

当月应收电费 = 当月抄见电量发行电费 + 追补电量电费 = 195 632.12 + 21 365.21 = 216 997.33（元）

当月实收电费 = 收回当月电费 + 收回追补电量电费 = 186 943.58 + 21 365.21 = 208 308.79（元）

当月欠费 = 当月应收电费 − 当月实收电费 = 216 997.33 − 208 308.79 = 8688.54（元）

（2）当月预收电费。

当月预收电费 = 当月收取电费 − 收回上月欠费 − 收回违约金 − 收回当月电费

$$= 232\,356.32 - 35\,000 - 1050.00 - 186\,943.58 = 9362.74（元）$$

（3）当月电费回收率。

当月电费回收率 = 当月实收电费 ÷ 当月应收电费 × 100% = 208 308.79 ÷ 216 997.33 × 100% = 96.00%

（4）本年度欠费。

本年度欠费 = 本年度应收电费 − 本年度实收电费 = 863 562.52 − 843 562.35 = 20 000.17（元）

（5）本年度电费回收率。

本年度电费回收率 = 本年度实收电费 ÷ 本年度应收电费 × 100%

$$= 843\,562.35 ÷ 863\,562.52 × 100% = 97.68%$$

答：该供电所当月欠费 8688.54 元、预收电费 9362.74 元、电费回收率为 96.00%，本年度欠费为 20 000.17 元、电费回收率为 97.68%。

Jb0006253132 某大工业客户，10kV 供电，高供高计，2018 年 8 月 17 日送电，共有两台受电变压器，一台变压器容量为 800kVA，一台变压器容量为 500kVA，电流互感器变比为 75/5。《供用电合同》约定，每月 20 日抄表，基本电费按变压器容量收取。2019 年 5 月 21 日 800kVA 变压器因负荷减少报停。2019 年 8 月 25 日因生产需要，需暂停 500kVA 变压器，改投 800kVA 变压器。电能表示数见表 Jb0006253132，请计算 2019 年 9 月该户应缴纳的电费［基本电费按自然月计算，单价为 22 元/（kVA·月）。用电客户的变压器封停当天不收基本电费，启封当天应收基本电费］。（5 分）

表 **Jb0006253132**

表计关系	示数类型	上次示数	本次示数	电流互感器变比	电量电价（元/kWh）
总表	总	1317.38	1430.37		
总表	峰	311.71	343.81		0.648 8
总表	平	485.52	526.72	75/5	0.479
总表	谷	520.15	559.84		0.309 2
总表	无功	545.45	567.41		

考核知识点： 电费的计算

难易度： 难

标准答案：

解：

（1）综合倍率＝电压互感器变比×电流互感器变比＝10/0.1×75/5＝1500

（2）结算电量。

有功总电量＝（本次示数－上次示数）×综合倍率＝（1430.37－1317.38）×1500＝169 485（kWh）

峰段电量＝（本次示数－上次示数）×综合倍率＝（343.81－311.71）×1500＝48 150（kWh）

谷段电量＝（本次示数－上次示数）×综合倍率＝（559.84－520.15）×1500＝595 35（kWh）

平段电量＝（本次示数－上次示数）×综合倍率＝169 485－48 150－59 535＝61 800（kWh）

无功电量＝（本次示数－上次示数）×综合倍率＝（567.41－545.45）×1500＝32 940（kvarh）

（3）目录电费。

峰段目录电费＝峰段电量×（电量电价－代征费）＝48 150×（0.648 8－0.044 6）＝29 092.23（元）

平段目录电费＝平段电量×（电量电价－代征费）＝61 800×（0.479－0.044 6）＝26 845.92（元）

谷段目录电费＝峰段电量×（电量电价－代征费）＝59 535×（0.309 2－0.044 6）＝15 752.96（元）

（4）基本电费：根据《供电营业规则》中"基本电费按月计算，但新装、增容、变更与终止用电当月的基本电费，可按实用天数（日用电不足 24h 的，按一天计算）每日按全月基本电费的 1/30 计算"的规定，该户 500kVA 变压器改投 800kVA 变压器少收增加容量 7 天的基本电费，因此，2019 年 9 月该户应收基本电费的容量：

（800－500）×7/30＋800＝870（kVA）

基本电费＝容量×基本电价＝870×22＝19 140（元）

（5）功率因数调整电费。

该户应执行 0.90 的功率因数标准。

$$\cos\varphi=\frac{1}{\sqrt{1+\dfrac{无功电量^2}{有功电量^2}}}=\frac{1}{\sqrt{1+\dfrac{32\,940^2}{169\,485^2}}}=0.98$$

查表得电费调整系数为－0.75%。

功率因数调整电费＝（峰段目录电费＋平段目录电费＋谷段目录电费＋基本电费）×调整系数

＝（29 092.23＋26 845.92＋15 752.96＋19 140）×（－0.75%）＝－681.23（元）

（6）代征费。

代征费＝有功总电量×（国家重大水利建设基金电价＋农网还贷电价＋库区移民基金电价＋

可再生能源附加电价）＝169 485×（0.02＋0.004＋0.001 6＋0.019）＝7559.03（元）

（7）应收电费合计。

总电费＝峰段目录电费＋平段目录电费＋谷段目录电费＋基本电费＋功率因数调整电费＋代征费

＝29 092.23＋26 845.92＋15 752.96＋19 140＋（－681.23）＋7559.03＝97 708.91（元）

答： 2019 年 9 月该户应缴纳的电费为 97 708.91 元。

Jb0006253133　有一低压居民客户，装设单相 5（60）A 电能表一只（表号 0005643357），用于生活用电计量。2015 年客户装设 5kW 光伏发电设备一套，选择自发自用、余量上网的发电模式，逆变器出口侧装设 5（60）A 电能表一只（表号 0001034533）。如何选择分布式电源的并网电压？根据示数信息计算该客户网购电费及当月分布式电源发电结算费用（抄表示数见表 Jb0006253133，设定当地燃煤机组标杆上网电网为 0.259 5 元/kWh，分布式光伏发电补贴标准为 0.42 元/kWh ）。（5 分 ）

表 Jb0006253133

电能表编号	表计类型	示数类型	上次示数	本次示数	目录电量电价（元/kWh）
0005643357	居民总表	有功（总）	2553	2670	0.448 6
0005643357	居民总表	反向有功（总）	5314	5607	—
0001034533	总表	有功（总）	6393	6803	—

考核知识点：电费的计算

难易度：难

标准答案：

解：

（1）根据《国家电网公司关于印发分布式电源并网相关意见和规范（修订版）的通知》（国家电网办〔2013〕1781 号）：8kW 及以下可接入 220V，8～400kW 可接入 380V，400～6000kW 可接入 10kV，5000～30 000kW 以上可接入 35kV。故确定分布式电源接入电压等级为 220V。

（2）本月应缴纳电费。

1）本月应交电费。

网购电量＝本次示数－上次示数＝2670－2553＝117（kWh）

本月缴纳电费＝网购电量×居民电价＝117×0.448 6＝52.49（元）

2）当月分布式发电结算费用。

发电量＝本次示数－上次示数＝6803－6393＝410（kWh）

上网电量＝本次示数－上次示数＝5607－5314＝293（kWh）

上网结算电费＝上网电量×上网电价＝293×0.259 5＝76.03（元）

发电量补贴＝发电量×补贴电价＝410×0.42＝172.20（元）

当月发电结算费用＝上网结算电费＋发电量补贴＝76.03＋172.20＝248.23（元）

答：该客户网购电费为 52.49 元，当月发电结算费用为 248.23 元。

Jb0006253134　某养鸡场，10kV 供电，变压器容量为 315kVA，高供高计。某月有功总电量为 50 000kWh，峰段总电量为 20 000kWh，谷段总电量为 15 000kWh，无功总电量为 42 000kvarh，功率因数调整电费系数见表 Jb0006253134。请计算该养鸡场当月电费（平段电量电价为 0.463 0 元/kWh、代征费为 0.021 125 元/kWh ）。（5 分 ）

表 Jb0006253134

标准	0.86	0.85	0.84	0.83	0.82	0.81	0.80	0.79	0.78	0.77
0.90	2	2.5	3	3.5	4	4.5	5	5.5	6	6.5
0.85	−0.1	0	0.5	1	（1）5	2	2.5	3	3.5	4
0.80	−0.6	−0.5	−0.4	−0.3	−0.2	−0.1	0	0.5	1	1.5

考核知识点：用电容量、计量方式、电价和电费结算方式等知识

难易度：难

标准答案：

解：

（1）平段电量＝有功总电量－峰段电量－谷段电量＝50 000－20 000－15 000＝15 000（kWh）

（2）目录电量电费：

根据国家有关电价政策说明，该客户应执行农业生产电价。

峰段目录电量电费＝峰段电量×（电量电价－代征电价）×电价上调比例
＝20 000×（0.463 0－0.021 125）×（1＋40%）＝12 372.50（元）

平段目录电量电费＝平段电量×（电量电价－代征电价）＝15 000×（0.463 0－0.021 125）
＝6628.13（元）

谷段目录电量电费＝谷段电量×（电量电价－代征电价）×电价下调比例
＝15 000×（0.463 0－0.021 125）×（1－40%）＝3976.88（元）

合计目录电量电费＝峰段目录电量电费＋平段目录电量电费＋谷段目录电量电费
＝12 372.5＋6628.13＋3976.88＝22 977.51（元）

（3）功率因数 $\cos\varphi=\dfrac{1}{\sqrt{1+\dfrac{无功电量^2}{有功电量^2}}}=\dfrac{1}{\sqrt{1+\dfrac{42\,000^2}{50\,000^2}}}=0.77$

由于该客户执行农业生产电价，所以功率因数标准为 0.80，经查表法可得功率因数调整系数＋1.5%，

则功率因数调整电费＝合计目录电量电费×调整系数＝22 977.51×1.5%＝344.66（元）

（4）代征费＝有功总电量×代征电价＝50 000×0.021 125＝1056.25（元）

（5）该客户合计电费＝合计目录电量电费＋功率因数调整电费＋代征费
＝22 977.51＋344.66＋1056.25＝24 378.42（元）

答：该养鸡场当月电费为 24 378.42 元。

Jb0006253135　某乡排灌站由两台 3200kVA 变压器受电，2019 年启动期间，月均有功电量 $W_{P1}=2\,880\,000$ kWh，无功用电量 $W_{Q1}=2\,160\,000$ kvarh，纯电费支出（不含各级代收费）574 560 元。2020 年该乡排灌站投资 27.5 万元，投入无功补偿装置后，月均有功电量达到 $W_{P2}=4\,032\,000$ kWh，无功用电量 $W_{Q2}=1\,290\,240$ kvarh。若电价不发生变化，用电量按 2020 年水平测算，计算用电多长时间后其无功补偿投资可简单收回（不考虑电量损失变化因素和投资利息回报）。（5 分）

考核知识点：功率因数调整电费计算

难易度：难

标准答案：

解：

（1）2019 年用电功率因数、调整率及电价水平。功率因数为

$$\cos\varphi_1=\frac{W_{P1}}{\sqrt{W_{P1}^2+W_{Q1}^2}}=\frac{2\,880\,000}{\sqrt{2\,880\,000^2+2\,160\,000^2}}=0.8$$

根据国家标准，3200kVA 以上大型电力排灌站功率因数调整电费标准为 0.90，查表知其电费功率因数调整系数为＋5%，则

电价＝纯电费支出/［有功用电量 W_{P1}×（1＋调整系数）］＝574 560/［2 880 000×（1＋5%）］
＝0.19（元/kWh）

（2）2020 年月均节约电费支出。功率因数为

$$\cos\varphi_2 = \frac{W_{P2}}{\sqrt{W_{P2}^2 + W_{Q2}^2}} = \frac{4\,032\,000}{\sqrt{4\,032\,000^2 + 1\,290\,240^2}} = 0.95$$

查表知电费奖惩标准为 -0.75%，则

月均奖惩电费 = 有功电量 W_{P2} × 电价 × 调整系数 = $4\,032\,000 \times 0.19 \times (-0.007\,5) = -5745.60$（元）

按补偿前计算的奖惩电费 = 有功电量 W_{P2} × 电价 × 调整系数 = $4\,032\,000 \times 0.19 \times (0.05) = 38\,304$（元）

因无功补偿月节约电费支出 = 按补偿前计算的奖惩电费 + 月均奖惩电费 = $38\,304 + 5745.60$

$$= 44\,049.6\,（元）$$

（3）求投资回收期。

投资回收期 = 投资成本/无功补偿后月节约电费支出 = $27.5 \times 10\,000/44\,049.60 = 6.24 \approx 7$

答：用电 7 个月就可收回全部无功补偿投资。

Jb0006241136 某高压客户 10kV 供电，高供高计，2019 年 7 月抄见有功止码 00075、无功止码 00062，8 月抄见有功止码 00128、无功止码 00076，电流互感器变比为 50/5，计算当月功率因数（要求写出计算公式）。（5 分）

考核知识点：电费的计算

难易度：易

标准答案：

解：

（1）综合倍率 = 电流互感器变比 × 电压互感器变比 = $50/5 \times 10/0.1 = 10 \times 100 = 1000$

（2）结算电量

有功电量 = （止码 − 起码）× 综合倍率 = （128 − 75）× 1000 = 53 000（kWh）

无功电量 = （止码 − 起码）× 综合倍率 = （76 − 62）× 1000 = 14 000（kvarh）

（3）功率因数

$$功率因数\cos\varphi = \frac{1}{\sqrt{1 + \dfrac{无功电量^2}{有功电量^2}}} = \frac{1}{\sqrt{1 + \dfrac{14\,000^2}{53\,000^2}}} = 0.97$$

答：当月功率因数为 0.97。

Jb0006252137 某企业有功负荷为 2000kW，功率因数为 0.8，计量方式为 10kV 高供高计。该户 2020 年 7 月有功表止码：000056，无功表止码：000045，8 月有功表止码：000187，无功止码：000169。计算需配置多大电流互感器？该户 2020 年 7 月有功和无功实用电量及该户当月实际功率因数是多少？（5 分）

考核知识点：电流，电量计算

难易度：中

标准答案：

解：

（1）电流互感器配置：根据公式 $P = \sqrt{3}\,UI\cos\varphi$（$P$ 为有功功率，U 为供电电压，I 为电流）得

$I = P/\sqrt{3}\,U\cos\varphi = 2000/(\sqrt{3} \times 10 \times 0.8) = 144.34$（A）

应配置 150/5 电流互感器

（2）综合倍率 = 电压互感器变比 × 电流互感器变比 = $10\,000/100 \times 150/5 = 3000$

有功实用电量 W_P = （止码 − 起码）× 综合倍率 = （000187 − 000056）× 3000 = 393 000（kWh）

无功实用电量 W_Q＝（止码－起码）×综合倍率＝（000169－000045）×3000＝372 000（kvarh）

该户当月实际功率因数

$$\cos\varphi = \frac{1}{\sqrt{1+\dfrac{无功电量^2}{有功电量^2}}} = \frac{1}{\sqrt{1+\dfrac{372\ 000^2}{393\ 000^2}}} = 0.73$$

答：该客户需配置 150/5 电流互感器，该户 2020 年 7 月有功实用电量、无功实用电量、实际功率因数分别为 393 000kWh、372 000kvarh、0.73。

第八章 农网配电营业工（综合柜员）技师技能操作

Jc0001241001 操作系统查询功能——查询客户电价信息。（100分）

考核知识点： 日常营业工作的主要内容等

难易度： 易

技能等级评价专业技能考核操作工作任务书

一、任务名称

操作系统查询功能——查询客户电价信息。

二、适用工种

农网配电营业工（综合柜员）技师。

三、具体任务

（1）熟练操作95598业务支持系统、营销业务应用系统、用电信息采集系统。

（2）通过营销业务应用系统查询某专用变压器户号的各电价信息对应的功率因数标准、电价行业类别、分时标志及电价码等信息。

（3）将该客户基本信息保存在桌面文件"客户电价信息"，并将此文件另存为"单位＋姓名.xls"（如××公司张某的文件名应为"××张某.xls"）。

四、工作规范及要求

（1）电教室独立完成。

（2）电脑可以登录系统内网并可登录相应业务应用系统。

（3）时间到应立即停止答题，离开考试场地。

（4）考核中出现下列情况之一的，考核成绩为0：

1）非独立完成；

2）在规定时限内，未提交发起。

（5）考生不得询问与考试内容无关的问题，考评员不得提示与考试有关的内容。

五、考核及时间要求

本考核要求完成时间为20分钟，时间到应立即停止操作。

技能等级评价专业技能考核操作评分标准

工种	农网配电营业工（综合柜员）			评价等级	技师
项目模块	用电营业与服务—用电营业管理		编号		Jc0001241001
单位		准考证号		姓名	
考试时限	20分钟	题型	单项操作题	题分	100分
成绩		考评员	考评组长		日期
试题正文	系统查询功能——查询客户电价信息				
需要说明的问题和要求	（1）独立完成，考试一人一桌一机。 （2）预装好相应Office软件、95598业务支持系统、营销业务应用系统、用电信息采集系统。 （3）配备计时设备，在不影响考试正常进行的前提下为考试提供时间参考				

续表

序号	项目名称	质量要求	满分	扣分标准	扣分原因	得分
1	营销业务应用系统客户档案信息查询	正确查询相关数据明细	100	数据查询错误，每项扣10分，扣完为止		
	合计		100			

Jc0001241002 操作系统查询功能——查询客户应收台账。（100分）

考核知识点：日常营业工作的主要内容等

难易度：易

技能等级评价专业技能考核操作工作任务书

一、任务名称

操作系统查询功能——查询客户应收台账。

二、适用工种

农网配电营业工（综合柜员）技师。

三、具体任务

（1）熟练操作95598业务支持系统、营销业务应用系统、用电信息采集系统。

（2）通过营销业务应用系统查询某专用变压器户号自2020年1～12月的应收台账。

（3）将该客户应收台账信息保存在桌面文件"客户应收台账"，并将此文件另存为"单位＋姓名.xls"（如××公司张某的文件名应为"××张某.xls"）。

四、工作规范及要求

（1）电教室独立完成。

（2）电脑可以登录系统内网并可登录相应业务应用系统。

（3）时间到应立即停止答题，离开考试场地。

（4）考核中出现下列情况之一的，考核成绩为0：

1）非独立完成；

2）在规定时限内，未提交发起。

（5）考生不得询问与考试内容无关的问题，考评员不得提示与考试有关的内容。

五、考核及时间要求

本考核要求完成时间为20分钟，时间到应立即停止操作。

技能等级评价专业技能考核操作评分标准

工种	农网配电营业工（综合柜员）				评价等级	技师
项目模块	用电营业与服务—用电营业管理			编号	Jc0001241002	
单位			准考证号		姓名	
考试时限	20分钟	题型		单项操作题	题分	100分
成绩		考评员		考评组长	日期	
试题正文	操作系统查询功能——查询客户应收台账					
需要说明的问题和要求	（1）独立完成，考试一人一桌一机。 （2）预装好相应Office软件、95598业务支持系统、营销业务应用系统、用电信息采集系统。 （3）配备计时设备，在不影响考试正常进行的前提下为考试提供时间参考					

续表

序号	项目名称	质量要求	满分	扣分标准	扣分原因	得分
1	营销业务应用系统客户档案信息查询	正确查询相关数据明细	100	数据查询错误，每项扣10分，扣完为止		
	合计		100			

Jc0001251003 操作系统查询功能——查询客户电能表、互感器信息。（100 分）

考核知识点：日常营业工作的主要内容等

难易度：易

技能等级评价专业技能考核操作工作任务书

一、任务名称

操作系统查询功能——查询客户电能表、互感器信息。

二、适用工种

农网配电营业工（综合柜员）技师。

三、具体任务

（1）熟练操作 95598 业务支持系统、营销业务应用系统、用电信息采集系统。

（2）通过营销业务应用系统查询某专用变压器户号的电能表资产编号、资产类型、资产类别、综合倍率、相线、资产型号、电压、电流、互感器的出厂编号、资产类别、资产型号、在用变比等信息。

（3）将该客户基本信息保存在桌面文件"客户计量装置信息"，并将此文件另存为"单位＋姓名.xls"（如××公司张某的文件名应为"××张某.xls"）。

四、工作规范及要求

（1）电教室独立完成。

（2）电脑可以登录系统内网并可登录相应业务应用系统。

（3）时间到应立即停止答题，离开考试场地。

（4）考核中出现下列情况之一的，考核成绩为0：

1）非独立完成；

2）在规定时限内，未提交发起。

（5）考生不得询问与考试内容无关的问题，考评员不得提示与考试有关的内容。

五、考核及时间要求

本考核要求完成时间为 20 分钟，时间到应立即停止操作。

技能等级评价专业技能考核操作评分标准

工种	农网配电营业工（综合柜员）			评价等级		技师
项目模块	用电营业与服务—用电营业管理			编号		Jc0001251003
单位			准考证号		姓名	
考试时限	20 分钟	题型		多项操作题	题分	100 分
成绩		考评员		考评组长	日期	
试题正文	操作系统查询功能——查询客户电能表、互感器信息					
需要说明的问题和要求	（1）独立完成，考试一人一桌一机。 （2）预装好相应 Office 软件、95598 业务支持系统、营销业务应用系统、用电信息采集系统。 （3）配备计时设备，在不影响考试正常进行的前提下为考试提供时间参考					

续表

序号	项目名称	质量要求	满分	扣分标准	扣分原因	得分
1	营销业务应用系统客户档案信息查询	正确查询相关数据明细	100	数据查询错误，每项扣10分，扣完为止		
	合计		100			

Jc0001262004 直接接入式三相电能表抄读、异常处理、电费计算。（100分）

考核知识点：抄表异常分析及处理

难易度：中

技能等级评价专业技能考核操作工作任务书

一、任务名称

直接接入式三相电能表抄读、异常处理、电费计算。

二、适用工种

农网配电营业工（综合柜员）技师。

三、具体任务

（1）抄读指定三相四线电能表，完成铭牌信息及表 Jc0001262004-1 内示数信息填写。

表 Jc0001262004-1

电能表铭牌参数		表内信息	
电能表出厂编号		正向有功总电量	
参比电压		反向有功总	
标定电流及最大电流		组合无功Ⅰ	
接线方式		组合无功Ⅱ	
准确度等级		功率因数	

（2）使用掌机读取当前电能表内阶梯电价执行套数及阶梯电价、费率电价执行套数及费率电价。

（3）已知该户执行一般工商业平段电价，请将表内电价修改正确（一般工商业平段电价执行 0.518 3 元/kWh）。

（4）表 Jc0001262004-2 为该客户的购电记录，计算因电价错误产生的退补电费。

表 Jc0001262004-2

购电时间	购电类型	电卡购电次数	本次写卡金额（元）	累计购电金额（元）
2020年11月12日	日常购电	2	170	270
2020年10月12日	首次购电	1	100	100

四、工作规范及要求

（1）着装符合要求，穿全棉长袖工作服、绝缘鞋，戴安全帽、线手套。

（2）携带自备工具（钢笔或中性笔、计算器、线手套）进入现场，待考评员宣布许可工作命令后开始工作并计时。

（3）打开计量柜（箱）门之前必须对柜（箱）体验电，现场操作严格执行《国家电网公司电力安全工作规程（配电部分）》。

（4）工作结束清理现场，并向考评员报告。

五、考核及时间要求

本考核操作时间限定为 30 分钟，计时结束停止考评。

技能等级评价专业技能考核操作评分标准

工种	农网配电营业工（综合柜员）		评价等级	技师
项目模块	用电营业与服务—用电营业管理	编号		Jc0001262004
单位		准考证号	姓名	
考试时限	30 分钟	题型	综合操作题	题分	100 分
成绩		考评员	考评组长	日期	
试题正文	直接接入式三相电能表抄读、异常处理、电费计算			
需要说明的问题和要求	（1）要求单人操作。 （2）操作应注意安全，按照标准化作业书的技术安全说明做好安全措施			

序号	项目名称	质量要求	满分	扣分标准	扣分原因	得分
1	安全文明生产	佩戴安全帽；穿全棉长袖工作服；穿绝缘鞋；操作时戴线手套；打开柜门前需先验电	10	有一项未按要求进行扣 5 分，扣完为止		
2	电能表抄读	（1）电能表铭牌信息填写正确规范。 （2）表内示数信息填写正确规范	20	表格内数据未填写或填写错误每项扣 2 分，扣完为止		
3	电价抄读	（1）正确判断当前电能表内执行第几套阶梯电价。 （2）正确判断当前电能表内阶梯电价。 （3）正确判断当前电能表内执行第几套费率电价。 （4）正确判断当前电能表内执行费率电价	20	错答一项扣 5 分，扣完为止		
4	电价修改	电价修改正确	10	未正确修改电价扣 10 分		
5	电费计算	电费计算正确	30	电费计算方法不正确扣 20 分；结果计算错误扣 10 分		
6	现场恢复	操作结束后清理现场杂物，并将工器具归位摆放整齐	10	现场留有杂物或工器具未归位扣 10 分		
	合计		100			

标准答案：

（1）抄读 1 号台体 3 号表位表号为 0002820719 的电能表，电能表相关信息填入表 Jc0001262004－3。

表 Jc0001262004－3

电能表铭牌参数		表内信息	
电能表出厂编号	0002820719	正向有功总电量	234.32
参比电压	3×220/380V	反向有功总	0
标定电流及最大电流	3×1.5（6）A	组合无功 I	0
接线方式	三相四线	组合无功 II	0
准确度等级	有功 1.0，无功 2.0	功率因数	0.8

（2）当前表内执行第二套阶梯电价，阶梯电价标准为 0.448 6 元/kWh、0.498 6 元/kWh、0.748 6 元/kWh；当前表内执行第一套费率电价，电价标准为 0.518 3 元/kWh。

（3）表内应执行电价为 0.518 3 元/kWh，实际电价为费率电价与阶梯电价叠加，应将阶梯电价关闭。

（4）通过读取表内信息可知，当前总电量 234.32kWh，剩余金额 5.35 元。

在电价执行正确时，客户电能表内应发生电费＝234.32×0.518 3＝124.45（元）

电能表内应剩余金额＝270－124.45＝145.55（元）

但因电价错误，客户电能表内实际剩余金额为5.35元，因此

应退客户电费＝145.55－5.35＝140.2（元）

Jc0001262005　表计异常判断处理。（100分）

考核知识点：窃电及违约用电处理

难易度：中

技能等级评价专业技能考核操作工作任务书

一、任务名称

表计异常判断处理。

二、适用工种

农网配电营业工（综合柜员）技师。

三、具体任务

（1）工作人员2020年5月30日12：00经用电信息采集系统分析，表号为0004568798的居民客户单相表自2020年4月1日00：00开始至今不走字，请现场检查原因。

（2）请简述针对此种情况的主要处理步骤。

（3）如该客户家中主要负荷有照明1.5kW，空调2kW、电热水器2kW。请根据客户用电容量计算该户应追补电费、违约使用电费（追补电费不考虑阶梯电价因素）。

四、工作规范及要求

（1）着装符合要求，穿全棉长袖工作服、绝缘鞋，戴安全帽、线手套。

（2）携带自备工具（钢笔或中性笔、计算器、线手套）进入现场，待考评员宣布许可工作命令后开始工作并计时。

（3）打开计量柜（箱）门之前必须对柜（箱）体验电，现场操作严格执行《国家电网有限公司营销现场作业安全工作规程（试行）》。

（4）工作结束清理现场，并向考评员报告。

五、考核及时间要求

本考核操作时间限定为30分钟，计时结束停止考评。

技能等级评价专业技能考核操作评分标准

工种	农网配电营业工（综合柜员）			评价等级		技师
项目模块	用电营业与服务—用电营业管理		编号		Jc0001262005	
单位		准考证号		姓名		
考试时限	30分钟	题型	综合操作题	题分		100分
成绩		考评员		考评组长	日期	
试题正文	表计异常判断处理					
需要说明的问题和要求	（1）要求单人操作。 （2）操作应注意安全，按照标准化作业书的技术安全说明做好安全措施					

序号	项目名称	质量要求	满分	扣分标准	扣分原因	得分
1	安全文明生产	佩戴安全帽；穿全棉工作服；穿绝缘鞋；操作时戴线手套；打开柜门前需先验电	10	有一项未按要求进行扣5分，扣完为止		

续表

序号	项目名称	质量要求	满分	扣分标准	扣分原因	得分
2	异常检查	正确检查出异常	10	异常判断错误扣 10 分		
3	窃电处理的步骤	窃电处理的步骤回答正确	40	每回答错误一个步骤扣 6 分，扣完为止		
4	电费计算	（1）窃电时间计算正确。 （2）追补电量计算正确。 （3）追补电费计算正确。 （4）违约使用电费计算正确	40	每项回答错误扣 10 分，扣完为止		
	合计		100			

标准答案：

（1）该户表计不走的原因为电流进出线短接用电。

（2）处理单相表窃电的步骤：

1）现场拍照取证。

2）抄取表计电量信息。

3）填写用电检查通知书、窃电通知书，送达客户并由客户签收。

4）进行违约电费计算处理（窃电时间根据用电信息采集系统进行判断，动力按照 12h 计算，居民按照 6h 计算）。

5）客户如签字并接受处理，可现场恢复正常接线并加封；对于客户拒不接受处理可立即中止供电。

（3）计算该户应追补电量：该户自 4 月 1 日窃电开始到 5 月 30 日止，共计窃电天数 60 天，该户属居民用电，按照每天 6h 计算窃电电量。

客户用电容量＝1.5＋2＋2＝5.5（kW）

应追补电量＝5.5×6×60＝1980（kWh）

应追补电费＝1980×0.448 6＝888.23（元）

违约使用电费＝3×888.23＝2664.69（元）

客户共计需缴纳费用＝888.23＋2664.69＝3552.92（元）

Jc0001242006 电能表误差计算。（100 分）

考核知识点： 电能表误差计算

难易度： 中

技能等级评价专业技能考核操作工作任务书

一、任务名称

电能表误差计算。

二、适用工种

农网配电营业工（综合柜员）技师。

三、具体任务

某电能表常数为 450r/kWh，负荷有功功率为 2kW，计量倍率为 50/5，该表表盘 10min 应转几转？若实际测得转数为 14r，表计实际误差为多少？

四、工作规范及要求

计算准确，文字描述清晰、规范。

五、考核及时间要求

本考核要求完成时间为 30 分钟，答题完整，文字描述清晰、规范。

技能等级评价专业技能考核操作评分标准

工种	农网配电营业工（综合柜员）		评价等级	技师
项目模块	用电营业与服务—用电营业管理	编号	Jc0001242006	
单位		准考证号	姓名	
考试时限	30 分钟	题型	单项操作题	题分	100 分
成绩	考评员	考评组长	日期	
试题正文	电能表误差计算			
需要说明的问题和要求	要求单人完成			

序号	项目名称	质量要求	满分	扣分标准	扣分原因	得分
1	所转圈数公式	公式正确	20	公式错误扣 20 分		
2	所转圈数计算	数据代入、计算正确	20	计算错误扣 20 分		
3	表计误差公式	公式正确	30	公式错误扣 30 分		
4	表计误差计算	数据代入、计算正确	20	计算错误扣 20 分		
5	总结回答	文字描述清晰、规范	10	回答错误扣 10 分		
	合计		100			

标准答案

（1）电能表转盘一定时间内所转圈数 $r=$ 时间×测试有功功率×电能表常数/计量倍率，代入数据得

$r=$（10/60）×2×（450/10）=15（r）

（2）表计误差＝（实测圈数－计算圈数）/计算圈数×100%，代入数据得

误差＝（14－15）÷15×100%＝－6.7%

该电能表表盘 10min 应转 15r，其误差为－6.7%。

Jc0001252007 单相电能表抄读、异常处理。（100 分）

考核知识点：电价异常分析及处理

难易度：中

技能等级评价专业技能考核操作工作任务书

一、任务名称

单相电能表抄读、异常处理。

二、适用工种

农网配电营业工（综合柜员）技师。

三、具体任务

（1）抄读指定单相电能表，完成铭牌信息及表 Jc0001252007－1 内示数信息填写。

表 Jc0001252007－1

电能表铭牌参数		表内信息	
电能表出厂编号		当前总电量	
额定电压		上一月总电量	
标定电流及最大电流		剩余金额	
接线方式		电压	
准确度等级		电流	

（2）笔答现场发现的电能表异常。

（3）填写表计异常单。

四、工作规范及要求

（1）着装符合要求，穿全棉长袖工作服、绝缘鞋，戴安全帽、线手套。

（2）携带自备工具（钢笔或中性笔、线手套）进入现场，待考评员宣布许可工作命令后开始工作并计时。

（3）打开计量柜（箱）门之前必须对柜（箱）体验电，现场操作严格执行《国家电网有限公司营销现场作业安全工作规程（试行）》。

（4）工作结束清理现场，并向考评员报告。

五、考核及时间要求

（1）本考核操作时间限定为 20 分钟，计时结束停止考评。

（2）故障查找过程中，如确实不能查找出故障，可向考评员申请排除故障，该项故障项目不得分，但不影响其他项目。

技能等级评价专业技能考核操作评分标准

工种	农网配电营业工（综合柜员）		评价等级	技师	
项目模块	电费管理—收费管理		编号	Jc0001252007	
单位		准考证号		姓名	
考试时限	20 分钟	题型	多项操作题	题分	100 分
成绩		考评员		考评组长		日期	
试题正文	单相电能表抄读、异常处理				
需要说明的问题和要求	（1）要求单人操作。 （2）操作应注意安全，按照标准化作业书的技术安全说明做好安全措施				

序号	项目名称	质量要求	满分	扣分标准	扣分原因	得分
1	安全文明生产	佩戴安全帽；穿全棉长袖工作服；穿绝缘鞋；操作时戴线手套；打开柜门前需先验电	10	有一项未按要求进行扣 5 分，扣完为止		
2	电能表抄读	（1）电能表铭牌信息填写正确规范。 （2）表内示数信息填写正确规范	40	表格内数据未填写或填写错误每项扣 4 分，扣完为止		
3	判断电能表异常	正确识别电能表异常	20	漏答、错答一项异常扣 10 分，扣完为止		
4	填写表计异常单	异常单内容填写完整、正确	20	漏填、错填一项扣 2 分，扣完为止		
5	现场恢复	操作结束后清理现场杂物，并将工器具归位摆放整齐	10	现场留有杂物或工器具未归位扣 10 分		
	合计		100			

标准答案：

（1）抄读 1 号台体 3 号表位，表号为 0001334567 的电能表，电能表相关信息填入表 Jc0001252007－2。

表 Jc0001252007-2

电能表铭牌参数		表内信息	
电能表出厂编号	0001334567	当前总电量	
额定电压		上一月总电量	
标定电流及最大电流		剩余金额	
接线方式		电压	
准确度等级		电流	

（2）异常情况：电池欠压 ERR-04、时钟错误 ERR-08，填写表 Jc0001252007-3 的国网宁夏电力有限公司××供电公司表计异常单。

表 Jc0001252007-3

填写日期：年　月　日　　　　　　　　　　　　　　　　　　　　　　NO:

户名	抄表段号	电能表出厂编号	电能表型号	电压/电流	倍率
—	—				

抄见示数						用电地址：—	
总	峰	平	谷	子表1	子表2		

异常情况

发现人：　　　　　　　　　处理人：　　　　　　　　　处理日期：

Jc0001253008　经互感器接入的三相四线电能表抄读、异常处理、电费计算。（100 分）

考核知识点：抄表异常分析及处理

难易度：难

技能等级评价专业技能考核操作工作任务书

一、任务名称

经互感器接入的三相四线电能表抄读、异常处理、电费计算。

二、适用工种

农网配电营业工（综合柜员）技师。

三、具体任务

（1）抄读指定三相四线电能表，完成铭牌信息及表 Jc0001253008-1 内示数信息填写。

表 Jc0001253008-1

电能表铭牌参数		表内信息	
电能表出厂编号		正向有功总电量	
额定电压		组合无功	
标定电流及最大电流		反向有功总	
接线方式		上月正向有功总电量	
准确度等级		上月组合无功	

（2）已知该客户用电容量为 250kVA，10kV 供电，用电性质为自来水供应，客户三相负荷平衡，变压器型号为 S9 系列，采用高供低计计量方式，电压互感器变比为 400/5（设定工商业及其他电价：峰段 0.647 1 元/kWh、平段 0.468 3 元/kWh、谷段 0.289 5 元/kWh）。

1）根据电能表屏显信息，写出电能表存在的接线异常。

2）已知最近一次失压时刻时有功总电量表码为 382.64kWh，根据电能表屏显示接线异常，写出错误接线功率表达式，并计算出客户当月应交电费（计算过程中不考虑功率因数调整电费）。

四、工作规范及要求

（1）着装符合要求，穿全棉长袖工作服、绝缘鞋，戴安全帽、线手套。

（2）携带自备工具（钢笔或中性笔、计算器、线手套）进入现场，待考评员宣布许可工作命令后开始工作并计时。

（3）打开计量柜（箱）门之前必须对柜（箱）体验电，现场操作严格执行《国家电网有限公司营销现场作业安全工作规程（试行）》。

（4）工作结束清理现场，并向考评员报告。

五、考核及时间要求

本考核操作时间限定为 30 分钟，计时结束停止考评。

技能等级评价专业技能考核操作评分标准

工种	农网配电营业工（综合柜员）				评价等级		技师
项目模块	电费管理—收费管理			编号		Jc0001253008	
单位			准考证号			姓名	
考试时限	30 分钟	题型		多项操作题		题分	100 分
成绩		考评员		考评组长		日期	
试题正文	经互感器接入的三相四线电能表抄读、异常处理、电费计算						
需要说明的问题和要求	（1）要求单人操作。 （2）操作应注意安全，按照标准化作业书的技术安全说明做好安全措施						

序号	项目名称	质量要求	满分	扣分标准	扣分原因	得分
1	安全文明生产	佩戴安全帽；穿全棉长袖工作服；穿绝缘鞋；操作时戴线手套；打开柜门前需先验电	10	有一项未按要求进行扣 5 分，扣完为止		
2	电能表抄读	（1）电能表铭牌信息填写正确规范。 （2）表内示数信息填写正确规范	20	表格内每项数据未填或填写错误扣 2 分，扣完为止		
3	异常识别	表计异常判断正确	20	判断错误扣 20 分		
4	电费计算	（1）抄见电量计算正确。 （2）追补电量计算正确。 （3）变损电量查表正确。 （4）表内应结算电量计算正确。 （5）当月应交电费计算正确	40	每项错误扣 8 分		
5	现场恢复	操作结束后清理现场杂物，并将工器具归位摆放整齐	10	现场留有杂物或工器具未归位，扣 10 分		
	合计		100			

标准答案：

（1）抄读电能表相关信息填入表 Jc0001253008－2（表内空白处以考核现场电能计量装置参数示数值为准）。

表 Jc0001253008－2

电能表铭牌参数		表内信息	
电能表出厂编号		正向有功总电量	415.92
额定电压	3×220/380V	组合无功	312.64
标定电流及最大电流	3×1.5（6）A	反向有功总	0
接线方式	三相四线	上月正向有功总电量	361.32
准确度等级	有功 1.0，无功 2.0	上月组合无功	260.64

（2）分别分析如下：

1）经检查，表内 A 相失压。

2）倍率＝400/5＝80

当月表内抄见电量：$W_P' = (415.92 - 361.32) \times 80 = 4368$（kWh）

追补电量：

失压期间抄见电量 $W_{失压} = (415.92 - 382.64) \times 80 = 2662$（kWh）

A 相失压情况下，有功功率 $P' = 2UI\cos\varphi$

三相四线接线正确时，有功功率 $P = 3UI\cos\varphi$

则更正系数 $K = P/P' = 1.5$

追补电量 $W_补 = K \times W_{失压} = 1.5 \times 2662 = 3993$（kWh）

表内应结算电量：

$W_P = W_P' + W_补 = 4368 + 3993 = 8361$（kWh）

变损电量：经查表该客户本月有功变损为 427kWh，无功变损为 2238kvar。

当月应交电费：当月应交电费＝（8361＋427）×0.468 3＝4115（元）

Jc0001252009　违约用电处理。（100 分）

考核知识点：违约用电的处理等

难易度：中

技能等级评价专业技能考核操作工作任务书

一、任务名称

违约用电处理。

二、适用工种

农网配电营业工（综合柜员）技师。

三、具体任务

2020 年供电部门在治理台区线损时，系统分析发现一居民客户每日用电量均小于 1kWh，经现场检查发现实测负荷电流与电能表内电流不一致，通过读取该电能表开盖事件记录发现该户在 2019 年 2 月 1 日存在开盖事件，表计实测电流与电能表内电流记录见表 Jc0001252009－1，开盖事件记录见表 Jc0001252009－2。经现场与客户确认，客户承认窃电行为，请根据现场检测结果，计算平均超差值、追补电费及违约使用电费（不考虑阶梯电价影响）。

表 Jc0001252009－1

电能表出厂编号	实测电流	表内电流
×××	20.6A	1.67A
×××	18.9A	1.56A
×××	6.8A	0.55A
×××	5.4A	0.44A

表 Jc0001252009－2

出厂编号	开盖总次数	上 1 次开盖开始时间	上 1 次开盖结束时间	开盖时总电量	当前总电量
×××	1 次	2019 年 2 月 1 日 11:02:15	2019 年 2 月 1 日，11:17:03	正向 647.43kWh，反向 0kWh	正向 1176.43kWh，反向 0kWh

四、工作规范及要求

（1）追补电费及违约使用电费计算正确。

（2）自备钢笔或圆珠笔、计算器。

五、考核及时间要求

本考核操作时间限定为30分钟，计时结束停止考评。

技能等级评价专业技能考核操作评分标准

工种		农网配电营业工（综合柜员）			评价等级	技师
项目模块		用电营业与服务—优质服务		编号		Jc0001252009
单位			准考证号		姓名	
考试时限	30分钟	题型		多项操作题	题分	100分
成绩		考评员		考评组长	日期	
试题正文	违约用电处理					
需要说明的问题和要求	无					

序号	项目名称	质量要求	满分	扣分标准	扣分原因	得分
1	平均超差值计算正确	每个实测数据超差值计算正确,平均超差值计算正确	20	回答错误一处扣4分,扣完为止		
2	客户窃电期间实际用电量计算	计算正确	20	结果错误扣20分		
3	电费计算	（1）追补电量计算正确。（2）追补电费计算正确。（3）违约使用电费计算正确	60	漏回答或回答错误一处扣20分,扣完为止		
	合计		100			

标准答案：

（1）平均超差值计算：根据现场实测数据计算电能表的超差，电流超差计算见表Jc0001252009-3。

表 Jc0001252009-3

表号	实测电流	表内电流	超差
×××	20.6A	1.67A	-91.89%
×××	18.9A	1.56A	-91.75%
×××	6.8A	0.55A	-91.91%
×××	5.4A	0.44A	-91.85%

根据上表计算，该电表的平均超差为

$$平均超差 = -（91.89\% + 91.75\% + 91.91\% + 91.85\%）/4 = -91.85\%$$

（2）客户窃电期间实际用电量计算：已知客户开盖时正向有功电量为647.43kWh，当前客户总电量正向1176.43kWh，

客户窃电期间，表内统计电量 = 1176.43 - 647.43 = 529（kWh）

根据现场实测数据计算的平均超差值可计算得出，客户实际使用电量 = 529/（1 - 91.85%）= 6491（kWh）

（3）追补电量电费计算：

应向客户追补电量＝6491－529＝5962（kWh）

应向客户追补电费＝5962×0.448 6＝2674.55（元）

违约使用电费＝3×2674.55＝8023.65（元）

Jc0001252010　违约用电分析及电费计算。（100分）

考核知识点：违约用电

难易度：中

技能等级评价专业技能考核操作工作任务书

一、任务名称

违约用电分析及电费计算。

二、适用工种

农网配电营业工（综合柜员）技师。

三、具体任务

2021年5月6日上午，某供电所营业普查过程中发现一380V供电的居民客户，在三相计费电能表的出线上，私自转供一基建工地临时用电，现场核定用电设备容量为8kW，使用起讫时间难以确定，在《用电检查工作单》上，双方当事人签字认可后，拆除了私自违约转供用电接线。

请对本事件在抄表过程中发现的违约用电行为进行分析，并根据现行电价计算补交电费及违约实用电费（不考虑分时电价影响）。

四、工作规范及要求

回答完整，违约金计算正确

五、考核及时间要求

本考核要求完成时间为30分钟，计算正确，答题完整，文字描述清晰、规范。

技能等级评价专业技能考核操作评分标准

工种	农网配电营业工（综合柜员）					评价等级		技师	
项目模块	用电营业与服务—优质服务				编号		Jc0001252010		
单位				准考证号			姓名		
考试时限	30分钟		题型		多项操作题		题分		100分
成绩		考评员			考评组长			日期	
试题正文	违约用电分析及电费计算								
需要说明的问题和要求	（1）要求单人完成。 （2）计算正确，答题完整								

序号	项目名称	质量要求	满分	扣分标准	扣分原因	得分
1	违反的规定	完整、准确	50	错误、漏一项扣25分，扣完为止		
2	差额电费	计算准确	25	错误扣25分		
3	补交违约电费	计算准确	25	错误扣25分		
	合计		100			

标准答案：

（1）违反以下规定：

1）《供电营业规则》："客户不得自行转供电"。

2）《供电营业规则》："在电价低的供电线路上，擅自接用电价高的用电设备或私自改变用电类别。"

（2）补交电费及违约使用电费：

1）应补交违约用电量其差额电费：$8 \times 12 \times 180 \times (0.488\,3 - 0.448\,6) = 686.02$（元）。

2）补交违约使用电费：$686.02 \times 2 = 1372.04$（元）。

Jc0001252011　低压电能表故障分析并处理。（100分）

考核知识点： 抄表异常分析及处理

难易度： 中

技能等级评价专业技能考核操作工作任务书

一、任务名称

低压电能表故障分析并处理。

二、适用工种

农网配电营业工（综合柜员）技师。

三、具体任务

某低压动力客户，原使用1块三相四线有功电能表，其规格为3×380/220V、1.5（6）A，3只150/5电流互感器。因客户过负荷，使其中一相电流互感器烧毁。客户自己更换了1台200/5的电流互感器，并将极性接反。10个月后被供电公司检查用电时发现，此时表计显示其用电量8万kWh。求：

（1）更正率。

（2）客户应追补电量。

四、工作规范及要求

（1）问题回答全面，准确。

（2）自备钢笔或圆珠笔、计算器。

五、考核及时间要求

本考核操作时间为20分钟，时间到停止考评。

技能等级评价专业技能考核操作评分标准

工种		农网配电营业工（综合柜员）			评价等级		技师
项目模块		电费管理—收费管理		编号		Jc0001252011	
单位			准考证号			姓名	
考试时限	20分钟		题型	多项操作题		题分	100分
成绩		考评员		考评组长		日期	
试题正文	低压电能表故障分析并处理						
需要说明的问题和要求	要求单人完成						

序号	项目名称	质量要求	满分	扣分标准	扣分原因	得分
1	计算结果	（1）正确电量计算正确。 （2）错误电量计算正确	40	步骤计算错误一处扣10分； 结果计算错误一处扣10分； 以上扣分，扣完为止		

续表

序号	项目名称	质量要求	满分	扣分标准	扣分原因	得分
2	更正率	更正率计算正确	30	更正率计算步骤错误扣15分；计算结果错误扣15分		
3	追补电量	追补电量计算正确	30	追补电量计算步骤错误扣15分；计算结果错误扣15分		
	合计		100			

标准答案：

（1）正确的电量 $= 1/3 + 1/3 + 1/3 = 1$

（2）错误的电量 $= 1/3 + 1/3 - 1/3 \times \dfrac{150/5}{200/5} = 5/12$

（3）更正率 $= \dfrac{\text{正确的电量} - \text{错误的电量}}{\text{错误的电量}} \times 100\%$

$\qquad = \dfrac{1 - 5/12}{5/12} \times 100\% = 140\%$

（4）追补电量 $=$ 抄见电量 $\times$ 更正率 $= 80\,000 \times 140\% = 11\,2000$（kWh）

该户更正率为140%，追补电量为112 000kWh。

Jc0001263012 **用电信息采集系统正确抄录相关参数。（100分）**

考核知识点： 远程抄表的抄表原理、操作流程和注意事项

难易度： 难

技能等级评价专业技能考核操作工作任务书

一、任务名称

用电信息采集系统正确抄录相关参数。

二、适用工种

农网配电营业工（综合柜员）技师。

三、具体任务

已知某供电所某专用变压器客户的表号为×××，请使用营销业务应用系统和用电信息采集系统完成以下任务：

（1）在营销业务应用系统中查询出该客户户号及终端地址。

（2）召测该电能表上两月月末冻结表码、上一月月末冻结表码、当前表码。

（3）请在营销系统中查询上两月、上一月发行的电量电费，并核实发行抄见电量与采集系统是否一致。

（4）在桌面以准考证号为名称建立文件夹，将电费清单、表码截图存入该文件夹中。

四、工作规范及要求

（1）在使用用电信息采集系统及营销业务应用系统功能时，不得进行其他无关操作。

（2）自备钢笔或圆珠笔、计算器。

（3）要求上两月月末冻结表码、上一月月末冻结表码、当前表码值等结果需提供截图；电费清单需导出。

五、考核及时间要求

本考核操作时间限定为30分钟，计时结束停止考评。

技能等级评价专业技能考核操作评分标准

工种	农网配电营业工（综合柜员）			评价等级	技师
项目模块	用电营业与服务—用电营业管理		编号	Jc0001263012	
单位		准考证号		姓名	
考试时限	30分钟	题型	综合操作题	题分	100分
成绩		考评员	考评组长	日期	
试题正文	用电信息采集系统正确抄录相关参数				
需要说明的问题和要求	无				

序号	项目名称	质量要求	满分	扣分标准	扣分原因	得分
1	用电信息采集系统操作	（1）通过终端地址进行实时数据召测。（2）通过户号查询该电能表上一月、上两月冻结表码。（3）提供上一月、上两月冻结表码截图	40	每个数据项错误扣10分；无截图每项扣5分，扣完为止		
2	营销系统操作	（1）通过表号正确查询户号。（2）在客户档案中查询终端地址。（3）通过户号查询上两月、上一月电费清单。（4）导出上两月、上一月电费清单。（5）正确判断营销系统发行抄见电量与采集系统是否一致	50	每一项错误扣分10分，扣完为止		
3	计算机桌面系统	按要求建立文件夹，并将文件存入文件夹中	10	未按要求建立文件夹或未将文件保存至指定位置，每一项各扣5分，扣完为止		
	合计		100			

标准答案：

（1）通过营销业务应用系统查询出该客户户号为×××、终端地址为×××。

（2）通过用电信息采集系统冻结表码查询上两月、上一月月末冻结表码；通过实时召测功能，抄收该表计当前表码。

（3）在营销业务应用系统中，查询并导出电费清单。

（4）在计算机桌面新建以准考证号为名称的文件夹，并将电费清单、表码截图存入该文件夹中。

Jc0001241013 营销业务应用系统——抄表段管理。（100分）

考核知识点：系统操作

难易度：易

技能等级评价专业技能考核操作工作任务书

一、任务名称

营销业务应用系统——抄表段管理。

二、适用工种

农网配电营业工（综合柜员）技师。

三、具体任务

（1）熟练操作 95598 业务支持系统、营销业务应用系统、用电信息采集系统。

（2）某供电所新建台区"石桥变电站 512 崇兴线韩渠六队公用变压器"，批量新增 100 户居民客户，新装流程结束后抄表员在新户分配抄表段时发现没有匹配的抄表段，作为该台区的台区经理，请为该台区创建一个新的抄表段，并分配抄表员、核算员，其他抄表段信息按业务规则设置。

（3）将抄表段编号及流程申请编号写在答题纸上。

四、工作规范及要求

（1）电教室独立完成。

（2）电脑可以登录系统内网并可登录相应业务应用系统。

（3）时间到应立即停止答题，离开考试场地。

（4）考核中出现下列情况之一的，考核成绩为 0：

1）不能登录营销业务应用系统；

2）非独立完成；

3）在规定时限内，未提交答卷或未发起相应业务流程。

（5）考生不得询问与考试内容无关的问题，考评员不得提示与考试有关的内容。

五、考核及时间要求

本考核操作时间 15 分钟，按照技能操作记录单的操作要求进行操作，正确记录查询结果。

技能等级评价专业技能考核操作评分标准

工种	农网配电营业工（综合柜员）				评价等级	技师
项目模块	用电营业与服务—用电营业管理				编号	Jc0001241013
单位			准考证号		姓名	
考试时限	15 分钟	题型		单项操作题	题分	100 分
成绩		考评员		考评组长	日期	
试题正文	营销业务应用系统——抄表段管理					
需要说明的问题和要求	（1）独立完成，考试一人一桌一机。 （2）预装好相应 Office 软件、95598 业务支持系统、营销业务应用系统、用电信息采集系统。 （3）将抄表段编号及流程申请编号写在答题纸上					

序号	项目名称	质量要求	满分	扣分标准	扣分原因	得分
1	系统登录	熟练登录营销业务应用系统	20	登录系统不熟练或无法登录系统，扣 20 分		
2	抄表段维护新增	正确设置抄表段属性、抄表员、核算员等信息	60	抄表段相关信息填写错误扣 10 分，扣完为止		
3	新建抄表段编号及流程申请编号	写出新建的抄表段编号及流程申请编号	20	流程未结束或未写出相关信息扣 10 分，扣完为止		
	合计		100			

Jc0001252014　三相四线制电能计量装置参数测量。（100 分）

考核知识点：正确使用相位视在功率表测量相关参数

难易度：中

技能等级评价专业技能考核操作工作任务书

一、任务名称

三相四线制电能计量装置参数测量。

二、适用工种

农网配电营业工（综合柜员）技师。

三、具体任务

使用相位视在功率表完成指定三相四线制电能表相关参数的测量并记录在表 Jc0001252014-1 中。

表 Jc0001252014-1

一、电能表基本信息（有功）					
型号		准确度等级		出厂编号	
规格	V；　A		制造厂家		
二、实测数据					
相电压	$U_1=$		$U_2=$		$U_3=$
电流	$I_1=$		$I_2=$		$I_3=$
相位	$\dot{U}_1 \char"005E \dot{U}_2=$			基准相：	
	$\dot{U}_1 \char"005E \dot{I}_1=$		$\dot{U}_1 \char"005E \dot{I}_2=$		$\dot{U}_1 \char"005E \dot{I}_3=$

四、工作规范及要求

（1）着装符合要求，穿全棉长袖工作服、绝缘鞋，戴安全帽、线手套。

（2）携带自备工具（钢笔或中性笔、计算器、三角尺）进入现场，待考评员宣布许可工作命令后开始工作并计时。

（3）打开计量柜（箱）门之前必须对柜（箱）体验电，现场操作严格执行《国家电网有限公司营销现场作业安全工作规程（试行）》。

（4）工作结束清理现场，并向考评员报告。

五、考核及时间要求

本考核操作时间为 20 分钟，时间到停止考评。

技能等级评价专业技能考核操作评分标准

工种	农网配电营业工（综合柜员）			评价等级	技师
项目模块	用电营业与服务—用电营业管理		编号		Jc0001252014
单位		准考证号		姓名	
考试时限	20 分钟	题型	多项操作题	题分	100 分
成绩		考评员		考评组长	日期
试题正文	三相四线制电能计量装置参数测量				
需要说明的问题和要求	（1）要求单人操作。 （2）操作应注意安全，按照标准化作业书的技术安全说明做好安全措施。 （3）考试使用电能表为仿真表，通过模拟装置进行参数设置。 （4）默认设置为三相四线智能电能表，假定负荷三相平衡，三相电压均为 220.0V、三相电流均为 2.0A，功率因数角为 30°				

续表

序号	项目名称	质量要求	满分	扣分标准	扣分原因	得分
1	安全文明生产	佩戴安全帽；穿全棉长袖工作服；穿绝缘鞋；操作时戴线手套；打开柜门前需先验电	20	有一项未按要求进行扣5分，扣完为止		
2	正确使用相位伏安表	（1）正确使用相位视在功率表。（2）数据测量正确	60	相位视在功率表使用不当一次扣10分；数据测量错误一次扣10分；以上扣分，扣完为止		
3	正确记录	正确填写表格记录	10	填写错误一处扣2分；单位使用错误一处扣2分；以上扣分，扣完为止		
4	现场恢复	操作结束后清理现场杂物，并将工器具归位、摆放整齐	10	现场留有杂物或工器具未归位扣10分		
	合计		100			

标准答案：

表 Jc0001252014－2

一、电能表基本信息（有功）					
型号		准确度等级		出厂编号	
规格		V；　A	制造厂家		

二、实测数据			
相电压	$U_1=220.0\text{V}$	$U_2=220.0\text{V}$	$U_3=220.0\text{V}$
电流	$I_1=2.0\text{A}$	$I_2=2.0\text{A}$	$I_3=2.0\text{A}$
相位	$\dot{U}_1 \overset{\wedge}{} \dot{U}_2=120°$	基准相：$\dot{U}_1=\dot{U}_a$	
	$\dot{U}_1 \overset{\wedge}{} \dot{I}_1=30°$	$\dot{U}_1 \overset{\wedge}{} \dot{I}_2=150°$	$\dot{U}_1 \overset{\wedge}{} \dot{I}_2=270°$

Jc0001252015　直通式三相四线制电能计量装置接线分析。（100分）

考核知识点： 直通式三相四线制电能计量装置接线分析

难易度： 中

技能等级评价专业技能考核操作工作任务书

一、任务名称

直通式三相四线制电能计量装置接线分析。

二、适用工种

农网配电营业工（综合柜员）技师。

三、具体任务

使用相位伏安表完成指定直通式三相四线制电能计量装置相关参数的测量并分析接线形式，将相关信息填入表 Jc0001252015－1 中。

表 Jc0001252015－1

一、电能表基本信息（有功）					
型号		准确度等级		出厂编号	
规格		V；　A	制造厂家		

二、实测数据				
线电压	$U_{12}=$	$U_{32}=$	$U_{13}=$	电压相序：

续表

相电压	$U_1 =$		$U_2 =$		$U_3 =$	
电流	$I_1 =$		$I_2 =$		$I_3 =$	
相位	$\dot{U}_1 \char`\^ \dot{U}_2 =$			基准相：		
	$\dot{U}_1 \char`\^ \dot{I}_1 =$		$\dot{U}_1 \char`\^ \dot{I}_2 =$		$\dot{U}_1 \char`\^ \dot{I}_3 =$	

四、错误接线形式：下标用 A、B、C 表示
第一元件：
第二元件：
第三元件：

三、错误接线相量图

五、错误接线示意图

四、工作规范及要求

（1）着装符合要求，穿全棉长袖工作服、绝缘鞋，戴安全帽、线手套。

（2）携带自备工具（钢笔或中性笔、计算器、三角尺）进入现场，待考评员宣布许可工作命令后开始工作并计时。

（3）打开计量柜（箱）门之前必须对柜（箱）体验电，现场操作严格执行《国家电网有限公司营销现场作业安全工作规程（试行）》。

（4）工作结束清理现场，并向考评员报告。

五、考核及时间要求

本考核操作时间为 30 分钟，时间到停止考评。

技能等级评价专业技能考核操作评分标准

工种	农网配电营业工（综合柜员）			评价等级		技师
项目模块	用电营业与服务—用电营业管理			编号		Jc0001252015
单位			准考证号		姓名	
考试时限	30 分钟	题型		多项操作题	题分	100 分
成绩		考评员		考评组长	日期	
试题正文	直通式三相四线制电能计量装置接线分析					
需要说明的问题和要求	（1）要求单人操作。 （2）操作应注意安全，按照标准化作业书的技术安全说明做好安全措施。 （3）考试使用电能表为仿真表，通过模拟装置进行参数设置。 （4）默认设置为直通式三相四线智能电能表，假定负荷三相平衡，A 相表尾电流进出反接，功率因数角为 15°。三相电流均为 2.0A					

续表

序号	项目名称	质量要求	满分	扣分标准	扣分原因	得分
1	工具使用及安全措施					
1.1	相关安全措施的准备	安全帽、工作服、绝缘鞋、手套、验电笔	5	准备不齐全或着装不规范每项扣 1 分，扣完为止		
1.2	各种工器具正确使用	（1）正确使用验电笔。 （2）熟练正确使用相位视在功率表	5	如果未验电，该项扣 5 分；如果验电但出现后面的问题，按要求扣分。 验电方法不当扣 1 分； 工器具掉落每次扣 1 分； 相位视在功率表使用不当每次扣 1 分； 测量过程摘手套扣 1 分； 测量完毕后再次申请测量扣 1 分		
2	数据测量	（1）正确填写电能表基本信息。 （2）正确记录实测数据并判断电压相序	20	电能表基本信息填写不正确，每处扣 1 分，扣完为止； 测量数据不正确每项扣 1 分，扣完为止； 无单位每处扣 0.5 分，最多扣 2 分； 相序判断不正确扣 4 分 以上扣分，扣完为止		
3	绘制错误接线图及向量图					
3.1	错误接线向量图	正确绘制错误接线相量图	15	电压、电流相量标记错误每项扣 2 分，无相量符号扣 1 分，扣完为止； 相量角度偏差超过 15° 每项扣 2 分，扣完为止； 未标记功率因数角每项扣 2 分，扣完为止		
3.2	错误接线形式	正确判断错误接线形式	15	错误接线形式判断不正确每项扣 2 分，扣完为止		
3.3	错误接线示意图	正确绘制错误接线示意图	20	电压、电流回路接线不正确，每处扣 2 分，扣完为止； 中性线接线不正确扣 2 分； 未标注同名端扣 2 分		
4	现场恢复	恢复现场	10	未进行现场恢复扣 10 分		
5	作业时限	30min 内完成	10	30min 之内完成不扣分； 30～35min 之内完成扣 2 分； 35～40min 之内完成扣 5 分； 超过 40min，结束操作，收取记录表，扣 10 分		
	合计		100			

标准答案：

表 Jc0001252015－2

一、电能表基本信息（有功）						
型号		准确度等级		出厂编号		
规格		V；　A		制造厂家		

二、实测数据				
线电压	$U_{12}=380V$	$U_{32}=380V$	$U_{13}=380V$	电压相序：abc
相电压	$U_1=220V$	$U_2=220V$	$U_3=220V$	四、错误接线形式：下标用 A、B、C 表示
电流	$I_1=2.0A$	$I_2=2.0A$	$I_3=2.0A$	第一元件：$\dot{U}_a, -\dot{I}_a$
相位	$\dot{U}_1 \hat{\ } \dot{U}_2=120°$		基准相：$\dot{U}_1=\dot{U}_a$	第二元件：$\dot{U}_b, \dot{I}_b$
	$\dot{U}_1 \hat{\ } \dot{I}_1=210°$	$\dot{U}_1 \hat{\ } \dot{I}_2=150°$	$\dot{U}_1 \hat{\ } \dot{I}_3=270°$	第三元件：$\dot{U}_c, \dot{I}_c$

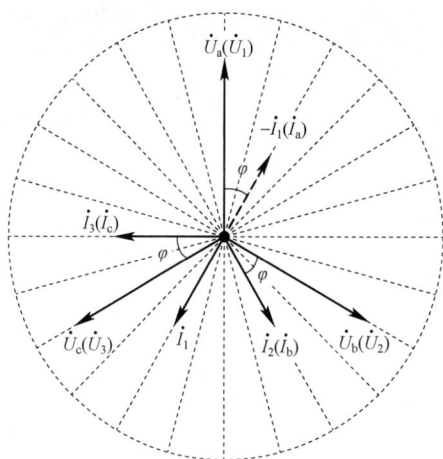

三、错误接线相量图

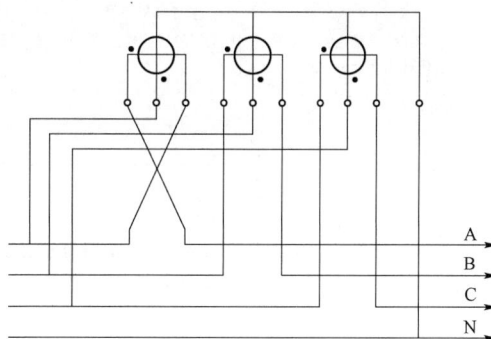

五、错误接线示意图

Jc0001263016 线损分析统计。（100分）

考核知识点： 线损分析、查询、统计、计算

难易度： 难

技能等级评价专业技能考核操作工作任务书

一、任务名称

线损分析统计。

二、适用工种

农网配电营业工（综合柜员）技师。

三、具体任务

某供电所某台区线损数据见表 Jc0001263016，该台区 2020 年 12 月 30 日采集率为 100%，现场核查该台区户用变压器关系正确，请根据日台区线损汇总表和台区总表营销业务应用系统客户档案截图，完成以下任务：

（1）计算该台区 2020 年 12 月 30 日的日线损率。

（2）列举台区出现负线损的主要原因。

（3）使用排除法，分析该台区线损可能的异常原因。

表 Jc0001263016

客户编号	电表地址	汇总类型	数据日期	数据类型	正向有功电量（kWh）	反向有功电量（kWh）	倍率
5010792733	4338970	日电量	2020/12/30	供入	141.6	0	20
5010880247	4330240	日电量	2020/12/30	供出	0	0	1
5010496169	4330235	日电量	2020/12/30	供出	3.02	0	1
5010126987	4330238	日电量	2020/12/30	供出	89.95	0	1
5010496172	4331399	日电量	2020/12/30	供出	59.89	0	1
5011854032	4324178	日电量	2020/12/30	供出	0	0	1

营销业务应用系统客户档案截图如图 Jc0001263016 所示。

图 Jc0001263016

四、工作规范及要求

（1）在使用用电信息采集系统及营销业务应用系统功能时，不得进行其他无关操作。

（2）自备钢笔或圆珠笔。

（3）负损原因至少列举 4 条。

五、考核及时间要求

本考核操作时间限定为 30 分钟，计时结束停止考评。

技能等级评价专业技能考核操作评分标准

工种	农网配电营业工（综合柜员）			评价等级		技师
项目模块	用电营业与服务—用电营业管理			编号		Jc0001263016
单位		准考证号			姓名	
考试时限	30 分钟	题型	综合操作题		题分	100 分
成绩		考评员		考评组长	日期	
试题正文	线损分析统计					
需要说明的问题和要求	无					

序号	项目名称	质量要求	满分	扣分标准	扣分原因	得分
1	线损计算	（1）供入电量计算正确。 （2）供出电量计算正确。 （3）线损率计算正确	30	每一项错误扣 10 分，扣完为止		
2	负损原因分析	至少列举 4 条	40	少答或错答一项扣 10 分，扣完为止		
3	该台区线损分析	原因分析到位，结论正确	30	原因分析不清楚每项扣 10 分，结论错误扣 10 分，扣完为止		
	合计		100			

标准答案：

（1）日线损率计算：

供入电量＝141.6kWh，供出电量＝3.02＋89.95＋59.89＝152.86（kWh）

线损电量＝141.6－152.86＝－11.26（kWh）

线损率＝（－11.26/152.86）×100%＝－7.37%

（2）引发负损的可能原因包括：

1）台区总表异常，如表计故障、失电压、失电流、接线错误、时钟异常等情况，造成供入少计电量。

2）台区总表的互感器倍率错误，造成供入少计电量。

3）户用变压器关系错误，其他台区客户接入本台区。

4）台区变压器轻载，总表计量误差导致负损。

5）计量异常导致供出分量增大，如分表表计故障、时钟异常等。

（3）该台区线损异常分析可用排除法进行。

1）由于户用变压器关系正确，可排除上述原因中的第三条。

2）根据截图，户用变压器容量为 50kVA，应配置 75/5 的低压电流互感器，系统显示配置 100/5 的互感器，可能为系统档案错误。但是如果现场为 75/5，系统档案为 100/5，则会造成高损，不会导致负损，该种情况排除，可排除上述原因中的第二条。

3）该户用变压器容量为 50kVA，日用电量为 141.6kWh，按照 12 小时计算，负载率 23.6%，不属于轻载，可排除第四条。

综上所述，引发负损的可能原因如下：

（1）台区总表异常，如表计故障、失电压、失电流、接线错误、时钟异常等情况，造成供入少计电量。

（2）计量异常导致供出电量增大，如分表表计故障、时钟异常等。

Jc0002262017 客户投诉案例分析。（100 分）

考核知识点： 业扩报装的办理和营业服务

难易度： 中

技能等级评价专业技能考核操作工作任务书

一、任务名称

客户投诉案例分析。

二、适用工种

农网配电营业工（综合柜员）技师。

三、具体任务

2020 年 5 月 20 日，95598 接到某客户投诉，客户反映 2020 年 5 月 16 日前往供电营业厅为车库购电，工作人员答复，由于长期未使用被销户。客户对未经其同意即销户的行为表示不满，要求供电公司相关部门尽快核实处理并尽快给客户合理解释。经调查，情况如下：2019 年年底供电公司在梳理长期未购电户时发现该户自 2018 年 6 月后长达一年半未进行购电。经现场核实，该户为家用车库，多方联系未联系到车库业主，物业公司人员告知该车库一直未使用，供电公司对该户进行销户处理。2020 年，客户欲使用车库，到营业厅购电发现销户，客户不满，造成投诉。供电企业擅自对客户进行销户符合相关规定吗？请分析此投诉暴露了哪些问题？并提出相关整改措施。

四、工作规范及要求

（1）自备钢笔或中性笔。

（2）文字描述条理清晰，简明扼要。

（3）正确描述此案例相关规定。

（4）正确分析此案例中暴露的问题并提出整改措施。

五、考核及时间要求

本考核为客户服务实操任务，严格按照规定步骤完成，考核时间45分钟。

技能等级评价专业技能考核操作评分标准

工种		农网配电营业工（综合柜员）			评价等级		技师
项目模块		用电营业与服务—优质服务		编号		Jc0002262017	
单位				准考证号		姓名	
考试时限	45分钟		题型		综合操作题	题分	100分
成绩		考评员		考评组长		日期	
试题正文	客户投诉案例分析						
需要说明的问题和要求	要求单人完成						

序号	项目名称	质量要求	满分	扣分标准	扣分原因	得分
1	销户	正确指出此案例中供电企业销户符合的相关规定	50	判断错误，扣20分；不能正确描述相关规定，扣30分		
2	综合分析	分析此案例暴露的问题及整改措施	50	暴露的问题及整改措施各25分，根据答案要点酌情扣分，扣完为止		
	合计		100			

标准答案：

（1）符合。根据《供电营业规则》第三十三条：客户连续六个月不用电，也不申请办理暂停用电手续者，供电企业须以销户终止其用电。客户需要用电时，按新装用电办理。

（2）暴露问题：

1）相关政策法规宣传不到位，造成客户误解。

2）工作主动性不强，未做好客户告知工作。

（3）整改措施：

1）加强电力政策法规内容的宣传力度，避免类似问题的再次发生。

2）提升人员服务意识，增强工作主动性，做好客户告知工作。

Jc0002261018　计量异常分析处理。（100分）

考核知识点： 供电服务"十项承诺"、供电营业规则

难易度： 易

技能等级评价专业技能考核操作工作任务书

一、任务名称

计量异常分析处理。

二、适用工种

农网配电营业工（综合柜员）技师。

三、具体任务

某居民客户7月为家中购电多次，较以往多交200余元，认为出入较大，怀疑电能表不准，随即到营业厅进行反映，营业人员应该如何处理？如果客户申请校表，应如何处理？

四、工作规范及要求

（1）自备钢笔或中性笔。

（2）文字描述条理清晰，简明扼要。

（3）正确描述此案例相关规定。

五、考核及时间要求

本考核为实操任务，严格按照规定步骤完成，考核时间30分钟。

技能等级评价专业技能考核操作评分标准

工种	农网配电营业工（综合柜员）		评价等级	技师
项目模块	用电营业与服务—优质服务	编号	Jc0002261018	
单位		准考证号	姓名	
考试时限	30分钟	题型 综合操作题	题分	100分
成绩	考评员	考评组长	日期	
试题正文	计量异常分析处理			
需要说明的问题和要求	（1）自备钢笔或中性笔。 （2）文字描述条理清晰，简明扼要。 （3）正确描述此案相关规定			

序号	项目名称	质量要求	满分	扣分标准	扣分原因	得分
1	分析电费增加的原因及相应处理办法	正确描述造成客户电费增多可能存在的原因及处理办法	40	每少分析一条条款扣10分，扣完为止；描述不清或有错别字酌情扣分		
2	校表及追补电费的相关规定	正确描述与该案例有关的校表及追补电费的相关规定	60	每少分析一条条款扣10分，扣完为止；描述不清或有错别字酌情扣分		
	合计		100			

标准答案：

（1）应从以下方面帮助客户分析电费增加的原因：

1）夏季使用空调或新增用电设备，导致负荷较往月增大。

2）核对抄表表码，判断是否抄表错误。

（2）根据分析情况，若客户仍对电费提出异议，需安排相关人员到现场核实，检查表计及线路接线情况。

（3）如经初步判断电能表不准或客户怀疑电能表不准，可由客户提出申请，为客户办理校表业务。

根据《供电营业规则》第七十九条"客户认为供电企业装设的计费电能表不准时，有权向供电企业提出校验申请"的规定和《国家电网公司供电服务"十项承诺"》第七条"电表异常快速响应。受理客户计费电能表校验申请后，5个工作日内出具检测结果。客户提出电表数据异常后，5个工作日内核实并答复"的规定，如计费电能表的误差在允许范围内，客户应按期足额缴纳电费，如计费电能表的误差超出允许范围时，应按照《供电营业规则》第八十条规定退补电费。电能表误差超出允许范围时，以"0"误差为基准，按验证后的误差退补电量。退补时间从上次校验或换装后投入之日起至误差更正之日止的1/2时间计算。客户对检验结果有异议时，可向供电企业上级计量检定机构申请检定。客户在申请验表期间，其电费仍应按期缴纳，验表结果确认后，再行退补电费。

Jc0002262019 优质服务业务分析。（100分）

考核知识点： 供电服务规范、供电营业规则、供电服务质量标准

难易度： 中

技能等级评价专业技能考核操作工作任务书

一、任务名称

优质服务业务分析。

二、适用工种

农网配电营业工（综合柜员）技师。

三、具体任务

某年 12 月，客户王先生到当地供电所反映他家当月电量高达 728kWh，远远超过了以往任何月份的电量，客户认为电能表有问题，要求帮忙解决。接待他的营业厅客户代表小章告知说："电能表转动过快可能是由于漏电引起，您可以回家后将开关、插头等电源断开，目测电能表是否还会走。"王先生回家做过试验后，于当天下午再次来到供电所反映其家中并无漏电情况。客户代表小章只简单回复说："那我们就不清楚了，我们电能表应该是准的，你回家自己再查查吧。"对该事件，客户代表小章没做任何记录，也没有向供电所负责人汇报。第二天，王先生再次到供电所反映该情况，仍没有得到满意答复。4 天过去了，供电所始终没有安排人员来检查，王先生十分生气就拨打了 12315 投诉电话进行了投诉。请问在此过程中，客户代表小章的行为有哪些违规之处？请对这一事件暴露出的问题提出改进建议。

四、工作规范及要求

（1）自备钢笔中性笔。

（2）文字描述条例清晰，简明扼要。

（3）分析客户代表小章有哪些违规之处？并指出这一事件暴露出的问题并提出改进建议。

五、考核及时间要求

本考核为实操任务，严格按照规定步骤完成，考核时间 30 分钟。

技能等级评价专业技能考核操作评分标准

工种	农网配电营业工（综合柜员）			评价等级	技师	
项目模块	用电营业与服务—优质服务			编号	Jc0002262019	
单位			准考证号		姓名	
考试时限	30 分钟	题型		综合操作题	题分	100 分
成绩		考评员	考评组长		日期	
试题正文	优质服务业务分析					
需要说明的问题和要求	无					

序号	项目名称	质量要求	满分	扣分标准	扣分原因	得分
1	写出客户代表小章的违规之处	判断正确和完整	40	每少一条得分点扣13分，扣完为止；描述不清或有错别字酌情扣分		
2	指出这一事件暴露出的问题	正确指出问题	30	每少一条得分点扣10分，扣完为止；描述不清或有错别字酌情扣分		
3	提出改进建议	给出正确的改进建议	30	每少一条得分点扣10分，扣完为止；描述不清或有错别字酌情扣分		
	合计		100			

标准答案：

（1）违规条款：

1）案例中客户代表小章在客户提出表计不准时让客户自行回家检查违反了《国家电网公司供电服务规范》第十一条第二款"实行首问负责制。无论办理业务是否对口，接待人员都要认真倾听，热心引导，快速衔接，并为客户提供准确的联系人、联系电话和地址"和第四条第二款"真心实意为客户着想，尽量满足客户的合理要求。对客户的咨询、投诉等不推诿，不拒绝，不搪塞，及时、耐心、准确地给予解答"的规定。

2）案例中客户代表小章在客户提出表计不准时未向客户提供校表服务违反了《国家电网公司供电服务规范》第四条第五款"熟知本岗位的业务知识和相关技能，岗位操作规范、熟练，具有合格的专业技术水平"，以及《供电营业规则》第七十九条"客户认为供电企业装设的计费电能表不准时，有权向供电企业提出校验申请"的规定。

3）案例中客户代表小章未将客户咨询进行登记与反馈违反了《国家电网公司供电服务质量标准》6.10"受理客户咨询时，对不能当即答复的，应说明原因，并在5个工作日内答复客户"的规定。

（2）暴露问题：

1）客户代表对首问负责制没有执行到位，工作责任心不强，对客户反映的问题不能尽心尽责妥善处理。

2）客户代表业务不熟悉，对客户反映电能计量装置不准时，应采取的正确处理方法掌握不到位。

3）客户代表职场经验严重不足，对自己无法解决的业务问题，应如实记录，并尽快求助业务主管，才能最终解决客户的问题，而不是搁置不理。

（3）措施建议：

1）应加强客户代表对首问负责制的落实，培养客户代表遇问题勤记录、找答案的工作习惯。

2）加强客户代表的技能和业务知识培训，收集常见投诉与问题，定期组织客户代表对投诉事件或业务问题进行分析学习，提升客户代表解决实际问题的能力。

3）提高95598供电服务热线的社会知晓度，尽量引导客户将与用电业务有关的诉求通过95598供电服务热线解决，使矛盾尽量化解在企业内部。

Jc0003262020　利用用电信息采集系统、营销系统办理客户电费结算业务。（100分）
考核知识点： 日常用电咨询
难易度： 中

技能等级评价专业技能考核操作工作任务书

一、任务名称
利用用电信息采集系统、营销系统办理客户电费结算业务。

二、适用工种
农网配电营业工（综合柜员）技师。

三、具体任务
2020年12月5日，客户甲到营业厅窗口反映，其位于某小区的商铺原租于乙，双方租约于2020年10月20日到期，甲某2020年10月21日收回该房屋，甲、乙双方当时未结清电费，后因甲未交电费形成欠费，该商铺被供电所于2020年12月1日执行欠费停电，停电后甲联系乙共同到营业厅结清欠费。请利用用电信息采集系统、营销系统为客户办理电费结算业务。

四、工作规范及要求
（1）要求统一着工装、单独操作、符合规范服务要求。
（2）根据任务书完成系统操作。
（3）针对此类用电性质给予合理用电相关建议意见。

五、考核及时间要求

（1）考评员可对考生着答剩余时间进行提醒，对回答内容考评员不得提示。

（2）本考核操作时间为 15 分钟。

（3）时间到应立即停止考评。

技能等级评价专业技能考核操作评分标准

工种	农网配电营业工（综合柜员）			评价等级	技师
项目模块	用电营业与服务—用电营业管理		编号		Jc0003262020
单位		准考证号		姓名	
考试时限	15 分钟	题型	综合操作题	题分	100 分
成绩		考评员	考评组长	日期	
试题正文	利用用电信息采集系统、营销系统办理客户电费结算业务				
需要说明的问题和要求	无				

序号	项目名称	质量要求	满分	扣分标准	扣分原因	得分
1	服务规范					
1.1	语言表达	用词准确，流畅、语气和蔼，普通话水平符合要求，使用文明礼貌用语	3	不主动使用普通话、语速过快过慢、礼貌用语不规范等每出现一处扣 1 分，扣完为止		
1.2	着装要求	着营业厅全套工作服，发型符合规范服务要求，佩戴工号牌	5	着装不标准，如袖口未扣，左胸无工号牌等，扣 5 分		
1.3	仪容仪表	符合仪容仪表规范	4	佩戴夸张饰品、发型发色不符合规范、长发未盘起等，扣 4 分		
1.4	行为举止	大方、得体	3	站坐走姿不规范，引导手势不规范，单手递交物品等，扣 3 分		
1.5	服务态度	全程微笑服务、态度热情、服务周达	5	无微笑服务此项不得分		
2	业务受理					
2.1	工作准备	检查电脑、打印机电源，以及席位牌状态、表单、纸笔等	5	未检查不得分		
2.2	迎接客户	您好！（起身相迎、微笑示座、主动问好）"请坐，请问您要办理什么业务？"	5	无规范文明用语，扣 2 分；无规范行为、举止，扣 2 分；在客户落座前坐下，扣 1 分		
2.3	确认欠费及停电情况	（1）请客户提供户号或户名及地址；（2）请客户确认客户信息，查询营销系统确认欠费停电情况并告知客户欠费金额	15	未询问客户信息或有漏项，扣 5 分；未请客户确认，扣 5 分；查询信息不正确，未告知客户欠费情况，扣 5 分		
2.4	电费电量查询	（1）营销系统查询 2020 年 10 月结算示数；（2）采集系统查询 2020 年 10 月 20 日冻结示数；（3）根据电量、电费计算甲乙双方需结清电费金额并告知甲乙双方	15	未提供给客户营销系统查询 2020 年 10 月结算示数，扣 5 分；未帮助客户在采集系统查询 2020 年 10 月 20 日冻结示数，扣 5 分；未根据电量电费计算甲乙双方需结清电费金额并告知甲、乙双方，扣 5 分		
2.5	告知客户复电相关规定同时联系台区经理告知复电需求及联系方式	（1）复电时限，结清电费不超 24 小时；（2）电话联系该台区经理，关注该户缴费情况；（3）帮助客户甲、收费员互留联系方式	20	未告知客户复电时限，扣 4 分；未电话联系该户台区经理，关注该户缴费情况，扣 6 分；未帮助客户甲、抄表员互留联系方式，扣 10 分		
2.6	给予合理的意见建议	（1）避免征信问题，给予合理建议；（2）适当宣传"电 e 宝""网上国网"等缴费平台	10	未告知客户欠费影响征信，扣 5 分；未宣传"电 e 宝""网上国网"等缴费平台，扣 5 分		
2.7	送客	送客规范	5	未起身微笑并问候"您的业务已办理完毕，请带好随身物品，欢迎您下次光临"，扣 5 分		
3	工作完毕、清理现场	关闭设备电源、恢复席位牌、整理桌面	5	未清理不得分		
	合计		100			

Jc0004252021 绘制 10kV 高压新装流程并写出办理时限。（100 分）

考核知识点：高压客户新装业务办理

难易度：中

技能等级评价专业技能考核操作工作任务书

一、任务名称

绘制 10kV 高压新装流程并写出办理时限。

二、适用工种

农网配电营业工（综合柜员）技师。

三、具体任务

请绘制营销业务应用系统高压新装流程图并回答各环节办理时限。

四、工作规范及要求

（1）自备计算器、铅笔、橡皮、钢笔、中性笔、直尺等。

（2）按照营销业务应用系统规范绘制流程。

五、考核及时间要求

考核时间 20 分钟，要求图形规范、文字描述清晰。

技能等级评价专业技能考核操作评分标准

工种	农网配电营业工（综合柜员）			评价等级	技师
项目模块	用电营业与服务—业扩报装		编号		Jc0004252021
单位		准考证号		姓名	
考试时限	20 分钟	题型	多项操作题	题分	100 分
成绩		考评员	考评组长		日期
试题正文	绘制 10kV 高压新装流程并写出办理时限				
需要说明的问题和要求	（1）要求单人完成。 （2）步骤规范、流程完整准确清晰				

序号	项目名称	质量要求	满分	扣分标准	扣分原因	得分
1	开始	图形规范，表述完整准确	5	不规范、表述错误扣 5 分		
2	主流程步骤	关键环节规范完整	50	步骤错、漏一处扣 5 分，扣完为止		
3	子流程步骤	有供电工程子流程	10	步骤错、漏一处扣 5 分，扣完为止		
4	子流程	合同签订子流程	10	无子流程扣 10 分		
5	审批	是否通过绘制分支	10	缺漏一处扣 4 分，扣完为止		
6	结束	图形规范，表述准确	5	不规范、表述错误扣 5 分		
7	办理时限	各环节办理时限表述准确	10	每缺少一条扣 3 分，扣完为止		
	合计		100			

标准答案：

（1）流程如图 Jc0004252021 所示。

（2）办理时限：

1）供电方案答复：单电源客户不超过 10 个工作日，双电源客户不超过 20 个工作日。

2）外部工程实施：普通客户取消设计审查和中间检查，重要客户设计审查不超过三个工作日，中间检查不超过 2 个工作日，客户竣工检验不超过 3 个工作日。

3）装表接电不超过 3 个工作日。

Jc0004263022　10kV 高压客户供电方案确定。（100 分）

考核知识点：行业分类，计量方式，电价执行

难易度：难

技能等级评价专业技能考核操作工作任务书

一、任务名称

10kV 高压客户供电方案确定。

二、适用工种

农网配电营业工（综合柜员）技师。

三、具体任务

2020 年 7 月 5 日，某钢铁厂到某供电公司营业厅申请用电，其中冶炼炉 3 台，容量为 3×1800kVA，照明负荷 200kW，拟安装 2 台 4000kVA 的变压器（一台主供，一台冷备用），负荷无特殊要求，单电源供电即可满足。经批复，供电电源由 220kV 平吉堡变电站 512 沙渠线供电，请回答以下问题：

（1）确定该客户行业分类。

（2）请确定合理的计量方式。

（3）请确定客户应设置的计量点，并配置计量装置。

（4）请分别确定该客户的电价类别，电价和各项代征费收取标准。

四、工作规范及要求

行业分类正确，计量方式合理，电价执行正确。

五、考核及时间要求

本考核要求完成时间为 30 分钟，答题完整，文字描述清晰、规范。

技能等级评价专业技能考核操作评分标准

工种	农网配电营业工（综合柜员）				评价等级		技师
项目模块	电费管理—收费管理				编号		Jc0004263022
单位			准考证号			姓名	
考试时限	30 分钟	题型		综合操作题		题分	100 分
成绩		考评员		考评组长		日期	
试题正文	10kV 高压客户供电方案确定						
需要说明的问题和要求	要求单人完成						

序号	项目名称	质量要求	满分	扣分标准	扣分原因	得分
1	确定行业分类	分类正确	10	错、漏一项扣 5 分，扣完为止		
2	确定计量方式	计量方式合理	10	错误扣 10 分		
3	确定应设置的计量点，并配置计量装置	配置正确	65	错、漏一项扣 8 分，扣完为止		
4	确定电价类别，电价和各项代征费收取标准	配置正确	15	错误一处扣 5 分，扣完为止		
	合计		100			

图中流程：申请受理 → 供电方案答复 → 外部工程施工 → 装表接电

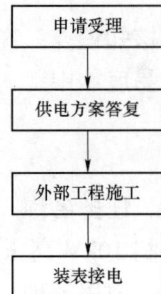

图 Jc0004252021

标准答案：

（1）确定该客户行业分类：总表行业分类为冶炼及压延加工业。

（2）确定合理的计量方式：根据计量装置管理规定，容量在 315kVA 及以上的客户，采用高供高计计量方式。

（3）确定客户应设置的计量点，并配置计量装置。

应设置两个计量点，三个考核计量点，分别是第一计量点设在 220kV 平吉堡变电站 512 沙渠线出口处；第二计量点设在客户变电站专线进线侧，作为 512 沙渠线的备用计量；大工业客户的照明负荷不再单独计量，执行大工业电价。三台冶炼炉各装考核计量点一个，在冶炼炉的高压侧计费。

计量装置配置如下：

1）10kV 高供高计，配置 1.5（6）A 多功能三相三线电子表一只，1.0 级电压互感器 10/0.1 两只，0.2S 级电流互感器 300/5 两只。

2）客户侧备用计量配置同上。

3）照明负荷，高供低计配置三相四线 1.5（6）A 多功能电子表一只，300/5 电流互感器三只。

4）三台冶炼炉各装考核计量点一个，10kV 高供高计，配置 1.5（6）A 多功能三相三线多功能电子表各一只，电压互感器 10/0.1 两只，电流互感器 150/5 两只。

（4）分别确定该客户的电价类别、电价和各项代征费收取标准。

第一计量点：10kV 大工业用电单价，收取国家重大水利工程建设基金 0.112 5 分/kWh，大中型移民后期扶持资金 0.12 分/kWh，可再生能源电价附加 1.9 分/kWh。

第二计量点：备用计量点执行电价与第一计量点相同。

Jc0004262023　受理低压非居民客户增容申请。（100 分）

考核知识点： 低压非居民客户增容

难易度： 中

技能等级评价专业技能考核操作工作任务书

一、任务名称

受理低压非居民客户增容申请。

二、适用工种

农网配电营业工（综合柜员）技师。

三、具体任务

某酒店客户原有用电容量 80kW，酒店装修后新增加客房及洗浴，到营业厅申请用电增容容量 80kW。

四、工作规范及要求

（1）要求统一着工装、单独操作、符合规范服务要求。

（2）根据任务书完成表单填写。

（3）正确解答办理的相关规定。

五、考核及时间要求

（1）学员视现场实际操作情况可要求考评员协助操作，考评员不得提示。

（2）时间到应立即停止操作，整理工具材料离开操作场地。

（3）本考核操作时间为 15 分钟，时间到应立即停止考评。

技能等级评价专业技能考核操作评分标准

工种	农网配电营业工（综合柜员）			评价等级	技师
项目模块	用电营业与服务—业扩报装		编号		Jc0004262023
单位		准考证号		姓名	
考试时限	15分钟	题型	综合操作题	题分	100分
成绩		考评员	考评组长		日期

试题正文	受理低压非居民客户增容申请
需要说明的问题和要求	无

序号	项目名称	质量要求	满分	扣分标准	扣分原因	得分
1	服务规范					
1.1	语言表达	用词准确，流畅、语气和蔼，普通话水平符合要求，使用文明礼貌用语	2	不主动使用普通话、语速过快过慢、礼貌用语不规范等每出现一处扣 1 分，扣完为止		
1.2	着装要求	着营业厅全套工作服，发型符合规范服务要求、佩戴工号牌	2	着装不标准，如袖口未扣，左胸无工号牌等，扣2分		
1.3	仪容仪表	符合仪容仪表规范	2	佩戴夸张饰品、发型发色不符合规范、长发未盘起等，扣2分		
1.4	行为举止	大方、得体	2	站坐走姿不规范，引导手势不规范，单手递交物品等，扣2分		
1.5	服务态度	全程微笑服务、态度热情、服务周达	2	无微笑服务此项不得分		
2	业务受理					
2.1	工作准备	检查电脑、打印机电源，以及席位牌状态、表单、纸笔等	5	未检查不得分		
2.2	迎接客户	您好！（起身相迎、微笑示座、主动问好）"请坐，请问您要办理什么业务？"	5	无规范文明用语，扣2分；无规范行为、举止，扣2分；在客户落座前坐下，扣1分		
2.3	业务判定	跟客户确认办理的业务种类的流程和时限	5	未与客户确认办理的业务种类的流程和时限，扣5分		
2.4	申请资料审核	（1）审核资料完整性（房产证、身份证、营业执照），指出缺失资料。（2）按一证办理，告知客户一证办理的政策	10	未指出客户缺失资料，扣5分；未告知一证办理政策且未按一证办理政策为客户办理，扣5分		
2.5	表单填写	协助客户填写表单（申请书、负荷统计表、承诺书、客户信息确认单）	10	未完整准确指导客户填写申请表单，负荷统计表，承诺书，客户联系信息确认单，扣10分		
2.6	发起流程并传递受理环节	（1）正确发起非居民增容流程，录入客户基础信息及申请用电信息（户名、用电地址、用电容量、单/三相、供电电压、证件信息、联系人信息）并传递受理环节。（2）请客户对系统录入信息进行核对。（3）一次性告知客户后续流程及时限（现场勘查、竣工验收、签订合同、装表送电）。（4）正确完成系统实名制认证（认证类型正确无误）	20	未正确发起非居民增容流程，录入客户基础信息及申请用电信息（户名、用电地址、用电容量、单/三相、供电电压、证件信息、联系人信息）并传递受理环节，扣5分；未请客户对系统录入信息进行核对，扣5分；未一次性告知客户后续流程及时限（现场勘查、竣工验收、签订合同、装表送电），扣5分；未正确完成系统实名制认证（认证类型正确无误），扣5分		

续表

序号	项目名称	质量要求	满分	扣分标准	扣分原因	得分
2.7	告知客户"三不指定"相关规定及优化营商环境要求	告知客户申请用电工程施工由客户自主委托有资质的施工单位进行施工，供电公司不指定设计、施工及供货单位，按优化营商环境要求答复客户产权分界点	5	未告知客户申请用电工程施工由客户自主委托有资质的施工单位进行施工，供电公司不指定设计、施工及供货单位；未按优化营商环境要求答复客户产权分界点，扣5分		
2.8	起草供用电合同及电费结算协议	验收合格后，签订低压非居民供用电合同及相关协议： （1）起草合同及电费结算协议； （2）告知客户合同及协议内容，对协议内违约用电责任、产权分界点、电费缴费日期、欠费停电、电费违约金等敏感条款进行解释说明； （3）指导客户签字； （4）正确盖章（骑缝章）； （5）告知客户电费电价的变化	20	未起草合同及电费结算协议，扣4分； 未告知客户合同及协议内容，未对协议内违约用电责任、产权分界点、电费缴费日期、欠费停电、电费违约金等敏感条款进行解释说明，扣4分； 未指导客户签字，扣4分； 未正确盖章（骑缝章），扣4分； 未告知客户电费电价的变化，扣4分		
2.9	送客	送客规范	5	起身微笑并问候"您的业务已办理完毕，请带好随身物品，欢迎您下次光临"，扣5分		
3	工作完毕、清理现场	关闭设备电源、恢复席位牌、整理桌面	5	未清理不得分		
	合计		100			

Jc0004263024 高压新装客户供电方案确定。（100分）

考核知识点：高压新装客户供电方案

难易度：难

技能等级评价专业技能考核操作工作任务书

一、任务名称

高压新装客户供电方案确定。

二、适用工种

农网配电营业工（综合柜员）技师。

三、具体任务

某面粉加工厂到供电公司申请安装500kVA变压器一台，用于面粉加工，请确定客户的电源、计量、计费方案。

四、工作规范及要求

（1）写出电源方案：明确负荷分类、电压等级、电源数量。

（2）写出计量方案：明确计量点数量、计量方式、配置电能表规格、数量、准确度等级、互感器变比、数量、准确度等级。

（3）写出计费方案：明确行业分类、电价类别、功率因数标准。

五、考核及时间要求

本考核要求完成时间为20分钟，计算公式正确，文字描述清晰、规范。

技能等级评价专业技能考核操作评分标准

工种	农网配电营业工（综合柜员）			评价等级		技师
项目模块	用电营业与服务—业扩报装		编号		Jc0004263024	
单位		准考证号			姓名	
考试时限	20 分钟	题型		综合操作题	题分	100 分
成绩		考评员		考评组长	日期	

试题正文	高压新装客户供电方案确定
需要说明的问题和要求	（1）要求单人完成。 （2）方案完整，包括电源、计量、计费方案，方案的具体内容按工作规范要求内容完成

序号	项目名称	质量要求	满分	扣分标准	扣分原因	得分
1	电源方案	负荷分类正确	5	错误扣 5 分		
		电压等级正确	5	错误扣 5 分		
		电源数量正确	5	错误扣 5 分		
		计量点数量正确	5	错误扣 5 分		
		计量方式正确	10	错误一处扣 5 分，扣完为止		
		电能表数量正确	5	错误一处扣 2.5 分，扣完为止		
		电能表准确等级正确	5	错误一处扣 2.5 分，扣完为止		
		电能表规格正确	10	错误一处扣 5 分，扣完为止		
		互感器数量正确	5	错误一处扣 2.5 分，扣完为止		
		互感器变比正确	10	错误一处扣 5 分，扣完为止		
		互感器准确等级正确	5	错误一处扣 2.5 分，扣完为止		
2	计费方案	行业分类正确	10	错误扣 10 分		
		电价类别正确	10	错误一处扣 5 分，扣完为止		
		功率因数标准正确	10	错误一处扣 5 分，扣完为止		
	合计		100			

标准答案：

经现场勘查，供电公司具备为该户供电的条件，具体方案如下：

（1）电源方案：该户为三类负荷，应采用 10kV 公网线路、单电源供电。

（2）计量方案：该户共设置 1 处计量点。

计量点 1：计量方式为高供高计，为主计量点。

$$I_{额} = \frac{S}{\sqrt{3}U_{额}} = \frac{500}{\sqrt{3} \times 10} = 29（A）$$

用电计量装置：应安装一只三相三线（1.5）6A 智能电能表，准确度等级有功不低于 1.0 级，无功不低于 2.0 级；两只 10/0.1 高压电压互感器，准确度等级不低于 0.5 级；两只 30/5 高压电流互感器，准确度等级不低于 0.5S 级。

（3）计费方案：该客户行业分类为谷物磨制，计量点 1 执行大工业两部制峰谷分时电价，功率因数标准执行 0.90。

Jc0005251025 非卡表客户管家卡绑定/解绑流程的注意事项。（100分）

考核知识点： 电费、业务费收取的相关工作标准及规定

难易度： 易

技能等级评价专业技能考核操作工作任务书

一、任务名称

非卡表客户管家卡绑定/解绑流程的注意事项。

二、适用工种

农网配电营业工（综合柜员）技师。

三、具体任务

请简述非卡表客户管家卡绑定/解绑的操作过程中的注意事项。

四、工作规范及要求

（1）自备钢笔或中性笔。

（2）文字表述清楚，按顺序填写。

五、考核及时间要求

本考核要求完成时间为20分钟，时间到应立即停止操作。

技能等级评价专业技能考核操作评分标准

工种	农网配电营业工（综合柜员）				评价等级	技师	
项目模块	用电营业与服务—用电营业管理			编号		Jc0005251025	
单位			准考证号			姓名	
考试时限	20分钟		题型	多项操作题		题分	100分
成绩		考评员		考评组长		日期	
试题正文	非卡表客户管家卡绑定/解绑流程的注意事项						
需要说明的问题和要求	（1）要求单人完成。 （2）自备计算器、钢笔或中性笔。 （3）文字表述清楚						

序号	项目名称	质量要求	满分	扣分标准	扣分原因	得分
1	注意事项	填写正确	100	不完整或不准确扣每条扣34分，扣完为止		
	合计		100			

标准答案：

非卡表客户管家卡绑定/解绑操作过程中的注意事项：

（1）非卡表客户绑定管家卡，必须签订协议，按协议上的管家卡号信息（开户行、账号）给绑定的户号转账交费。严禁一个管家卡号多户使用。关联户客户仅对主户号进行绑定。

（2）地市公司电费账户撤销后，对未绑定管家卡的非卡表客户只能收取现金，因此各单位应做好非卡表客户管家卡推广宣传解释工作。

（3）用管家卡交费的非卡表客户，可以通过"电e宝"下载打印增值税电子普通发票，不用到营业大厅办理交费业务（需打印增值税专用发票的除外）。

Jc0005241026 省级直收后绑定管家卡客户交费流程。（100分）

考核知识点： 电费、业务费收取的相关工作标准及规定

难易度： 易

技能等级评价专业技能考核操作工作任务书

一、任务名称

省级直收后绑定管家卡客户交费流程。

二、适用工种

农网配电营业工（综合柜员）技师。

三、具体任务

请简述省级直收后绑定管家卡客户交费流程及注意事项。

四、工作规范及要求

（1）自备钢笔或中性笔。

（2）文字表述清楚，按顺序填写。

五、考核及时间要求

本考核要求完成时间30分钟。

技能等级评价专业技能考核操作评分标准

工种	农网配电营业工（综合柜员）			评价等级	技师	
项目模块	用电营业与服务—用电营业管理		编号		Jc0005241026	
单位		准考证号		姓名		
考试时限	30分钟	题型	单项操作题	题分	100分	
成绩		考评员		考评组长	日期	
试题正文	省级直收后绑定管家卡客户交费流程					
需要说明的问题和要求	（1）要求单人完成。 （2）自备计算器、钢笔或中性笔。 （3）文字表述清楚					

序号	项目名称	质量要求	满分	扣分标准	扣分原因	得分
1	操作流程	填写完整、准确	60	共计3条，不完整或不准确每条扣20分		
2	注意事项	填写正确	40	共计2条，不完整或不准确每条扣20分		
	合计		100			

标准答案：

（1）省级直收后绑定管家卡客户的交费流程：

1）客户通过绑定的管家卡账户进行电费缴纳。

2）营销业务应用系统根据银行资金到账流水与客户绑定的管家卡号，进行收费解款、生成日报表，根据银行对账文件进行到账确认、生成凭证、审核记账、集成凭证至财务管控系统。如出现异常，由省公司营销服务中心核算员人工处理。

3）地市公司电费账务员进入营销业务应用系统和财务管控系统分别打印营销实收日报汇总表和财务凭证，整理后按月移交地市财务部。

（2）注意事项：大厅坐收时，绑定管家卡的非卡表客户缴纳电费，营销业务应用系统会根据银行

资金流水自动进行一次销根解款，客户不必来大厅办理交费下账手续。如客户携进账单到营业大厅办理交费业务，因营销业务应用系统暂未对绑定管家卡客户限制坐收，收费员要认真核对收款信息（是否为管家卡），确认已收费的，做好解释工作，不予受理，严禁重复收费。

Jc0005241027　省级直收后预收电费转收入业务流程。（100分）

考核知识点：预收电费管理处理的相关工作标准及规定

难易度：易

技能等级评价专业技能考核操作工作任务书

一、任务名称

省级直收后预收电费转收入业务流程。

二、适用工种

农网配电营业工（综合柜员）技师。

三、具体任务

请简述省级直收后预收电费转收入业务流程。

四、工作规范及要求

（1）自备钢笔或中性笔。

（2）文字表述清楚，按顺序填写。

五、考核及时间要求

本考核要求完成时间20分钟。

技能等级评价专业技能考核操作评分标准

工种	农网配电营业工（综合柜员）				评价等级	技师
项目模块	用电营业与服务—用电营业管理			编号		Jc0005241027
单位			准考证号		姓名	
考试时限	20分钟	题型		单项操作题	题分	100分
成绩		考评员		考评组长		日期	
试题正文	省级直收后预收电费转收入业务流程					
需要说明的问题和要求	（1）要求单人完成。 （2）自备计算器、钢笔或中性笔。 （3）文字表述清楚					

序号	项目名称	质量要求	满分	扣分标准	扣分原因	得分
1	操作流程	填写完整、准确	100	共计4条，不完整或不准确，每条扣25分，扣完为止		
	合计		100			

标准答案：

省级直收后预收电费转收入业务流程如下：

（1）县（所）/地市公司收费员发起预收电费转收入流程，解款、扫描上传附件（转收入情况说明），生成预收电费转收入报表并发送至省公司营销服务中心核算员。

（2）省公司营销服务中心核算员对报表及附件进行审核。审核通过，系统进入下一环节；审核不通过，返回至收费员处理。

（3）营销系统自动生成凭证、凭证审核记账、集成至财务管控。

（4）地市公司电费账务员进入营销业务应用系统和财务管控系统分别打印预收电费转收入报表和财务凭证，整理后按月移交地市财务部。

Jc0005241028 省级直收后线上缴费业务流程。（100分）

考核知识点： 电费、业务费收取的相关工作标准及规定

难易度： 易

技能等级评价专业技能考核操作工作任务书

一、任务名称

省级直收后线上缴费业务流程。

二、适用工种

农网配电营业工（综合柜员）技师。

三、具体任务

请简述省级直收后线上缴费的业务流程。

四、工作规范及要求

（1）自备钢笔或中性笔。

（2）文字描述条理清晰，简明扼要。

五、考核及时间要求

本考核要求完成时间20分钟。

技能等级评价专业技能考核操作评分标准

工种	农网配电营业工（综合柜员）				评价等级		技师
项目模块	用电营业与服务—用电营业管理			编号		Jc0005241028	
单位			准考证号			姓名	
考试时限	20分钟		题型		单项操作题	题分	100分
成绩		考评员		考评组长		日期	
试题正文	省级直收后线上缴费业务流程						
需要说明的问题和要求	（1）要求单人完成。 （2）自备钢笔或中性笔						

序号	项目名称	质量要求	满分	扣分标准	扣分原因	得分
1	操作流程	填写完整、准确	100	共分为三个步骤，每写错一项扣34分，扣完为止		
	合计		100			

标准答案：

省级直收后线上缴费的业务流程如下：

（1）客户通过国网线上交费渠道（电费网银、电e宝、微信生活交费、支付宝生活交费、翼支付等）进行交费购电。

（2）营销业务应用系统根据银行资金到账流水进行解款、生成日报表，根据对账文件进行到账确认、生成凭证、审核记账、集成凭证至财务管控系统。如出现异常，由省公司营销服务中心核算员人工处理。

（3）地市公司电费账务员进入营销业务应用系统和财务管控系统分别打印营销实收日报汇总表和财务凭证，整理后按月移交地市财务部。

Jc0005252029 营业厅现金智能收款终端存款业务的操作。（100分）

考核知识点： 电费、业务费收取的相关工作标准及规定

难易度： 中

技能等级评价专业技能考核操作工作任务书

一、任务名称

营业厅现金智能收款终端存款业务的操作。

二、适用工种

农网配电营业工（综合柜员）技师。

三、具体任务

请写出营业厅现金智能收款终端存款业务的操作步骤、"商银通"App使用的操作步骤及注意事项。

四、工作规范及要求

按照实际步骤填写。

五、考核及时间要求

本考核要求完成时间30分钟，要求操作步骤正确，文字描述清晰。

技能等级评价专业技能考核操作评分标准

工种	农网配电营业工（综合柜员）				评价等级	技师
项目模块	用电营业与服务—用电营业管理			编号		Jc0005252029
单位			准考证号		姓名	
考试时限	30分钟	题型		多项操作题	题分	100分
成绩		考评员		考评组长	日期	
试题正文	营业厅现金智能收款终端存款业务的操作					
需要说明的问题和要求	（1）要求单人完成。 （2）步骤规范、流程完整准确清晰					

序号	项目名称	质量要求	满分	扣分标准	扣分原因	得分
1	现场营业厅现金智能收款终端操作步骤	填写完整、正确	70	少一步扣10分，扣完为止		
2	"商银通"App使用的操作步骤	填写完整、正确	20	少一步扣5分，扣完为止		
3	注意事项	填写完整、正确	10	少一项扣5分，扣完为止		
	合计		100			

标准答案：

（1）现场营业厅现金智能收款终端操作：

1）在营业厅智能收款终端上输入账号密码进行登录。

2）进入存款界面选择分类存款（坐收现金、自助终端现金）。

3）将现金（整数纸钞）整理后摆放至钞口，点击"确认"，终端开始点钞。存入的现金可为全面值混存，支持1～100元所有面额纸币。

4）点钞完毕后，点钞结果明细显示，收费员根据明细确认无误后，点击"确认"。

5）所有硬币及无法识别的现金通过信封方式存入。选择信封存款（使用公司提供的专用信封），在现金智能收款终端设备上输入正确的解款金额存款。

6）现金装入信封，信封上按实际现金填写。信封放在下进钞口（强制缴存口）。

7）缴费成功后，终端打印缴费小票。

（2）"商银通"App 使用的操作步骤：

1）账户登录。

2）进入首页，界面显示四个模块（缴费、日结、划款、设备）。

3）缴费：① 点击打开缴费信息上传页面；② 点击拍照进入上传页面，点击"＋"选择拍照或图片库上传（缴费小票、强制缴存、不计数缴存照片）并在备注栏填写详细缴存信息（包含总金额、信封存款金额、凭条照片），点击上传。

4）上传完成后，在缴费明细中就可以看到本次操作所有数据。

（3）注意事项：

1）账户使用方面。收费解款人员和存款收费员"管家卡"账户人员一致。

2）缴款方面。收费员"管家卡"解款金额笔数必须与存款金额笔数一致。

Jc0005262030　预收退费的错误发现及资料审核。（100 分）

考核知识点： 营业厅收费管理

难易度： 中

技能等级评价专业技能考核操作工作任务书

一、任务名称

预收退费的错误发现及资料审核。

二、适用工种

农网配电营业工（综合柜员）技师。

三、具体任务

某日，实收审核人员收到某供电所退费申请资料一份。12 月 5 日的现场工作单反映该居民客户电表上的电价执行错误，为 1.128 6 元/kWh，工作单上的止码为 4547.24。业务接洽计算客户自 2020 年 7 月 19 日换表后总购电金额为 4131.95 元，实际用电量为 4547kWh，应给客户退补金额为 2042.06 元。客户要求退出预收金额，业务受理员与客户协商后，清零补金额 42.06 元，退费 2000 元。经审核员在营销业务应用系统中查询，该户抄表例日为每月 6 日，上月结算止码为 4494.90，每月均能按时发行电费，月用电量较稳定，营销业务应用系统预收余额为 2036.20 元。分析此案例的退费中存在哪些问题？计算正确的退补金额。此类客户退费时，应提供哪些资料？

四、工作规范及要求

（1）自备钢笔或中性笔。

（2）文字描述条理清晰，简明扼要。

（3）正确审核预收退费。

五、考核及时间要求

本考核为电费账务实操任务，严格按照规定步骤完成，考核时间 30 分钟。

技能等级评价专业技能考核操作评分标准

工种	农网配电营业工（综合柜员）			评价等级	技师
项目模块	用电营业与服务—用电营业管理		编号		Jc0005262030
单位			准考证号	姓名	
考试时限	30 分钟	题型	多项操作题	题分	100 分
成绩		考评员		考评组长	日期

续表

试题正文	预收退费的错误发现及资料审核					
需要说明的问题和要求	（1）要求单人完成。 （2）自备钢笔或中性笔					
序号	项目名称	质量要求	满分	扣分标准	扣分原因	得分
1	退预收费审核	正确指出退费中存在的问题，并说明应退费的金额	60	通过计算推理，不能正确得出退费金额，扣40分； 推理过程描述有误，扣20分		
2	退费资料审核	正确指出退预收费需提供的资料	40	共8项资料，缺少一项扣5分		
	合计		100			

标准答案：

（1）给客户退费金额 2042.06 元不正确，应按营销业务应用系统预收余额给客户清补电卡。此案例中，经查询客户电费计算明细，每月均能按时发行电费，且月用电量较稳定，可判断客户发行电费时均能按采集系统止码发行，且电价政策执行正确。因此营销业务应用系统预收余额准确，退补金额应以营销业务应用系统内预收余额为准；而根据总购电量和用电量计算剩余金额，因没有准确考虑阶梯电价因素和电价调整等因素，因此业务受理员电费金额计算不准确。

（2）此户为居民客户，退费时应提供退费审批表、退费申请、收据、业主的身份证复印件、现场处理工作单、现场表计影像资料（包含清零前后的电价、电量、余额）等。

Jc0005253031　省级直收后预收电费退费业务流程。（100分）

考核知识点：退费及调账处理的相关工作标准及规定

难易度：难

技能等级评价专业技能考核操作工作任务书

一、任务名称

省级直收后预收电费退费业务流程。

二、适用工种

农网配电营业工（综合柜员）技师。

三、具体任务

请简述省级直收后预收电费退费业务流程及注意事项。

四、工作规范及要求

（1）自备钢笔或中性笔。

（2）文字表述清楚，按顺序填写。

五、考核及时间要求

本考核要求完成时间30分钟。

技能等级评价专业技能考核操作评分标准

工种	农网配电营业工（综合柜员）			评价等级		技师
项目模块	电费管理—收费管理		编号		Jc0005253031	
单位		准考证号			姓名	
考试时限	30分钟	题型		多项操作题	题分	100分
成绩		考评员		考评组长		日期

续表

试题正文	省级直收后预收电费退费业务流程					
需要说明的问题和要求	（1）要求单人完成。 （2）自备计算器、钢笔或中性笔。 （3）文字表述清楚					
序号	项目名称	质量要求	满分	扣分标准	扣分原因	得分
1	操作流程	填写完整、准确	80	共计10条，不完整或不准确每条扣8分，扣完为止		
2	注意事项	填写正确	20	共计2条，不完整或不准确每条扣10分，扣完为止		
	合计		100			

标准答案：

（1）省级直收后预收电费退费业务流程如下：

1）收费员引导客户填写退费申请，审核客户提供退费佐证材料，客户提交申请当日收费员发起退费流程。

2）收费员扫描上传客户退费佐证材料及退费申请，将佐证材料装订成册属地保管，以备后续检查。

3）退费金额小于等于一万元，营销业务应用系统进行两级审批。一级审批由各县（所）地市公司营业班班长审批，二级审批由地市公司营业及电费室主任审批。

4）退费金额大于一万元，营销业务应用系统需进行三级审批，三级审批由地市公司营销部主任审批。

5）营销业务应用系统审批通过后，收费员进行退费解款、生成日报并发送。

6）地市公司电费账务员在营销业务应用系统收费交接界面审核附件并打印，生成凭证。

7）营销业务应用系统自动将退费凭证集成至财务管控系统。

8）财务管控系统生成退费单据，地市公司电费账务员进行审核制证，并将退费资料送至地市公司财务部。

9）地市公司财务部对退费凭证进行审核，审核通过后，支付退费资金。

10）财务管控凭证审核通过后，营销业务应用系统审核记账。

（2）注意事项：

1）简化退费资料，取消线下审批，实现线上退费审核审批流程。退费资料电子化流转，纸质资料属地化保管。拍照扫描时，注意图像横平竖直。压缩退费时限，提升客户满意度，从客户申请退费至资金退至客户账户，必须在5个工作日内完成。

2）财务实现电子支付后，收费员受理退费业务时，必须将客户退费银行账户信息录入完整、准确，确保支付顺利。

Jc0005263032　中止供电案例分析。（100分）

考核知识点： 电费催收工作的内容及具体要求

难易度： 难

技能等级评价专业技能考核操作工作任务书

一、任务名称

中止供电案例分析。

二、适用工种

农网配电营业工（综合柜员）技师。

三、具体任务

某能源企业是政府重点关注的企业之一，月均电费约为 150 万元，由于该企业的信誉一直很好，没有发生过拖欠电费的事情，该企业虽然有负控装置，供电部门也一直未对其采取负控购电的方式，延续了先用后缴的收费方式。2018 年由于国家节能减排政策，企业的电量锐减，供电部门为防范电费风险，征得企业口头同意后，将负控装置跳闸回路接入运行，采取负控预购电结算方式，每月分四次结算电费。该企业分别于 9 月 6 日、14 日、22 日、28 日通过银行转账方式支付购电款 30 万元、20 万元、10 万元、14 万元，最后一笔购电款 14 万元因工作人员未及时核实到账确认，导致购电数据未及时刷新。月末零点结算电费时发行电费 65 万元，产生欠费 5 万元，负控装置跳闸，该企业生产中断 2h，造成直接经济损失 10 万元，客户投诉并要求赔偿经济损失。供电公司是否应承担赔偿责任？赔偿的依据是什么？暴露出哪些问题？

四、工作规范及要求

根据题意进行分析，内容完整，条理清晰。

五、考核及时间要求

本考核完成时间为 20 分钟，文字描述清晰，术语规范。

技能等级评价专业技能考核操作评分标准

工种	农网配电营业工（综合柜员）			评价等级		技师
项目模块	电费管理—收费管理		编号		Jc0005263032	
单位		准考证号		姓名		
考试时限	20 分钟	题型	综合操作题		题分	100 分
成绩		考评员		考评组长	日期	
试题正文	中止供电案例分析					
需要说明的问题和要求	（1）要求单人完成。 （2）答案要点明确，条理清晰，术语规范					

序号	项目名称	质量要求	满分	扣分标准	扣分原因	得分
1	分析是否承担赔偿责任	内容正确	10	内容错、漏扣 10 分		
2	赔偿依据	内容正确全面	30	内容错、漏扣 30 分		
3	暴露出问题	写出 3 条，内容正确全面	60	每条内容错误、不全面扣 20 分，扣完为止		
	合计		100			

标准答案：

（1）供电企业应当承担赔偿责任。

（2）赔偿依据：

1）《电力法》第五十九条"供电企业或者客户违反《供用电合同》，给对方造成损失的，应当依法承担赔偿责任"。

2）《供用电合同》中"供电人违反合同约定中止供电给用电人造成损失的，应赔偿用电人实际损失，最高赔偿限额为用电人在中止供电时间内可能用电量电量电费的五倍。可能用电量，按照停电前用电人在上月与停电时间对等的同一时间段的平均用电量乘以停电小时求得"。

（3）暴露问题：

1）客户已经支付了足额的电费款，由于供电部门人员疏忽，未及时核实到账确认，导致购电数据未能及时刷新，造成客户因产生欠费引起负控装置跳闸停电产生损失。

2）供电企业电费结算方式变更不规范。电费结算方式仅采用口头方式约定，没有重新签订书面的负控购电协议。

3）供电企业工作人员工作失职。重要客户的电费回收应责任到人，重点盯防，停电之前应通知客户，并报送同级管理部门或政府机关。

Jc0005263033　电费差错率计算、原因分析及整改措施。（100分）

考核知识点： 实抄率、抄表准确率、抄表差错率的概念及计算公式

难易度： 难

技能等级评价专业技能考核操作工作任务书

一、任务名称

电费差错率计算、原因分析及整改措施。

二、适用工种

农网配电营业工（综合柜员）技师。

三、具体任务

某工业客户由于采集失败，需要进行现场补抄。抄表员李某因雪天出行不便，对该工业客户的电能表指示数进行估测，超出实际电量1350kWh，达到了客户平均月用电量的2倍多。当客户接到电费通知单后，与抄表员联系要求更正，但抄表员以工作忙为由，未能进行及时解决，造成客户不满，向报社反映此事，当地报纸以"抄表员查电竟靠猜"为题对事件进行了报道，引发了当地客户对供电企业职工的工作态度、责任心和抄表准确性的质疑，严重破坏了供电公司的形象，造成较大负面影响。请分析此案例中抄表员违反了哪些规定？请分析此投诉暴露了哪些问题？并提出相关整改措施。

四、工作规范及要求

思路清晰、表达明确。

五、考核及时间要求

本考核要求完成时间为40分钟，答题完整，文字描述清晰、规范。

技能等级评价专业技能考核操作评分标准

工种	农网配电营业工（综合柜员）				评价等级		技师
项目模块	电费管理—收费管理				编号		Jc0005263033
单位			准考证号			姓名	
考试时限	40分钟		题型	综合操作题		题分	100分
成绩		考评员		考评组长		日期	
试题正文	电费差错率计算、原因分析及整改措施						
需要说明的问题和要求	（1）要求单人完成。 （2）分析原因正确，对应措施有效						

序号	项目名称	质量要求	满分	扣分标准	扣分原因	得分
1	违反条例	列举正确完善	40	漏写一条扣10分，扣完为止		
2	暴露问题	列举正确完善	30	漏写一条扣10分，扣完为止		
3	整改措施	列举正确完善	30	漏写一条扣10分，扣完为止		
	合计		100			

标准答案：

（1）该案例违反了以下规定：

1）《供电营业规则》第八十三条："供电企业应在规定的日期抄录计费电能表读数"。

2）《国家电网公司供电服务规范》第十九条第一款："供电企业应在规定的日期准确抄录计费电能表读数。因客户的原因不能如期抄录计费电能表读数时，可通知客户待期补抄或暂按前次用电量计收电费，待下一次抄表时一并结清。确需调整抄表时间的，应事先通知客户"。

3）《国家电网公司供电服务规范》第四条第二款："真心实意为客户着想，尽量满足客户的合理要求。对客户的咨询、投诉等不推诿，不拒绝，不搪塞，及时、耐心、准确地给予解答"。

4）《国家电网公司员工服务"十个不准"》第四条："不准对客户投诉、咨询推诿塞责"。

（2）暴露问题：

1）抄表员在服务意识、工作态度、责任心等方面有待进一步提升，规章制度执行不严、学习掌握不彻底，服务规范、工作标准未真正落实到工作人员的思想和行动上。

2）对投诉事件响应处理不及时。抄表员对事态发展可能带来的影响估计不足，认识不深刻，处理不及时，失去了正确处理的最佳时机，从而扩大了负面影响，形成被动局面。

3）电费核算工作质量不高，未能及时发现电量异常。

（3）整改措施：

1）在日常工作中，应加强对规章制度、工作标准的学习。

2）培养员工高度的责任心和工作中自觉规范意识。

3）加强抄表及电费核算工作的质量管控，做到能及时发现异常，加强过程中的管控。

Jc0005252034　写出非政策退补操作流程及审批金额。（100分）

考核知识点： 非政策退补

难易度： 中

技能等级评价专业技能考核操作工作任务书

一、任务名称

写出非政策退补操作流程及审批金额。

二、适用工种

农网配电营业工（综合柜员）技师。

三、具体任务

请写出非政策性退补不同金额的审批所对应的业务流程。

四、工作规范及要求

按照营销业务应用系统规范流程填写。

五、考核及时间要求

本考核要求完成时间20分钟，要求操作步骤正确，文字描述清晰。

技能等级评价专业技能考核操作评分标准

工种	农网配电营业工（综合柜员）				评价等级	技师
项目模块	用电营业与服务—用电营业管理			编号		Jc0005252034
单位			准考证号		姓名	
考试时限	20分钟		题型	多项操作题	题分	100分
成绩		考评员		考评组长		日期	

续表

| 试题正文 | 写出非政策退补操作流程及审批金额 |
| 需要说明的问题和要求 | （1）要求单人完成。
（2）步骤规范、流程完整准确清晰 |

序号	项目名称	质量要求	满分	扣分标准	扣分原因	得分
1	退补金额	退补金额填写正确	30	退补金额错误一项扣10分，扣完为止		
2	退补流程	退补流程填写正确	60	退补流程错误一项扣20分，扣完为止		
3	电量、电费退补流程的区别	退补电量、电费填写正确	10	退补电量、电费错误一项扣5分，扣完为止		
	合计		100			

标准答案：

非政策退补电量，审批不受限制；退补电费根据退补金额不同分三级审批。

（1）退补金额5000元以下：开始→退补申请→退补复核→退补一级审批→退补发行→结束。

（2）退补金额5000～10 000元：开始→退补申请→退补复核→退补一级审批→退补二级审批→退补发行→结束。

（3）退补金额10 000元以上：开始→退补申请→退补复核→退补一级审批→退补二级审批→退补三级审批→退补发行→结束。

Jc0005252035　电费资金安全管理。（100分）

考核知识点： 资金安全管理的相关规定

难易度： 中

技能等级评价专业技能考核操作工作任务书

一、任务名称

电费资金安全管理。

二、适用工种

农网配电营业工（综合柜员）技师。

三、具体任务

某供电所营业厅2021年3月7日仅收费员陈某一人在岗，16:00陈某对自助缴费终端进行解款，共解得款项800元。当日陈某未在营业厅智能缴费终端将现金存款，下班后陈某将自助缴费终端解款现金带回家，次日上午才将现金存款。该营业网点管理存在哪些问题？张某的行为违反了什么规定？

四、工作规范及要求

（1）自备钢笔或中性笔。

（2）文字描述条理清晰，简明扼要。

五、考核及时间要求

本考核为电费账务实操任务，严格按照规定步骤完成，考核时间20分钟。

技能等级评价专业技能考核操作评分标准

工种		农网配电营业工（综合柜员）					评价等级		技师
项目模块		安全管理—资金安全管理			编号			Jc0005252035	
单位				准考证号			姓名		
考试时限	20分钟		题型		多项操作题			题分	100分
成绩		考评员			考评组长			日期	
试题正文	电费资金安全管理								
需要说明的问题和要求	（1）要求单人完成。 （2）自备钢笔或中性笔								

序号	项目名称	质量要求	满分	扣分标准	扣分原因	得分
1	电费资金安全管理	正确指出管理存在的问题	60	准确指出资金管理存在的具体问题，缺少一项或描述不清扣5～20分，扣完为止		
2	违规操作	明确指出收费员的违规	40	明确指出收费员的违规行为，描述不清的扣10～40分，扣完为止		
	合计		100			

标准答案：

（1）营业网点管理存在的问题：

1）在岗人数少于2人。

2）自助缴费终端解款操作无监督陪同人员。

3）营业网点收费员当日下班未将现金存入自助现金缴费机。

（2）张某将自助缴费终端解款现金私自带回家的行为违反了《国网宁夏电力有限公司营销专业电费收缴账务管理实施细则（试行）》第二十五条"配备自助现金缴费机的营业厅，收费员解款后须当日16:00点前将款项存入自助缴费设备"的规定，此外，还违反了《国家电网有限公司电费抄核收管理办法》第五十三条"每日收取的现金及支票应当日解交银行，由专人负责每日解款工作并落实保安措施，确保解款安全"的规定。

Jc0005241036　电子发票的冲红操作。（100分）

考核知识点：电费票据管理的工作标准及规定

难易度：易

技能等级评价专业技能考核操作工作任务书

一、任务名称

电子发票的冲红操作。

二、适用工种

农网配电营业工（综合柜员）技师。

三、具体任务

某经销部2020年5月电费发行后，于2020年5月20日某客户缴纳当月发行电费14 846.49元，收费员收取电费后，为客户开具电子发票。电费发票开出以后，客户发现纳税人信息不对，要求将信息修改正确后，重新开具发票。对于此类情况，供电企业工作人员在营销业务应用系统中应如何操作？

四、工作规范及要求

（1）自备钢笔或中性笔。

（2）文字描述条理清晰，简明扼要。

（3）掌握电子发票开具的相关步骤。

五、考核及时间要求

本考核为电费票据开具的实操任务，严格按照规定步骤完成，考核时间 20 分钟。

技能等级评价专业技能考核操作评分标准

工种	农网配电营业工（综合柜员）				评价等级	技师
项目模块	电费管理—电费发票解读			编号		Jc0005241036
单位			准考证号		姓名	
考试时限	20 分钟	题型		单项操作题	题分	100 分
成绩		考评员		考评组长	日期	
试题正文	电子发票的冲红操作					
需要说明的问题和要求	（1）要求单人完成。 （2）自备计算器、钢笔或中性笔。 （3）文字表述清楚					

序号	项目名称	质量要求	满分	扣分标准	扣分原因	得分
1	电子发票的冲红	正确列出的发票冲红步骤	60	按操作步骤描述，每缺少一步扣 10 分，扣完为止		
2	纳税人信息变更	正确描述纳税人信息变更的方法	20	正确描述纳税人信息变更的处理方法，未描述清楚扣 10～20 分，扣完为止		
3	电子发票的开具	正确列出发票开具的步骤	20	正确描述发票开具的处理步骤，每缺少一项扣 10 分，扣完为止		
	合计		100			

标准答案：

（1）当开具的电子发票出现错误时，可将发票进行冲红。发票冲红的操作步骤：收费账务管理→电费收缴→辅助功能→电子发票冲红，输入所需打印发票的客户户号，输入所需打印电费的年，点击查询；界面显示出查询结果后，点选要选定的记录，点击"电子发票冲红"。

（2）进行客户档案维护。在"客户档案资料管理"中的"纳税人信息变更"将客户需要变更的正确银行信息录入，点击"保存"，发送。在待办工单中，将此工单进行归档处理。

（3）冲红后需在"应收补打发票"功能处重新生成开票源数据，然后在"电子发票查询下载"功能为客户重新开具发票。

Jc0006242037　互感器二次断线的电费追补。（100 分）

考核知识点： 经互感器的电量计算

难易度： 中

技能等级评价专业技能考核操作工作任务书

一、任务名称

互感器二次断线的电费追补。

二、适用工种

农网配电营业工（综合柜员）技师。

三、具体任务

某高压客户，采用高供低计，在运行中电流互感器 A 相二次断线，后经检查发现，A 相电流互感器二次断线期间抄见电量为 10 万 kWh，试求应向该客户追补多少用电量（设三相对称）？

四、工作规范及要求

列式计算公式，数据计算正确。

五、考核及时间要求

本考核要求完成时间为 30 分钟，答题完整，文字描述清晰、规范。

技能等级评价专业技能考核操作评分标准

工种	农网配电营业工（综合柜员）			评价等级	技师
项目模块	用电营业与服务—用电营业管理		编号		Jc0006242037
单位		准考证号		姓名	
考试时限	30 分钟	题型	单项操作题	题分	100 分
成绩		考评员	考评组长		日期
试题正文	互感器二次断线的电费追补				
需要说明的问题和要求	（1）要求单人完成。 （2）列式计算，计算正确				

序号	项目名称	质量要求	满分	扣分标准	扣分原因	得分
1	正确接线时计量功率计算	公式、计算正确	20	公式错误扣 20 分		
2	A 相计量功率计算	公式、计算正确	20	公式错误扣 20 分		
3	断线时计量功率计算	公式、计算正确	20	公式、计算错误扣 20 分		
4	更正率计算	公式、计算正确	20	公式、计算错误扣 20 分		
5	追补电量计算	公式、计算正确	10	公式、计算错误扣 10 分		
6	总结回答	表述正确	10	表述错误扣 10 分		
	合计		100			

标准答案： 先求更正率，三相电能表正确接线时计量功率为 $P=3UI\cos\varphi$

因 A 相电流互感器二次断线，则 $P_A=UI\cos\varphi=0$

断线期间电能表计量功率值为 $P=2UI\cos\varphi$，则：

更正率＝$（3UI\cos\varphi-2UI\cos\varphi）/2UI\cos\varphi\times100\%=50\%$

追补用电量＝更正率×抄见用电量＝$50\%\times100\,000=50\,000$（kWh）

应向该客户追补用电量 50 000kWh。

Jc0006242038 互感器错误的电量追补。（100 分）

考核知识点： 互感器错误的电量追补

难易度： 中

技能等级评价专业技能考核操作工作任务书

一、任务名称

互感器错误的电量追补。

二、适用工种

农网配电营业工（综合柜员）技师。

三、具体任务

某高压客户采用高供低计，互感器倍率 200/5，自装表之日起至发现有一相电流互感器误装为 150/5 时，共收取客户计量电量 50 000kWh，应退补电量多少？

四、工作规范及要求

列式计算公式，数据计算正确。

五、考核及时间要求

本考核要求完成时间为30分钟，答题完整，文字描述清晰、规范。

技能等级评价专业技能考核操作评分标准

工种	农网配电营业工（综合柜员）			评价等级	技师
项目模块	用电营业与服务—用电营业管理		编号		Jc0006242038
单位		准考证号		姓名	
考试时限	30分钟	题型	单项操作题	题分	100分
成绩		考评员	考评组长	日期	
试题正文	互感器错误的电量追补				
需要说明的问题和要求	（1）要求单人完成。 （2）列式计算，计算正确				

序号	项目名称	质量要求	满分	扣分标准	扣分原因	得分
1	更正率计算	计算正确	15	公式错误扣15分		
2	正确电量计算	计算正确	15	公式错误扣15分		
3	错误电量计算	计算正确	20	公式错误扣20分		
4	差错率计算	计算正确	20	公式错误扣20分		
5	追补电量计算	计算正确	15	计算错误扣15分		
6	退补电量确定	确定正确	15	确定错误扣15分		
	合计		100			

标准答案：

差额率=（正确电量−错误电量）/错误电量×100%

$$正确电量 = \frac{1}{3} + \frac{1}{3} + \frac{1}{3} = 1$$

$$错误电量 = \frac{1}{3} + \frac{1}{3} + \frac{1}{3} \times \frac{200/5}{150/5} = \frac{10}{9}$$

代入公式计算得：

$$差额率 = \frac{1 - (10/9)}{(10/9)} \times 100\% = -10\%$$

追补电量=差额率×抄见电量=−10%×50 000=−5000（kWh）

应退电量为5000kWh。

Jc0006252039　填制《电费通知单》。（100分）

考核知识点： 电费催收工作的内容及具体要求

难易度： 中

技能等级评价专业技能考核操作工作任务书

一、任务名称

填制《电费通知单》。

二、适用工种

农网配电营业工（综合柜员）技师。

三、具体任务

根据《应收电费账单》（见表 Jc0006252039－1）填制《电费通知单》（见表 Jc0006252039－2）。

表 Jc0006252039－1　　　　　应 收 电 费 账 单　　　　　单位：元

用户名称	电价名称	电能表编号	示数类型	上次示数	度差	抄见电量	容量	有功结算电量	目录电量电价	电费小计	国家重大水利建设基金电费	库区移民电费	可再生资源电费	总电费
				本次示数	倍率			无功结算电量	目录电量电费					
1013179530×××	工商业及其他用电/单一制/商业/不满 1kV	0003963254	有功（总）	7506.37	120.650	1810	46	1810	0.466 97	845.22	2.04	2.17	34.39	883.82
				7627.02	15			845.22	845.22					
	宁夏本地防疫政策退补信息								−0.050 0	−90.50				−90.50
								−90.50	−90.50					
小计						1810		754.72	754.72	754.72	2.04	2.17	34.39	793.32

表 Jc0006252039－2　　　　　电 费 通 知 单

单位：某供电公司		抄表段：1012000100		抄表日期：20210301		
客户编号			客户名称			
用电地址		××营业房				
出厂编号	示数类型	上次示数	本次示数	综合倍率	抄见电量	退补电量	变/线损
	有功（总）						
电价名称	时段	结算电量	单价	退补电费	基本电费	功率因数调整电费	结算电费
工商业及其他用电/单一制/商业/不满 1kV	平		0.488 300				
宁夏本地防疫政策退补信息降价	平		−0.050 00				
电价名称	功率因数标准	实际功率因数	奖罚系数				
工商业及其他用电/单一制/商业/不满 1kV	0	0	0				
宁夏本地防疫政策退补信息降价	0	0	0				
合计金额（元）					￥		
电费余额	截至 2021 年 2 月 4 日 9 时 19 分，贵户电费余额为 2593.72 元						
国网宁夏电力有限公司银行账户信息							
账户名称	国网宁夏电力有限公司						
银行账号	6232814470000050314		开户银行	中国建设银行股份有限公司宁夏区分行营业部			

备注：尊敬的客户，请于 2021 年 03 月 28 日前缴清本月电费。如您对本月发行电费及预收电费余额存有疑问，请及时联系供电企业客户经理，联系人：××联系电话：×××；或拨打 95598 供电服务热线进行业务咨询。您本月享受自治区电价补贴政策减免电费 90.5 元。享受国家阶段性降低用电成本政策优惠电费 0 元

注意：本账单中的银行账号专用于贵户缴纳电费，不得将该账号提供给其他客户缴纳电费

抄表员：××	台区名称：×××	抄表序号：××

四、工作规范及要求

按项目填写表中对应数值，数值保留两位小数。

五、考核及时间要求

本考核要求完成时间为 10 分钟，如填写错误，须用双横线划去，在被修改数据上面重新填写，不得直接涂改抹去。

技能等级评价专业技能考核操作评分标准

工种	农网配电营业工（综合柜员）				评价等级	技师
项目模块	电费管理—收费管理			编号		Jc0006252039
单位			准考证号		姓名	
考试时限	10 分钟	题型		多项操作题	题分	100 分
成绩		考评员		考评组长	日期	
试题正文	填制《电费通知单》					
需要说明的问题和要求	（1）要求单人完成。 （2）根据给定的数据，准确填写通知单中数据					

序号	项目名称	质量要求	满分	扣分标准	扣分原因	得分
1	客户基本信息	数据正确填写	15	每空填写错误扣 5 分，扣完为止		
2	上次及本次示数、综合倍率	数据正确填写	6	每空填写错误扣 2 分，扣完为止		
3	各类电量电费	数据正确填写	65	每空填写错误扣 5 分，扣完为止		
4	合计金额	数据正确填写	14	每空填写错误扣 7 分，扣完为止		
	合计		100			

标准答案：

表 Jc0006252039-3　　　　　　　电 费 通 知 单

单位：某供电公司			抄表段：1012000100		抄表日期：20210301	
客户编号	1013179530		客户名称	×××		
用电地址	营业房					
出厂编号	示数类型	上次示数	本次示数	综合倍率	抄见电量	退补电量	变/线损
0003963254	有功（总）	7506.37	7627.02	15	1810	0	0
电价名称	时段	结算电量	单价	退补电费	基本电费	功率因数调整电费	结算电费
工商业及其他用电/单一制/商业/不满 1kV	平	1810	0.488 30	0.00	0.00	0.00	883.82
宁夏本地防疫政策退补信息降价	平	0	-0.050 00	0.00	0.00	0.00	-90.50
电价名称	功率因数标准	实际功率因数	奖罚系数				
工商业及其他用电/单一制/商业/不满 1kV	0	0	0				
宁夏本地防疫政策退补信息降价	0	0	0				
合计金额（元）	柒佰玖拾叁元叁角贰分				￥	793.32	
电费余额	截至 2021 年 2 月 4 日 9 时 19 分，贵户电费余额为 2593.72 元						
国网宁夏电力有限公司银行账户信息							
账户名称	国网宁夏电力有限公司						
银行账号	6232814470000050314		开户银行	中国建设银行股份有限公司宁夏区分行营业部			

备注：尊敬的客户，请于 2021 年 03 月 28 日前缴清本月电费。如您对本月发行电费及预收电费余额存有疑问，请及时联系供电企业客户经理，联系人：××联系电话：××××；或拨打 95598 供电服务热线进行业务咨询。您本月享受自治区电价补贴政策减免电费 90.5 元。享受国家阶段性降低用电成本政策优惠电费 0 元

注意：本账单中的银行账号专用于贵户缴纳电费，不得将该账号提供给其他客户缴纳电费

抄表员：××	台区名称：×××	抄表序号：××

Jc0006252040 电费计算咨询案例分析。（100分）

考核知识点： 电费计算咨询分析

难易度： 中

技能等级评价专业技能考核操作工作任务书

一、任务名称

电费计算咨询案例分析。

二、适用工种

农网配电营业工（综合柜员）技师。

三、具体任务

某自来水公司在暖泉乡有多个供水泵站，自来水公司人员在收到电费通知单后发现各供水泵站执行的电价、损耗电量、功率因数调整电费均不相同，对电费的计算产生疑惑，供电企业应如何答复？

四、工作规范及要求

根据题意进行分析，内容完整，条理清晰。

五、考核及时间要求

本考核要求完成时间为20分钟，文字描述清晰，术语规范。

技能等级评价专业技能考核操作评分标准

工种	农网配电营业工（综合柜员）			评价等级	技师
项目模块	电费管理—收费管理		编号		Jc0006252040
单位		准考证号		姓名	
考试时限	20分钟	题型	多项操作题	题分	100分
成绩		考评员		考评组长		日期	
试题正文	电费计算咨询案例分析				
需要说明的问题和要求	（1）要求单人完成。（2）答案要点明确，条理清晰，术语规范				

序号	项目名称	质量要求	满分	扣分标准	扣分原因	得分
1	《供电营业规则》规定的电价标准	内容正确全面	25	内容错、漏扣25分		
2	自来水公司应执行的电价	内容正确全面	25	内容错、漏扣25分		
3	变损的计费依据	内容正确全面	25	内容错、漏扣25分		
4	功率因数调整标准	内容正确全面	25	内容错、漏扣25分		
	合计		100			

标准答案：

（1）根据《供电营业规则》第70、82条规定，供电企业按照不同的用电类别和国家批准的电价，按期向客户收取或通知客户按期缴纳电费。

（2）根据水电财字（1975）67号《电、热价格》的规定，自来水公司属于工业用电性质，根据变压器容量大小执行不同类别的电价：其中315kVA及以上执行大工业电价，315kVA以下执行一般工商业电价。大工业客户选择基本电费的计费方式（容量/需量）不同，负荷率的高低，均会造成平均电价波动。

（3）根据客户的计量方式确定是否收取变损电量（高供低计的收取、高供高计的不收取），根据其变压器容量、型号、用电量计算其变损电量。计量点未安装在产权分界点处，双方协商计收线损电量。

（4）根据水电财字（1983）第 215 号文《功率因数调整电费办法》的规定，客户在运变压器容量：160kVA 以上的工业用电执行 0.90 标准，100～160kVA（含 160kVA）工业用电执行 0.85 标准，100kVA 以下的不执行功率因数调整电费。根据计算的功率因数，高于或低于规定标准时，按照规定的电价计算出其当月电费后，再按照功率因数调整电费表所规定的百分数增减电费。

Jc0006263041　电量电费审核。（100 分）

考核知识点：电费的计算

难易度：难

技能等级评价专业技能考核操作工作任务书

一、任务名称

电量电费审核。

二、适用工种

农网配电营业工（综合柜员）技师。

三、具体任务

某建筑公司，房屋工程建筑用电，10kV 供电，受电变压器容量为 630kVA，采用高供高计计量方式，2021 年 5 月电费明细见表 Jc0006263041。作为电费审核人员，请结合营销系统和采集系统分析该户存在的问题，并阐述如何处理（假设该户不执行峰谷分时电价；当月电费计算不通过非政策退补流程处理，电价执行现行电价平段标准）。

表 Jc0006263041

电能表编号	示数类型	上次示数	度差	抄见电量	容量
		本次示数	倍率		
0005637675	有功（总）	8941	6873.4	6 873 400	630
		15 814.4	1000		
	无功（总）	304.93	1805.07	1 805 070	
		2110	1000		
有功结算电量	目录电量电价	功率因数标准	实际功率因数	调整电费	代征费及附加合计	总电费
无功结算电量	目录电量电费		调整系数			
6 873 400	0.446 975	0.9	0.97	−23 041.78	146 575.26	3 195 771.45
1 805 070	3 072 237.97		−0.75			

四、工作规范及要求

（1）自备钢笔或中性笔。

（2）文字描述清晰，用词准确。

五、考核及时间要求

本考核为计算实操任务，严格按照规定步骤完成，考核时间 20 分钟。

技能等级评价专业技能考核操作评分标准

工种	农网配电营业工（综合柜员）		评价等级	技师
项目模块	电费管理—收费管理	编号	Jc0006263041	
单位		准考证号		姓名
考试时限	20分钟	题型	综合操作题	题分	100分
成绩		考评员	考评组长	日期
试题正文	电量电费审核			
需要说明的问题和要求	（1）要求单人完成。 （2）自备钢笔或中性笔			

序号	项目名称	质量要求	满分	扣分标准	扣分原因	得分
1	功率因数	能够找出功率因数错误，描述出正确的营销系统处理方法	50	未找出功率因数错误，扣10分； 描述不准确、不完整，扣1~20分； 处理方法不正确、不完整，扣1~30分 以上各项得分，扣完为止		
2	结算电量异常	发现结算电量异常并正确找出异常原因，处理方法准确	50	未发现结算电量异常，扣20分； 异常原因不准确、不完整，扣2~10分； 处理方法不正确，扣2~20分 以上各项得分，扣完为止		
	合计		100			

标准答案：

（1）该户功率因数标准错误。该客户属房屋工程建筑用电，属于临时施工用电，功率因数应执行0.85的标准。处理方法如下：

1）查看该户供用电合同信息，确认客户行业分类是否准确，如与系统一致，给业务接洽人员开具异常工作单，业务接洽发起改类流程，修改功率因数标准为0.85，刷新客户档案后重新计算电费。如不一致，需现场核查客户的用电性质，确认新的电价策略，并重新维护客户档案。

2）核查以前月份功率因数标准执行是否准确，如不准确，计算退补电费，通过"非政策退补流程"退补电费差额。

（2）该户本月结算电量过大。营销系统执行审核后，该户生成电量异常波动记录，且该户抄见电量远大于理论最大用电量 $630 \times 24 \times 30 = 453\ 600$（kWh）。处理方法如下：根据《国网抄核收管理规定》第二十五条"电量电费核算应认真细致""对电量电费复核过程中发现的问题应按规定的程序和流程及时处理，做好详细记录，并按月汇总形成复核报告"的规定，审核人员需发送异常工单给抄表人员核实止码的准确性，并可以通过采集系统冻结数据和营销系统历史电量电费结算情况分析确认本月电费计算结果是否准确，做好详细记录。

Jc0006241042 填制《电费通知单》。（100分）

考核知识点：电费催收工作的内容及具体要求

难易度：易

技能等级评价专业技能考核操作工作任务书

一、任务名称

填制《电费通知单》。

二、适用工种

农网配电营业工（综合柜员）技师。

三、具体任务

根据《应收电费账单》（见表 Jc0006241042－1）填制《电费通知单》（见表 Jc0006241042－2）。

表 Jc0006241042－1　　应 收 电 费 账 单　　单位：元

用户名称	计量点编号	电价名称	电能表编号	示数类型	上次示数	电量差	抄见电量	容量	变损 线损	有功结算电量 无功结算电量	目录电量电价 目录电量电费	电费小计	国家重大水利建设基金电费	库区移民电费	可再生资源电费	总电费
					本次示数	倍率										
2010995169 ×××	20002070623	工商业及其他用电/单一制/普通工业/1～10kV	0004669525	有功（总）	11 556.09	102.590 0	1539	50	129	1668	0.446 975	745.55	1.88	2.00	31.69	781.12
					11 658.68	15					745.55					
		小计							129	1668	745.55	745.55	1.88	2.00	31.69	781.12

表 Jc0006241042－2　　电 费 通 知 单

单位：××供电公司		抄表段：1012000200		抄表日期：20210301	
客户编号		客户名称			
用电地址	××路				
出厂编号	示数类型	上次示数	本次示数	综合倍率	抄见电量	退补电量	变/线损
	有功（总）						
电价名称	时段	结算电量	单价	退补电费	基本电费	功率因数调整电费	结算电费
工商业及其他用电/单一制/普通工业1～10kV	平		0.468 300				
电价名称	功率因数标准	实际功率因数	奖罚系数				
工商业及其他用电/单一制/普通工业1～10kV	0	0	0				
合计金额（元）				￥			
国网宁夏电力有限公司银行账户信息							
账户名称	国网宁夏电力有限公司						
银行账号	6232814470000050314		开户银行	中国建设银行股份有限公司宁夏区分行营业部			

备注：尊敬的客户，请于 2021 年 03 月 28 日前缴清本月电费。如您对本月发行电费及预收电费余额存有疑问，请及时联系供电企业客户经理，联系人：××联系电话：×××；或拨打 95598 供电服务热线进行业务咨询。您本月享受自治区电价补贴政策减免电费 0 元。享受国家阶段性降低用电成本政策优惠电费 0 元

注意：本账单中的银行账号专用于贵户缴纳电费，不得将该账号提供给其他客户缴纳电费

抄表员：××	台区名称：×××	抄表序号：××

四、工作规范及要求

按项目填写表中对应数值，数值保留两位小数。

五、考核及时间要求

本考核要求完成时间为 20 分钟，如填写错误，须用双横线划去，在被修改数据上面重新填写，不得直接涂改抹去。

技能等级评价专业技能考核操作评分标准

工种	农网配电营业工（综合柜员）			评价等级	技师
项目模块	电费管理—收费管理		编号	Jc0006241042	
单位		准考证号		姓名	
考试时限	20 分钟	题型	单项操作题	题分	100 分
成绩		考评员		考评组长	日期
试题正文	填制《电费通知单》				
需要说明的问题和要求	（1）要求单人完成。 （2）根据给定的数据，准确填写通知单中数据				

序号	项目名称	质量要求	满分	扣分标准	扣分原因	得分
1	客户基本信息	数据正确填写	18	每空填写错误扣 6 分，扣完为止		
2	上次及本次示数、综合倍率	数据正确填写	12	每空填写错误扣 4 分，扣完为止		
3	各类电量电费	数据正确填写	56	每空填写错误扣 7 分，扣完为止		
4	合计金额	数据正确填写	14	每空填写错误扣 7 分，扣完为止		
	合计		100			

标准答案：

表 Jc0006241042-3 **电 费 通 知 单**

单位：××供电公司		抄表段：1012000200		抄表日期：20210301		
客户编号	2010995169		客户名称		×××	
用电地址			××路			
出厂编号	示数类型	上次示数	本次示数	综合倍率	抄见电量	退补电量	变/线损
0004669525	有功（总）	11 556.09	11 658.68	15	1539	0	129

电价名称	时段	结算电量	单价	退补电费	基本电费	功率因数调整电费	结算电费
工商业及其他用电/单一制/普通工业 1～10kV	平	1668	0.468 300	0.00	0.00	0.00	781.12

电价名称	功率因数标准	实际功率因数	奖罚系数				
工商业及其他用电/单一制/普通工业 1～10kV	0	0	0				

合计金额（元）	柒佰捌拾壹元壹角贰分	￥	781.12

国网宁夏电力有限公司银行账户信息

账户名称	国网宁夏电力有限公司		
银行账号	6232814470000050314	开户银行	中国建设银行股份有限公司宁夏区分行营业部

备注：尊敬的客户，请于 2021 年 03 月 28 日前缴清本月电费。如您对本月发行电费及预收电费余额存有疑问，请及时联系供电企业客户经理，联系人：××联系电话：××××；或拨打 95598 供电服务热线进行业务咨询。您本月享受自治区电价补贴政策减免电费 0 元。享受国家阶段性降低用电成本政策优惠电费 0 元

注意：本账单中的银行账号专用于贵户缴纳电费，不得将该账号提供给其他客户缴纳电费

抄表员：××		台区名称：×××		抄表序号：××

Jc0006252043　增值税专用发票的开具。（100 分）

考核知识点：增值税发票的相关工作标准及管理规定

难易度：中

技能等级评价专业技能考核操作工作任务书

一、任务名称

增值税专用发票的开具。

二、适用工种

农网配电营业工（综合柜员）技师。

三、具体任务

某一般纳税人客户 2020 年 5 月 18 日、6 月 19 日分别缴纳预交电费 20 000 元和 10 000 元。《供用电合同》约定，该客户的抄表例日为每月 1 日。5 月发行电费 12 380.56 元，6 月发行电费 11 250.32 元。2020 年 7 月 5 日该客户持预交电费凭据共计 30 000 元前来开具增值税发票，供电公司工作人员张某根据客户提供的缴费票据，为该客户开具了 30 000 元的增值税专用发票，并在票据上加盖了"普通收费发票章"。此事件中张某的违规行为有哪些？应如何正确处理？

四、工作规范及要求

（1）自备钢笔或中性笔。

（2）文字描述条理清晰，简明扼要。

（3）熟练掌握增值税专用发票使用的相关规定。

五、考核及时间要求

本考核为电费票据开具的实操任务，严格按照规定步骤完成，考核时间 20 分钟。

技能等级评价专业技能考核操作评分标准

工种	农网配电营业工（综合柜员）			评价等级	技师
项目模块	电费管理—电费发票解读			编号	Jc0006252043
单位			准考证号		姓名	
考试时限	20 分钟	题型	多项操作题		题分	100 分
成绩		考评员		考评组长		日期	
试题正文	增值税专用发票的开具					
需要说明的问题和要求	（1）要求单人完成。 （2）自备钢笔或中性笔					

序号	项目名称	质量要求	满分	扣分标准	扣分原因	得分
1	增值税发票开具	违规行为描述准确、全面	60	描述不准确扣 10 分，每缺少一项扣 20 分，扣完为止		
		处理方法正确、规范	40	缺少一项扣 20 分，描写不完整一项扣 10 分，扣完为止		
	合计		100			

标准答案：

（1）根据《关于增值税管理有关事项的通知》（宁电财字〔2014〕6 号）规定，为客户开具增值税专用发票时，发票的购货方名称应与系统留存客户信息、供用电合同严格核对一致，开票的金额及数量应与当月发行的应收电费核对，确保开具发票的正确性。开具的增值税专用发票必须加盖"发票专用章"等规定，陈某违规行为如下：

1）发票金额开具错误。张某不应按预交电费金额为客户开具增值税专用发票，而应按当月发行的应收电费为客户开具。

2）跨月开具增值税专用发票。应逐月开具增值税专用发票，不允许累计数月汇总开具，不允许因电费未收取而延期开具。

3）印章加盖错误。

（2）正确处理方法：

1）根据实际应收电费发生金额在各月当期给客户开具增值税发票，分别在 5 月份开具发票 12 380.56 元，6 月份开具发票 11 250.32 元，不能因客户未来缴费而延期开具发票。

2）应加盖"增值税发票专用章"，"普通收费发票章"用于开具普通电费发票时使用。

Jc0006251044 居民电费结算异常处理。（100 分）

考核知识点： 电费异常分析及处理

难易度： 易

技能等级评价专业技能考核操作工作任务书

一、任务名称

居民电费结算异常处理。

二、适用工种

农网配电营业工（综合柜员）技师。

三、具体任务

某客户 2019 年 1 月 1 日安装 09 版智能电能表，安装时表内设置居民非阶梯电价，按月抄表算费，待 3 月 31 日抄表时发现应设置居民阶梯电价，并完成了电价变更。根据表 Jc0006251044 的电量统计计算客户应补交电费，此部分电费是否需要补写卡？

表 Jc0006251044　　　　　　　　　　电 量 统 计 表

月份	1 月	2 月	3 月
电量（kWh）	110	190	290

四、工作规范及要求

（1）自备计算器、钢笔或中性笔。

（2）计算公式、步骤正确。

（3）计算结果正确。

五、考核及时间要求

本考核为计算实操任务，严格按照规定步骤完成，考核时间 20 分钟。

技能等级评价专业技能考核操作评分标准

工种	农网配电营业工（综合柜员）			评价等级	技师
项目模块	电费管理—收费管理		编号		Jc0006251044
单位		准考证号		姓名	
考试时限	20 分钟	题型	多项操作题	题分	100 分
成绩		考评员	考评组长		日期

续表

试题正文	居民电费结算异常处理					
需要说明的问题和要求	（1）要求单人完成。 （2）自备计算器、钢笔或中性笔					

序号	项目名称	质量要求	满分	扣分标准	扣分原因	得分
1	实际电费	实际电费计算正确	20	发现一处错误扣5分，扣完为止		
2	应收电费	应收电费计算正确	40	每发现一处错误扣10分，扣完为止		
3	补收电费	应补交电费计算正确	20	发现一处错误扣5分，扣完为止		
4	写卡金额	正确判断需要写卡的金额	20	写卡金额回答错误扣20分		
	合计		100			

标准答案：

（1）现场电能表实际扣费：（110＋190＋290）×0.448 6＝264.67（元）

（2）现场电能表应扣费：

1月电费＝110×0.448 6＝49.35（元）

2月电费＝170×0.448 6＋20×0.498 6＝86.23（元）

3月电费＝170×0.448 6＋90×0.498 6＋30×0.748 6＝143.59（元）

应扣总电费＝49.35＋86.23＋143.59＝279.17（元）

（3）客户应补交电费＝279.17－264.67＝14.5（元）

（4）此部分电费不需要继续写卡，营销业务应用系统12月电量电费结算完毕后，从次年2月开始对上年度阶梯电费按年周期进行清算，年阶梯清算后的差额电费会写卡到客户电能表内。

Jc0006242045　表计异常判断处理。（100分）

考核知识点：表计参数、电量信息和电量的计算等

难易度：中

技能等级评价专业技能考核操作工作任务书

一、任务名称

表计异常判断处理。

二、适用工种

农网配电营业工（综合柜员）技师。

三、具体任务

某高压客户计量方式为高供低计，互感器变比为200/5，抄表员首次现场抄表时发现有一相电压互感器铭牌标记为300/5，抄表时当前有功示数为300kWh。

（1）发现此类情况后抄表员应如何处理？

（2）已知经供电部门用电检查人员组织客户将300/5电压互感器更换为200/5的电压互感器，更换电压互感器时表内当前有功示数为325kWh，请计算该户的退补电量。

四、工作规范及要求

自备钢笔或圆珠笔、计算器。

五、考核及时间要求

本考核操作时间限定为30分钟，计时结束停止考评。

技能等级评价专业技能考核操作评分标准

工种	农网配电营业工（综合柜员）				评价等级		技师
项目模块	电费管理—收费管理			编号		Jc0006242045	
单位			准考证号			姓名	
考试时限	30分钟		题型	单项操作题		题分	100分
成绩		考评员		考评组长		日期	
试题正文	表计异常判断处理						
需要说明的问题和要求	无						

序号	项目名称	质量要求	满分	扣分标准	扣分原因	得分
1	抄表员发现异常时处理方法	内容描述清楚、准确	30	每漏答或错答一项扣15分，扣完为止		
2	退补电量计算	计算过程完整，正确	70	根据计算内容进行扣分，更正率计算错误扣20分； 计算方法错误扣20分； 退补电量错误扣20分； 计算过程不完整扣10分		
	合计		100			

标准答案：

（1）抄表员应开展下列工作：

1）正确抄取表计参数及电量信息，在电量退补期间，客户先按抄见电量如期缴纳电费；

2）抄取互感器铭牌信息，填写异常单并提交业务接洽，由相关部门开展电量退补工作。

（2）退补电量计算：

更正率＝（正确用电量－错误用电量）/错误用电量×100%

正确表达式＝1/3＋1/3＋1/3＝1

错误表达式＝1/3＋1/3＋1/3×[（200/5）/（300/5）]＝8/9

更正率＝（1－8/9）/（8/9）×100%＝12.5%

抄见电量＝325×200/5＝13 000（kWh）

追补电量＝更正率×抄见电量＝12.5%×13 000＝1625（kWh）

应追补电量1625kWh。

Jc0006241046 加装电容计算。（100分）

考核知识点：功率因数计算

难易度：易

技能等级评价专业技能考核操作工作任务书

一、任务名称

加装电容计算。

二、适用工种

农网配电营业工（综合柜员）技师。

三、具体任务

某高压客户最大负荷时，月平均有功功率为500kW，功率因数为0.65。若将功率因数提高到0.9，应装电容器组的总容量为多少？

四、工作规范及要求

计算准确，文字描述清晰、规范。

五、考核及时间要求

本考核要求完成时间为30分钟，答题完整，文字描述清晰、规范。

技能等级评价专业技能考核操作评分标准

工种	农网配电营业工（综合柜员）				评价等级	技师
项目模块	用电营业与服务—用电营业管理			编号	Jc0006241046	
单位			准考证号		姓名	
考试时限	30分钟	题型		单项操作题	题分	100分
成绩		考评员		考评组长	日期	
试题正文	加装电容计算					
需要说明的问题和要求	（1）要求单人完成。 （2）自备计算器、钢笔或中性笔					

序号	项目名称	质量要求	满分	扣分标准	扣分原因	得分
1	公式选择	选择正确	30	选择错误扣30分		
2	公式变化	公式变化正确	30	公式变化错误扣30分		
3	数据代入、计算	数据代入、计算正确	30	数据代入、计算错误扣30分		
4	总结回答	文字描述清晰、规范	10	回答错误扣10分		
	合计		100			

标准答案：

$Q_C = P（\tan\varphi_1 - \tan\varphi_2）$

$$= P\left[\left(\sqrt{\frac{1}{\cos^2\varphi_1} - 1}\right) - \left(\sqrt{\frac{1}{\cos^2\varphi_2} - 1}\right)\right]$$

$$= 500 \times \left(\sqrt{\frac{1}{0.65^2} - 1} - \sqrt{\frac{1}{0.90^2} - 1}\right) = 342.5（kvar）$$

应装设电容器组的总容量为342.5kvar。

Jc0006263047　功率因数案例分析。（100分）

考核知识点：电费的计算

难易度：难

技能等级评价专业技能考核操作工作任务书

一、任务名称

功率因数案例分析。

二、适用工种

农网配电营业工（综合柜员）技师。

三、具体任务

某食品生产企业 10kV 供电，受电变压器容量 1000kVA，高供高计计量方式，电流互感器变比分别为 100/5。某月客户持电费发票到供电公司询问电费高的原因，并咨询如何降低电费支出。该客户本月实际功率因数为 0.85。试分析功率因数对电费产生的影响？如何改进？

四、工作规范及要求

根据题意进行分析，内容完整，条理清晰。

五、考核及时间要求

本考核要求完成时间为 20 分钟，文字描述清晰，术语规范。

技能等级评价专业技能考核操作评分标准

工种	农网配电营业工（综合柜员）			评价等级	技师
项目模块	电费管理—收费管理		编号		Jc0006263047
单位		准考证号		姓名	
考试时限	20 分钟	题型	综合操作题	题分	100 分
成绩		考评员	考评组长	日期	
试题正文	功率因数案例分析				
需要说明的问题和要求	（1）要求单人完成。 （2）答案要点明确，条理清晰，术语规范				

序号	项目名称	质量要求	满分	扣分标准	扣分原因	得分
1	影响分析	写出 2 项，内容正确全面	40	每项错误扣 20 分； 每项不全面扣 10 分，扣完为止		
2	措施建议	写出 2 项，内容正确全面	60	每项错误扣 30 分； 每项不全面扣 15 分，扣完为止		
	合计		100			

标准答案：

（1）影响分析：

1）根据《功率因数调整电费办法》，客户的功率因数高于或低于规定标准时，在按照规定的电价计算出其当月电费后，再按照功率因数调整电费表所规定的奖罚百分数增、减电费。

2）该单位的功率因数考核标准是 0.9，现在月平均功率因数是 0.85，未达到考核标准，所以月电费增加了 +2.5%。

（2）措施建议：

1）改善自然功率因数。减少大马拉小车现象，提高使用设备效率；调整负荷，提高设备维护；利用新技术，加强设备维护；如实际负荷较少可申请减容。

2）加装补偿装置，进行无功补偿。常见的有提高用电设备的自然功率因数、调相机补偿、过励磁同步电动机补偿、异步电动机同步化补偿、静止补偿装置补偿、电力电容器补偿等。其中，利用电力电容器进行无功补偿是最有效且经济的补偿方式。

Jc0006242048　计算加装电容。（100 分）

考核知识点： 功率因数计算

难易度： 中

技能等级评价专业技能考核操作工作任务书

一、任务名称

计算加装电容。

二、适用工种

农网配电营业工（综合柜员）技师。

三、具体任务

某 10kV 企业三班制生产，年有功与无功用电量分别为 1 300 000kWh 和 1 400 000kvarh，年最大负荷利用小时 $T_{max} = 520h$，负荷系数 $\beta = 0.8$，求其平均功率因数，如按要求将功率因数提高到规定值 0.9，应装电容器组的总容量为多少（小数保留 2 位）？

四、工作规范及要求

计算准确，文字描述清晰、规范

五、考核及时间要求

本考核要求完成时间为 30 分钟，答题完整，文字描述清晰、规范。

技能等级评价专业技能考核操作评分标准

工种	农网配电营业工（综合柜员）			评价等级		技师
项目模块	电费管理—收费管理			编号		Jc0006242048
单位			准考证号		姓名	
考试时限	30 分钟	题型		单项操作题	题分	100 分
成绩		考评员		考评组长	日期	
试题正文	计算加装电容					
需要说明的问题和要求	（1）要求单人完成。 （2）自备计算器、钢笔或中性笔					

序号	项目名称	质量要求	满分	扣分标准	扣分原因	得分
1	补前功率因数计算	公式选择数据计算正确	30	公式、计算错误扣 30 分		
2	平均有功功率计算	公式选择数据计算正确	30	公式、计算错误扣 30 分		
3	应补电容计算	公式选择数据计算正确	30	公式、计算错误扣 30 分		
4	总结回答	文字描述清晰、规范	10	回答错误扣 10 分		
	合计		100			

标准答案：

补偿前 $\cos\varphi_1 = \dfrac{W_P}{\sqrt{W_P^2 + W_Q^2}} = \dfrac{1\ 300\ 000}{\sqrt{1\ 300\ 000^2 + 1\ 400\ 000^2}} = 0.68$

平均有功功率 $P = (1\ 300\ 000/520) \times 0.8 = 2000$（kW）

$Q = P \times (\tan\varphi_1 - \tan\varphi_2) = 2000 \times (1.08 - 0.48)$

$= 1200$（kvar）

平均功率因数为 0.68，若将功率因数提高到 0.9，应补偿无功容量 1200kvar。

Jc0006241049　客户电费异常分析及处理。（100 分）

考核知识点：退补电费的处理方法

难易度：易

技能等级评价专业技能考核操作工作任务书

一、任务名称

客户电费异常分析及处理。

二、适用工种

农网配电营业工（综合柜员）技师。

三、具体任务

某工厂用电容量为 800kVA，某月有功电量为 40 000kWh，无功电量为 30 000kvarh，总目录电费（不含政府性基金及附加费）为 12 600 元，后经营业普查发现抄表员少抄该客户无功电量 9670kvarh，试问该客户应补电费多少元？

四、工作规范及要求

（1）自备计算器、钢笔或中性笔。

（2）计算公式、步骤正确。

（3）计算结果正确。

五、考核及时间要求

本考核为计算实操任务，严格按照规定步骤完成，考核时间 20 分钟。

技能等级评价专业技能考核操作评分标准

工种	农网配电营业工（综合柜员）				评价等级		技师	
项目模块	电费管理—收费管理			编号			Jc0006241049	
单位			准考证号			姓名		
考试时限	20 分钟		题型		单项操作题		题分	100 分
成绩		考评员		考评组长			日期	
试题正文	客户电费异常分析及处理							
需要说明的问题和要求	（1）自备计算器、钢笔或中性笔。 （2）计算公式、步骤正确。 （3）计算结果正确							

序号	项目名称	质量要求	满分	扣分标准	扣分原因	得分
1	功率因数	表达式规范完整、计算数值正确	30	表达式错误、计算错误各扣 15 分，扣完为止		
2	实际功率因数	表达式规范完整、计算数值正确	30	表达式错误、计算错误各扣 15 分，扣完为止		
3	实际电费	计算数值正确	20	计算错误扣 20 分		
4	追补电费	计算数值正确	20	计算错误扣 20 分		
	合计		100			

标准答案：

该客户执行功率因数标准为 0.90，功率因数

$$\cos\varphi = \frac{W_P}{\sqrt{W_P^2 + W_Q^2}} = \frac{1}{\sqrt{1 + \frac{W_Q^2}{W_P^2}}} = \frac{1}{\sqrt{1 + \frac{30\ 000^2}{40\ 000^2}}} = 0.8$$

查表得功率因数调整电费系数为 + 5%；

实际无功电量：30 000 + 9670 = 39 670（kvarh）

实际功率因数 $\cos\varphi = \dfrac{W_P}{\sqrt{W_P^2 + W_Q^2}} = \dfrac{1}{\sqrt{1 + \dfrac{W_Q^2}{W_P^2}}} = \dfrac{1}{\sqrt{1 + \dfrac{39\,670^2}{40\,000^2}}} = 0.71$

查表得实际功率因数调整电费系数为 +9.5%，则

该客户实际电费=12 600÷（1＋5%）×（1＋9.5%）=13 140（元）

应追补电费=13 140－12 600=540（元）

该客户应追补电费 540 元。

Jc0007252050　远程充值。（100 分）

考核知识点：远程充值失败处理及原因分析

难易度：中

技能等级评价专业技能考核操作工作任务书

一、任务名称

远程充值。

二、适用工种

农网配电营业工（综合柜员）技师。

三、具体任务

国网宁夏电力公司充值失败通知客户：×××您好，工单类型：远程下装异常工单，报修内容：电表客户对应错误，本次下装购电次数［7］次，下发前召测购电次数［05］次。报修内容：李××，户号：501××××84，联系电话：187×××6868，地址：×××小区 5 号楼 1 单元 3 层 302，请您于 2020 年 9 月 16 日 16 时 53 分 43 秒前携带掌机进行处理。

（1）请分析该户 5～7 次购电未到表的原因？09 版或 13 版电能表会出现的错误代码是什么？

（2）接到该工单的正确处理方法是什么？

四、工作规范及要求

计算准确，文字描述清晰、规范。

五、考核及时间要求

本考核要求完成时间为 30 分钟，答题完整，文字描述清晰、规范。

技能等级评价专业技能考核操作评分标准

工种	农网配电营业工（综合柜员）			评价等级		技师
项目模块	用电营业与服务—用电业务咨询			编号		Jc0007252050
单位			准考证号		姓名	
考试时限	30 分钟	题型	多项操作题		题分	100 分
成绩		考评员		考评组长	日期	
试题正文	远程充值					
需要说明的问题和要求	（1）要求单人完成。（2）自备计算器、钢笔或中性笔					

序号	项目名称	质量要求	满分	扣分标准	扣分原因	得分
1	充值次数错误原因分析	分析正确	60	分析错误一项扣 30 分，扣完为止		
2	错误代码	回答正确	20	回答错误一项扣 10 分，扣完为止		
3	处理方法	方法正确	20	方法错误扣 20 分		
	合计		100			

标准答案：

（1）该客户充值次数错误，第 6 次柜台或远程充值，写卡未插表或购电未下发成功，第 7 次远程购电，无法下装到表内，生成工单。09 版电能表出现错误代码：E—13，13 版电能表出现代码：E—34。

（2）接到该工单的正确处理方法是领用电能表，现场换表，将 5～7 次的购电金额及电能表余额一次性通过清零只补金额全部写入电卡内，插卡。

Jc0007252051　简述"网上国网"下载方式，以及注册并进行购电的操作步骤。（100 分）
考核知识点： 常用缴费渠道、方式和资金结算方式的相关内容
难易度： 中

技能等级评价专业技能考核操作工作任务书

一、任务名称
简述"网上国网"下载方式，以及注册并进行购电的操作步骤。

二、适用工种
农网配电营业工（综合柜员）技师。

三、具体任务
请写出网上国网下载的几种方式，注册及进行购电的操作步骤。

四、工作规范及要求
按照实际操作步骤填写。

五、考核及时间要求
本考核要求完成时间 20 分钟，要求操作步骤正确，文字描述清晰。

技能等级评价专业技能考核操作评分标准

工种	农网配电营业工（综合柜员）		评价等级	技师
项目模块	用电营业与服务—用电业务咨询	编号		Jc0007252051
单位		准考证号		姓名
考试时限	20 分钟	题型	多项操作题	题分	100 分
成绩		考评员	考评组长	日期
试题正文	简述"网上国网"下载方式，以及注册并进行购电的操作步骤
需要说明的问题和要求	（1）要求单人完成。（2）步骤规范、流程完整准确清晰

序号	项目名称	质量要求	满分	扣分标准	扣分原因	得分
1	下载方式	填写正确两种方式	25	少一种扣 12.5 分		
2	注册流程	填写正确	20	少一步扣 5 分，扣完为止		
3	缴费流程	填写正确	55	少一步扣 5 分，扣完为止		
	合计		100			

标准答案：
（1）"网上国网"下载方式：
1）客户通过识别二维码进行下载。
2）通过手机应用商城搜索"网上国网"下载 App。

（2）客户注册：

1）点击"立即登录"进入登录注册页面，点击"立即注册"。

2）客户录入手机号后点击"发送验证码"，输入收到的验证码点击"下一步"。

3）验证码输入后点击"下一步"验证通过后进入登录密码设置页面。

4）注册成功后，在该页面中可以开通面部识别、指纹登录、手势登录。

（3）网上国网购电的操作步骤：

1）客户登录。客户可选择输入手机号码及密码进行登录。

2）缴纳电费。首页→更多→去交费，点击"去交费"进入交电费模块，按界面提示添加交费户号，选择或填写交费金额，填写电费红包使用金额，选择积分抵扣金额，点击"确认交费"按钮即可进入支付环节。进入支付环节后，确认支付总额，选择支付方式，点击"确认支付"。

第五部分
高级技师

第九章　农网配电营业工（综合柜员）
高级技师技能笔答

Jb0001132001　峰谷电价的适用范围是如何划分的？（5分）

考核知识点：销售电价的分类及实施范围

难易度：中

标准答案：

根据《国家计委、电力部关于西北电网峰谷分时电价实施办法的批复》（计价格〔1995〕596号）规定，除城乡居民用电、农业排灌用电及行政机关、学校（不含生产企业）、部队（不含生产企业）、医院、无轨电车、自来水、煤气用电暂不实行峰谷电价外，其他所有用电户均执行峰谷电价。

《自治区物价局关于明确电价执行有关问题的通知》（宁价商发〔2015〕22号）对峰谷分时电价执行范围进行了调整，其规定100kVA及以下的商场、超市、餐饮、宾馆用电的企业，不再纳入执行峰谷分时电价范围。

Jb0001132002　为什么实行峰谷电价？（5分）

考核知识点：用电类别、行业分类、电价执行标准等

难易度：中

标准答案：

实行峰谷电价体现了电能商品的时间价差。电力企业利用价格经济杠杆作用，调动客户削峰填谷的积极性，有利于提高负荷率和设备利用率，是一项有效的电力需求侧管理手段；同时，也会降低电力企业运行成本，提高生产率。实行分时电价，可公平处理不同客户之间用电的利益关系，使客户合理承担电力成本，对提高客户、电力企业和社会的经济效益都有明显的效果。

Jb0001132003　《自治区物价局关于印发宁夏电网销售电价分类适范围说明的通知》（宁价商发〔2016〕6号）对居民生活用电是如何规定的？（5分）

考核知识点：销售电价的分类及实施范围

难易度：中

标准答案：

居民生活用电适用范围：居民住宅用电、执行居民电价的非居民用电，包括城乡居民住宅用电、城乡居民住宅小区公用附属设施用电、学校教学和学生生活用电、社会福利场所生活用电、宗教场所生活用电、城乡社区居民委员会和农村村民委员会服务设施用电、监狱监房生活用电、乡镇政府、卫生院用电等。

其中"一户一表"城乡居民客户执行居民阶梯电价，居民合表客户及其他执行居民电价的非居民客户执行居民阶梯二档电价。

Jb0001131004　对于在建居民住宅小区（含公寓）高可靠性供电费的收取有何规定？（5分）

考核知识点：用电类别、行业分类、电价执行标准等

难易度：易

标准答案：

对于在建居民住宅小区（含公寓），如项目业主单位同意在小区供配电设施建设完成后，将小区供配电设施无偿移交给国网宁夏电力有限公司，免收其高可靠性供电费用。

Jb0001133005 关于完善两部制电价客户基本电价执行方式的通知中对减容、暂停是如何规定的？（5分）

考核知识点：销售电价的分类及实施范围

难易度：难

标准答案：

（1）电力客户（含新装、增容客户）可根据用电需求变化情况，提前5个工作日向电网企业申请减容、暂停、减容恢复、暂停恢复用电，暂停用电必须是整台或整组变压器停止运行，减容必须是整台或整组变压器的停止或更换小容量变压器用电。电力客户减容两年内恢复的，按减容恢复办理；超过两年的按新装或增容办理。

（2）电力客户申请暂停时间每次应不少于十五日，每一日历年内累计不超过六个月。超过六个月的可由客户申请办理减容，减容期限不受时间限制。

（3）减容（暂停）后容量达不到实施两部制电价规定容量标准的，应改为相应用电类别单一制电价计费，并执行相应的分类电价标准。减容（暂停）后执行最大需量计量方式的，合同最大需量按照减容（暂停）后容量申报。

（4）减容（暂停）设备自设备加封之日起，减容（暂停）部分免收基本电费。

Jb0001131006 解决供用电合同纠纷的方式有几种？（5分）

考核知识点：供用电合同的签订原则、签订内容、电费结算相关条款

难易度：易

标准答案：

供用电合同纠纷的处理方式有协商、调解、仲裁、诉讼四种。

Jb0001132007 什么是日常营业？它的作用是什么？（5分）

考核知识点：用电营业管理

难易度：中

标准答案：

日常营业是供电企业日常受理正常使用中电力客户各种用电业务工作的统称。它与"业务扩充、电费抄、核、收管理"三位一体，构成了整个电力营销管理工作的全过程。日常营业在电力营销工作中，是一个承前启后的环节，是沟通电力供需渠道的桥梁，不仅对电力企业内部工作起协调作用，而且成为各道工序之间联系的纽带。

Jb0001132008 工商业及其他用电价格中对单一制和两部制的执行范围是如何规定的？（5分）

考核知识点：销售电价的分类及实施范围

难易度：中

标准答案：

（1）单一制的执行范围：受电变压器容量（含不通过变压器接用的高压电动机容量）在315kVA及以上的其他工商业客户（除大工业客户）可根据自身用电特性，自愿选择执行两部制电价或单一制

电价，其余工商业及其他用电的客户仍执行单一制电价。

（2）两部制电价的执行范围：其中受电变压器（含不通过受电变压器的高压电动机）容量在315kVA 及以上的工业用电执行两部制电价。

Jb0001132009 根据《关于我区清洁供暖用电价格有关问题的通知》（宁价商发〔2017〕35号），"一户一表"居民客户和执行居民电价的非居民客户，采暖期间如何申请？电价如何执行？（5分）

考核知识点：销售电价的分类及实施范围

难易度：中

标准答案：

（1）申请清洁供暖用电的"一户一表"居民客户、执行居民生活用电价格的非居民客户需要向供电营业厅提交申请，供电部门按规定进行现场勘察，符合政策要求的，按政策执行。

（2）客户可自愿选择执行峰谷分时电价政策，选择后一年内保持不变。峰谷时段划分：22:00～8:00（10h）为谷段；8:00～22:00（14h）为峰段。

Jb0001133010 宁夏回族自治区大工业用电适用范围是如何规定的？（5分）

考核知识点：销售电价的分类及实施范围

难易度：难

标准答案：

大工业用电是指受电变压器（含不通过受电变压器的高压电动机）容量在 315kVA 及以上的下列用电：

（1）以电为原动力，或以电冶炼、烘焙、熔焊、电解、电化、电热的工业生产用电。

（2）铁路（包括地下铁路、城铁）、航运、电车及石油（天然气、热力）加压站等生产用电。

（3）自来水、工业实验、电子计算中心、垃圾处理、污水处理等生产用电。

（4）农副食品加工业用电：指直接以农、林、牧、渔产品为原料进行的谷物磨制、饲料加工、植物油和制糖加工、屠宰及肉类加工、水产品加工，以及蔬菜、水果、坚果等食品的加工用电。

Jb0001132011 什么是两部制电价？（5分）

考核知识点：销售电价的分类及实施范围

难易度：中

标准答案：

两部制电价就是将电价分成基本电价、电量电价两部分。

基本电价代表电力企业成本中的容量成本，即固定费用部分。在计算每月基本电费时，以客户受电容量（kVA）或最大需量（kW）进行计算，与客户每月实际用电量无关。

电量电价代表电力企业成本中电能成本，即流动费用部分。在计算每月电量电费时，以客户实际用电量（kWh）进行计算。

按以上两种电价分别计算后的电费相加，实行功率因数调整电费后，即为客户应付的全部电费。这种合理分担容量成本和电能成本的电价制度，称为两部制电价。

Jb0001133012 简述两部制电价的优越性。（5分）

考核知识点：销售电价的分类及实施范围

难易度：难

标准答案：

（1）发挥价格杠杆作用，促使客户合理使用用电设备，同时改善用电功率因数，提高设备利用率，压低最大负荷，减少电费开支，使电网负荷率也相应提高，减少了无功负荷，提高了电力系统的供电能力。使供用双方从降低成本中获得一定的经济效益。

（2）使客户合理负担电力生产固定成本费用。两部制电价中的基本电价是按客户的用电设备容量或最大需量用量来计算的。客户的设备利用率或负荷率越高，单位用电成本就越少，其平均电价就越低。反之，单位用电成本就越高，其平均电价就越高。

Jb0001133013　宁夏回族自治区峰谷分时电价的执行范围及时段划分是如何规定的？（5分）

考核知识点：销售电价的分类及实施范围

难易度：难

标准答案：

（1）除城乡居民用电、农业排灌用电及行政机关、学校（不含生产企业）、部队（不含生产企业）、医院、无轨电车、自来水、煤气用电，以及电气化铁路用电暂不实行峰谷分时电价外，其他所有用电户均执行峰谷分时电价。

（2）100kVA及以下的商场、超市、餐饮、宾馆等无法避峰用电的企业，不再纳入执行峰谷分时电价范围。

（3）宁夏电网每天用电时间分为高峰、低谷、平段三个时段，每个时段各为8h。高峰时段为8:00～12:00和18:30～22:30，低谷时段为22:30～6:30，其余时间为平段。

Jb0001132014　《自治区物价局关于降低我区一般工商业用电价格有关事项的通知》中关于"调整销售电价分类结构，实现工商业用电同价"是如何规定的？（5分）

考核知识点：电费计算

难易度：中

标准答案：

将现行的一般工商业及其他用电、大工业用电归并为工商业及其他用电类别，执行方式分为两部制和单一制。其中，属于大工业用电的客户执行两部制电价；属于一般工商业及其他用电的客户中，受电变压器容量（含不通过变压器接用的高压电动机容量）在315kVA及以上的可根据自身用电特性，自愿选择执行两部制电价或单一制电价，其余一般工商业及其他用电的客户仍执行单一制电价。

Jb0001133015　影响平均电价波动的因素有哪些？（5分）

考核知识点：电费计算

难易度：难

标准答案：

影响平均电价波动的因素主要有：

（1）每月或每年发生的特殊情况，如较大的一次性收费、补收数字较大的前年电费以及电力分配中发生的特殊情况，如临时大电量、旱情水灾严重的排渍抗旱负荷、用电量大的大型基建用电。

（2）各类电价的用电量的波动，特别是用电量大的高于或低于总平均单价的用电类别的用电量的波动。

（3）大工业用电的比重较大时，其基本电价及电量电价百分率的波动以及优待电价的执行范围和优待比例的修订。

（4）功率因数调整电费的增加，新的电价承包办法的实行等。

Jb0001132016　影响平均售电电价波动的因素有哪些？（5分）

考核知识点： 销售电价的分类及实施范围

难易度： 中

标准答案：

（1）发生较大金额的收费或退费。

（2）客户减产、停产、增产而发生的基本电费变化，以及客户调整生产班次或避峰生产等。

（3）不同用电类别用电量发生变化。即低电价的居民照明、农业排灌等用电量增加，高电价的一般工商业用电量减少等因素。

（4）大客户直接交易。

（5）销售侧电价调整。

（6）输配电价政策。

（7）功率因数调整电费。

（8）其他因素，如定量、定比标准核定是否准确等。

Jb0001133017　供电方式分为哪几种类型？（5分）

考核知识点： 供电方式类型

难易度： 难

标准答案：

（1）按电压分为高压和低压供电。

（2）按电源数量分为单电源与多电源供电。

（3）按电源相数分为单相与三相供电。

（4）按供电回路分为单回路与多回路供电。

（5）按计量形式分为装表与非装表供电。

（6）按用电期限分为临时用电和正式供电。

（7）按管理关系分为直接与间接供电。

Jb0001133018　两路及以上多回路供电的电源，不同的接入方式高可靠性供电费的收费标准是什么？（5分）

考核知识点： 电价执行标准和执行范围

难易度： 难

标准答案：

为客户提供两路及以上多回路供电的电源：

（1）公网线路采用架空方式的，按照架空收费标准收取。

（2）采用电缆方式的，按照架空收费标准的15倍收取。

（3）对于采用架空与电缆混合方式的，架空线路长的，按照架空收费标准收取；电缆线路长的，按照架空收费标准的15倍收取。

（4）从公网变电站直接接入客户建设的外部工程线路，按照架空收费标准收取。

Jb0001132019　接电时应做的工作有哪些？（5分）

考核知识点： 业扩内容

难易度：中

标准答案：

（1）接电前，电能计量部门应再次根据变压器容量核对电能计量用互感器的变比和极性是否正确。

（2）检查人员应对客户变电站内全部电气设备再做一次外观检查，通知客户拆除一切临时电源，对二次回路进行联运试验。

（3）在客户变电站投入运行后，应检查电能表运转情况是否正常，相序是否正确。对计量装置进行验收试验并实施封印。会同客户现场抄录电能表示数作为计费起始依据。

（4）双电源客户还应核对一次相位、相序。

Jb0001132020　城乡一户一表居民客户执行清洁供暖峰谷分时电价时，电能表电价如何设置？（5分）

考核知识点： 清洁供暖电价执行标准和执行范围

难易度： 中

标准答案：

城乡一户一表居民客户执行峰谷分时电价与清洁供暖电价时，在供暖期间执行峰谷分时电价，即峰段电价 0.498 6 元/kWh，谷段电价 0.248 6 元/kWh；在非供暖期间执行峰谷分时电价和阶梯加价，即峰段电价 0.498 6 元/kWh，谷段电价 0.248 6 元/kWh，二档加价 0.05 元/kWh，三档加价 0.30 元/kWh。

Jb0001133021　功率因数标准及其适用范围是什么？（5分）

考核知识点： 用电类别、行业分类、电价执行标准等

难易度： 难

标准答案：

（1）功率因数标准 0.90，适用于 160kVA 以上的高压供电工业客户（包括社队工业客户）、装有带负荷调整电压装置的高压供电电力客户和 3200kVA 及以上的高压供电电力排灌站。

（2）功率因数标准 0.85，适用于 100kVA（kW）及以上的其他工业客户（包括社队工业客户）、100kVA（kW）及以上的非工业客户和 100kVA（kW）及以上的电力排灌站。

（3）功率因数标准 0.80，适用于 100kVA（kW）及以上的农业客户和趸售客户，但大工业客户未划由电业直接管理的趸售客户，功率因数标准应为 0.85。

Jb0001132022　政府性基金及附加费分为哪几类？每一类的征收标准是多少？（5分）

考核知识点： 用电类别、行业分类、电价执行标准等

难易度： 中

标准答案：

政府性基金及附加费分为以下几类：

（1）国家重大水利工程建设基金，征收标准为 0.112 5 分/kWh。

（2）大中型水库移民后期扶持资金，征收标准为 0.12 分/kWh。

（3）可再生能源电价附加，征收标准为 1.9 分/kWh。

Jb0001132023　供电企业委托转供电的，计算最大需量时是如何折算的？（5分）

考核知识点： 供电营业规则

难易度： 中

标准答案：

在计算转供户用电量、最大需量及功率因数调整电费时，应扣除被转供户、公用线路与变压器消耗的有功、无功电量。最大需量按下列规定折算：

（1）照明及一班制：每月用电量 180kWh，折合为 1kW。

（2）二班制：每月用电量 360kWh，折合为 1kW。

（3）三班制：每月用电量 540kWh，折合为 1kW。

（4）农业用电：每月用电量 270kWh，折合为 1kW。

Jb0001132024 《国家电网公司供电服务奖惩规定》中哪些事件属于较大供电服务质量事件？（5分）

考核知识点：较大供电服务质量事件

难易度：中

标准答案：

（1）地市级政府有关部门（单位）查实属供电部门主观责任，并被地市级政府有关部门（单位）行政处罚的供电服务质量事件。

（2）省会城市、副省级城市媒体等曝光属供电部门主观责任并产生较大负面影响的供电服务质量事件。

（3）给客户或企业造成 10 万元及以上 20 万元以下直接经济损失。

（4）公司认定的其他较大供电服务质量事件。

Jb0001132025 《国家电网公司供电服务奖惩规定》中哪些事件属于一般供电服务质量事件？（5分）

考核知识点：一般供电服务质量事件

难易度：中

标准答案：

（1）县级政府有关部门（单位）查实属供电部门主观责任，并被县级政府有关部门（单位）行政处罚的供电服务质量事件。

（2）地市级新闻媒体等曝光属供电部门主观责任并产生一定负面影响的供电服务质量事件。

（3）给客户或企业造成 5 万元及以上 10 万元以下直接经济损失。

（4）公司认定的其他一般供电服务质量事件。

Jb0001133026 营业窗口人员上岗前应做好哪些准备工作？（5分）

考核知识点：用电营业管理

难易度：难

标准答案：

（1）农村供电所营业厅全体工作人员每日应提前 15min 到岗，营业班长主持召开当天晨会，内容包括：

1）当班人员是否已全部到岗。

2）两人一组面对面站立，互相检查仪容、仪表。

3）营业班长总结昨天工作，安排当日工作内容。

（2）晨会后综合柜员根据各自职责检查营业厅环境、设备及服务设施的正常运转情况，营业厅内陈列的宣传资料的备存数量情况，便民物品是否齐全，同时检查供电营业大厅环境是否清洁有序。做好当日工作准备，开门营业。

（3）晨会完毕，综合柜员至少提前 5min 上岗，进行柜台整理及服务前准备工作。用电营业管理人员的工作态度和工作质量直接关系到供电企业的声誉和形象。因此，用电营业管理工作人员应本着对供电企业和客户负责的态度，做好本职工作，更好地为客户服务。

Jb0001133027 日常营业工作中属于管理性质工作主要内容有哪些？（5分）

考核知识点： 日常营业工作

难易度： 难

标准答案：

属于管理性质的工作有：因供电部门本身管理需要而开展的业务，如生产、定期核查、用电检查、营业普查、修改资料和协议等事宜；供电部门应客户要求提供劳务及费用计收；电能计量方面如移表、验表、故障换表、拆表复装、进户线移（改）动等，用电检查工作如违约用电、窃电的查处。

Jb0001131028 请解释"一口对外"的含义。（5分）

考核知识点： 日常营业工作

难易度： 易

标准答案：

"一口对外"是把营业窗口建设成客户服务中心，客户服务中心的运作遵循内转外不转的原则，即公司内部传递的所有程序均由客户经理牵头、客户服务中心办理，而客户只要"进一个门、找一个人"，就能在规定期限内办完一次业扩报装申请。

Jb0001132029 业扩归档主要工作包括哪些内容？（5分）

考核知识点： 业扩工作

难易度： 中

标准答案：

归档是指对客户的基本档案、电源档案、计费档案、计量档案和合同档案归档，核对客户待归档信息和资料，收集并整理报装资料，完成资料归档。其主要工作包括：

（1）检查客户档案信息的完整性。档案信息主要包括申请信息、设备信息、基本信息、供电方案信息、计费信息、计量信息（包括采集装置）等。如果存在档案信息错误或信息不完整，则发起相关流程纠错。

（2）为客户档案设置物理存放位置，形成并记录档案存放号。

（3）检查上传电子化档案的完整性和规范性，对缺失以及不规范的进行补录和整改。

Jb0001133030 窃电的现场调查取证工作包括哪些？（5分）

考核知识点： 违约用电

难易度： 难

标准答案：

（1）现场封存或提取损坏的电能计量装置，保全窃电痕迹，收集伪造或开启的加封计量装置的封印。收缴窃电工具。

（2）采取现场拍照、摄像、录音等手段。

（3）收集用电客户产品、产量、产值统计和产品单耗数据。

（4）收集专业试验、专项技术检定结论材料。

（5）收集窃电设备容量、窃电时间等相关信息。

（6）填写用电检查现场勘查记录，当事人的调查笔录要经用电客户法人代表或授权代理人签字确认。

Jb0001133031　窃电量和窃电金额的计算是如何规定？（5分）

考核知识点：违约用电

难易度：难

标准答案：

（1）在供电企业的供电设施上，擅自接线用电的，所窃电量按私接设备额定容量（kVA视同kW）乘以实际使用时间计算确定。

（2）窃电时间和窃电容量无法查明时，可参照以下方法确定：

1）按同属性单位正常用电的单位产品耗电量和窃电单位的产品产量相乘计算用电量，加上其他辅助用电量后与抄见电量对比的差额。

2）在总表上窃电、按分表电量及正常损耗之和与总表抄见电量的差额计算。

3）按历史上正常月份用电量与窃电后抄见电量的差额，并根据实际用电变化情况确定。

4）窃电时间无法查明时，窃电日数至少以180天计算，每日窃电时间：电力客户按12h计算；照明客户按6h计算。

（3）采用以上方法难以确定时，所窃电量按计费电能表标定电流（对装有限流器的，按限流器整定电流）所指的容量（kVA视同kW）乘以窃用的时间计算确定。

（4）窃电金额=窃电量×（物价部门核定的电力销售价格＋国家和省政策规定随电量收取的各类合法费用）。

Jb0001133032　简述《国家电网公司供电服务规范》中行为举止规范的内容。（5分）

考核知识点：供电服务规范

难易度：难

标准答案：

（1）行为举止应做到自然、文雅、端庄、大方。

（2）为客户提供服务时，应礼貌、谦和、热情。接待客户时，应面带微笑，目光专注，做到来有迎声、去有送声。与客户会话时，应亲切、诚恳，有问必答。工作发生差错时，应及时更正并向客户道歉。

（3）当客户的要求与政策、法律、法规及本企业制度相悖时，应向客户耐心解释，争取客户理解，做到有理有节。遇有客户提出不合理要求时，应向客户委婉说明。不得与客户发生争吵。

（4）为行动不便的客户提供服务时，应主动给予特别照顾和帮助。对听力不好的客户，应适当提高语音，放慢语速。

（5）与客户交接钱物时，应唱收唱付，轻拿轻放，不抛不丢。

Jb0001132033　计量方式与变压器损耗有什么关系？（5分）

考核知识点：用电容量、计量方式、电价和电费结算方式等

难易度：中

标准答案：

高供高计客户电能计量装置装设在变压器的高压侧，无须单独计算变压器损耗。高供低计客户电能计量装置装设在低压侧，其损耗未在电能计量装置中记录，按照《供电营业规则》规定，损耗由产权所有者承担。低供低计客户的损耗由供电部门承担。

Jb0001131034　变压器损耗计算方式分为几种？（5分）

考核知识点：用电容量、计量方式、电价和电费结算方式等

难易度：易

标准答案：

变压器损耗计算方式有标准公式法和查表法两种。新型低损变压器（S11、S11-M、S13、S15系列变压器）采用标准公式法计算变损。查表法是根据变压器型号、容量、电压、抄见有功电量直接查表得到有功损耗和无功损耗电量值；高损、低损和型号为S9的变压器采用查表法计算变损。

Jb0001132035　在客户的电费结算中，为什么要实行《功率因数调整电费办法》？（5分）

考核知识点：用电容量、计量方式、电价和电费结算方式等

难易度：中

标准答案：

由于客户功率因数不同，在客户的电费结算中实行《功率因数调整电费办法》，其对发、供、用电的经济性和电能使用的社会效益有着重要影响。提高和稳定用电功率因数，能提高电压质量，减少供、配电网络的电能损失，提高电气设备的利用率，减少电力设施的投资和节约有色金属。由于电力企业的发供电设备是按一定功率因数标准建设的，故客户的用电功率因数也必须符合一定标准。因此，要利用《功率因数调整电费办法》来考核客户的功率因数，促使客户提高功率因数并保持稳定。

Jb0001131036　功率因数调整电费如何计算？（5分）

考核知识点：用电容量、计量方式、电价和电费结算方式等

难易度：易

标准答案：

客户功率因数高于或低于规定的标准时，应按照规定的电价计算出客户的当月电费后（大工业客户含基本电费），再按照功率因数标准值查出所规定的百分数，计算增、减电费。如果客户的功率因数在查表所列两数之间，则以四舍五入后的数值查表计算增、减电费。

Jb0001132037　供电企业接到居民客户家用电器损坏投诉时该如何处理？（5分）

考核知识点：日常用电咨询管理

难易度：中

标准答案：

（1）供电企业在接到居民客户家用电器损坏投诉后，应在24h内派员赴现场进行调查、核实。

（2）供电企业应会同居委会（村委会）或其他有关部门，共同对受害居民客户损坏的家用电器名称、型号、数量、使用年月、损坏现象等进行登记和取证。登记笔录材料应由受害居民客户签字确认，作为理赔处理的依据。

Jb0001132038　哪种情况下供电企业不承担居民家用电器损坏赔偿责任？（5分）

考核知识点：日常用电咨询管理

难易度：中

标准答案：

（1）供电企业如能提供证明，证明居民客户家用电器的损坏是不可抗力、第三人责任、受害者自身过错或产品质量事故等原因引起，并经县级以上电力管理部门核实无误，供电企业不承担赔偿责任。

（2）从家用电器损坏之日起7日内，受害居民客户未向供电企业投诉并提出索赔要求的，即视为受害者已自动放弃索赔权。超过7日的，供电企业不再负责其赔偿。

Jb0001132039 **《居民客户家用电器损坏处理办法》对可修复的家用电器是如何处理的？（5分）**

考核知识点：日常用电咨询管理

难易度：中

标准答案：

（1）对损坏家用电器的修复，供电企业承担被损坏元件的修复责任。修复时应尽可能以原型号、规格的新元件修复。无原型号、规格的新元件可供修复时，可采用相同功能的新元件替代。

（2）修复所发生的元件购置费、检测费、修理费均由供电企业负担。

（3）不属于责任损坏或未损坏的元件，受害居民客户也要求更换时，所发生的元件购置费与修理费应由提出要求者负担。

Jb0001132040 **《居民客户家用电器损坏处理办法》对不可修复的家用电器是如何处理的？（5分）**

考核知识点：日常用电咨询管理

难易度：中

标准答案：

对不可修复的家用电器，其购买时间在6个月及以内的，按原购货发票价，供电企业全额予以赔偿。购置时间在6个月以上的，按原购货发票价进行使用寿命折旧后的余额，予以赔偿。使用年限已超过使用寿命仍在使用的，或者折旧后的差额低于原价10%的，按原价的10%予以赔偿。使用时间以发货票开具的日期为准开始计算。对无法提供购货发票的，应由受害居民客户负责举证，经供电企业核查无误后，以证明出具的购置日期时的国家定价为准，按规定清偿。以外币购置的家用电器，按购置时国家外汇牌价折人民币计算其购置价，以人民币进行清偿。清偿后，损坏的家用电器归供电企业所有。

Jb0001132041 **《居民客户家用电器损坏处理办法》对各类家用电器的平均使用年限是如何规定的？（5分）**

考核知识点：日常用电咨询管理

难易度：中

标准答案：

（1）电子类：如电视机、音响、录音机、充电器等，使用寿命为10年。

（2）电机类：如电冰箱、空调器、洗衣机、电风扇、吸尘器等，使用寿命为12年。

（3）电阻电热类：如电饭煲、电热水器、电茶壶、电炒锅等，使用寿命为5年。

（4）电光源类：白炽灯、气体放电灯、调光灯等，使用寿命为2年。

Jb0001132042 **发现客户用电量突增突减超过30%时，应怎么处理？（5分）**

考核知识点：电量异常的处理要求

难易度：中

标准答案：

应核对抄表示数、倍率是否正确，对电量进行复算，防止因错抄导致错计电量，并检查计量装置是否发生故障。必要时可查客户变电站运行记录，了解客户的生产情况。原因不明的，填写异常工单，交相关部门进一步检查处理。

Jb0002132043 **国家电网有限公司的企业愿景、使命、宗旨分别是什么？（5分）**

考核知识点：优质服务

难易度：中

标准答案：

（1）企业愿景：建设世界一流电网，建设国际一流企业。

（2）企业使命：奉献清洁能源、建设和谐社会。

（3）企业宗旨：服务党和国家工作大局、服务电力客户、服务发电企业、服务经济社会发展。

Jb0002132044 国家电网有限公司的战略目标、战略途径、战略保障分别是什么？（5分）

考核知识点：优质服务

难易度：中

标准答案：

（1）战略目标：把国家电网有限公司建设成为电网坚强、资产优良、服务优质、业绩优秀的现代公司。

（2）战略途径：转变公司发展方式、转变电网发展方式。

（3）战略保障：全面加强党的建设、企业文化建设、队伍建设。

Jb0002131045 国家电网有限公司战略目标实施分为几个阶段？每个阶段达成的目标是什么？（5分）

考核知识点：公司战略目标体系

难易度：易

标准答案：

国家电网有限公司战略目标实施分为两个阶段。

第一阶段：2020年至2025年，基本建成具有中国特色国际领先的能源互联企业。

第二阶段：2026年至2035年，全面建成具有中国特色国际领先的能源互联网企业。

Jb0002132046 某小区居民客户张先生拨打95598供电服务热线反映：昨天该直供小区2号楼旁配电箱爆炸，楼内30多户的电视、冰箱等家用电器受到不同程度损坏，要求赔偿。客户代表答复张先生让其自行修理。张先生随即拨打95598供电服务热线，代表所有受损客户进行了集体投诉，第三天，工作人员到现场对损坏的电器进行登记，除张先生家的电视机已使用11年，不予赔偿之外，对其他客户均做了不同程度的修理或者赔偿处理。请问本案中有哪些违规之处？暴露出什么问题？并对这一事件暴露出的问题提出改进建议。（5分）

考核知识点：供电服务规范、居民家用电器损坏处理办法

难易度：中

标准答案：

（1）违规条款：

1）客户代表让客户自行处理的行为违反了《国家电网公司供电服务规范》第十一条第二款"实行首问负责制。无论办理业务是否对口，接待人员都要认真倾听，热心引导，快速衔接，并为客户提供准确的联系人、联系电话和地址"和第四条第二款"真心实意为客户着想，尽量满足客户的合理要求。对客户的咨询、投诉等不推诿，不拒绝，不搪塞，及时、耐心、准确地给予解答"的规定。

2）客户代表让客户自行修理损坏的家用电器的行为违反了《居民家用电器损坏处理办法》第四条"出现若干户家用电器同时损坏时，居民客户应及时向当地供电企业投诉，并保持家用电器损坏原状。供电企业在接到居民客户家用电器损坏投诉后，应在24h内派员赴现场进行调查、核实"的规定。

3）工作人员对张先生家使用 11 年的电视不予赔偿，违反了《居民家用电器损坏处理办法》第十条"使用年限已超过本规定第十二条规定各类家用电器的平均使用年限（电视机使用寿命为 10 年）仍在使用的，或者折旧后的差额低于原价 10%的，按原价的 10%予以赔偿"的规定。

（2）暴露问题：

1）客户代表和到现场的工作人员业务水平薄弱，对家电烧损的处理业务不熟悉。

2）现场工作人员执行规章制度的意识不强，未在规定时限内到客户处调查核实。

3）没有制定可操作性强的家用电器损坏赔偿流程和实施细则。

（3）措施建议：

1）客户代表和现场工作人员要加强对《居民家用电器损坏处理办法》的学习。

2）加强对客户代表服务意识的培训。

3）制定可操作性强的家用电器损坏赔偿流程和实施细则。

Jb0002132047　某年 9 月 8 日居民客户李先生收到供电公司"欠费通知单"，他发现"欠费通知单"上所列本月用电量是正常月份用电量的 3 倍。次日上午，李先生带上自己查抄下来的电能表示数到供电营业厅去核实情况。窗口客户代表小杨告知客户李先生，核对电量要到办公楼抄表班去找抄表人员。李先生来到办公楼发现有多个抄表班组，便到其中的一个抄表班组询问，该抄表班的工作人员看完用电地址又对客户说："你要找的抄表员在隔壁"，李先生又来到了隔壁班组发现抄表员已去现场抄表，他只好又回到营业厅找到客户代表小杨。小杨告知客户说：李先生，您这种情况要不先申请校表，缴纳校验费后 10 天就能出结果。我今天下午再帮您问问抄表员电话，问到电话我再打电话告诉您，您看行吗？于是客户便填写了申请表、按要求提供了相关资料，然后离开了营业厅。请问在此过程中，供电公司工作人员有哪些违规之处？并对这一事件暴露出的问题提出改进建议。（5分）

考核知识点：供电服务规范、供电服务"十项承诺"、员工服务"十个不准"

难易度：中

标准答案：

（1）违规条款：

1）该案例中客户代表小杨告知客户李先生，核对电量要到办公楼抄表班去找抄表人员的行为以及客户李先生来到办公楼其中一个抄表班组询问时，该抄表班的工作人员推诿其要找的抄表员在隔壁的行为违反了《国家电网公司供电服务规范》第五条第六款"为客户提供服务应实行首问负责、第四条第二款"真心实意为客户着想，尽量满足客户的合理要求"的规定。

2）违反了"对客户的咨询、投诉等不推诿，不拒绝，不搪塞，及时、耐心、准确地给予解答"的规定。

3）客户代表答复客户缴纳校验费后 10 天就能出结果的行为违反了《国家电网有限公司供电服务"十项承诺"》第七条"受理客户计费电能表校验申请后，5 个工作日内出具检测结果。客户提出抄表数据异常后，5 个工作日内核实并答复"的规定。

4）客户代表小杨告知客户李先生申请校表并缴纳校验费的行为违反了《国家电网有限公司员工服务"十个不准"》第二条"不准违反政府部门批准的收费项目和标准向客户收费"的规定。

（2）暴露问题：

1）该供电公司后台支撑人员（抄表人员等）服务规范意识不强。

2）客户代表对供电服务规范内容不熟悉，窗口员工对首问责任制没有执行到位，责任心不强，服务意识淡薄，处理客户抄表业务存在推诿、搪塞，对投诉风险的预估性不足，没有执行"内转外不转"服务模式，造成客户重复往返于办公楼，给客户造成不良感知。

3）客户代表业务技能不熟，未客观分析电量异常的原因便引导客户申请表计校验，浪费了时间却没有找到问题的关键症结，容易造成客户不满。

4）客户代表对供电服务承诺内容不熟悉，供电公司管理制度存在漏洞，未严格执行优化营商环境相关规定，未积极履行承诺，对电价、收费标准宣传和执行不到位。

5）供电公司管理存在疏漏，对职工服务行为的监督不力，没有及时发现职工在日常工作中的错误。

（3）措施建议：

1）提升服务人员服务意识。

2）加强员工的服务规范、服务承诺等相关文件的宣贯、培训力度，要求服务全流程人员参与。

3）加强有针对性的专业知识培训，增强营业窗口客户代表对各类专业业务分析和解决问题的能力。

Jb0002132048　刘某是某酒店经理，该酒店名为集体，实为私营。2019 年 6 月，酒店安装中央空调，因酒店原电能表容量只有 10kW，无法带动中央空调。刘指使酒店电工绕越供电部门的用电计量装置，擅自接线进行窃电。至 2020 年 5 月 15 日被抓获止，窃电量累计达 294151kWh，折合人民币 250000 元。试分析刘某的行为违反《电力供应与使用条例》中的哪条规定？用电检查人员对刘某应如何处理？（5 分）

考核知识点：供电营业规则、反窃电规章、制度

难易度：中

标准答案：

（1）违规条款：刘某的行为违反了《电力供应与使用条例》第三十一条第二款的规定，绕越供电企业的用电计量装置用电。

（2）处理措施：《供电营业规则》第一百零二条规定，供电企业对查获的窃电者，应予以制止，并可当场终止供电。窃电者应按所窃电量补交电费，并承担补交电费三倍的违约使用电费。窃电数额较大或情节严重的，供电企业应提请司法机关依法追究刑事责任。刘某的窃电金额大，行为恶劣，应追究刑事责任。

Jb0002133049　某年 11 月，客户李先生到当地供电所反映他家当月的电量高达 728kWh，远超以往任何月份的电量，客户认为电能表肯定有问题，要求帮忙解决。接待他的营业厅客户代表小周告知："电能表转动过快可能是由于漏电引起，您可以回家后将开关、插头等电源断开，目测电能表是否还会走。"李先生回家做过试验后，于当天下午再次来到供电所反映其家中并无漏电情况。客户代表小周只简单回复说："那我们就不清楚了，我们电能表应该是准的，你自己回家处理吧。"对该事件，客户代表小周没作任何记录，也没有向供电所负责人汇报。第二天，李先生再次到供电所反映该情况，仍没有得到满意答复。4 天过去了，供电所始终没有安排人员来检查，李先生十分生气就拨打了电视台维权热线与 12315 投诉电话进行了投诉。请问在此过程中，客户代表小周的行为有哪些违规之处？请对这一事件暴露出的问题提出改进建议。（5 分）

考核知识点：供电服务规范、供电营业规则、供电服务质量标准

难易度：难

标准答案：

（1）违规条款：

1）该案例中客户代表小周在客户提出表计不准时让客户自行回家处理违反了《国家电网公司供电服务规范》第十一条第二款"实行首问负责制。无论办理业务是否对口，接待人员都要认真倾听，热心引导，快速衔接，并为客户提供准确的联系人、联系电话和地址"和第四条第二款"真心实意为客户着想，尽量满足客户的合理要求。对客户的咨询、投诉等不推诿，不拒绝，不搪塞，及时、耐心、

准确地给予解答"的规定。

2）该案例客户代表小周在客户提出表计不准时未向客户提供校表服务违反了《国家电网公司供电服务规范》第四条第五款"熟知本岗位的业务知识和相关技能，岗位操作规范、熟练，具有合格的专业技术水平"，以及《供电营业规则》第七十九条"客户认为供电企业装设的计费电能表不准时，有权向供电企业提出校验申请"的规定。

3）该案例中客户代表小周未将客户咨询进行登记与反馈违反了《国家电网公司供电服务质量标准》610"受理客户咨询时，对不能当即答复的，应说明原因，并在5个工作日内答复客户"的规定。

（2）暴露问题：

1）客户代表对首问负责制没有执行到位，工作责任心不强，对客户反映的问题不能尽心尽责妥善处理。

2）客户代表业务不熟悉，对客户反映电能计量装置不准时，应采取的方法掌握不到位。

3）客户代表职场经验严重不足，对自己无法解决的业务问题，应如实记录，并尽快求助业务主管，才能最终解决客户的问题，而不是搁置不理。

（3）措施建议：

1）应加强客户代表对首问负责制的落实，培养客户代表遇问题勤记录、找答案的工作习惯。

2）加强客户代表的技能和业务知识培训，收集常见投诉与问题，定期组织客户代表对投诉事件或业务问题进行分析学习，提升客户代表解决实际问题的能力。

3）提高95598供电服务热线的社会知晓度，尽量引导客户将与用电业务有关的诉求通过95598供电服务热线解决，使矛盾尽量化解在企业内部。

Jb0002132050　某天晚22:00，客户陈先生拨打95598供电服务热线，质问为什么停电，座席人员查询后告知客户："对不起，您已连续欠费3个月，根据《电力供应与使用条例》的有关规定，对您实施了停电催费措施，希望您理解。"客户："跟我讲法。那你们在没有告知我的情况下擅自停电合法吗？现在我从外地回来，冰箱的东西都臭了，冰箱已不能用了，你们如何赔偿？"。座席人员："我们停电前一周已经把停电通知书贴在您的表箱上。"客户："谁知道你们表箱安哪里！我有义务天天跑去表箱看有没有通知单吗？我跟你讲，马上给我送电，我还要赶写报告呢"。座席人员："先生，您的电费还没交，我们没法给您送电。"……（10min的冲突后）客户："像我这样天天国内国外经常跑的，你们当然要及时告知我缴费的信息，不然怎么可能会记得准时去缴费？"座席人员："可是，您经常在国内国外跑，难道我的欠费停电通知单还要跑到国外去发给您吗？"客户："你说的是什么话？你什么服务态度？我跟你讲不清楚，我找你们上级。"客户随即挂机并进行了投诉。请问在此过程中，供电公司工作人员有哪些违规之处？并对这一事件暴露出的问题提出改进建议。（5分）

考核知识点：供电服务规范、供电营业规则、供电服务质量标准

难易度：中

标准答案：

（1）违规条款：

1）座席人员与客户沟通态度不好，违反了《国家电网公司供电服务规范》第四条第二款"真心实意为客户着想，尽量满足客户的合理要求。对客户的咨询、投诉等不推诿，不拒绝，不搪塞，及时、耐心、准确地给予解答"的规定。

2）现场人员进行停电时，未提前通知客户，违反了《供电营业规则》第六十七条"应将停电的客户、原因、时间报本单位负责人批准，在停电前3～7天内，将停电通知书送达客户，在停电前30min，将停电时间再通知客户一次，方可在通知规定时间实施停电"的规定。

3）违反《国家电网有限公司供电服务"十项承诺"》第八条"电费服务温馨便利。通过短信、线

上渠道信息推送等方式，告知客户电费发生及余额变化情况，提醒客户及时交费。通过邮箱订阅、线上渠道下载等方式，为客户提供电子发票、电子账单，推进客户电费缴纳'一次都不跑'"的规定。

（2）暴露问题：

1）座席人员缺乏沟通技巧，服务过程缺乏灵活性。

2）欠费停电告知手段单一，未能有效送达。

3）未能及时告知客户电费发生及余额变化情况，导致客户表计欠费。

（3）措施建议：

1）加强95598座席人员的沟通技能和抱怨处理技能的培训，提升座席人员解决问题的能力。

2）完善欠费停电通知有效送达机制。规范通知书填写，加强欠费停电通知单信息的审核与管控，加强评价考核。拓展欠费停电通知单的送达方式，以电话告知为主，挂号信、公证、短信等方式为辅，加快实现电子邮件发送欠费停电通知单等功能。

3）提升客户缴纳电费感知度，电费服务温馨便利。通过短信、线上渠道信息推送等方式，告知客户电费发生及余额变化情况，提醒客户及时交费。多渠道为客户提供电子发票、电子账单，推进客户电费缴纳"一次都不跑"。

Jb0003133051　基层员工日常网络信息安全防护措施里，营销终端设备该怎么管理？（5分）

考核知识点：业务信息安全

难易度：难

标准答案：

营销终端设备包括自助缴费终端、pos机、移动作业终端。其管理要求如下：

（1）终端设备管理由各使用单位负责，实行领用人负责制，严禁在设备上进行与工作无关的操作，严禁私自拆卸设备，调换配件。

（2）终端在使用过程中，使用人应高度重视对移动作业涉密数据的防护，终端丢失时责任人应及时上报管理员做好终端解绑工作。

（3）制定各类型终端在不同运行场景和接入条件下（如内网、外网、互联网）的相关要求和管控措施，有针对性地采取加固和防护要求，并验证加固防护效果。

（4）不准许将涉及国家秘密的计算机、存储设备等与信息内外网和其他信息网络进行连接。不准许在公司信息外网计算机终端及设备以及信息系统上存储、传输、处理公司商业秘密信息。不准许在互联网或其他公用网络上发布涉及公司商业秘密的内容和信息。

Jb0003133052　在职基层员工日常网络信息安全防护措施有哪些？（5分）

考核知识点：业务信息安全

难易度：难

标准答案：

（1）所有人员必须遵守国家电网有限公司信息安全相关管理规定，履行保密协议所规定的信息安全职责，发现信息安全事件应及时向相关部门报告，并配合相关部门和人员进行事件处理。

（2）未经授权的人员不得使用营销信息系统，已授权的客户必须在授权范围内使用营销信息系统，不得使用其他人员的权限操作营销信息系统。

（3）系统使用人员在被许可使用营销信息系统时，该人员完全接受公司对其计算机以及其附属设施上做的任何设置和策略限制。

（4）系统使用人员应保护好自己的各类账号口令、数字证书、信息资料等，不得泄露或借他人使用。禁止多人共用账号。

（5）不在办公计算机前时，应对桌面终端进行锁屏操作，并设置密码。与营销信息系统相关的敏感信息和资料应放在文件柜或抽屉中妥善保存，避免信息的泄露和窃取。

（6）系统使用人员不得恶意使用营销信息系统。

（7）系统使用人员不得利用职务之便，在营销信息系统中以导出数据、屏幕拍照、屏幕截图等手段获取非公用的相关数据信息。

（8）任何人不得从营销信息系统内获取非公用的相关数据信息。

Jb0004131053　擅自超过计划分配的用电指标的违约用电怎么处理？（5分）

考核知识点： 日常用电咨询

难易度： 易

标准答案：

擅自超过计划分配的用电指标的，应承担高峰超用电力1元/（kW·次）和超用电量与现行电价电费五倍的违约使用电费。

Jb0004131054　什么是违约用电？（5分）

考核知识点： 日常用电咨询

难易度： 易

标准答案：

危害供用电安全、扰乱正常供用电秩序的行为属于违约用电行为。

Jb0004132055　供电方案的有效期是如何规定的？（5分）

考核知识点： 国家电网有限公司供电服务奖惩规定

难易度： 中

标准答案：

供电方案的有效期是从供电方案正式通知书发出之日起至受电工程开工日为止。高压供电方案的有效期为一年，低压供电方案的有效期为三个月，逾期注销。

客户遇有特殊情况，需延长供电方案有效期的，应在有效期到期前十天向供电企业提出申请，供电企业应视情况予以办理延长手续。但延长时间不得超过前款规定期限。

Jb0004131056　供用电合同是指什么？（5分）

考核知识点： 国家电网有限公司供电服务奖惩规定

难易度： 易

标准答案：

供用电合同是指供电方（供电企业）根据客户的需要和电网的可供能力，在遵守国家法律、行政法规、符合国家供用电政策的基础上，与用电方（客户）签订的明确供用电双方权利和义务关系的协议。

Jb0004133057　供电方案主要包括哪些内容？（5分）

考核知识点： 业扩报装咨询

难易度： 难

标准答案：

供电方案主要包括客户基本用电信息、客户接入系统方案、客户受电系统方案、计量方案、计费方案及告知事项等。具体内容如下：

（1）客户基本用电信息，包括户名、用电地址、行业、用电性质、负荷等级，核定的用电容量，拟定的客户分级。

（2）客户接入系统方案应包括供电电压等级，供电电源及每路进线的供电容量，供电线路及敷设方式要求，产权分界点设置。

（3）客户受电系统方案应包括受电装置的容量、无功补偿标准、客户电气主接线型式、运行方式、主要受电装置电气参数，并明确应急电源及保安措施配置，谐波治理、继电保护、调度通信要求。

（4）计量方案应包括计量点设置，电能计量装置配置类别及接线方式、计量方式、用电信息采集终端安装方案等。

（5）计费方案应包括用电类别、电价分类及功率因数考核标准等信息。

（6）告知事项应包括客户有权自主选择具备相应资质要求的电力设计、施工单位、材料供应商。对有受电工程的客户，应明确受电工程建设投资界面。

Jb0004131058 电力企业不承担赔偿责任的电力运行事故有哪些？（5分）

考核知识点： 电力运行事故

难易度： 易

标准答案：

电力运行事故由下列原因之一造成的，供电企业不承担赔偿责任：

（1）不可抗力。

（2）客户自身的过错。

因客户或者第三人的过错给供电企业或者其他客户造成损害的，该客户或者第三人应当依法承担赔偿责任。

Jb0004133059 客户反映电费异常的处理方法有哪些？（5分）

考核知识点： 用电业务咨询

难易度： 难

标准答案：

（1）确定客户用电性质：查询客户的用电类别、电价、电压等级、容量、行业类别等信息，确定客户的用电性质（居民用电、商业或其他用电）。如客户为商业用电，则其电量变化可能与经济发展、生产状况、营业时间等有关系。

（2）分析电量电费情况：查询客户的用电情况，往期用电量是否平稳，客户反映年月的同比、环比电量是否确有明显增加，是否启用分时电价，是否有表计轮换等情况。也可以通过用电信息采集系统查阅客户历史日用电量情况进行分析。

1）如客户电费异常月份之前的用电量较少或无用电，可询问客户的用电习惯是否有变更，如是否为购买房屋只装修未入住，是否有将房屋出租等情况。

2）如客户电费异常月份为夏季或冬季，可询问客户空调、地暖等制冷、制热设备的使用情况，以及其他导致家庭用电量增加的原因。

3）如客户电费异常月份适逢春节、元宵节等节假日，可询问客户是否因家庭人员增多、用电时间变长等原因导致电量增加。

4）可询问客户家庭用电习惯是否发生变化，如增加了空调、热水器、地暖等大功率设备，高峰时段用电时间变长等因素导致电量的增加。

5）可引导客户自行检查是否有内部线路漏电等情况，导致电量增加。

（3）分析抄表核算情况：查询客户的抄表周期，期间是否有计量装置换表，抄表示数是否有异常，是否有计量装置故障流程，是否有退补电量、电费等情况。

1）公司对居民客户实行每两个月抄一次表，抄表例日相对固定。如客户抄表周期大于两个月，需向客户说明实际的抄表天数，并核实及解释抄表时间变化的原因，如节假日等。

2）如客户有计量装置换装的情况，应核实及解释因计量装置的装拆导致抄表周期变长，客户用电量增加。

3）如客户有抄表示数异常报办流程或有计量装置故障流程，应向客户解释已发现抄表及计量装置的问题，正开展相关电量退补、计量装置检验及拆换工作。

4）分析电费缴纳情况：查询客户电费缴纳记录，是否有往月、往年欠费，违约金及暂存款等情况。如客户反映本月缴纳电费较多，可核实客户应缴纳电费是否为多月电费，是否有违约金、是否有暂存款未冲抵等情况，导致电费缴纳增多。

Jb0004132060　违约用电的行为有哪些？（5分）

考核知识点：违约用电

难易度：中

标准答案：

客户有以下危害供用电秩序，扰乱正常供电秩序的行为属于违约用电：

（1）擅自改变用电类别。

（2）擅自超过合同确定的容量用电。

（3）擅自超过计划分配的用电指标。

（4）擅自使用已在供电单位办理暂停手续的电力设备，或启用已被供电单位查封的电力设备。

（5）擅自迁移、更动或擅自操作供电单位的电能计量装置、电力负荷管理装置、供电设施以及约定由供电单位调度的客户受电设备。

（6）未经供电单位许可，擅自引入（供出）电源，或将自备电源擅自并网。

Jb0004132061　因故需要中止供电时，供电企业应按哪些要求事先通知客户或进行公告？（5分）

考核知识点：日常用电咨询

难易度：中

标准答案：

（1）因供电设施计划检修需要停电时，应提前七天通知客户或进行公告。

（2）因供电设施临时检修需要停电时，应当提前24h通知重要客户或进行公告。

（3）发供电系统发生故障需要停电、限电或者计划限、停电时，供电企业应按确定的限电序位进行停电或限电。但限电序位应事前公告客户。

Jb0004131062　私自超过合同约定的容量用电的违约用电怎么处理？（5分）

考核知识点：违约用电

难易度：易

标准答案：

私自超过合同约定的容量用电的，除应拆除私增容设备外，属于两部制电价的客户，应补交私增设备容量使用月数的基本电费，并承担三倍私增容量基本电费的违约使用电费。其他客户应承担私增容量50元/kW（元/kVA）的违约使用电费。如客户要求继续使用者，按新装增容办理手续。

Jb0004131063　除因故中止供电外，供电企业需对客户停止供电时，应按哪些程序办理停电手续？（5分）

考核知识点：日常用电咨询

难易度：易

标准答案：

（1）应将停电的客户、原因、时间报本单位负责人批准。批准权限和程序由省电网经营企业制定。

（2）在停电前3～7天内，将停电通知书送达客户，对重要客户的停电，应将停电通知书报送同级电力管理部门。

（3）在停电前30min，将停电时间再通知客户一次，方可在通知规定时间实施停电。

Jb0004132064　居民客户新装、增容需要提供的申请材料有哪些？（5分）

考核知识点：用电业务咨询

难易度：中

标准答案：

（1）居民客户新装需要提供的申请材料包括房产证明材料（房产证、建房许可证、房管公房租赁证、房屋居住权证明、宅基地证明等）、房屋产权人身份证明（身份证、军官证、护照等有效证件）、经办人身份证明。

（2）居民增容需要提供的申请材料包括居民客户新装需要提供的所有申请材料以及该户电费缴费卡或近期电费发票。

Jb0004132065　变更用电的注意事项有哪些？（5分）

考核知识点：变更用电业务

难易度：中

标准答案：

（1）客户需要变更用电时，应事先提出申请，并携带有关证明文件及供用电合同原件，到供电所营业厅办理手续，变更供用电合同。

（2）凡不办理手续私自变更的，属于违约行为，应按照违约用电有关规定处理。

（3）供电企业不受理临时用电客户的变更用电事宜，临时用电客户不在办理变更用电的范围。

（4）从破产客户分离出去的新客户，必须在偿清原破产客户的电费和其他债务后，方可办理用电手续，否则，供电企业可按违约用电处理。

Jb0004131066　在电价低的供电线路上，擅自接用电价高的用电设备或私自改变用电类别的违约用电怎么处理？（5分）

考核知识点：违约用电的处理

难易度：易

标准答案：

在电价低的供电线路上，擅自接用电价高的用电设备或私自改变用电类别的，应按实际使用日期补交其差额电费，并承担二倍差额电费的违约使用电费。使用起讫日期难以确定的，实际使用时间按3个月计算。

Jb0004133067　高压客户新装、增容业务办理注意事项有哪些？（5分）

考核知识点：高客户新装增容

难易度：难

标准答案：

（1）高压客户增容用电业务，除了在办理用电申请时还需提供近期电费发票外，其他流程环节、服务方式、服务时限、收费标准等均同高压新装用电业务。

（2）如客户申请 110kV 及以上电压等级供电，还需自行委托具有相应资质的设计单位开展接入系统方案设计及电能质量评估等工作，届时供电企业将为客户提供免费指导。

（3）取消 10（20）kV 普通单电源业扩项目的受电工程设计审查和中间检查环节，实行设计单位资质、施工图纸与竣工资料合并报验。

Jb0005131068　简述业扩报装业务"一证受理"的含义。（5分）

考核知识点：业扩报装

难易度：易

标准答案：

"一证受理"是指在收到客户用电主体资格证明（自然人提供有效身份证明、法人提供营业执照或组织机构代码证）并签署承诺书后，正式受理用电申请，现场勘察时进行收资。已有客户资料或资质证件尚在有效期内，则无须客户再次提供。

Jb0005132069　非居民客户"一证受理"新装或增容用电业务后应承诺哪些内容？（5分）

考核知识点：业扩报装

难易度：中

标准答案：

（1）已清楚了解各项资料是完成用电报装的必备条件，不能在规定的时间提交将影响后续业务办理，甚至造成无法送电的结果。若因客户方无法按照承诺时间提交相应资料，由此引起的流程暂停或终止、延迟送电等相应后果由客户方自行承担。

（2）已清楚了解所提供各类资料的真实性、合法性、有效性、准确性是合法用电的必备条件。若因客户方提供资料的真实性、合法性、有效性、准确性问题造成无法按时送电，或送电后引发电力安全事故，或被政府有关部门责令中止供电、关停、取缔等情况，所造成的法律责任和各种损失由客户方全部承担。

Jb0005131070　供电频率的允许偏差是怎样规定的？（5分）

考核知识点：国家电网公司供电服务质量标准

难易度：易

标准答案：

（1）在电力系统正常状况下，电网装机容量在 3000MW 及以上的，供电频率的允许偏差为 ±0.2Hz。电网装机容量在 3000MW 以下的，供电频率的允许偏差为 ±0.5Hz。

（2）在电力系统非正常状况下，供电频率允许偏差不应超过 ±10Hz。

Jb0005132071　提高功率因数的方法有哪些？（5分）

考核知识点：业扩报装

难易度：中

标准答案：

（1）正确选择设备容量、型号，避免大马拉小车。

（2）尽可能选用同步电机，或者将异步电机同步化。

（3）装设电容器或调相机补偿装置。

（4）正确选择变压器并安排经济运行。

Jb0005131072　低压居民新装、增容供用电合同应当具备哪些条款？（5分）

考核知识点： 业扩报装

难易度： 易

标准答案：

（1）供电方式、供电质量、供电时间。

（2）用电容量、用电地址、用电性质。

（3）计量方式和电价、电费结算方式。

（4）供用电设施维护责任的划分。

（5）合同的有效期限。

（6）违约责任。

（7）双方共同认为应当约定的其他条款。

Jb0005111073　一组电流互感器额定变比为150/5，本应串2匝后按15倍倍率结算电量，因某种原因错串成4匝。已知实际结算电量为10 000kWh，计算应退补电量为多少？（5分）

考核知识点： 抄表作业工作规定、制度

难易度： 易

标准答案：

解：

退补电量=实际结算电量×（正确匝数－错误匝数）/错误匝数，计算值正为补电量，负为退电量。代入数据得：

退补电量=10 000×(2－4)/4=－5000（kWh）

答：退补电量为负，应退电量5000kWh。

Jb0005131074　低压非居民新装、增容客户回访指什么？（5分）

考核知识点： 低压非居民新装增容业务办理

难易度： 易

标准答案：

客户回访指接受新装、增容及变更用电等传来的客户回访需求，或根据已完成的业务咨询、信息查询、故障报修、投诉、举报、建议、表扬、意见等服务记录，按照有关业务回访率要求，对符合回访要求的服务记录进行回访。

Jb0005132075　国民经济行业用电分类中第一产业、第二产业、第三产业分别指的是什么？（5分）

考核知识点： 行业分类

难易度： 中

标准答案：

（1）第一产业：农、林、牧、渔业。

（2）第二产业：工业（采矿业，制造业，电力、燃气及水的生产和供应业），建筑业。

（3）第三产业：除第一、二产业以外的其他行业。

Jb0005131076　三相低压供电方式主要适用于哪些情况？（5分）

考核知识点： 低压非居民新装增容业务办理

难易度： 易

标准答案：

三相低压供电方式主要适用于三相小容量客户。《供电营业规则》规定，客户用电容量在 100kW 及以下或需要变压器容量在 50kVA 及以下的，可采用低压三相四线制供电。

Jb0005132077　低压非居民新装、增容的供用电合同应当具备哪些条款？（5分）

考核知识点： 低压非居民新装增容业务办理

难易度： 中

标准答案：

（1）供电方式、供电质量、供电时间。

（2）用电容量、用电地址、用电性质。

（3）计量方式和电价、电费结算方式。

（4）供用电设施维护责任的划分。

（5）合同的有效期限。

（6）违约责任。

（7）双方共同认为应当约定的其他条款。

Jb0006133078　用电受电装置不变，用电电价类别需要改变时，可以办理改类。因客户原因在原址改变供电电压暂拆和销户的区别是什么？（5分）

考核知识点： 变更用电

难易度： 难

标准答案：

在暂拆规定的时间（最长不得超过六个月）内，供电企业保留客户原容量使用权限，在办理相关手续后可以复装接电。超过规定时间要求复装接电，必须按照新装手续办理。客户申请销户，相关手续办理完成后，立即解除供用电关系。

Jb0006133079　过户注意事项有哪些？（5分）

考核知识点： 更名过户、业务办理

难易度： 难

标准答案：

（1）在用电地址、用电容量、用电类别不变条件下，客户方可办理过户。

（2）过户是供用电合同主体发生实质变化，需供电方、原用电方、新用电方三者达成一致方可，原客户应与供电企业结清债务。

（3）居民客户如为预付费客户，应与客户协商处理预付费余额。

（4）涉及电价优惠的客户（如居民阶梯电价基数优惠、低保、五保户免费用电量等），过户后需重新认定。

（5）原客户为增值税客户的，过户时必须办理增值税信息变更业务。

（6）客户为同一自然人或同一法人主体的其他用电地址的电费交费情况正常，如有欠费则应给予提示。

Jb0006132080　客户迁址须在五天前向供电企业提出申请，供电企业应按哪些规定办理？（5分）

考核知识点：变更用电

难易度：中

标准答案：

（1）原址按终止用电办理，供电企业予以销户。新址用电优先受理。

（2）迁移后的新址不在原供电点供电的，新址用电按新装用电办理。

（3）迁移后的新址在原供电点供电的，且新址用电容量不超过原址容量，新址用电引起的工程费用由客户负担。

（4）迁移后的新址仍在原供电点，但新址用电容量超过原址用电容量的，超过部分按增容办理。

（5）私自迁移用电地址而用电者，属于居民客户的，应承担每次500元的违约使用电费。属于其他客户的应承担每次5000元的违约使用电费（供电营业规则第一百条第5项）。自迁新址不论是否引起供电点变动，一律按新装用电办理。

Jb0006133081　减容注意事项有哪些？（5分）

考核知识点：变更用电

难易度：难

标准答案：

（1）减容一般只适用于高压供电客户。

（2）需填写《其他业务申请表》《暂停（减容）用电申请表》，申请表上加盖与系统户名一致的单位公章。

（3）客户办理减容，须提前五个工作日向供电企业提出申请。

（4）电力客户申请暂停、减容不受次数限制。

1）减容期限不受时间限制，2017年12月31日前申请减容的期限不少于一个月，减容超过两年恢复的按新装或增容手续办理。

2）选择最大需量计费方式的，申请减容、暂停的期限应以日历月为基本单位。

（5）要区分永久性减容和非永久性减容。非永久性减容期限不得超过两年。非永久性减容两年内恢复的，按减容恢复办理，超过两年恢复的按新装或增容手续办理。

Jb0006132082　客户分户应持有关证明向供电企业提出申请，供电企业应按哪些规定办理？（5分）

考核知识点：变更用电

难易度：中

标准答案：

（1）在用电地址、供电点、用电容量不变，且其受电装置具备分装的条件时，允许办理分户。

（2）在原客户与供电企业结清债务的情况下，再办理分户手续。

（3）分立后的新客户应与供电企业重新建立供用电关系。

（4）原客户的用电容量由分户者自行协商分割，需要增容者，分户后另行向供电企业办理增容手续。

（5）分户引起的工程费用由分户者承担。

（6）分户后受电装置应经供电企业检验合格，由供电企业分别装表计费。

Jb0007131083　电费回收分析包括哪些内容？（5分）

考核知识点：营业厅收费管理

难易度：易

标准答案：

（1）电费回收情况综述。

（2）应收余额分析。

（3）各行业欠费情况，产业政策和重大事件对电费回收的影响。

（4）当年回收情况分析。

（5）陈欠电费回收情况分析。

（6）主要欠费大户欠费原因分析。

（7）应采取的措施。

Jb0007132084　《国网宁夏电力公司电费回收管理办法》（宁电营销〔2020〕41号）规定，预交预存电费收取标准是什么？（5分）

考核知识点：预收电费管理处理的相关工作标准及规定

难易度：中

标准答案：

预交预存电费必须以客户实际用电负荷作为测算依据，在《供用电合同》和《电费结算协议》中进行明确，严禁脱离用电实际，擅自提高预存预交电费金额。预交预存电费金额充足时（满足其一个月及以上的实际使用电费），不得以任何理由要求客户重复缴纳电费。当月电费发行后仍有预存电费时，不得以当月发生额度再向客户收取预交预存电费。

Jb0007132085　电费回收的目的和意义是什么？（5分）

考核知识点：营业厅收费

难易度：中

标准答案：

供电企业的最终销售收入是依靠回收电费来实现的。企业的再生产过程需要消耗生产资料，企业的持续发展需要资金积累，企业还需要上缴国家税收、获取必要的利润等。电力企业所有的这些资金，都必须依靠回收电费来获得。按期回收电费，不但能保证国家财政收入，也为供电企业自身的再生产过程及扩大再生产提供资金保障。

电力企业如不能及时、足额地回收电费，将会引起电力企业流动资金周转缓慢或停滞，最终使电力企业的正常生产受阻。电力企业要维持正常的生产，将被迫通过借贷等方法来获取再生产过程必要的货币支出，最终导致供电企业的生产经营成本增加，企业收益减少。因此，及时足额回收电费，加速资金周转，已成为衡量各级供电企业的经营水平的一个重要考核指标。

Jb0007132086　防范电费风险的基本法律方法有哪些？（5分）

考核知识点：电费风险防控和管理

难易度：中

标准答案：

（1）依法签订供用电合同。

（2）杜绝供用电合同的效力瑕疵。

（3）规范签约程序，严格履行法定义务，防范败诉风险。

（4）适当运用不安抗辩权，化解风险。

（5）及时运用撤销权，降低电费风险。

（6）积极探索担保手段在供用电合同中的运用。

Jb0007132087　卡表客户通过管家卡账户缴纳电费，应如何进行账务处理？（5分）

考核知识点：实收审核及账务处理

难易度：中

标准答案：

卡表客户通过管家卡账户缴纳电费的，客户需携带购电卡至营业厅进行购电。收费员可在营销业务应用系统"卡表集团户购电金额分配"界面查询银行到账信息，按照客户要求，一次性完成购电卡金额分配，购电卡分配金额之和须与银行到账金额一致。

Jb0007132088　客户管家卡因不同原因解绑时，分别需要上传何种附件？（5分）

考核知识点：管家卡业务

难易度：中

标准答案：

需解绑管家卡的客户，由营业厅收费员发起管家卡解绑流程，并上传附件。附件要求如下：

（1）因维护集团户缴费关系解绑的，以缴费委托关系申请作为附件（客户签字盖章）。

（2）因销户解绑的，以销户申请作为附件（客户签字盖章）。

（3）因客户原因解绑的，以客户正式申请作为附件（客户签字盖章）。

Jb0007132089　本月、累计、陈欠、上年陈欠电费回收率的计算公式是什么？（5分）

考核知识点：抄核收统计报表的种类、内容及要求

难易度：中

标准答案：

本月电费回收率＝（本月实收÷本月应收）×100%。

累计电费回收率＝（累计实收÷累计应收）×100%。

陈欠电费回收率＝（实收陈欠÷应收陈欠）×100%。

上年陈欠电费回收率＝（实收陈欠÷结转陈欠）×100%。

Jb0007131090　国家电网有限公司"互联网＋营销服务"适合哪些电子渠道建设运营管理？（5分）

考核知识点："互联网＋营销服务"

难易度：易

标准答案：

国家电网有限公司"互联网＋营销服务"适合于"网上国网"手机App、95598智能互动网站（简称"95598网站"）、"电e宝"平台、微信公众号、支付宝服务窗、国网商城、国网分布式光伏云网、车联网平台等电子服务渠道的建设运营管理。

Jb0007131091　国家电网有限公司"互联网＋营销服务"中"网上国网"的功能定位是什么？（5分）

考核知识点："互联网＋营销服务"

难易度：易

标准答案：

"网上国网"是国家电网有限公司官方手机客户端，是国家电网有限公司的"供电服务移动营业厅"，旨在为高、低压电力客户提供用电查询、故障报修、线上办电、95598客户服务、信息推送等电力营销业务服务，是标准化客户服务的主要渠道之一。

Jb0007133092　对票据的保管有哪些规定？（5分）

考核知识点： 票据管理

难易度： 难

标准答案：

（1）应设专人保管发票。

（2）专用发票必须存放于保险柜内。

（3）应当按照主管税务机关的规定存放和保管发票，不得擅自损毁。

（4）应当按照主管税务机关的规定，在办理变更或税务登记的同时，办理发票和发票领购簿的变更、缴销手续。

（5）取得的税款抵扣联，要按照税务机关的要求装订成册。

（6）发生丢失专用发票时，应于丢失当日书面报告主管税务机关，并通过报刊和电视等传播媒介公告。

（7）对作废发票，在加盖"作废"印后，发票使用人应建立发票使用台账（可记入电费实收日志），并随发票存根退账务管理人员。

（8）电费账务管理人员在接收领用人退回的发票时，应对发票使用情况进行核查，并及时在《电费发票领用本》上注销，对长期未用的发票应及时查明原因，并酌情处理。

（9）供电企业对退回的发票存根（包括作废发票），应集中管理，并按规定程序进行销毁（或上缴）。

（10）对使用中不慎遗失的发票，应根据税务机关的相关规定办理注销手续。

（11）电费票据管理。客户缴费后，对实收电费应主动提供电费普通发票或增值税票，对预结算电费应提供相应收据，不得以任何理由不提供发票或收据。电费普通发票与收据均应通过营销信息系统开具，开具增值税票的客户应将用电清单核查票一并提供给客户。收据、核查票均应视同发票管理，由专人领取、打印、保管，客户领取发票、收据及核查票时应做好签收工作。

Jb0007133093　解交管理有哪些规定？（5分）

考核知识点： 资金管理

难易度： 难

标准答案：

24小时自助供电营业厅收取的现金原则上每日上午、下午两次解交银行，在交费高峰时，应视现金收取情况安排多次解款。

（1）供电所自行解交的，每日款项核对完成后，应于银行下班前及时到银行网点进行现金解交，对日现金收费量较大的营业厅，视现金收取情况可安排多次解款。应配备专业的现金保管运输箱，解款人员不得少于2人，并配备一定的防护用具。对于路途较远的，应乘坐供电所车辆前往，不得乘坐公共交通工具、私家车或摩托、电动车等前往。

（2）银行上门收款的营业厅，营业厅应填写好现金解款单，将解款单与现金放于专用解款包中，并在收款时，认真核对收款人员身份，做好交接手续登记、存档，并在解款到位后，给予确认。解款时应按照电费、业务费分别解款，并在银行方登记解款时间、解款供电所、解款人员等信息，携带解款单据返回后，应及时上交，并在信息系统中登记解款的时间、人员、解款单号等信息，便于后续的营财账项核对工作。对当日不能及时解款的金额，应在次日单独解款。

（3）农村供电所营业厅门市收电费现金的，应当即进行销账处理，每天 16:00 前收取的电费现金由收费人员负责当天解交银行电费专户，16:00 后收取的电费现金当日填制好现金缴款单，并在现金缴款单上注明"××年××月××日 16:00 后收取的电费现金"，16:00 后收取的电费现金连同填制好的现金缴款单一并存放入保险箱，次日上午解交。

（4）对收取的支票、本票、汇票等票据，直接约请客户到指定银行进行入账。

Jb0007133094　电费资金账户管理的具体要求是什么？（5分）

考核知识点：资金管理

难易度：难

标准答案：

电费资金实行专户管理，不得存入其他银行账户。应加强电费账户的日常管理，确保营销业务系统中电费账户信息准确。

Jb0007132095　客户有多期欠费应如何收取？（5分）

考核知识点：营业厅收费

难易度：中

标准答案：

客户有多期欠费，营业厅收费人员应提示客户并要求客户全部缴纳。客户可选择其中一期或多期电费进行缴纳。如客户为集团户或托收户，应告知客户整个集团户、托收户的全部欠费情况。如客户有暂存款，告知客户应补交剩余部分电费。

Jb0007131096　退费调账的处理原则是什么？（5分）

考核知识点：营业厅收费

难易度：易

标准答案：

退费调账按照"谁收费、谁退费"的原则进行处理。退费、调账必须由当事人核准确认差错后处理，确保处理正确，防止错退、错调电费引起的差错风险。

Jb0008132097　计算机打印发票的标准和要求有哪些？（5分）

考核知识点：票据管理、票据保管、开票规定

难易度：中

标准答案：

使用电子计算机开具发票，必须使用税务机关统一监制的机外发票，开具后的存根联应按照顺序号装订成册并妥善保管。

电费账务管理人员对发放的发票应在专门的《电费发票领用本》上登记，并请领用人签名。为便于发票的使用管理，以使用人为单位一次性领用发票数量不宜太多（一般最多考虑 1 个月的用量），并应将使用后的发票存根及时退回。

收费人员必须严格按规定使用发票，对规定的"机开发票"严禁使用手工填写。

Jb0008132098　支票、本票、汇票交费如何收取？（5分）

考核知识点：票据管理、票据保管、开票规定

难易度：中

标准答案：

（1）核实客户基本信息，并告知客户应缴纳电费金额。

（2）营业厅收费人员对客户支付电费的支票、本票、汇票，约请客户到指定银行验证客户票据的真伪、金额、有效期及填写规范性等，验证无误后在营销信息系统中进行在途操作，不得直接做到账处理。

（3）客户缴纳完成后，不打印电费发票，出具收据并盖章提供给客户，告知客户票据解交、电费到账后，可到供电营业厅凭收据换取电费发票。

Jb0008132099　现金管理的范围包括哪些？如何进行职责分工？（5分）

考核知识点：现金管理

难易度：中

标准答案：

（1）现金管理范围：

1）现金日常管理：外单位支付往来款收取现金的管理、日常报销业务从银行领取现金和现金支付的管理。

2）营销现金管理：营销收费（含收取电费、业务收费）收取现金的管理。

（2）职责分工：

1）外单位支付的除营销收费（含收取电费、业务收费）业务外收取的现金由财务部门收取，并当天解缴银行，不得坐支。日常报销业务从银行领取现金和现金支付，由财务部门办理。

2）营销收费（含收取电费、业务收费）收取现金由营销部门收取，并当天解缴银行，不得坐支。

Jb0008133100　《国网宁夏电力有限公司关于进一步加强电费抄核收和资金安全管理工作的要求》中，预交电费管理工作是如何要求的？（5分）

考核知识点：预收电费管理

难易度：难

标准答案：

预交电费管理要严格按照公司《电费回收管理办法》（宁电营销〔2020〕41号）相关规定执行，不允许过多收取预交电费。预交电费要严格按照《供用电合同》相关的约定收取，收费金额、收费时间要与合同约定和系统保持一致。严禁将预交电费作为电费押金或保证金，在系统内进行"冻结"。当月电费发行后，首先用客户预交电费自动冲抵各自应收电费，不允许人为手动转实收电费。定期开展客户预交电费余额对账工作，35kV及以上客户按月开展，10kV专线客户按季度开展，10kV专用变压器客户按半年开展，10kV以下客户按年开展。客户审核预交电费余额无误后，需在《预交电费余额核对表》上签字确认。

Jb0009133101　电费核算员的基本技能要求有哪些？（5分）

考核知识点：电费计算

难易度：难

标准答案：

（1）电费核算员应熟悉《电力法》《电力供应和使用条例》《供电营业规则》等相关法律、法规和

政策。

（2）电费核算员应熟悉和正确掌握国家的电价电费政策和电力营销的管理制度、办法。

（3）掌握电价、电费计算、电能计量、供用电业务有关的专业技术理论知识。

（4）电费核算员应熟练使用电力营销信息系统中电费子系统，并能熟练操作计算机。

（5）电费核算员应具有对电量异常、电费计算异常、电价执行错误的判断和分析能力。

（6）具有简单的账务处理常识，熟悉税务部门的增值税管理办法，能完成增值税发票信息的建立、修改、冲账等管理工作。

（7）能完成各类电费电价报表的数据汇总以及各类线损数据的统计汇总。

Jb0009133102 电子发票开具时的相关注意事项有哪些？（5分）

考核知识点： 电费票据管理

难易度： 难

标准答案：

（1）发票使用人员在营销业务应用系统开具发票时，对同一笔电费、业务费只能开具一次发票。必须保证开具发票的真实性、完整性、合法性，填票内容与发票的使用范围一致。

（2）为企业客户开具电子发票时，应在"购买方纳税人识别号"栏准确填写企业客户的纳税人识别号或统一社会信用代码。

（3）电费发行，营业收费发生月起12个月内允许开具电子发票，超过期限后不再补开发票。

（4）电子发票开具后，如开票有误或发生营业退费，应开具相同内容的红字电子发票冲销，并重新开具相应发票。

（5）营销部门可通过电力营业网点、"电 e 宝"等渠道，将电子发票信息推送至客户端。客户可查看、下载、打印电子发票，并可通过税务局网站查验电子发票的真实性。

Jb0009132103 某居民客户来电反映家中开了个小卖部，同样是照明，电价却比邻居高，询问为什么？如何解决？（5分）

考核知识点： 电费计算

难易度： 中

标准答案：

（1）向客户解释开小卖部执行商业电价，比居民照明电价要高。

（2）对此问题有两种解决办法：

1）向供电局申请，单独装商业用计量计费表。

2）申请经供电企业同意，同用一个计量计费表，按比例分摊电量。居民用电执行居民电价，小卖部用电执行商业电价。

Jb0009132104 电费违约金收取有哪些规定？（5分）

考核知识点： 电费违约金的收取

难易度： 中

标准答案：

《供电营业规则》第八章第九十八条规定，客户在供电企业规定的期限内未交清电费时，应承担电费滞纳的违约责任。电费违约金从逾期之日起计算至缴纳日止。每日电费违约金按下列规定计算：

（1）居民客户每日按欠费总额的1‰计算，电费违约金收取总额按日累加计收，总额不足 1 元者按 1 元收取。

（2）其他客户：当年欠费部分，每日按欠费总额的2‰计算。跨年度欠费部分，每日按欠费总额的3‰计算。电费违约金收取总额按日累加计收，总额不足1元者按1元收取。

Jb0009132105 电力客户首次申请开具电费增值税发票时，应如何办理？（5分）

考核知识点：增值税发票的管理

难易度：中

标准答案：

电力客户首次申请开具增值税专用发票时，需提供加盖单位公章的营业执照复印件、统一社会信用代码、银行开户名称、开户银行和账号等资料，经审核无误后，从申请当月起给予开具电费增值税发票，申请以前月份的电费发票已开具的不予调换，补开以前月份的增值税发票时限不超出国家税务总局相关规定。

Jb0009111106 某居民客户某年10月用电量330kWh，请计算该客户当月应发行电费（执行月度阶梯电价，一档电价0.448 6元/kWh、二档电价0.498 6元/kWh、三档电价0.748 6元/kWh）。（5分）

考核知识点：电费计算

难易度：易

标准答案：

解：

该居民客户月用电量达到三档阶梯，因此：

一档电费＝170×0.448 6＝76.26（元）

二档电费＝（260－170）×0.498 6＝44.87（元）

三档电费＝（330－260）×0.748 6＝52.40（元）

当月电费＝76.26＋44.87＋52.40＝173.53（元）

答：该居民客户当月应发行电费173.53元。

Jb0009113107 2016年10月，某供电企业一抄表员，工作任务单上派发其本月应抄电费户数4000户，其中照明客户3600户，动力客户400户。月末经电费核算员核算，发现其漏抄动力客户4户、照明客户28户，估抄照明客户5户。求该抄表员本月照明客户实抄率、动力客户实抄率、综合实抄率分别是多少？（5分）

考核知识点：电费计算

难易度：难

标准答案：

解：

实抄率＝（实抄电费户数/应抄电费户数）×100%，则

照明客户实抄率＝［（3600－28－5）/3600］×100%＝99.08%

动力客户实抄率＝［（400－4）/400］×100%＝99%

综合实抄率＝［（4000－28－5－4）/4000］×100%＝99.08%

答：该抄表员本月照明客户实抄率、动力客户实抄率、综合实抄率分别为99.08%、99%、99.08%。

Jb0009113108 某工业客户10kV供电，有载调压变压器容量为160kVA，安装智能电能表。已知某月该客户有功抄见电量为40 000kWh，无功正向抄见电量为25 000kvarh，无功反向抄见电量为

5000kvarh。试求该客户当月功率因数调整电费（目录电量电价 0.605 4 元/kWh）。(5 分)

考核知识点： 电费计算

难易度： 难

标准答案：

解：

（1）当月无功电量：$25\,000 + 5000 = 30\,000$（kvarh）

（2）功率因数：$\cos\varphi = \dfrac{1}{\sqrt{1 + \dfrac{W_Q^2}{W_P^2}}} = \dfrac{1}{\sqrt{1 + \dfrac{30\,000^2}{40\,000^2}}} = 0.80$

（3）由于变压器为有载调压方式，因此该户功率因数执行标准应为 0.90，查表得功率因数调整电费系数为 5%，则功率因数调整电费为

$40\,000 \times 0.605\,4 \times 5\% = 1210.8$（元）

答： 该客户当月功率因数调整电费为 1210.8 元。

Jb0009113109　某电力公司根据居民阶梯电价政策对一户一表的居民生活用电以年为周期执行阶梯电价。某居民客户装设一只 2009 规范的本地费控电能表，表内按月执行阶梯电价，营销业务应用系统以年为周期执行阶梯电价结算电费，实行单月抄表制度。2016 年 1～12 月抄见电量见表 Jb0009113109，请计算该客户年清算退补电费。(5 分)

表 Jb0009113109

月份	201601	201602	201603	201604	201605	201606
电量	362	372	191	73	217	226
月份	201607	201608	201609	201610	201611	201612
电量	201	256	223	223	324	910

考核知识点： 电费计算

难易度： 难

标准答案：

解：

（1）每月阶梯电费（按分档法计算）计算：

201601：$170 \times 0.448\,6 + (260 - 170) \times 0.498\,6 + (362 - 260) \times 0.748\,6$
$\qquad = 76.26 + 44.87 + 76.36 = 197.49$（元）

201602：$170 \times 0.448\,6 + (260 - 170) \times 0.498\,6 + (372 - 260) \times 0.748\,6$
$\qquad = 76.26 + 44.87 + 83.84 = 204.97$（元）

201603：$170 \times 0.448\,6 + (191 - 170) \times 0.498\,6 = 76.26 + 10.47 = 86.73$（元）

201604：$73 \times 0.448\,6 = 32.75$（元）

201605：$170 \times 0.448\,6 + (217 - 170) \times 0.498\,6 = 76.26 + 23.43 = 99.69$（元）

201606：$170 \times 0.448\,6 + (226 - 170) \times 0.498\,6 = 76.26 + 27.92 = 104.18$（元）

201607：$170 \times 0.448\,6 + (201 - 170) \times 0.498\,6 = 76.26 + 15.46 = 91.72$（元）

201608：$170 \times 0.448\,6 + (256 - 170) \times 0.498\,6 = 76.26 + 42.88 = 119.14$（元）

201609：$170 \times 0.448\,6 + (223 - 170) \times 0.498\,6 = 76.26 + 26.43 = 102.69$（元）

201610：$170 \times 0.448\,6 + (223 - 170) \times 0.498\,6 = 76.26 + 26.43 = 102.69$（元）

201611：$170 \times 0.448\,6 + (260 - 170) \times 0.498\,6 + (324 - 260) \times 0.748\,6$

$= 76.26 + 44.87 + 47.91 = 169.04$（元）

201612：$170 \times 0.448\,6 + (260 - 170) \times 0.498\,6 + (910 - 260) \times 0.748\,6$

$= 76.26 + 44.87 + 486.59 = 607.72$（元）

2016 年月阶梯电费合计：

$= 197.49 + 204.97 + 86.73 + 32.75 + 99.69 + 104.18 + 91.72 + 119.14 + 102.69 + 102.69 + 169.04 + 607.72$
$= 1918.81$（元）

（2）年阶梯电费计算：

该户 2016 年用电量 $= 362 + 372 + 191 + 73 + 217 + 226 + 201 + 256 + 223 + 223 + 324 + 910 = 3578$（kWh）

年阶梯电费 $= 170 \times 12 \times 0.448\,6 + (260 - 170) \times 12 \times 0.498\,6 + (3578 - 260 \times 12) \times 0.748\,6 = 915.14 + 538.49 + 342.86 = 1796.49$（元）

（3）退补电费 $=$ 年阶梯电费 $-$ 月阶梯电费 $= 1796.49 - 1918.81 = -122.32$（元）

答：该客户年清算退补电费为 122.32 元。

Jb0009113110　某一居民客户，2016 年装设 2009 版本地费控电能表一只，2019 年 4 月 24 日客户反映家里电能表异常要求更换计费电能表，考虑到客户年纪较大不方便往返拆校电能表，于 2019 年 4 月 26 日为该客户更换了同版本的费控电能表，换表时旧表止码为 11 268.41，新表起码为 0，后旧表经计量室校验认定无误差。请根据表 Jb0009113110 中该客户 2019 年电能表示数信息计算该客户 2020 年 1 月年清算应给客户退补并写卡多少电费（居民阶梯电价计算方法用分档法）？（5 分）

表 Jb0009113110

电能表编号	示数类型	表码月份	本月示数	电量电价（元/kWh）
619737	有功（总）	1 月	10 196.65	
619737	有功（总）	2 月	10 349.15	
619737	有功（总）	3 月	10 569.06	
619737	有功（总）	4 月	11 051.85	
719632	有功（总）	5 月	28.39	
719632	有功（总）	6 月	166.48	
719632	有功（总）	7 月	300.54	
719632	有功（总）	8 月	542.35	
719632	有功（总）	9 月	766.24	
719632	有功（总）	10 月	842.54	
719632	有功（总）	11 月	1054.87	
719632	有功（总）	12 月	1121.14	
719632	有功（总）	1 月	1221.01	

考核知识点：电费计算

难易度：难

标准答案：

解：

（1）该客户 2019 年使用电量和电费：

2019 年 1 月电量＝10 349.15－10 196.65＝153（kWh）

2019 年 1 月电费＝153×0.448 6＝68.64（元）

2019 年 2 月电量＝10 569.06－10 349.15＝220（kWh）

2019 年 2 月电费＝170×0.448 6＋（220－170）×0.498 6＝76.26＋24.93＝101.19（元）

2019 年 3 月电量＝11 051.85－10 569.06＝483（kWh）

2019 年 3 月电费＝170×0.448 6＋（260－170）×0.498 6＋（483－260）×0.748 6＝76.26＋44.87＋166.94＝288.07（元）

2019 年 4 月电量＝（11 268.41－11 051.85）＋（28.39－0）＝217＋28＝245（kWh）

2019 年 4 月电费＝170×0.448 6＋（245－170）×0.498 6＝76.26＋37.40＝113.66（元）

2019 年 5 月电量＝166.48－28.39＝138（kWh）

2019 年 5 月电费＝138×0.448 6＝61.91（元）

2019 年 6 月电量＝300.54－166.48＝134（kWh）

2019 年 6 月电费＝134×0.448 6＝60.11（元）

2019 年 7 月电量＝542.35－300.54＝242（kWh）

2019 年 7 月电费＝170×0.448 6＋（242－170）×0.498 6＝76.26＋35.90＝112.16（元）

2019 年 8 月电量＝766.24－542.35＝224（kWh）

2019 年 8 月电费＝170×0.448 6＋（224－170）×0.498 6＝76.26＋26.92＝103.18（元）

2019 年 9 月电量＝842.54－766.24＝76（kWh）

2019 年 9 月电费＝76×0.448 6＝34.09（元）

2019 年 10 月电量＝1054.87－842.54＝212（kWh）

2019 年 10 月电费＝170×0.448 6＋（212－170）×0.498 6＝76.26＋20.94＝97.20（元）

2019 年 11 月电量＝1121.14－1054.87＝66（kWh）

2019 年 11 月电费＝66×0.448 6＝29.61（元）

2019 年 12 月电量＝1221.01－1121.14＝100（kWh）

2019 年 12 月电费＝100×0.448 6＝44.86（元）

该客户 2019 年全年已缴电费合计＝68.64＋101.19＋288.07＋113.66＋61.91＋60.11＋112.16＋103.18＋34.09＋97.20＋29.61＋44.86＝1114.68（元）

（2）2019 年应缴电量、电费：

该客户年清算电量合计＝153＋220＋483＋245＋138＋134＋242＋224＋76＋212＋66＋100＝2293（kWh）

全年执行一阶电价电量＝170×12＝2040（kWh）

全年执行二阶电价电量＝170×12＋（260－170）×12＝3120（kWh）

该客户年清算应收电费＝2040×0.448 6＋（2293－2040）×0.498 6＝915.14＋126.15＝10 4129（元）

（3）2020 年 1 月年清算时退补电费：

退补电费＝该客户 2019 年清算应收电费－该客户 2019 年全年已缴电费＝1041.29－1114.68＝－73.39（元）

答：应给客户退补 73.39 元。

Jb0009113111　某医院 10kV 供电，变压器容量 800kVA，装设高压计费表一只，2017 年 3 月电能表示数见表 Jb0009113111，请计算该户当月应缴纳电费。（5 分）

表 Jb0009113111

示数类型	上次示数	本次示数	电流互感器变比	电量电价（元/kWh）
有功总	592.21	649.89		
有功峰段	269.22	288.82		0.902 2
有功平段			50/5	0.66
有功谷段	152.36	166.66		0.417 8
无功总	90.74	96.54		

考核知识点：电费计算

难易度：难

标准答案：

解：

（1）综合倍率＝（10/0.1）×（50/5）＝1000

（2）抄见电量：

W_P＝（649.89－592.21）×1000＝57 680（kWh）

W_Q＝（96.54－90.74）×1000＝5800（kvarh）

（3）目录电量电费：该户行业分类属于综合医院，不执行峰谷分时电价，因此，该户执行一般工商业电价，不执行峰谷分时电价：

$F_总$＝57 680×（0.598 8－0.043 2）＝32 047.01（元）

（4）功率因数调整电费：

$$\cos\varphi = \frac{W_P}{\sqrt{W_P^2 + W_Q^2}} = \frac{1}{\sqrt{1 + \frac{W_Q^2}{W_P^2}}} = \frac{1}{\sqrt{1 + \frac{5800^2}{57\,680^2}}} = 0.99$$

该户应执行 0.85 的功率因数标准，查表得电费调整系数为－1.1%。

功率因数调整电费＝3 204 701×（－1.1%）＝－352.52（元）

（5）代征费：

代征费＝W_P×（国家重大水利建设基金电价＋农网还贷电价＋库区移民基金电价＋可再生能源附加电价）＝57 680×（0.003＋0.02＋0.001 2＋0.019）＝2491.78（元）

（6）应缴电费合计：

F＝32 047.01＋（－352.52）＋2491.78＝34 186.27（元）

答：该户当月应缴纳电费 34 186.27 元。

Jb0009113112　某客户申请安装一台 1250kVA 变压器用于工业生产，经现场查勘，拟采用高压 10kV 供电，高供高计计量方式，高压侧为中性点绝缘系统。该客户计量装置采取什么接线方式？该客户计量装置分类有哪些？该客户电能表、互感器应如何选配？该客户电能计量装置投运前现场核查内容和要求有哪些？（5 分）

考核知识点：电费计算

难易度：难

标准答案：

（1）因高压侧为中性点绝缘系统，因此采用三相三线接线方式。

（2）计量采用 10kV 高供高计，属于Ⅲ类计量装置。

（3）计算电流互感器变比：

实际负荷电流 = 1250/（1.732×10）= 72.2（A）

因此，电流互感器选用变比为 75A/5A，准确度等级为 0.5S 级 10kV 电流互感器，数量 2 台。电压互感器选用变比为 10kV/100V，准确度等级为 0.5 级 10kV 电压互感器，数量 2 台。电能表选用有功准确度等级为 0.5S 级、无功 2 级的三相三线 3×100V、3×156A 的智能电能表。

（4）该客户电能计量装置投运前现场核查内容和要求：

1）电能计量器具的型号、规格、许可标志、出厂编号应与计量检定证书和技术资料的内容相符。

2）产品外观质量应无明显瑕疵和受损。

3）安装工艺及其质量应符合有关技术规范的要求。

4）电能表、互感器及其二次回路接线实况应和竣工图一致。

5）电能信息采集终端的型号、规格、出厂编号，电能表和采集终端的参数设置应与技术资料及其检定证书/检测报告的内容相符，接线实况应和竣工图一致。

Jb0009112113 某用电客户属居民生活用电，合同约定用电容量 4kW，后将房屋卖给个体户，于 2018 年 3 月抄表日按居民生活用电办理了过户手续。2018 年 4 月抄表例日抄表员抄表时发现该户实际从事饭馆经营，并发现主电能表位置全部改变，表下增加 2kW 容量的鼓风机，同时向外转供一间用电设备总容量为 3kW 的修理铺用电，还发现空调表外接线容量为 1.5kW。该户自 3 月过户至 4 月抄见实用电量为 578kWh。请分析该户存在哪些违反《供电营业规则》的行为？应如何处理（居民电价 0.40 元/kWh，一般工商业电价 0.60 元/kWh，不考虑分时电价和阶梯电价影响）？（5 分）

考核知识点：电费计算

难易度：中

标准答案：

（1）违反《供电营业规则》的行为：

1）居民用电改商业用电——私自改变用电类别。

2）装表位置更动——私自移表。

3）容量超出原户主容量——私自增容。

4）私自向外转供——私自转供。

5）空调表外接线——窃电行为。

（2）根据《供电营业规则》规定，处理方法如下：

1）私自改变用电类别除应按实际使用日期补缴其高低电价差额电费外，还应承担 2 倍的差额电费的违约使用电费。补收差额电费 = 578×0.60 − 578×0.40 = 115.60（元）

违约使用电费 = 115.60×2 = 231.20（元）

私自移表应承担 5000 元的违约使用电费。

私自增容 2+3 = 5（kW）、违约使用电费 = 5×50 = 250（元）

2）私自转供电应承担私转容量 500 元/kW 的违约使用电费：3×500 = 1500（元）。

3）供电企业对查获的窃电者，应予制止，并可当场中止供电。并按所窃电量补交电费，承担补交电费 3 倍的违约使用电费。电力客户每日窃电时间按 12h 计算。

窃电量 = 1.5×12×31 = 558（kWh）

补交所窃电量电费 = 558×0.60 = 334.80（元）

违约使用电费：334.80×3 = 1004.40（元）

Jb0009112114　供电所用电检查中查明，380V 三相四线制居民生活用电客户张三，私自接用动力设备 5kW 和鱼池抽水用电 6kW，实际使用起止日期不清，求该户应补的差额电费和违约使用电费各为多少元（请按照现行电价计算，不考虑各项代征费及分时电价）？（5 分）

考核知识点：电费计算

难易度：中

标准答案：

解：

该户在电价低的线路上，擅自接用电价高的用电设备，其行为属于违约用电行为。根据《供电营业规则》有关规定：

（1）补收差额电费，应按 3 个月时间，动力每日 12h，照明每日 6h 计算。

补收差额电费：

动力用电量 $= 3 \times 12 \times 30 \times 5 = 5400$（kWh）

农业用电量 $= 3 \times 12 \times 30 \times 6 = 6480$（kWh）

补收差额电费 $= 5400 \times (0.488\ 3 - 0.448\ 6) + 6480 \times (0.473 - 0.448\ 6) = 372.49$（元）

（2）按 2 倍差额电费计收违约使用电费：

收取违约使用电费 $= 2 \times 372.49 = 744.98$（元）

答：应收取差额电费 372.49 元，收取违约使用电费 744.98 元。

Jb0009112115　某企业装有 35kW 电动机一台，三班制生产，居民生活区总用电容量为 8kW，办公用电总容量 14kW，未装分表。请根据该企业用电负荷确定该客户用电比例。（5 分）

考核知识点：电费计算

难易度：中

标准答案：

解：

根据用电负荷不同的用电特性，生产用电应按 24h、生活用电应按 6h、办公用电应按 8h 计算其用电量，则

理论计算电量 $= 24 \times 35 + 6 \times 8 + 8 \times 14 = 1000$（kWh）

其用电比例如下：

生产用电比例 $= 840/1000 = 84\%$

生活用电比例 $= 48/1000 = 4.8\%$

办公用电比例 $= 112/1000 = 11.2\%$

答：该客户的用电比例应为生产用电 84%，生活用电 4.8%，办公用电 11.2%。

Jb0009112116　工业客户 A 的三相负荷平衡分布，装设三相两元件有功表计量。用电检查时发现计量表两元件电压、电流配线分别为 $\dot{U}_{AB}$、$\dot{I}_A$，$\dot{U}_{CB}$、$-\dot{I}_C$。已知其计量接线相量图如图 Jb0009112116 所示，$\varphi = 30°$，表计示数差为 100 000kWh。问该客户计量是否正确？如不正确，应退补电量多少？（5 分）

考核知识点：电费计算

难易度：中

标准答案：

解：

功率表达式：$P = U_{AB}I_A\cos 60° + U_{CB}I_C\cos 180°$

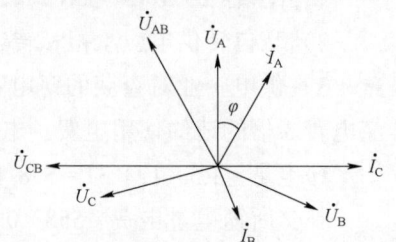

图 Jb0009112116

$$= 0.5UI - UI = -0.5UI$$

表计反转，显然计量不正确，其示数差为表计反转所致。

此时的更正率为

$$K = \{[\sqrt{3}\,UI\cos 30° - (-0.5UI)] / (-0.5UI)\} \times 100\%$$

$$= -400\%$$

正确用电量 $= -400\% \times (-100\,000) = 400\,000$（kWh）

因电能表反转 $100\,000$ kWh，故应补收电量 $(400\,000 - 100\,000) = 300\,000$（kWh）

答：计量不准确，应补收电量 300 000kWh。

Jb0009111117　某居民客户 9 月缴纳电费时发现电费较以往同一时间段多交 300 余元，认为出入较大，怀疑电能表不准，随即到营业厅进行反映，营业人员应该如何处理？（5 分）

考核知识点：电费异常的处理

难易度：易

标准答案：

（1）应从以下方面帮助客户分析电费增加的原因：

1）夏季使用空调或新增用电设备，导致负荷较往月增大。

2）核对抄表表码，判断是否抄表错误。

（2）根据分析情况，若客户仍对电费提出异议，需安排相关人员到现场落实，检查表计接线情况。

（3）如经初步判断电能表不准或客户怀疑电能表不准，可由客户提出申请，为客户办理校表业务。

Jb0009112118　供电企业以 380/220V 向张、王、李三位居民客户供电。某年 5 月 20 日，因公用变压器中性线断落导致张、王、李三家家用电器损坏。26 日供电企业在收到张、王两家投诉后，分别进行了调查核实，发现在这一事故中张、王、李三家分别损坏电视机、电冰箱、电热水器各一台，且均不可修复。客户出具的购货票表明张家电视机原价 3000 元，已使用了 5 年；王家电冰箱购价 2500 元，已使用 6 年；李家热水器购价 2000 元，已使用 2 年。供电企业是否应向客户赔偿？如需赔偿，应如何赔付？（5 分）

考核知识点：电费计算

难易度：中

标准答案：

解：

根据《居民客户家用电器损坏处理办法》，三位客户家用电器损坏是由供电部门负责维护的电气设备导致供电故障引起的，应作如下处理：

（1）张家及时投诉，应赔偿。

赔偿金额 $= 3000 \times (1 - 5/10) = 1500$（元）

（2）王家及时投诉，应赔偿。

赔偿金额 $= 2500 \times (1 - 6/12) = 1250$（元）

（3）因供电部门在事发 7 日内未收到李家投诉，视为其放弃索赔权，不予赔偿。

答：供电部门对张、王两家应分别赔偿 1500 元和 1250 元，而对李家则不予赔偿。

Jb0009112119　某一 220V 自发自用余电上网分布式发电客户，由某花园 1 号公用变压器供电。2016 年 11 月发电侧计量表计（表号 000352905）正向起码 8722.74、止码 8946.47。上网侧计量表计（表号 0003793480）正向起码 1147.01、正向止码 1190.25，反向起码 7770.71、止码 7973.34

（计算倍率为 1）。计算客户当月用电量及当月分布式发电结算费用（上网标杆电价 0.259 5 元/kWh，发电补贴标准 0.42 元/kWh）。（5 分）

考核知识点：电费计算

难易度：中

标准答案：

解：

（1）当月用电量：

发电量 = 8946.47 − 8722.74 = 224（kWh）

上网电量 = 7973.34 − 7770.71 = 203（kWh）

网购电量 = 1190.25 − 1147.01 = 43（kWh）

用电量 = 发电量 − 上网电量 + 网购电量 = 224 − 203 + 43 = 64（kWh）

（2）当月分布式发电结算费用：

上网结算电费 = 203 × 0.259 5 = 52.68（元）

发电量补贴 = 224 × 0.42 = 94.08（元）

当月发电结算电费 = 上网结算电费 + 发电量补贴 = 52.68 + 94.08 = 146.76（元）

答：客户当月用电量为 64kWh，当月分布式发电结算费用为 146.76 元。

Jb0009113120　某工业电力客户 10kV 供电，计量方式为高供高计，变压器容量为 400kVA，本月有功抄见电量为 100 000kWh，无功抄见电量为 55 000kvarh。合同约定基本电费按变压器容量收取，不执行峰谷分时电价，请计算该客户当月电费[目录电量电价 0.424 4 元/kWh，代征费 0.054 6 元/kWh，基本电价 22 元/（kVA·月）]。（5 分）

考核知识点：电费计算

难易度：难

标准答案：

解：

基本电费 = 400 × 22 = 8800（元）

目录电费 = 100 000 × 0.424 4 = 42 440（元）

代征费 = 100 000 × 0.054 6 = 5460（元）

功率因数 $\cos\varphi = \dfrac{W_P}{\sqrt{W_P^2 + W_Q^2}} = \dfrac{1}{\sqrt{1 + \dfrac{W_Q^2}{W_P^2}}} = \dfrac{1}{\sqrt{1 + \dfrac{55\,000^2}{100\,000^2}}} = 0.88$

该户功率因数执行标准为 0.90，查表得功率因数调整电费系数为 1%。

功率因数调整电费 =（8800 + 42 440）× 1% = 512.4（元）

该客户当月电费 = 8800 + 42 440 + 5460 + 512.4 = 57 212.4（元）

答：该客户当月电费为 57 212.4 元。

Jb0009111121　某大工业客户，装有受电变压器 315kVA 一台。某年 5 月 12 日变压器故障，因无相同容量变压器，征得供电企业同意后暂换一台 400kVA 变压器。供电企业与该客户约定的抄表结算电费日期为每月月末，请计算该客户 5 月应缴纳的基本电费[基本电费按容量收取，基本电价 22 元/（kVA·月）]。（5 分）

考核知识点：电费计算

难易度：易

标准答案：

解：

根据《供电营业规则》第二十五条规定："自暂换之日起须按替换后的变压器容量计收基本电费"，因此：

计费容量 $= 315 \times 11 \div 30 + 400 \times 20 \div 30 = 115.5 + 266.67 = 382$（kVA）

基本电费 $= 382 \times 22 = 8404$（元）

答：该客户 5 月应缴纳基本电费 8404 元。

Jb0009112122　2020 年 6 月 16 日上午 10:20 左右，某供电公司用电检查员会同抄表人员，在抄表过程中，发现一居民客户在三相计费电能表的出线上私自转供一基建工地临时用电，现场核定用电设备容量为 8.2kW，使用起讫时间难以确定，在《用电检查工作单》上，双方当事人签字认可后，拆除了私自违约转供用电接线。请对本事件在抄表过程中发现的违约用电行为进行分析并计算补交电费及违约使用电费（居民生活电价 0.448 6 元/kWh，一般工商业电价 0.60 元/kWh）。（5 分）

考核知识点：电费计算

难易度：中

标准答案：

解：

（1）违反规定：

1）《供电营业规则》中"客户不得自行转供电"。

2）《供电营业规则》中"在电价低的供电线路上，擅自接用电价高的用电设备或私自改变用电类别"。

（2）补交电费及违约使用电费：

1）违约用电量其差额电费：$8.2 \times 12 \times 180 \times (0.60 - 0.448\ 6) = 2681.6$（元）

2）应补交电费：$2681.6 \times 2 = 5363.2$（元）。

答：违约使用电费为 2681.6 元，应补交电费 5363.2 元。

Jb0009132123　与抄核收有关统计报表的种类有哪些？（5 分）

考核知识点：抄核收统计报表的种类、内容及要求

难易度：中

标准答案：

（1）按应用层次分类，可分为网省公司、地市公司、区（县）公司、供电所。

（2）按统计时间分类，可分为按日、月、季、年等统计。

（3）按统计业务分类，可分为销售情况统计、电费回收、欠费统计、违窃用电统计等。

（4）专项统计报表分类，可分为快报、各单项收入报表等统计。

Jb0009131124　什么是抄表周期？（5 分）

考核知识点：抄表周期定义

难易度：易

标准答案：

抄表周期是指连续两次抄表间隔的时间。抄表周期可分为一月一次、一月多次、多月一次。

Jb0009132125　电能计量装置的分类有哪些？（5分）

考核知识点：业扩报装

难易度：中

标准答案：

电能计量装置分为Ⅰ、Ⅱ、Ⅲ、Ⅳ、Ⅴ共五类，分别如下：

（1）Ⅰ类计量装置是指月平均用电量在500万kWh及以上或变压器容量为10 000kVA及以上的高压计费客户、200MW及以上发电机、发电企业上网电量以及供电企业关口计量点的电能计量装置。

（2）Ⅱ类计量装置是指月平均用电量在100万kWh及以上或变压器容量为2000kVA及以上的高压计费客户、100MW及以上发电机、供电企业之间的电量交换点的电能计量装置。

（3）Ⅲ类计量装置是指月平均用电量在10万kWh及以上或变压器容量为315kVA及以上的计费客户、100MW以下发电机、发电企业的厂用电量、供电企业内部用于考核的计量点、考核有功电量平衡的110kV及以上的送电线路电能计量装置。

（4）Ⅳ类计量装置是指用电负荷容量为315kVA以下的计费客户、发供电企业内部经济指标分析、考核用的电能计量装置。

（5）Ⅴ类计量装置是指单相供电的电力客户计费用的电能计量装置。

Jb0009131126　《居民客户家用电器损坏处理办法》的适用范围是什么？（5分）

考核知识点：家用电器损坏管理办法

难易度：易

标准答案：

适用于由供电企业以220/380V电压供电的居民客户，因发生电力运行事故导致电能质量劣化，引起居民客户家用电器损坏时的索赔处理。

Jb0010133127　宁夏回族自治区电动汽车充换电设施用电价格是如何执行的？（5分）

考核知识点：充换电设施用电咨询与受理

难易度：难

标准答案：

（1）对向电网经营企业直接报装接电的经营性集中式充换电设施用电，执行大工业用电价格。2020年前，暂免收基本电费。

（2）其他充电设施按其所在场所执行分类目录电量电价。其中，居民家庭住宅、居民住宅小区、执行居民电价的非居民客户中设置的充电设施用电，执行居民用电价格中的合表客户电价。党政机关、企事业单位和社会公共停车场中设置的充电设施用电执行一般工商业及其他类用电价格。

（3）电动汽车充换电设施用电执行峰谷分时电价政策。鼓励电动汽车在电力系统用电低谷时段充电，提高电力系统利用效率，降低充电成本。

Jb0010132128　什么是分布式电源？（5分）

考核知识点：清洁能源业务

难易度：中

标准答案：

分布式电源是指在客户所在场地或附近建设安装，运行方式以客户侧自发自用为主、多余电量上网，且在配电网系统平衡调节为特征的发电设施或有电力输出的能量综合梯级利用多联供设施。包括太阳能、天然气、生物质能、风能、地热能、海洋能、资源综合利用发电（含煤矿瓦斯发电）等，以同步电机、感应电机、变流器等形式接入电网。

Jb0010133129 什么是充换电设施？对接入电网的充换电设施的无功补偿有何要求？（5分）

考核知识点： 充换电设施用电咨询与受理

难易度： 难

标准答案：

（1）充换电设施是与电动汽车发生电能交换的相关设施的总称，一般包括充电站、充换电站、电池配送中心、集中或分散布置的充电桩等。

（2）充换电设施接入电网，无功补偿装置应按照"同步设计、同步施工、同步投运、同步达标"的原则规划和设计。充电设施接入 10kV 电网的功率因数应不低于 0.95，不能满足要求的应安装就地无功补偿装置。非车载充电机功率因数应不低于 0.90，不能满足要求的应安装就地无功补偿装置。

Jb0010133130 电能替代有哪些项目？（5分）

考核知识点： 电能替代

难易度： 难

标准答案：

电能替代项目是指使用电能替代以煤、油、气等终端能源的项目。电能替代技术主要有以下几种：

（1）电锅炉：采用电锅炉（包括直热式电锅炉、蓄热式电锅炉、电气混合型电锅炉等技术）替代燃煤（油、气）锅炉。

（2）电窑炉：采用电热隧道窑替代燃煤、燃气隧道窑，采用铸造中频炉替代燃煤冲天炉。

（3）冶金电炉：采用铸造中频炉替代燃煤冲天炉。

（4）船舶岸电：采用船舶岸基供电技术替代船舶辅助柴油发电机。

（5）热泵：采用污水源热泵、水源热泵、地源热泵和空气源热泵技术替代集中采暖。

（6）冰蓄冷：采用冰蓄冷空调替代使用燃气的溴化锂制冷机组。

（7）分散电采暖：采用发热电缆、碳晶取暖替代燃煤锅炉取暖。

（8）电厨炊：采用电磁炉、电饭煲等电器替代煤气炉等厨炊用具。

（9）农业辅助生产：采用电动制氧机、电保温等技术替代燃煤保温取暖。

（10）其他替代技术：龙门式起重机"油改电"、油田钻机"油改电"等其他替代技术。

Jb0010133131 非自然人在办理 380V 及以上电压接入分布式电源并网服务申请时，供电营业窗口在受理时应收集哪些资料？（5分）

考核知识点： 分布式电源并网服务

难易度： 难

标准答案：

（1）发用电单位或发电项目业主书面申请资料。

（2）《分布式电源并网申请表》。

（3）企业法人、经办人居民身份证原件及复印件。

（4）法人委托书原件。

（5）物业产权证明。

（6）企业法人营业执照（或组织机构代码证）、土地证原件及复印件等合法性支持性文件。

（7）政府投资主管部门同意项目开展前期工作的批复及相关部门备案意见。

（8）发用电设备明细表。

（9）发电项目前期工作接入系统设计所需资料。

（10）其他相关资料。

（11）用电电网相关资料（仅适用于大工业客户）。

Jb0010132132　分布式电源并网电压等级的参考标准是什么？（5分）

考核知识点： 分布式电源并网服务

难易度： 中

标准答案：

分布式电源并网电压等级可根据装机容量进行初步选择，参考标准如下：

（1）单个并网点3kW以下可接入220V。

（2）3～20kW可接入380V。

（3）20～10 000kW可接入10kV。

（4）6000～30 000kW可接入35kV，但年自发自用电量应大于50%。

最终并网电压等级应根据电网条件，通过技术经济比选论证确定。当相近区域380（220）V接入的单点并网客户累计容量大于30kWh，应采取汇集升压后接入10kV电网的方式。

Jb0010132133　电动汽车充换电设施低压供电，按照什么原则确定电压等级和供电方式？（5分）

考核知识点： 充换电设施

难易度： 中

标准答案：

电动汽车充换电设施总额定输出功率在100kW及以下的，可采用低压供电，其中50～100kW（含50kW），采用0.4kV专用线路供电。10～50kW（含10kW），采用0.4kV公用线路供电。10kW以下的，采用0.22kV供电。

Jb0010132134　受理充换电设施申请时，客户需提供哪些资料？（5分）

考核知识点： 充换电设施

难易度： 中

标准答案：

客户需提供资料：居民低压客户需提供居民身份证或户口本、固定车位产权证明或产权单位许可证明、物业出具同意使用充换电设施的证明材料。非居民客户需提供身份证、固定车位产权证明或产权单位许可证明、停车位（库）平面图、物业出具允许施工的证明等资料，高压客户还需提供政府职能部门批复文件等证明材料。

除以上材料外，还需提供供电公司需要的其他材料，具体以营业厅办理为准。

Jb0010131135　现阶段电动汽车充换电设施用电执行什么电价政策？（5分）

考核知识点： 国家电网有限公司供电服务奖惩规定

难易度： 易

标准答案：

对向电网经营企业直接报装接电的经营性集中式充换电设施用电，执行大工业用电价格。2020年前，暂免收基本电费。其他充电设施按其所在场所执行分类目录电价。其中，居民家庭住宅、居民住宅小区、执行居民电价的非居民客户中设置的充电设施用电，执行居民用电价格中的合表客户电价。党政机关、企事业单位和社会公共停车场中设置的充电设施用电，执行一般工商业及其他类用电价格。

Jb0011131136　封闭式问题的优点和劣势分别是什么？（5分）

考核知识点：沟通与协调

难易度：易

标准答案：

（1）优点：封闭式问题可以节约时间，容易控制谈话的气氛。

（2）劣势：封闭式问题不利于收集信息，简单地说封闭式问题只是确认信息，确认是不是、认可不认可、同意不同意，不足之处就是收集信息不全面。此外，用封闭式问题提问的时候，对方会感到有一些紧张。

Jb0001151137　供电所发现用电信息采集系统中某台区高损，在排查中发现一户低压动力客户绕越电能表用电，容量2.0kW，且私自接线时间不清，按规定该客户应补交电费多少元？违约使用电费多少元（电费保留两位小数，假设电价为0.518 3元/kWh）？（5分）

考核知识点：客户窃电及违约用电的规定及处罚依据

难易度：易

标准答案：

解：

根据《供电营业规则》第一百零二条"窃电者应按所窃电量补交电费，并承担补交电费三倍的违约使用电费"和第一百零三条"窃电量按下列方法确定：在供电企业的供电设施上，擅自接线用电的，所窃电量按私接设备额定容量（kVA视同kW）乘以实际使用时间计算确定；窃电时间无法查明时，窃电日数至少以一百八十天计算，每日窃电时间：电力客户按12小时计算；照明客户按6小时计算"的规定，确定追补电费。

追补电量 $= 2 \times 180 \times 12 = 4320$（kWh）

追补电费 $= 4320 \times 0.518\,3 = 2239.06$（元）

违约使用电费 $= 2239.06 \times 3 = 6717.18$（元）

答：该客户应补交电费2239.06元，违约使用电费6717.18元。

Jb0006141138　王某利用自家屋顶于2月办理分布式光伏发电新装项目（自发自用，余电上网），新装容量为8kW，3月累计发电量为1000kWh，上网电量为200kWh。请问《国家电网公司转发国家能源局关于进一步落实分布式光伏发电有关政策的通知》（国家电网发展〔2014〕1325号）中适用于该客户的补助政策是什么？假设电价补贴标准为0.42元/kWh、上网电价为0.259 5元/kWh，则3月供电企业与客户的结算电费是多少？（5分）

考核知识点：低压分布式光伏发电客户电费及发电结算费用的计算

难易度：易

标准答案：

解：

（1）《国家电网公司转发国家能源局关于进一步落实分布式光伏发电有关政策的通知》规定，自发自用余电上网分布式光伏发电项目，实行全电量补贴政策，通过可再生能源发展基金予以支付，由电网企业转付；分布式光伏发电系统自用有余上网的电量，由电网企业按照当地燃煤机组标杆上网电价（含脱硫脱硝除尘，含税）收购。

（2）全部发电量应结算电费 $= 1000 \times 0.42 = 420$（元）

上网电量应结算电费 $= 200 \times 0.259\,5 = 51.9$（元）

合计结算电费 $= 420 + 51.9 = 471.9$（元）

答：3 月供电企业与客户的结算电费是 471.9 元。

Jb0006162139　王某饭馆申请用电，2018 年 7 月 1 日新装一块三相 10（60）A 智能费控表，电能表起码均为 0，客户购电 1000 元。因工作人员失误，电能表未设置分时电价，营销系统初次立户时也未正确维护分时电价，在客户已购电并将电卡插入电能表后的第二天，供电公司业务受理员通过稽查监控系统发现该户系统电价维护错误并进行了更正，更正时电表止码为总 23、峰 12、谷 3、平 8。此后一直按采集到的止码按月发行电费。供电公司人员 2018 年 9 月 1 日发现现场电表电价设置异常并进行了更正，更正时抄表止码为总 560、峰 298、谷 89、平 173（假设峰段电价 1.056 4 元/kWh、谷段电价 0.477 6 元/kWh、平段电价 0.767 元/kWh），请计算截至 2018 年 9 月 1 日，该户在营销系统和电表上的预付电费余额分别为多少？应补收客户的差额电费为多少？假设现场电价设置错误若一直不更改的话，在以后的电费发行过程中会出现什么问题？（5 分）

考核知识点：系统、电表余额计算

难易度：中

标准答案：

解：

（1）计算截至 2018 年 9 月 1 日，该户在营销系统和电表上的预付电费余额。

1）营销系统：

2018.7.1～2018.7.2：电费 = 23 × 0.767 = 17.64（元）

2018.7.2～2018.9.1：峰电费 =（298 − 12）× 1.056 4 = 302.13（元）

谷段电费 =（89 − 3）× 0.477 6 = 41.07（元）

平段电费 =（173 − 8）× 0.767 = 103.55（元）

电费 = 302.13 + 41.07 + 103.55 = 446.75（元）

总电费 = 17.64 + 446.75 = 464.39（元）

系统预付电费余额 = 1000 − 464.39 = 535.61（元）

2）电能表：

电费 = 560 × 0.767 = 429.52（元）

电能表预付电费余额 = 1000 − 429.52 = 570.48（元）

（2）应补收客户的差额电费 = 464.39 − 429.52 = 34.87（元）

（3）由于系统电价和现场电能表电价不一致（系统平均电价高），系统电费余额有可能小于现场电能表电费余额，发行电费会出现不应出现的欠费情况（实际客户并不欠费），若此时客户正好又预购电，会导致客户无法正常购电。

Jb0006163140　某污水处理企业 10kV 供电，原受电变压器容量 100kVA，采用高供高计，电流互感器变比为 50/5。2020 年 3 月 16 日该客户增容 315kVA，同时也将电流互感器变比更换为 75/5。抄表例日为每月 1 日。2020 年 4 月 1 日抄见示数见表 Jb0006163140−1，电价标准见表 Jb0006163140−2。请计算该客户 4 月应缴纳电费。（5 分）

表 Jb0006163140−1

电能表编号	示数类型	3 月 1 日示数	3 月 16 日示数	4 月 1 日示数	电量电价（元/kWh）
1058124	有功总	8601.07	8751.61	8887.85	—
1058124	有功峰	2852.36	2890.81	2931.05	0.648 8
1058124	有功平	2842.91	2877.77	2913.23	0.479

续表

电能表编号	示数类型	3月1日示数	3月16日示数	4月1日示数	电量电价（元/kWh）
1058124	有功谷	2905.8	2983.03	3042.57	0.309 2
1058124	无功总	3832.11	3982.11	4115.44	—
1058124	需量	—	0.41	0.53	—

表 Jb0006163140-2

用电分类			一般工商业用电（元/kWh）	大宗工业（元/kWh）
电量电价	峰时段	1～10kV	0.902 2	0.648 8
	平时段	1～10kV	0.66	0.479
	谷时段	1～10kV	0.417 8	0.309 2

考核知识点： 电价、电费计算

难易度： 难

标准答案：

解：

（1）综合倍率：

换表前总表倍率＝50/5×（10/0.1）＝1000

换表后总表倍率＝75/5×（10/0.1）＝1500

（2）大工业电费：

1）大工业电量：

$$W_{P总} = W_{P总增容前} + W_{P总增容后} = （8751.61 - 8601.07）×1000 + （8887.85 - 8751.61）×1500$$
$$= 354\ 900（kWh）$$

$$W_{P峰} = W_{P峰增容前} + W_{P峰增容后} = （2890.81 - 2852.36）×1000 + （2931.05 - 2890.81）×1500$$
$$= 98\ 810（kWh）$$

$$W_{P谷} = W_{P谷增容前} + W_{P谷增容后} = （2983.03 - 2905.8）×1000 + （3042.57 - 2983.03）×1500$$
$$= 166\ 540（kWh）$$

$$W_{P平} = 354\ 900 - 98\ 810 - 166\ 540 = 89\ 550（kWh）$$

$$W_{Q总} = W_{Q总增容前} + W_{Q总增容后} = （3892.58 - 3832.11）×1000 + （3953.06 - 3892.58）×1500$$
$$= 151\ 190（kWh）$$

2）大工业目录电量电费：

$$F_{峰} = W_{P峰}×（0.648\ 8 - 0.042\ 45）= 98\ 810×0.606\ 35 = 59\ 913.44（元）$$

$$F_{谷} = W_{P谷}×（0.309\ 2 - 0.042\ 45）= 166\ 540×0.266\ 75 = 44\ 424.55（元）$$

$$F_{平} = W_{P平}×（0.479 - 0.042\ 45）= 89\ 550×0.436\ 55 = 39\ 093.05（元）$$

目录电量电费合计＝59 913.44＋44 424.55＋39 093.05＝143 431.04（元）

（3）功率因数调整电费：该户应执行0.90的功率因数标准。

$$\cos\varphi = \frac{W_P}{\sqrt{W_P^2 + W_Q^2}} = 0.92$$

查表得电费调整系数为-0.30%。

功率因数调整电费 $= 143\,431.04 \times (-0.30\%) = -430.29$（元）

（4）各项代征费：

$F_{\text{大工业代征}} = W_{P\text{总}} \times$（国家重大水利建设基金电价 + 农网还贷电价 + 库区移民基金电价 +

可再生能源附加电价）

$= W_{P\text{总}} \times (0.002\,25 + 0.02 + 0.001\,2 + 0.019) = 354\,900 \times 0.042\,45 = 15\,065.50$（元）

（5）应缴电费合计：

应缴电费合计 $= 143\,431.04 + 15\,065.50 - 430.29 = 158\,066.25$（元）

答：该客户 4 月应缴纳电费 158 066.25 元。

Jb0006163141　某工业客户，10kV 供电，变压器容量 1000kVA，高压侧装设一只 1.5（6）A 计费电能表，电流互感器变比为 75/5。《供用电合同》约定按合约最大需量计算基本电费，每月抄表例日为 10 日。该客户变压器于 2020 年 10 月 13 日暂停恢复，2020 年 11 月电能表示数见表 Jb0006163141，试计算该客户 11 月应缴纳电费（基本电费按自然月计算）。（5 分）

表 Jb0006163141

表计关系	示数类型	上月示数	本月示数	电量电价（元/kWh）
总表	有功总段	5472	5501	
总表	有功峰段	1852	1862	0.648 8
总表	有功平段			0.479
总表	有功谷段	1836	1844.6	0.309 2
总表	无功	1405	1417	
总表	最大需量		0.217 6	33 元/（kW·月）

考核知识点： 电费的计算

难易度： 难

标准答案：

解：

（1）综合倍率：

大工业总表综合倍率：$75/5 = 15$，$10/0.1 = 100$，$15 \times 100 = 1500$

（2）抄见电量：

$W_{P\text{总}} = (5501 - 5472) \times 1500 = 43\,500$（kWh）

$W_{P\text{峰}} = (1862 - 1852) \times 1500 = 15\,000$（kWh）

$W_{P\text{谷}} = (1844.6 - 1836) \times 1500 = 12\,900$（kWh）

$W_Q = (1417 - 1405) \times 1500 = 18\,000$（kvarh）

（3）结算电量：

$W_{P\text{峰结}} = 15\,000\text{kWh}$

$W_{P\text{谷结}} = 12\,900\text{kWh}$

$W_{P\text{平结}} = 43\,500 - 15\,000 - 12\,900 = 15\,600$（kWh）

（4）目录电量电费：

$F_{\text{峰}} = 15\,000 \times (0.648\,8 - 0.054\,6) = 8913.00$（元）

$F_{\text{谷}} = 12\,900 \times (0.309\,2 - 0.054\,6) = 3284.34$（元）

$F_{平} = 15\ 600 \times (0.479 - 0.054\ 6) = 6620.64$（元）

$F_{总} = 8913.00 + 3284.34 + 6620.64 = 18\ 817.98$（元）

（5）基本电费：

根据《宁夏电力公司基本电费核算办法》第七条"基本电费按月计算，但新装、增容、变更与终止用电当月的基本电费，可按实用天数（日用电不足 24 小时的，按一天计算）每日按全月基本电费的三十分之一计算。用电客户的变压器封停当天不收基本电费，启封当天应计收基本电费。事故停电、检修停电、计划限电不扣减基本电费"的规定，10 月变压器运行天数 19 天，计算如下：

实际使用容量 $= 0.217\ 6 \times 1500 = 326$（kW）

因实际使用容量小于变压器运行容量的 40%（400kW），10 月计费容量 $= (400/30) \times 19 = 253$（kW）

基本电费按自然月收取，11 月基本电费为

$F_{基} = (400 + 253) \times 33 = 21\ 549$（元）

（6）功率因数调整电费：

该户应执行 0.90 的功率因数标准。

$$\cos\varphi = \frac{W_{P总}}{\sqrt{W_{P总} + W_Q^2}} = \frac{1}{\sqrt{1 + \dfrac{W_Q^2}{W_{P总}^2}}} = \frac{1}{\sqrt{1 + \dfrac{18\ 000^2}{43\ 500^2}}} = 0.92$$

查表得电费调整系数为 -0.3%。

$F_{功率因数调整} = (18\ 817.98 + 21\ 549) \times (-0.3\%) = -121.10$（元）

（7）基金及附加费：

基金及附加费 $= W_{P总} \times (0.02 + 0.004 + 0.01 + 0.001\ 6 + 0.019)$

$= 43\ 500 \times 0.054\ 6 = 2375.10$（元）

（8）本月应缴电费：

$F_{应缴} = 18\ 817.98 + 21\ 549 - 121.10 + 2375.1 = 42\ 620.98$（元）

答：该客户 11 月应缴纳电费 42 620.98 元。

Jb0006163142　某客户工地基建临时用电，10kV 供电，装设 S9-315kVA 变压器一台，高供低计计量方式，接电日期为 2018 年 9 月 18 日，2018 年 10 月 11 日第一次抄表算费，抄见电量为有功 18 000kWh，无功 6400kvarh。《供用电合同》约定，该户不执行峰谷分时电价。变压器变损加算表见表 Jb0006163142，请计算该户 10 月应缴纳电费（变损按自然月计算，工商业及其他单一制 1～10kV 电量电价为 0.66 元/kWh）。（5 分）

表 Jb0006163142

铁损 0.67kW	铜损 3.65kW	空载电流 1.10%	阻抗电压 4.00%
负荷率（%）	月用电量（kWh）	应加电量	
		有功（kWh）	无功（kvarh）
10	18 144 以下	511	2593
20	18 145～36 288	596	2887
30	36 289～54 432	738	3377
40	54 433～72 576	937	4062
50	72 577～90 720	1192	4944

续表

铁损 0.67kW	铜损 3.65kW	空载电流 1.10%	阻抗电压 4.00%
负荷率（%）	月用电量（kWh）	应加电量	
		有功（kWh）	无功（kvarh）
60	90 721～108 864	1504	6022
70	108 865～127 008	1873	7296
80	127 009～145 152	2299	8765
90	145 153～163 296	2781	10 431
100	163 297 以上	3321	12 293

考核知识点： 电费的计算

难易度： 难

标准答案：

解：

（1）变损电量。

2018 年 9 月 18 日～10 月 11 日共计 24 天，用电量为 18 000kWh，推算出一个月（30 天）的用电量为 18 000/24×30＝22 500（kWh）。

根据有功抄见总电量、变压器容量、型号查表得有功变损电量为 596kWh，无功变损电量为 2887kvarh。

该户变损 9 月按 13 天计算，10 月按整月收取：

有功变损＝596/30×13＋596＝854（kWh）

无功变损＝2887/30×13＋2887＝4138（kvarh）

（2）结算电量。

$W_{P总}$＝有功抄见电量＋有功变损电量＝18 000＋854＝18 854（kWh）

$W_{Q总}$＝无功抄见电量＋无功变损电量＝6400＋4138＝10 538（kvarh）

（3）目录电量电费。

$F_总$＝18 854×（0.66－0.054 6）＝11 414.21（元）

（4）功率因数调整电费。

该户应执行 0.85 的功率因数标准。

$$\cos\varphi = \frac{W_{P总}}{\sqrt{W_{P总}^2 + W_{Q总}^2}} = \frac{1}{\sqrt{1 + \frac{W_{Q总}^2}{W_{P总}^2}}} = \frac{1}{\sqrt{1 + \frac{10\,538^2}{18\,854^2}}} = 0.87$$

查表得电费调整系数为－0.2%。

功率因数调整电费＝11 414.21×（－0.2）/100＝－22.83（元）

（5）代征费。

代征费＝$W_{P总}$×（国家重大水利建设基金电价＋农网还贷电价＋城市附加电价＋库区移民基金电价＋可再生能源附加电价）＝18 854×（0.02＋0.004＋0.01＋0.001 6＋0.019）＝1029.43（元）

（6）应缴电费合计。

$F_{应缴}$＝11 414.21＋（－22.83）＋1029.43＝12 420.81（元）

答： 该户 10 月应缴纳电费 12 420.81 元。

Jb0006152143 某影楼 380V 供电，装设三相四线 3×5（60）A、表号为 0001333957 的计费电能表一只。后利用屋顶装设 5kW 光伏发电设备一套，选择自发自用、余量上网的发电方式并入电网，在逆变器出口侧加装表号为 0002834433 的电能表一只。请根据表 Jb0006152143 示数信息计算该客户当月网购电费及分布式发电结算费用（设定当地燃煤机组标杆上网电价为 0.259 5 元/kWh，分布式光伏发电补贴标准为 0.32 元/kWh）。（5 分）

表 Jb0006152143

电能表编号	表计类型	示数类型	上次示数	本次示数	电量电价（元/kWh）	代征电价（元/kWh）
0001333957	商业总表	有功（总）	14 040.82	14 926.35	—	
0001333957	商业总表	有功（峰）	6157.91	6532.37	0.709 1	
0001333957	商业总表	有功（平）	6220.12	6575.51	0.518 3	0.041 325
0001333957	商业总表	有功（谷）	1662.79	1818.47	0.327 5	
0001333957	商业总表	反向有功（总）	2635.87	2714.24	—	
0002834433	总表	有功（总）	8389.04	8640.08	—	

考核知识点：分布式电源抄录示数、电价执行标准、电费计算及异常处理

难易度：中

标准答案：

解：

（1）本月网购电费：

1）网购电量：

$W_{P总} = 14\,926.35 - 14\,040.82 = 886$（kWh）

$W_{P峰} = 6532.37 - 6157.91 = 374$（kWh）

$W_{P谷} = 1818.47 - 1662.79 = 156$（kWh）

$W_{P平} = 886 - 374 - 156 = 356$（kWh）

2）网购电费：

$F_{峰} = W_{P峰} \times 0.709\,1 = 374 \times 0.709\,1 = 265.2$（元）

$F_{谷} = W_{P谷} \times 0.518\,3 = 156 \times 0.327\,5 = 51.09$（元）

$F_{平} = W_{P平} \times 0.327\,5 = 356 \times 0.518\,3 = 184.51$（元）

网购电费合计 = 265.2 + 51.09 + 184.51 = 500.8（元）

（2）分布式发电结算费用：

发电量 = 8640.08 - 8389.04 = 251（kWh）

上网电量 = 2714.24 - 2635.87 = 78（kWh）

上网结算电费 = 78 × 0.259 5 = 20.24（元）

发电量补贴 = 251 × 0.32 = 80.32（元）

分布式发电结算费用 = 上网结算电费 + 发电量补贴 = 20.24 + 80.32 = 100.56（元）

答：本月应缴纳的网购电费为 500.8 元，当月分布式发电结算费用 100.56 元。

Jb0006152144 工业园区某工业客户 2021 年 3 月 14 日投运一台 400kVA 的变压器，抄表例日是每月 25 日，合同约定按容量计收基本电费［基本单价 20 元/（kVA·月）］，请按照自然月和抄表月两种方法计算 3 月基本电费。（5 分）

考核知识点：用电容量、计量方式、电价和电费结算方式等知识

难易度：中

标准答案：

解：

（1）按自然月计算：

根据《供电营业规则》中"基本电费按月计算，但新装、增容、变更与终止用电当月的基本电费，可按实用天数（日用电不足 24 小时的，按一天计算）每日按全月基本电费的三十分之一计算"的规定，基本电费收取的天数为（30−14+1）=17 天，即从投运当天 14 号这天开始计收，因此，2021 年 3 月该户应收基本电费的容量为 400/30×17=227（kVA）

基本电费 = 227×20 = 4540（元）

（2）按照抄表月计算：

根据《供电营业规则》中"基本电费按月计算，但新装、增容、变更与终止用电当月的基本电费，可按实用天数（日用电不足 24 小时的，按一天计算）每日按全月基本电费的三十分之一计算"的规定，供用电合同约定抄表例日每月 25 日，3 月计收基本电费的天数是（25−14+1）=12 天。因此，2021 年 3 月该户应收基本电费的容量为 400/30×12=160（kVA）

基本电费 = 160×20 = 3200（元）

答：按自然月计算 3 月基本电费为 4540 元，按抄表月计算 3 月基本电费为 3200 元。

Jb0006152145 工业园区某面包加工厂，变压器容量 500kVA，10kV 供电，计量方式为高供高计，基本电费按容量收取，单价为 20 元/（kVA·月）（基本电费按自然月计算）。9 月抄见有功、无功表码见表 Jb0006152145，请按自然月计算该客户 2020 年 9 月的电费是多少［设定基本电费收取按 20 元/（kVA·月），代征电价为 0.041 325 元/kWh］？（5 分）

表 Jb0006152145　　　　　　　　　　计 费 表 数 据

电能表编号	示数类型	上次示数	本次示数	电流互感器变比	电量电价（元/kWh）
0003294438	有功（总）	338.67	447.045		—
0003294438	有功（峰）	127.04	166.64		0.600 87
0003294438	有功（平）	129.31	177.56	30/5	0.441 00
0003294438	有功（谷）	82.32	102.845		0.281 13
0003294438	无功（总）	259.25	316.70		—

考核知识点：电费计算

难易度：中

标准答案：

解：

（1）综合倍率 = 10/0.1×30/5 = 600

（2）抄见电量：

$W_{P总} = （447.045 − 338.67）×600 = 108.375×600 = 65\ 025（kWh）$

$W_{P峰} = （166.64 − 127.04）×600 = 39.60×600 = 23\ 760（kWh）$

$W_{P谷} = （102.845 − 82.32）×600 = 20.525×600 = 12\ 315（kWh）$

$W_{P平} = 65\ 025 − 23\ 760 − 12\ 315 = 28\ 950（kWh）$

$W_{Q总} = （316.70 − 259.25）×600 = 57.45×600 = 34\ 470（kvarh）$

（3）目录电量电费：

$F_峰 = 23\,760 \times (0.600\,87 - 0.041\,325) = 13\,294.79$（元）

$F_谷 = 12\,315 \times (0.281\,13 - 0.041\,325) = 2953.20$（元）

$F_平 = 28\,950 \times (0.441\,00 - 0.041\,325) = 11\,570.59$（元）

目录电量电费合计 $= 13\,294.79 + 2953.20 + 11\,570.59 = 27\,818.58$（元）

（4）基本电费：

基本电费 $= 500 \times 20 = 10\,000.00$（元）

（5）功率因数调整电费：

$$\cos\varphi = \frac{W_P}{\sqrt{W_P^2 + W_Q^2}} = \frac{1}{\sqrt{1 + \dfrac{W_Q^2}{W_P^2}}} = \frac{1}{\sqrt{1 + \dfrac{34\,470^2}{65\,025^2}}} = 0.88$$

该户应执行 0.90 的功率因数调整标准。查表得电费调整系数为 +1.00%。

功率因数调整电费 $= (27\,818.58 + 10\,000) \times 1\% = 378.19$（元）。

（6）代征费：

$F_{代征} = W_{P总} \times$ 代征电价 $= 65\,025 \times 0.041\,325 = 2687.16$（元）

（7）应收电费合计。

本月电费合计 $= 27\,818.58 + 10\,000 + 378.19 + 2687.16 = 40\,883.93$（元）

答：该客户 2020 年 9 月的电费是 40 883.93 元。

Jb0006152146　抄读指定三相四线电能表，完成表 Jb0006152146-1 中的铭牌信息及表内示数信息填写。已知该户为分布式光伏客户，客户发电容量为 20MW，上网执行分布式电源上网标杆电价，电压互感器变比为 110/0.1，电流互感器变比为 150/5，该客户电能表安装在变电站专用线路间隔侧，根据公司关口计量点计算要求，上网电量计入变电站关口电能表反向电量。请根据表内信息计算客户当月上网电量电费及客户当月应向供电部门缴纳电费（上网标杆电价 0.259 5 元/kWh，销售电价 0.364 9 元/kWh，代征电价 0.021 325 元/kWh）。（5 分）

表 Jb0006152146-1

电能表铭牌参数		表内信息		
		示数类型	上一月	当前
电能表出厂编号		正向有功总		
参比电压		反向有功总		
标定电流及最大电流		Ⅰ象限无功总		
接线方式		Ⅱ象限无功总		
准确度等级		Ⅲ象限无功总		
电能表厂家		Ⅳ象限无功总		

考核知识点： 分布式发电客户抄表及电费计算

难易度： 中

标准答案：

解：

（1）根据电能表将相关信息填入表 Jb0006152146-2 中（表内空白处以考核现场电能计量装置参数示数值为准）。

表 Jb0006152146－2

电能表铭牌参数		表内信息		
		示数类型	上一月	当前
电能表出厂编号		正向有功总	31.15	36.25
参比电压	3×100V	反向有功总	315.21	452.17
标定电流及最大电流	3×1.5（6）A	Ⅰ象限无功总	10.26	12.56
接线方式	三相三线	Ⅱ象限无功总	86.24	92.53
准确度等级		Ⅲ象限无功总	2.54	2.56
电能表厂家		Ⅳ象限无功总	32.64	37.64

（2）根据公司关口计量点计算要求，反向计量客户上网电量，正向计量客户用电量。

倍率＝110/0.1×150/5＝33 000

1）客户当月上网电量、电费：

上网有功总电量＝（452.17－315.21）×33 000＝4 519 680（kWh）

上网目录电费＝4 519 680×0.259 5＝1 172 856.96（元）

2）客户当月电量、电费：

当月有功总电量＝（36.25－31.15）×33 000＝168 300（kWh）

客户当月目录电费＝168 300×0.364 9＝61 412.67（元）

组合无功Ⅰ等于Ⅰ、Ⅳ象限无功之和

当月无功电量＝[（12.56＋37.64）－（10.26＋32.64）]×33 000＝240 900（kWh）

$\tan\varphi$＝240 900/168 300＝1.43

功率因数 $\cos\varphi$＝0.57

该客户功率因数考核标准为0.9，查功率因数表可知电费调整系数为31%。

功率因数调整电费＝61 412.67×31%＝19 037.93（元）

代征费＝168 300×0.021 325＝5272（元）

当月客户实际应缴纳电费＝客户当月目录电费＋功率因数调整电费＋代征费

＝61 412.67＋19 037.93＋5272＝175 722.60（元）

答：客户当月上网电量为4 519 680kWh、上网电费为1 172 856.96元，当月应缴纳电费为175 722.60元。

Jb0006151147　王某在小区地下停车库申请报装充电桩，用于自家电动汽车充电，具体信息为客户编号：7013565683，客户名：×××充电桩，地址：×××A区×××号车位充电桩，行业分类：充换电服务，合同容量：7kW。求该户当月应缴纳电费多少元（抄表示数见表 Jb0006151147，请分别计算代征费金额）？（5分）

表 Jb0006151147

电能表编号	表计类型	示数类型	上次示数	本次示数	目录电量电价（元/kWh）
0004456088	居民总表	有功（总）	161.61	527.42	—
0004456088	居民总表	有功（峰）	53.69	90.65	—
0004456088	居民总表	有功（谷）	97.12	422.79	—

考核知识点：电费计算

难易度： 易

标准答案：

解：

（1）抄见电量：

$W_{P总} = (527.42 - 161.61) \times 1 = 366（kWh）$

（2）目录电量电费：

$F_总 = 366 \times (0.498\,6 - 0.002\,325) = 366 \times 0.496\,25 = 181.64（元）$

（3）基金及附加费：

$F_{国家重大水利工程建设基金} = 366 \times 0.001\,125 = 0.41（元）$

$F_{大中型移民后期扶持基金} = 366 \times 0.001\,2 = 0.44（元）$

（4）应收电费合计：

$F_{应收} = 目录电费 + 代征费 = 184.64 + (0.41 + 0.44) = 182.49（元）$

答： 该户当月应缴纳电费 182.49 元。

Jb0006153148 工业园区某 10kV 高压客户的配电变压器容量为 400kVA。该变压器铁损 1.8kW，铜损 6.1kW，空载电流 6%，短路电压 4%。该客户 11 月有功电量 200 000kWh，功率因数 0.9，该配电变压器 11 月的有功损耗电量和无功损耗电量分别是多少？（5 分）

考核知识点： 电费的计算

难易度： 难

标准答案：

解：

变压器利用率 = 200 000/（400 × 720 × 0.9）= 77.16%

根据变压器有功功率计算有功损耗电量，

有功损耗电量 = 有功固定变损 + 有功可变变损

$\qquad$ = 铁损 × 运行小时 + 利用率^2 × 铜损 × 运行小时 = 1.8 × 720 + (77.16%)^2 × 6.1 × 720

$\qquad$ = 1.8 × 720 + 3.63 × 720 = 3910（kWh）

根据变压器无功功率计算无功损耗电量，

无功损耗电量 = 无功固定变损 + 无功可变变损

$$= \frac{空载电流（\%）}{100} \times 变压器容量 \times 运行小时 + 利用率^2 \times \frac{短路电压（\%）}{100} \times$$

$\qquad$ 变压器容量 × 运行小时

$\qquad$ = 6% × 400 × 720 + (77.16%)^2 × 4% × 400 × 720

$\qquad$ = 26 169（kvarh）

答： 该配电变压器 11 月的有功损耗电量为 3910kWh，无功损耗电量为 26 169kvarh。

Jb0006151149 某低压客户 2020 年 5 月抄见有功止码 00075、无功止码 00062，2020 年 6 月抄见有功止码 00128、无功止码 00076，电流互感器变比为 50/5。该客户当月功率因数是多少？（要求写出计算公式）？（5 分）

考核知识点： 低压非居民客户电价执行标准和电费计算

难易度： 易

标准答案：

解：

（1）综合倍率＝50/5＝10

（2）结算电量：

$W_P = (128 - 75) \times 10 = 530$（kWh）

$W_Q = (76 - 62) \times 10 = 140$（kvarh）

（3）功率因数：

$$\cos\varphi = \frac{W_P}{\sqrt{W_P^2 + W_Q^2}} = \frac{1}{\sqrt{1 + \frac{W_Q^2}{W_P^2}}} = \frac{1}{\sqrt{1 + \frac{140^2}{530^2}}} = 0.97$$

答：该客户当月功率因数为 0.97。

第十章　农网配电营业工（综合柜员）高级技师技能操作

Jc0001141001　操作系统查询功能——查询客户计量点信息。（100分）

考核知识点： 日常营业工作的主要内容等

难易度： 易

技能等级评价专业技能考核操作工作任务书

一、任务名称

操作系统查询功能——查询客户计量点信息。

二、适用工种

农网配电营业工（综合柜员）高级技师。

三、具体任务

（1）熟练操作95598业务支持系统、营销业务应用系统、用电信息采集系统。

（2）通过营销业务应用系统查询户号5017206708的计量点编号、变电站、供电线路、供电台区、计量点性质、计量方式、主用途类型计量装置分类、接线方式、电压等级等信息。

（3）将该客户基本信息保存在桌面文件"客户计量点信息"，并将此文件另存为"单位+姓名.xls"（如××公司李某的文件名应为"××李某.xls"）。

四、工作规范及要求

（1）电教室独立完成。

（2）电脑可以登录系统内网并可登录相应业务应用系统。

（3）时间到应立即停止答题，离开考试场地。

（4）考核中出现下列情况之一的，考核成绩为0：

1）非独立完成；

2）在规定时限内，未提交发起。

（5）考生不得询问与考试内容无关的问题，考评员不得提示与考试有关的内容。

五、考核及时间要求

本考核要求完成时间为20分钟，答题完整，文字描述清晰、规范。

技能等级评价专业技能考核操作评分标准

工种	农网配电营业工（综合柜员）				评价等级	高级技师
项目模块	用电营业与服务—用电营业管理			编号		Jc0001141001
单位			准考证号		姓名	
考试时限	20分钟		题型	综合操作题	题分	100分
成绩		考评员		考评组长	日期	
试题正文	操作系统查询功能——查询客户计量点信息					

需要说明的问题和要求	（1）独立完成，考试一人一桌一机。 （2）预装好相应 Office 软件、95598 业务支持系统、营销业务应用系统、用电信息采集系统。 （3）配备计时设备，在不影响考试正常进行的前提下为考试提供时间参考					
序号	项目名称	质量要求	满分	扣分标准	扣分原因	得分
1	营销业务应用系统客户档案信息查询	正确查询相关数据明细	100	数据查询错误，每项扣 10 分，扣完为止		
	合计		100			

Jc0001141002　集中器和电能表相关数据抄读。（100分）

考核知识点： 现场、远程抄表的工作要求、电量抄读和抄表注意事项

难易度： 易

技能等级评价专业技能考核操作工作任务书

一、任务名称

集中器和电能表相关数据抄读。

二、适用工种

农网配电营业工（综合柜员）高级技师。

三、具体任务

在指定工位抄读集中器及指定电能表的相关数据，并填入表 Jc0001141002 – 1 中。

表 Jc0001141002 – 1

1. 终端参数抄读	
终端地址	
APN	
主用 IP	
心跳周期	
2. 测量点参数抄读	
电能表表号	
通信速率	
端口号	
通信规约	
3. 电能表示数抄读	
正向有功（总、峰、平、谷）	
正向无功（总）	
电压（U、V、W）	
电流（U、V、W）	

四、工作规范及要求

（1）着装符合要求，穿全棉长袖工作服、绝缘鞋，戴安全帽、线手套。

（2）携带自备工具（钢笔或中性笔）进入现场，待考评员宣布许可工作命令后开始工作并计时。

（3）打开计量柜（箱）门之前必须对柜（箱）体验电，现场操作严格执行《国家电网有限公司营

销现场作业安全工作规程（试行）》相关规定。

（4）工作结束清理现场，并向考评员报告。

五、考核及时间要求

本考核操作时间为 30 分钟，时间到停止考评。

技能等级评价专业技能考核操作评分标准

工种	农网配电营业工（综合柜员）		评价等级	高级技师
项目模块	用电营业与服务—用电营业管理	编号		Jc0001141002
单位		准考证号	姓名	
考试时限	30 分钟	题型 单项操作题	题分	100 分
成绩	考评员	考评组长	日期	
试题正文	集中器和电能表相关数据抄读			
需要说明的问题和要求	（1）要求单人操作。（2）操作时应注意安全，按照标准化作业指导书的技术安全说明做好安全措施。（3）考试使用电能表为仿真表，通过模拟装置进行参数设置。（4）屏蔽电能表显示屏			

序号	项目名称	质量要求	满分	扣分标准	扣分原因	得分
1	安全文明生产	佩戴安全帽；穿全棉长袖工作服；穿绝缘鞋；操作时戴线手套；打开柜门前需先验电	20	有一项未按要求进行扣 5 分，扣完为止		
2	正确抄读	终端参数抄读正确	20	错误一处扣 5 分，扣完为止		
		测量点参数抄读正确	20	错误一处扣 5 分，扣完为止		
		电能表示数抄读正确	30	数据填写错误 1 处扣 5 分；单位使用错误 1 处扣 5 分；以上扣分，扣完为止		
3	现场恢复	操作结束后清理现场杂物，并将工器具归位摆放整齐	10	现场留有杂物或工器具未归位扣 10 分		
	合计		100			

标准答案：

通过终端读取各项参数、电能表当前示数，正确记录于表 Jc0001141002-2 中（表内空白处以考核现场电能计量装置参数示数值为准）。

表 Jc0001141002-2

1. 终端参数抄读	
终端地址	60001
APN	CMNET
主用 IP	010.216.237.058
心跳周期	3min
2. 测量点参数抄读	
电能表表号	
通信速率	2400
端口号	2
通信规约	09 规约

3. 电能表示数抄读	
正向有功（总、峰、平、谷）	
正向无功（总）	
电压（U、V、W）	
电流（U、V、W）	

Jc0001141003　采集终端抄读与调试。（100分）
考核知识点： 现场、远程抄表的工作要求、电量抄读和抄表注意事项
难易度： 易

技能等级评价专业技能考核操作工作任务书

一、任务名称
采集终端抄读与调试。

二、适用工种
农网配电营业工（综合柜员）高级技师。

三、具体任务
在指定工位完成指定集中器、电能表的参数设置、采集数据抄读，记录并填写表Jc0001141003-1中。

表 Jc0001141003-1

电能表号		有功（总）	
波特率		有功（峰）	
通信端口		有功（平）	
通信规约		有功（谷）	

四、工作规范及要求
（1）着装符合要求，穿全棉长袖工作服、绝缘鞋，戴安全帽、线手套。
（2）携带自备工具（钢笔或中性笔）进入现场，待考评员宣布许可工作命令后开始工作并计时。
（3）打开计量柜（箱）门之前必须对柜（箱）体验电，现场操作严格执行《国家电网有限公司营销现场作业安全工作规程（试行）》相关规定。
（4）工作结束清理现场，并向考评员报告。

五、考核及时间要求
本考核操作时间为30分钟，时间到停止考评。

技能等级评价专业技能考核操作评分标准

工种	农网配电营业工（综合柜员）		评价等级	高级技师
项目模块	用电营业与服务—用电营业管理		编号	Jc0001141003
单位		准考证号	姓名	
考试时限	30分钟	题型	单项操作题	题分	100分
成绩		考评员	考评组长	日期	
试题正文	采集终端抄读与调试			
需要说明的问题和要求	（1）要求单人操作。 （2）操作时应注意安全，按照标准化作业指导书的技术安全说明做好安全措施。 （3）考试使用电能表为仿真表，通过模拟装置进行参数设置。 （4）屏蔽电能表显示屏			

续表

序号	项目名称	质量要求	满分	扣分标准	扣分原因	得分
1	安全文明生产	佩戴安全帽；穿全棉长袖工作服；穿绝缘鞋；操作时戴线手套；打开柜门前需先验电	20	有一项未按要求进行扣5分，扣完为止		
2	参数设置	正确设置终端各项参数	40	错误一项扣10分，扣完为止		
3	填写记录	正确、规范填写记录表	30	数据填写错误1处扣5分；单位使用错误1处扣5分；以上扣分，扣完为止		
4	现场恢复	操作结束后清理现场杂物，并将工器具归位摆放整齐	10	现场留有杂物或工器具未归位扣10分		
	合计		100			

标准答案：

（1）在集中器电能表参数设置项中将表号设置为实际电能表号、波特率设置为2400、通信端口设置为31、通信规约设置为645-09。

（2）将参数正确记录于表 Jc0001141003-2 中（表内空白处以考核现场电能计量装置参数示数值为准）。

表 Jc0001141003-2

电能表号		有功总	
波特率	2400	有功峰	
通信端口	31	有功平	
通信规约	645-09	有功谷	

Jc0001152004 运用用电信息采集系统召测表码并计算月度电量。（100分）

考核知识点： 终端抄读及电量计算

难易度： 中

技能等级评价专业技能考核操作工作任务书

一、任务名称

运用用电信息采集系统召测表码并计算月度电量。

二、适用工种

农网配电营业工（综合柜员）高级技师。

三、具体任务

某专用变压器客户，采集点编号为0159384190，请查询该采集点的终端地址，并运用用电信息采集系统召测该客户2020年7月1日和7月31日冻结表码，计算该客户7月用电量。

四、工作规范及要求

（1）在使用用电信息采集系统及营销业务应用系统功能时，不得进行其他无关操作。

（2）携带钢笔或中性笔进入现场，待考评员宣布许可工作命令后开始工作并计时。

（3）提供该户2020年7月1日和7月31日冻结表码截图。

（4）正确计算该户电量。

（5）书写工整。

五、考核及时间要求

本考核操作时间限定为30分钟，计时结束停止考评。

技能等级评价专业技能考核操作评分标准

工种	农网配电营业工（综合柜员）			评价等级	高级技师
项目模块	用电营业与服务—用电营业管理		编号		Jc0001152004
单位		准考证号		姓名	
考试时限	30分钟	题型	单项操作	题分	100分
成绩		考评员		考评组长		日期	

试题正文	运用用电信息采集系统召测表码并计算月度电量
需要说明的问题和要求	（1）要求单人操作。 （2）操作应注意安全，按照标准化作业书的技术安全说明做好安全措施

序号	项目名称	质量要求	满分	扣分标准	扣分原因	得分
1	查询该客户终端地址	正确利用该户采集点编号在营销业务应用系统查询到该户终端地址	10	查询不到扣10分		
2	登录用电信息采集系统查询表码	正确查询该客户2020年7月1日和7月31日冻结表码并截图	45	表码错误扣20分； 没有截图扣25分		
3	计算电量	正确计算电量，步骤清晰	45	计算综合倍率错误扣15分； 电量计算错误扣30分		
	合计		100			

标准答案：

通过采集点编号查询到该客户终端地址为640464670，查询到该户2020年7月1日正向有功总为2057.2，2020年7月31日正向有功总为2099.58。2020年7月1日和7月31日冻结表码截图分别如图Jc0001152004-1、图Jc0001152004-2所示。

图 Jc0001152004-1

图 Jc0001152004-2

倍率 $K = 100 \times 100 = 10\ 000$

$W = 2099.58 - 2057.2 = 42.38$（kWh）

该客户 7 月电量 $= W \times K = 42.38 \times 10\ 000 = 423\ 800$（kWh）

Jc0001163005　经互感器接入的三相四线电能表的抄读、异常处理、电费计算。（100 分）

考核知识点： 抄表异常分析及处理

难易度： 难

技能等级评价专业技能考核操作工作任务书

一、任务名称

经互感器接入的三相四线电能表的抄读、异常处理、电费计算。

二、适用工种

农网配电营业工（综合柜员）高级技师。

三、具体任务

（1）抄读指定三相四线电能表，完成铭牌信息及表 Jc0001163005-1 内示数信息填写。

表 Jc0001163005-1

电能表铭牌参数		表内信息	
电能表出厂编号		正向有功总电量	
参比电压		组合无功 I	
标定电流及最大电流		反向有功总	
接线方式		上一月正向有功总电量	
准确度等级		上一月组合无功 I	

（2）已知该客户用电容量为 250kVA，用电性质为基建临时施工用电，客户三相负荷平衡，采用高供低计计量方式，电流互感器变比 400/5。

1）根据电能表屏显信息，写出电能表存在的接线异常。

2）已知最近一次失压时刻时有功总电量为 582.64kWh，根据电能表屏显示的接线异常，写出异常情况下功率表达式、更正系数，计算出当月应向客户追补电量及表内应结算电量。

四、工作规范及要求

（1）着装符合要求，穿全棉长袖工作服、绝缘鞋，戴安全帽、线手套。

（2）携带自备工具（钢笔或中性笔、计算器、线手套）进入现场，待考评员宣布许可工作命令后开始工作并计时。

（3）打开计量柜（箱）门之前必须对柜（箱）体验电，现场操作严格执行《国家电网公司电力安全工作规程（配电部分）》。

（4）工作结束清理现场，并向考评员报告。

五、考核及时间要求

本考核操作时间限定为 30 分钟，计时结束停止考评。

技能等级评价专业技能考核操作评分标准

工种	农网配电营业工（综合柜员）			评价等级	高级技师
项目模块	用电营业与服务—用电营业管理		编号	Jc0001163005	
单位		准考证号		姓名	

续表

考试时限	30分钟		题型		单项操作		题分		100分
成绩		考评员			考评组长			日期	
试题正文	经互感器接入的三相四线电能表的抄读、异常处理、电费计算								
需要说明的问题和要求	（1）要求单人操作。 （2）操作应注意安全，按照标准化作业书的技术安全说明做好安全措施								

序号	项目名称	质量要求	满分	扣分标准	扣分原因	得分
1	安全文明生产	佩戴安全帽；穿全棉长袖工作服；穿绝缘鞋；操作时戴线手套；打开柜门前需先验电	10	有一项未按要求进行扣5分，扣完为止		
2	电能表抄读	（1）电能表铭牌信息填写正确规范。 （2）表内示数信息填写正确规范	20	表格内每项数据未填写或填写错误扣2分，扣完为止		
3	异常识别	表计异常判断正确	20	判断错误扣20分		
4	电费计算	（1）当月表内抄见有功电量计算正确。 （2）异常情况下有功功率表达式书写正确。 （3）更正系数计算正确。 （4）追补电量计算正确。 （5）当月客户表内应结算电量	40	每项错误扣8分		
5	现场恢复	操作结束后清理现场杂物，并将工器具归位摆放整齐	10	现场留有杂物或工器具未归位扣10分		
	合计		100			

标准答案：

（1）抄读电能表信息并填写表 Jc0001163005-2（表内空白处以考核现场电能计量装置参数示数值为准）。

表 Jc0001163005-2

电能表铭牌参数		表内信息	
电能表出厂编号		正向有功总电量	651.26
参比电压	3×220/380V	组合无功I	425.78
标定电流及最大电流	3×1.5（6）A	反向有功总	0
接线方式	三相四线	上一月正向有功总电量	474.15
准确度等级	有功1.0 无功2.0	上一月组合无功I	320.54

（2）经检查，表内 B 相失电压。倍率 = 400/5 = 80

当月表内抄见电量：$W_P' = (651.26 - 474.15) \times 80 = 14\,169$（kWh）

最近一次失电压时刻时有功总表码为582.64，则

失电压期间抄见电量 $W = (651.26 - 582.64) \times 80 = 5490$（kWh）

B 相失电压情况下，有功功率表达式 $P' = 2UI\cos\varphi$

三相四线接线正确时，有功功率表达式 $P = 3UI\cos\varphi$

更正系数 $K = P/P' = 1.5$

追补电量 $W_补 = (K-1) \times W = (1.5-1) \times 5490 = 2745$（kWh）

表内应结算电量 $W_P = W_P' + W_补 = 14\,169 + 2745 = 16\,914$（kWh）

Jc0001152006 客户违约用电处理。（100 分）

考核知识点： 客户违约用电

难易度： 中

技能等级评价专业技能考核操作工作任务书

一、任务名称

客户违约用电处理。

二、适用工种

农网配电营业工（综合柜员）高级技师。

三、具体任务

2019 年 5 月 22 日抄表时发现某小区一居民客户短接窃电，现场抄录客户表内当前总电量为 1448.95kWh，上一月总电量 1448.95kWh，上两月总电量 1448.95kWh，剩余金额 0 元，当前电价 0.448 6 元/kWh，经查询营销业务应用系统该客户最后一次购电时间为 2018 年 8 月 10 日，购电金额 50 元。

（1）请按照规定填写窃电通知书和用电检查结果通知书（题目中未提供的信息全部以××填写）。

（2）请根据表 Jc0001152006 – 1 用电信息采集系统抄取的客户冻结表码判断客户窃电时间，并根据客户正常用电时最后一月平均日用电量计算客户追补电费及违约使用电费，填写窃电处理结果通知书（题目中未提供的信息全部以××填写）。

表 Jc0001152006 – 1

数据冻结日期	表码	数据冻结日期	表码
2018 年 7 月 31 日	1291.56	2018 年 8 月 19 日	1382.36
2018 年 8 月 1 日	1296.16	2018 年 8 月 20 日	1387.16
2018 年 8 月 2 日	1300.76	2018 年 8 月 21 日	1391.96
2018 年 8 月 3 日	1305.36	2018 年 8 月 22 日	1396.76
2018 年 8 月 4 日	1309.96	2018 年 8 月 23 日	1401.56
2018 年 8 月 5 日	1314.56	2018 年 8 月 24 日	1406.36
2018 年 8 月 6 日	1319.16	2018 年 8 月 25 日	1411.16
2018 年 8 月 7 日	1323.76	2018 年 8 月 26 日	1415.96
2018 年 8 月 8 日	1328.36	2018 年 8 月 27 日	1420.76
2018 年 8 月 9 日	1332.96	2018 年 8 月 28 日	1425.56
2018 年 8 月 10 日	1337.56	2018 年 8 月 29 日	1430.36
2018 年 8 月 11 日	1342.76	2018 年 8 月 30 日	1435.16
2018 年 8 月 12 日	1347.96	2018 年 8 月 31 日	1439.96
2018 年 8 月 13 日	1353.16	2018 年 9 月 1 日	1442.62
2018 年 8 月 14 日	1358.36	2018 年 9 月 2 日	1445.35
2018 年 8 月 15 日	1363.16	2018 年 9 月 3 日	1448.95
2018 年 8 月 16 日	1367.96	2018 年 9 月 4 日	1448.95
2018 年 8 月 17 日	1372.76	2018 年 9 月 5 日	1448.95
2018 年 8 月 18 日	1377.56	2018 年 9 月 6 日	1448.95

四、工作规范及要求

（1）窃电通知书、用电检查结果通知书、窃电处理结果通知书内容填写规范、完整。

（2）自备钢笔或圆珠笔、计算器。

五、考核及时间要求

本考核操作时间限定为30分钟，计时结束停止考评。

技能等级评价专业技能考核操作评分标准

工种	农网配电营业工（综合柜员）			评价等级	高级技师
项目模块	用电营业与服务—优质服务		编号		Jc0001152006
单位		准考证号		姓名	
考试时限	30分钟	题型	综合操作题	题分	100分
成绩		考评员	考评组长		日期
试题正文	客户违约用电处理				
需要说明的问题和要求	无				

序号	项目名称	质量要求	满分	扣分标准	扣分原因	得分
1	窃电通知书	对窃电类型定性正确；对于窃电时间及容量未确定，需填写"时间不明，待查"或"容量需进一步查明"等表述，不得空缺	20	内容填写不规范扣5分；填写错误扣10～20分；以上扣分，扣完为止		
2	用电检查结果通知书	对检查经过、现场情况以及检查结论描述准确、详细	20	内容填写不规范扣10～20分，扣完为止		
3	窃电处理结果通知书	（1）内容填写规范。 （2）窃电时间判断正确。 （3）窃电天数计算正确。 （4）正常用电时最后一次日平均用电量计算正确。 （5）追补电费计算正确。 （6）违约使用电费计算正确	60	内容填写不规范或计算错误每项扣10分，扣完为止		
	合计		100			

标准答案：

（1）窃电通知书（见表Jc0001152006-2）填写要点：对现场窃电情况进行定性。窃电容量、窃电时间必须在窃电通知书上填写表述清楚，现场无法查明的，需填写"时间不明，待查"或"容量需进一步查明"等表述，但不能留有空白不填写，并要求客户确认签字。

用电检查结果通知书（见表Jc0001152006-3）填写要点：对检查经过和现场情况以及检查结论做准确、详细的表述。

（2）窃电结果处理通知书（见表Jc0001152006-4）要点：追补电量、电费的计算，要依据充分、计算过程清楚、计算结果正确，不能直接填写计算结果，对于违约使用电费的收取，严格按照《供电营业规则》相关规定填写。

表 Jc0001152006-2　　　　　窃 电 通 知 书

户名	××××	户号	××××
联系人	××××	联系电话	××××

经现场检查，确认你单位（或个人）违反《电力法》及其配套管理办法的有关条款，属于下列用标注的第___5___条窃电行为。

□（1）在供电企业的供电设施上，擅自接线用电，窃电设备容量_____kVA（kW）。起始时间_____

□（2）绕越供电企业的用电计量装置用电；窃电设备或计费电能表标定电流计算容量kW，窃电起始时间

□（3）伪造或者开启用电计量装置封印用电；窃电设备或计费电能表标定电流计算容量_____kW，窃电起始时间_____。

□（4）故意损坏供电企业用电计量装置；窃电设备或电表电流计算容量_____kW，窃电时间_____

☑（5）故意使供电企业的用电计量装置计量不准或者失效；窃电设备或电表标定电流计算容量需进一步查明kW，窃电起始时间不明。

□（6）其他方法窃电：窃电设备或电流计算容量____kW，窃电起始时间_____

请你单位（或个人）自接到本通知书之日起3日内，到_____××××办理有关手续，逾期不到而引起的一切后果由贵方负责。

备注：无

续表

户名	××××	户号	××××
联系人	××××	联系电话	××××

客户签收：＿＿×××× ＿＿ 用电检查人员：＿＿×××× ＿＿

用电检查证号：××××

检查单位：（公章）

签收日期：××年××月××日　　　检查日期：××年××月××日

注　供电服务电话：95598。

表 Jc0001152006–3　　　　　用电检查结果通知单

客户名称	××××	用电地址	××××
存在问题		建议整改措施	
2019 年 5 月 22 日在对你单位（或个人）表号为×××× 的电能表进行现场检查时，发现电能表表尾相线短接用电，该行为属于窃电行为		立即停止窃电行为，并按照相关要求接受处理	

备注：（1）经我单位用电检查人员现场检查，发现贵单位在电力使用上存在以上问题，可能造成贵单位设备损坏、人身伤害或影响贵单位安全用电，甚至影响电网运行安全。现依据国家有关供电服务监管规定以本通知书告知，请贵单位尽快整改完毕。

（2）如不及时整改造成贵单位损失的，由贵单位自行承担。如影响电网运行安全、波及第三人造成损失的，贵单位还将承担相应的损害赔偿责任。

（3）贵单位在整改过程中如有技术、业务方面的需求，可与我单位联系。

电话＿＿××××××＿＿＿＿＿＿＿＿＿

客户签字：××××	检查人签字：××××
日期：××××	日期：××××

注　供电服务电话：95598。

表 Jc0001152006–4　　　　　窃电处理结果通知书

户号	××××	用电地址	××××
户名	××××		

经核实，你单位（或个人）开始窃电时间为 2018 年 9 月 3 日，截至 2019 年 5 月 22 日，你单位（或个人）累计窃电共计 261 天。

你单位（或个人）正常用电时最后一月，即 2018 年 8 月份的用电量＝1439.96－1 291.56＝148.4（kWh）

正常用电月份（8 月份）日平均用电量＝148.4/31＝4.79（kWh）

按照正常月份平均用电量对你单位（或个人）电量进行追补，

追补电费＝窃电天数×正常用电月份日平均用电量×电价＝261×4.79×0.448 6＝560.84（元）

违约使用电费＝3×560.84＝1682.5（元）

因此，你单位（或个人）须补交电费和违约金合计 2243.34 元。

请客户自接到本处理结果通知书之日起 3 日内到＿＿＿＿＿＿＿＿＿＿办理缴纳追补电

费和违约使用电费等有关手续，逾期不到而引起的一切后果由贵方负责。

客户签收：＿＿××××＿＿　　　　处理单位（公章）：××××

签收日期：　年 月 日

送发日期：××年××月××日　　送发人：××××

留置送达见证人：＿＿××××＿　送达签收地点：＿＿××××　送达签收时间：＿＿××××

注　供电服务电话：95598。

Jc0001151007　窃电客户电费追补与处理。（100 分）

考核知识点： 违约用电和窃电的处理

难易度： 易

技能等级评价专业技能考核操作工作任务书

一、任务名称

窃电客户电费追补与处理。

二、适用工种

农网配电营业工（综合柜员）高级技师。

三、具体任务

某供电所通过营销稽查监控系统筛查出零度户进行现场核实，发现居民客户王某绕越计量装置用电，受电设备为 40W 灯泡 3 只，25W 灯泡 1 只，190W 电视机一台，700W 电饭锅一个，绕越计量装置用电时间无法查明。请问客户此类情况属于何种行为？应如何处理？

四、工作规范及要求

（1）自备钢笔或中性笔。

（2）文字描述清晰，用词准确。

五、考核及时间要求

本考核为窃电实操任务，严格按照规定步骤完成，考核时间 20 分钟。

技能等级评价专业技能考核操作评分标准

工种	农网配电营业工（综合柜员）			评价等级	高级技师	
项目模块	用电营业与服务—优质服务		编号		Jc0001151007	
单位		准考证号			姓名	
考试时限	20 分钟	题型		综合操作题	题分	100 分
成绩		考评员		考评组长	日期	
试题正文	窃电客户电费追补与处理					
需要说明的问题和要求	无					

序号	项目名称	质量要求	满分	扣分标准	扣分原因	得分
1	违规行为处理	违规行为确认准确、处理合规	30	违规行为错误一处扣 5 分；处理错误一处扣 2 分；以上扣分，扣完为止		
2	违规行为处理	违约使用电费计算依据清楚，结果准确	70	违约使用电费计算依据错误扣 20 分；补收电费错误扣 25 分；违约使用电费错误扣 25 分		
	合计		100			

标准答案：

（1）该户绕越计量装置用电属于窃电行为。

（2）应按以下步骤处理该客户窃电事项：

1）现场处理：根据《供电营业规则》第一百零二条"供电企业对查获的窃电者，应予制止并可当场中止供电"的规定，发现窃电事实，应做好如下工作：

a）可当场中止供电。

b）留存窃电影像资料。

c）核实清楚客户窃电设备清单及窃电时间。

d）给客户开具《窃电通知单》，请客户签字确认。

e）通知客户按时到供电公司相关部门办理窃电处理业务。

2）补交电费和违约使用电费。根据《供电营业规则》第一百零二条"窃电者应按所窃电量补交电费，并承担补交电费三倍的违约使用电费"和第一百零三条"窃电量按下列方法确定：在供电企业的供电设施上，擅自接线用电的，所窃电量按私接设备额定容量（kVA 视同 kW）乘以实际使用时间计算确定；窃电时间无法查明时，窃电日数至少以一百八十天计算，每日窃电时间：电力客户按 12 小时计算；照明客户按 6 小时计算"的规定计算。

用电容量 $= 40 \times 3 + 25 + 190 + 700 = 1035$（W）$= 1.035$（kW）

因窃电时间无法查明，按 6 个月 180 天计算，则补收电量 $= 1.035 \times 6 \times 180 = 1117.8$（kWh）

补收电费 $= 1117.8 \times 0.4486 = 501.45$（元）

违约使用电费 $= 501.45 \times 3 = 1504.35$（元）

Jc0001152008　客户窃电的查处。（100 分）

考核知识点：客户窃电处理

难易度：中

技能等级评价专业技能考核操作工作任务书

一、任务名称

客户窃电的查处。

二、适用工种

农网配电营业工（综合柜员）高级技师。

三、具体任务

2020 年 5 月 22 日抄表时发现某村一居民客户短接窃电，现场抄录客户表内当前总电量为 1448.95kWh，上一月总电量 1448.95kWh，上两月总电量 1448.95kWh，剩余金额 0 元，当前电价 0.4486 元/kWh，经查询营销业务应用系统该客户最后一次购电时间为 2019 年 8 月 10 日，购电金额 50 元。请根据表 Jc0001152008 用电信息采集系统抄取的客户冻结表码判断客户窃电时间，并根据客户正常用电时最后一月平均日用电量计算客户追补电费及违约使用电费。

表 Jc0001152008

数据冻结日期	表码	数据冻结日期	表码
2019 年 7 月 31 日	1291.56	2019 年 8 月 13 日	1353.16
2019 年 8 月 1 日	1296.16	2019 年 8 月 14 日	1358.36
2019 年 8 月 2 日	1300.76	2019 年 8 月 15 日	1363.16
2019 年 8 月 3 日	1305.36	2019 年 8 月 16 日	1367.96
2019 年 8 月 4 日	1309.96	2019 年 8 月 17 日	1372.76
2019 年 8 月 5 日	1314.56	2019 年 8 月 18 日	1377.56
2019 年 8 月 6 日	1319.16	2019 年 8 月 19 日	1382.36
2019 年 8 月 7 日	1323.76	2019 年 8 月 20 日	1387.16
2019 年 8 月 8 日	1328.36	2019 年 8 月 21 日	1391.96
2019 年 8 月 9 日	1332.96	2019 年 8 月 22 日	1396.76
2019 年 8 月 10 日	1337.56	2019 年 8 月 23 日	1401.56
2019 年 8 月 11 日	1342.76	2019 年 8 月 24 日	1406.36
2019 年 8 月 12 日	1347.96	2019 年 8 月 25 日	1411.16

续表

数据冻结日期	表码	数据冻结日期	表码
2019 年 8 月 26 日	1415.96	2019 年 9 月 1 日	1442.62
2019 年 8 月 27 日	1420.76	2019 年 9 月 2 日	1445.35
2019 年 8 月 28 日	1425.56	2019 年 9 月 3 日	1448.95
2019 年 8 月 29 日	1430.36	2019 年 9 月 4 日	1448.95
2019 年 8 月 30 日	1435.16	2019 年 9 月 5 日	1448.95
2019 年 8 月 31 日	1439.96	2019 年 9 月 6 日	1448.95

四、工作规范及要求

回答完整，计算正确。

五、考核及时间要求

本考核要求完成时间为 30 分钟，计算正确，答题完整，文字描述清晰、规范。

技能等级评价专业技能考核操作评分标准

工种	农网配电营业工（综合柜员）					评价等级	高级技师	
项目模块	用电营业与服务—优质服务				编号		Jc0001152008	
单位			准考证号				姓名	
考试时限	30 分钟		题型		综合操作题		题分	100 分
成绩		考评员		考评组长			日期	
试题正文	客户窃电的查处							
需要说明的问题和要求	要求单人完成							

序号	项目名称	质量要求	满分	扣分标准	扣分原因	得分
1	确定窃电天数	准确无误	15	错误扣 15 分		
2	确定正常月电量	准确无误	15	错误扣 15 分		
3	确定正常日平均用电量	准确无误	15	错误扣 15 分		
4	计算追补电量	计算正确	20	错误扣 20 分		
5	计算违约金	计算正确	20	错误扣 20 分		
6	计算应交电费合计	计算正确	15	错误扣 15 分		
	合计		100			

标准答案：

答：经核实，该单位（或个人）开始窃电时间为 2019 年 9 月 3 日，截至 2020 年 5 月 22 日，该单位（或个人）累计窃电共计 261 天。

该单位（或个人）正常用电时最后一月，即 2019 年 8 月用电量 $= 1439.96 - 1291.56 = 148.4$（kWh）

正常用电月（8 月）日平均用电量 $= 148.4/31 = 4.79$（kWh）

按照正常月平均用电量对该单位（或个人）电量进行追补，

追补电费 = 窃电天数 × 正常用电月日平均用电量 × 电价 $= 261 × 4.79 × 0.448\,6 = 560.84$（元）

违约使用电费 $= 3 × 560.84 = 1682.5$（元）

该单位（或个人）须补交电费和违约金 $= 1682.5 + 560.84 = 2243.34$（元）。

Jc0001162009　客户违约用电、窃电的判断与处理。（100 分）

考核知识点： 客户违约用电和窃电的处理

难易度： 中

技能等级评价专业技能考核操作工作任务书

一、任务名称

客户违约用电、窃电的判断与处理。

二、适用工种

农网配电营业工（综合柜员）高级技师。

三、具体任务

某用电客户原属居民生活用电，合同约定用电容量 4kW，后将房屋出售，于 2020 年 4 月抄表日按居民生活用电办理了过户手续。2020 年 4 月抄表例日抄表员抄表时发现该户实际从事饭馆经营且移动了装表位置，并向外转供一间用电设备总容量为 3kW 的修车间用电，同时发现空调表外接线容量为 1.5kW。该户自 4 月过户至 5 月抄见实用电量为 578kWh。该户存在哪些违反《供电营业规则》的行为？应如何处理（居民电价 0.40 元/kWh，一般工商业电价 0.60 元/kWh，不考虑分时电价和阶梯电价影响）？

四、工作规范及要求

（1）请列出违反《供电营业规则》的行为。

（2）请写出对应的处理方法并计算出具体电费。

五、考核及时间要求

本考核要求完成时间为 20 分钟，时间到停止答题，文字描述规范、清晰、列式计算。

技能等级评价专业技能考核操作评分标准

工种	农网配电营业工（综合柜员）			评价等级	高级技师
项目模块	用电营业与服务—优质服务		编号		Jc0001162009
单位		准考证号		姓名	
考试时限	20 分钟	题型	综合操作题	题分	100 分
成绩		考评员	考评组长		日期
试题正文	客户违约用电、窃电的判断与处理				
需要说明的问题和要求	要求单人完成				

序号	项目名称	质量要求	满分	扣分标准	扣分原因	得分
1	违反《供电营业规则》的行为	列出 4 条违反《供电营业规则》的行为	40	不正确每条扣 10 分，扣完为止		
2	处理方法	写出 4 条处理方法，并计算出追补的电费及违约使用电费	60	处理方法错误每条扣 5 分；电费及违约使用电费计算错误每条扣 10 分；以上扣分，扣完为止		
	合计		100			

标准答案：

（1）违反《供电营业规则》的行为：

1）居民用电改商业用电——私自改变用电类别。

2）装表位置更动——私自移表。

3）私自向外转供——私自转供。

4）空调表外接线——窃电行为。

（2）根据《供电营业规则》规定，处理方法如下：

1）私自改变用电类别除应按实际使用日期补缴其高低电价差额电费外，还应承担 2 倍的差额电费的违约使用电费。

补收差额电费 $= 578 \times 0.60 - 578 \times 0.40 = 115.60$（元）

违约使用电费 $= 115.60 \times 2 = 231.20$（元）

2）私自移表应承担 5000 元的违约使用电费。

3）私自转供电应承担私转容量 500 元/kW 的违约使用电费，即 $3 \times 500 = 1500$（元）。

4）供电企业对查获的窃电者，应予制止，并可当场中止供电。并按所窃电量补交电费，承担补交电费 3 倍的违约使用电费。电力客户每日窃电时间按 12h 计算。

窃电量 $= 1.5 \times 12 \times 31 = 558$（kWh）

补交所窃电量电费 $= 558 \times 0.60 = 334.80$（元）

违约使用电费 $= 334.80 \times 3 = 1004.40$（元）

Jc0001152010　表计异常判断处理。（100 分）

考核知识点：抄表异常分析及处理

难易度：中

技能等级评价专业技能考核操作工作任务书

一、任务名称

表计异常判断处理。

二、适用工种

农网配电营业工（综合柜员）高级技师。

三、具体任务

2020 年 10 月 10 日，某供电所接到上级营销部门下发的异常督办工单，主要工作内容：户号为 1060780011 的客户，非排灌期电量大于排灌期电量，请核查原因并上报处理结果，供电所立即安排台区经理核查，核查信息如下：客户王某，SG186 系统查询客户用电类别为农业排灌，现场电能表为 2009 版三相本地费控电能表，现场核查，该客户主要用电为养殖业，多方证据证明客户自 2019 年 7 月 20 日开办养殖企业，作为台区经理，请处理如下问题：

（1）该客户扰乱正常供电秩序的行为属于什么用电行为？

（2）该客户用电行为违法了《供用电营业规则》的哪一条？

（3）该违约责任的处理标准的具体内容是什么？

（4）经采集系统查询的数据见表 Jc0001152010，如客户 2020 年 10 月 12 日接受处理，请计算应补收电费及违约使用电费（电价按现行电价，电量取整数，电费取小数点后两位）。

表 Jc0001152010

日期	2019 年 7 月 20 日	2020 年 10 月 12 日
总示数	4252	15 297
峰示数	1344	4744
平示数	1402	5120
谷示数	1506	5433

四、工作规范及要求

（1）着装符合要求，穿全棉长袖工作服、绝缘鞋，戴安全帽、线手套。

（2）携带自备工具（钢笔或中性笔、计算器线手套）进入现场，待考评员宣布许可工作命令后开始工作并计时。

（3）打开计量柜（箱）门之前必须对柜（箱）体验电，现场操作严格执行《国家电网公司电力安全工作规程（配电部分）》。

（4）工作结束清理现场，并向考评员报告。

五、考核及时间要求

本考核操作时间限定为 30 分钟，计时结束停止考评。

技能等级评价专业技能考核操作评分标准

工种	农网配电营业工（综合柜员）			评价等级	高级技师
项目模块	用电营业与服务—用电营业管理		编号		Jc0001152010
单位		准考证号		姓名	
考试时限	30 分钟	题型	单项操作	题分	100 分
成绩		考评员	考评组长	日期	
试题正文	表计异常判断处理				
需要说明的问题和要求	（1）要求单人操作。 （2）操作应注意安全，按照标准化作业书的技术安全说明做好安全措施				

序号	项目名称	质量要求	满分	扣分标准	扣分原因	得分
1	违约判断	正确判断客户扰乱正常供电秩序的行为属于什么用电行为	10	判断错误扣 10 分		
2	违约判断	正确判断客户违反了《供用电营业规则》的哪一条款	10	判断错误扣 10 分		
3	违约用电处理的步骤	写出该违约责任的处理标准的具体内容	30	每回答错误一个步骤扣 15 分，扣完为止		
4	补收电费计算	（1）峰段电费计算正确。 （2）平段电费计算正确。 （3）谷段电费计算正确。 （4）补收电费合计计算正确。 （5）违约使用电费计算正确	50	每项回答错误扣 10 分		
	合计		100			

标准答案：

（1）该客户扰乱供电秩序的行为属于违约用电行为。

（2）该客户用电行为违反了《供电营业规则》的条款："在电价低的供电线路上，擅自接用电价高的用电设备或私自改变用电类别的用电行为"。该客户属于私自改变用电类别的违约用电行为。

（3）该违约责任的处理标准：

1）应按实际使用日期补交其差额电费，并承担两倍差额电费的违约使用电费。

2）使用起讫日期难以确定的，实际使用时间按 3 个月计算。

（4）补收电费：

峰段电费 =（4744 − 1344）×（0.653 8 − 0.302 0）= 3400 × 0.351 8 = 1196.12（元）

平段电费 =（5120 − 1402）×（0.473 0 − 0.302 0）= 3718 × 0.171 = 635.78（元）

谷段电费 =（5433 − 1506）×（0.292 3 − 0.302）= 3927 ×（−0.009 7）= −38.09（元）

合计电费 = 1196.12 + 635.78 − 38.09 = 1793.81（元）

违约使用电费 = 1793.81 × 2 = 3587.62（元）

合计补收电费 = 1793.81 + 3587.62 = 5381.44（元）

Jc0001163011　客户违约用电案例分析。（100分）

考核知识点： 客户违约用电的处理

难易度： 难

技能等级评价专业技能考核操作工作任务书

一、任务名称

客户违约用电案例分析。

二、适用工种

农网配电营业工（综合柜员）高级技师。

三、具体任务

工业园区内某大工业客户采用10kV线路供电，计量方式为高供高计，其中表计装在供用双方的产权分界处，变压器容量为315kVA，计费表计类型为智能电能表，月用电量400 000kWh。现场查看该客户私增一台200kVA变压器，已经运行3个月。请分析此事件存在的问题和解决的措施［基本电价按20元/（kVA·月）执行］。

四、工作规范及要求

根据题意进行分析，写出违反的条款、存在的问题、解决的措施，内容完整，条理清晰。

五、考核及时间要求

本考核要求完成时间为20分钟，文字描述清晰，术语规范。

技能等级评价专业技能考核操作评分标准

工种	农网配电营业工（综合柜员）				评价等级	高级技师	
项目模块	用电营业与服务—优质服务			编号		Jc0001163011	
单位			准考证号		姓名		
考试时限	20分钟		题型	综合操作题		题分	100分
成绩		考评员		考评组长		日期	
试题正文	客户违约用电案例分析						
需要说明的问题和要求	（1）要求单人完成。 （2）答案要点明确，条理清晰，术语规范						

序号	项目名称	质量要求	满分	扣分标准	扣分原因	得分
1	违规条款	写出3条，内容正确全面	60	未正确全面写出违约用电条款每条扣1~10分； 补收基本电费和违约使用电费计算错误各扣15分； 以上扣分，扣完为止		
2	暴露问题	写出2条，内容正确全面	16	每条错、漏扣8分		
3	措施建议	写出3条，内容正确全面	24	每条错、漏扣8分		
	合计		100			

标准答案：

（1）违规条款：

1）该客户违反了《供电营业规则》第一百条第二款"私自超过合同约定的容量用电"，按照规定"除应拆除私增容设备外，属于两部制电价的客户，应补交私增设备容量使用月数的基本电费，并承担三倍私增容量基本电费的违约使用电费"的规定，该变压器已运行3个月，应收基本电费 $3 \times 200 \times 20 = 12\ 000$（元），收取违约使用电费 $12\ 000 \times 3 = 36\ 000$（元）。

2）假设该客户三班制生产，根据其用电量计算有功负荷为 $400\ 000 \div 720 = 556$（kW）。该有功负荷远大于计费容量 315kVA。工作人员未遵守《国家电网公司电费抄核收管理规则》第23条 "抄表数据应及时进行复核。发现电量突变或分时段数据不平衡等异常情况，应立即进行现场核实；确有异常时，应提出异常报告并及时处理"和第29条 "发现电费计算有异常，应立即查找原因，并通知相关部门处理后重新进行电费计算。对电量电费核算过程中发现的问题应按规定的程序和流程及时处理，做好详细记录，并按月汇总形成审核报告"的规定，在电量电费审核过程中，未对电量电费异常客户发起异常工单进行核查处理。

（2）暴露问题：

1）用电检查人员现场检查不到位。

2）抄表、核算人员未对异常原因及时分析核实。

（3）措施建议：

1）加强用电检查管理，充分利用业务监控系统进行异常监测分析处理，形成闭环管理。

2）加强电量电费异常审核处理。

3）加大电力相关法律法规宣传力度。

4）加强员工专业知识培训。

Jc0001153012　填写供用电合同签订情况统计表。（100分）

考核知识点： 抄核收统计报表的种类、内容及要求

难易度： 难

技能等级评价专业技能考核操作工作任务书

一、任务名称

填写供用电合同签订情况统计表。

二、适用工种

农网配电营业工（综合柜员）高级技师。

三、具体任务

根据供用电合同签订情况统计表（见表Jc0001153012－1）中已知数据，填制表内空白项。

表 Jc0001153012－1　　　　供用电合同签订情况统计表

填报：××供电公司　　　　　　　　　　　　　　　　　　　　　　　　　　　　　单位：户

分类	公司累计实签合同数	公司累计签订率	其中：本期内合同签订率								
			本期内应签户数			本期内实签户数			本期内签订率（%）		
			合计	新签	续签	合计	新签	续签	合计	新签	续签
栏次	1	2	3	4	5	6	7	8	9	10	11
合计	45 376	99.00	19 615	7295	12 320	19 542	7295	12 247			
高压供用电合同	1890	100.00	1010	230	780	1010	230	780			

续表

分类	公司累计实签合同数	公司累计签订率	其中：本期内合同签订率								
			本期内应签户数			本期内实签户数			本期内签订率（%）		
			合计	新签	续签	合计	新签	续签	合计	新签	续签
低压供用电合同	6895	100.00	4461	1205	3256	4461	1205	3256			
临时供用电合同	123	100.00	51	15	36	51	15	36			
趸售供用电合同	8	100.00	5	3	2	5	3	2			
委托转供电合同	780	100.00	510	160	350	510	160	350			
居民供用电合同	35 680	99.00	13 578	5682	7896	13 505	5682	7823			

四、工作规范及要求

按项目填写表中对应数值，数值保留两位小数。

五、考核及时间要求

本考核要求完成时间为 30 分钟。如填写错误，须用双横线划去，在被修改数据上面重新填写，不得直接涂改抹去。

技能等级评价专业技能考核操作评分标准

工种	农网配电营业工（综合柜员）				评价等级		高级技师
项目模块	用电营业与服务—用电营业管理				编号		Jc0001153012
单位			准考证号			姓名	
考试时限	30 分钟		题型	综合操作		题分	100 分
成绩		考评员		考评组长		日期	
试题正文	填写供用电合同签订情况统计表						
需要说明的问题和要求	（1）要求单人完成。 （2）自备计算器、钢笔或中性笔。 （3）表中数据每空必填，数据清晰						

序号	项目名称	质量要求	满分	扣分标准	扣分原因	得分
1	合计值	数据正确填写	10	合计值填写错误扣 4 分，其他值每空填写错误扣 3 分，扣完为止		
2	高压供用电合同	数据正确填写	15	每空填写错误扣 5 分，扣完为止		
3	低压供用电合同	数据正确填写	15	每空填写错误扣 5 分，扣完为止		
4	临时供用电合同	数据正确填写	15	每空填写错误扣 5 分，扣完为止		
5	趸售供用电合同	数据正确填写	15	每空填写错误扣 5 分，扣完为止		
6	委托转供用电合同	数据正确填写	15	每空填写错误扣 5 分，扣完为止		
7	居民供用电合同	数据正确填写	15	每空填写错误扣 5 分，扣完为止		
	合计		100			

标准答案：

将数据填入表 Jc0001153012-2 中。

表 Jc0001153012－2　　　　　　　　供用电合同签订情况统计表

填报：××供电公司　　　　　　　　　　　　　　　　　　　　　　　　　　　　　　　　单位：户

分类	公司累计实签合同数	公司累计签订率	其中：本期内合同签订率								
			本期内应签户数			本期内实签户数			本期内签订率（%）		
			合计	新签	续签	合计	新签	续签	合计	新签	续签
栏次	1	2	3	4	5	6	7	8	9	10	11
合计	45 376	99.00	19 615	7295	12 320	19 542	7295	12 247	99.63	100.00	99.41
高压供用电合同	1890	100.00	1010	230	780	1010	230	780	100.00	100.00	100.00
低压供用电合同	6895	100.00	4461	1205	3256	4461	1205	3256	100.00	100.00	100.00
临时供用电合同	123	100.00	51	15	36	51	15	36	100.00	100.00	100.00
趸售供用电合同	8	100.00	5	3	2	5	3	2	100.00	100.00	100.00
委托转供电合同	780	100.00	510	160	350	510	160	350	100.00	100.00	100.00
居民供用电合同	35 680	99.00	13 578	5682	7896	13 505	5682	7823	99.46	100.00	99.08

Jc0002163013　用电营业分析。（100分）

考核知识点： 供电服务规范

难易度： 难

技能等级评价专业技能考核操作工作任务书

一、任务名称

用电营业分析。

二、适用工种

农网配电营业工（综合柜员）高级技师。

三、具体任务

根据业务描述，指出供电企业工作人员有哪些违规之处，写出这一事件暴露出的问题后提出改进建议，并进行点评。

某电子厂刘先生于 3 月 15 日来到当地供电营业厅申请新装用电。走进营业厅刘先生见到两个柜台前都已有客户在办理业务，他在厅内张望一会见没人搭理自己，便走向离自己最近的 1 号柜台询问："同志，请问新装用电应该怎么办理？" 1 号柜台业务受理员小李正在忙碌地工作，听到问话便回答道："稍等一会，这位客户还没有办完，2 号柜台也可以咨询。"刘先生在一旁等了 10 分钟，见到 2 号柜台业务受理员小王在办完前一客户的业务后接了一个电话就走到后台去了，刘先生又等了 10 分钟，看见 1 号柜台仍在办理业务、2 号柜台业务受理员一直没有回到工位上。他有些着急了，只好又走到 1 号柜台前说："同志，你能不能先跟我说一下我新装个电能表需要什么材料，我在这等很久了！"业务受理员小李答道："再稍等一会吧，这位客户快好了。"刘先生又在一边等了 10 分钟，见小李还未办完，就上前急匆匆地问道："同志，你什么时候才能办完，我咨询个问题都不行，你们的主管在哪！"小李表示说主管当天生病请假不在后，又继续做事。刘先生无奈地拨打了 95598 服务热线投诉。

四、工作规范及要求

（1）自备钢笔或中性笔。

（2）文字描述条理清晰，简明扼要。

（3）正确描述此案例相关规定。

（4）正确分析此案例中暴露的问题并提出整改措施。

五、考核及时间要求

本考核为实操任务，严格按照规定步骤完成，考核时间30分钟。

技能等级评价专业技能考核操作评分标准

工种	农网配电营业工（综合柜员）				评价等级	高级技师
项目模块	用电营业与服务—用电营业管理			编号		Jc0002163013
单位			准考证号		姓名	
考试时限	30分钟		题型	单项操作	题分	100分
成绩		考评员		考评组长	日期	
试题正文	用电营业分析					
需要说明的问题和要求	要求单人完成					

序号	项目名称	质量要求	满分	扣分标准	扣分原因	得分
1	违反的相关条款	正确描述此案例中违反的相关规定	36	每少分析一条条款扣6分，扣完为止；描述不清或有错别字酌情扣分		
2	暴露出的问题	分析此案例暴露的问题	24	每少分析一条扣6分，扣完为止；描述不清或有错别字酌情扣分		
3	措施建议	正确描述解决此类问题的措施建议	36	每少提出一项建议扣12分，扣完为止；描述不清或有错别字酌情扣分		
4	案例点评	根据案例做相应评价	4	描述不清或有错别字酌情扣分		
	合计		100			

标准答案：

（1）违反条款：

1）营业厅内未提供引导服务，违反了《国家电网公司供电客户服务提供标准》4.1.2款"A、B、C级营业厅应具备：业务办理、收费、告示、引导、洽谈五项服务功能"的规定。

2）客户等候时间长达30min，违反了《供电服务规范》第十一条第三款、《国家电网公司供电客户服务质量标准》5.3款"实行限时办结制。办理居民客户收费业务的时间一般每件不超过5min，办理客户用电业务的时间一般每件不超过20min"的规定。

3）业务受理员李某在客户张某等候期间未向客户致歉，违反了《供电服务规范》第十一条第六款"客户来办理业务时应主动接待，不因遇见熟人或接听电话而怠慢客户。如前一位客户业务办理时间过长，应礼貌地向下一个客户致歉"的规定。

4）业务受理员王某在工作期间离岗，违反了《国家电网公司"十个不准"》第八条"不准营业窗口擅自离岗或做与工作无关的事"的规定。

5）业务受理员漠视客户需求，违反了《国家电网公司"十个不准"》第六条"不准漠视客户合理诉求，推诿怠慢搪塞客户"的规定。

6）业务受理员李某在客户张某生气时仍继续做事，违反了《供电服务规范》第六条第二款"为客户提供服务时，应礼貌、谦和、热情"的规定。

（2）暴露问题：

1）营业厅没有现场的引导员或者现场管理人员对客户进行适时引导，并提供及时服务。

2）窗口业务受理员服务规范落实不到位：客户第一次咨询时未正确引导；用电业务办理时间超过规定的 20min，未及时向客户致歉，王某在营业前台违反规定接听手机并擅自离岗；客户表现不满情绪后，仍未及时采取有效措施安抚客户。

3）供电营业厅出现服务质量事件，现场没有管理人员及时发觉，进行处理，避免客户情绪升级、事态扩大。

4）人员排班、请假的调配有漏洞，对于上班时间不可或缺的岗位，必须采取措施补漏，不允许出现现场没有管理人员的情况。

（3）措施建议：

1）应严格按照供电客户服务提供标准给营业厅配备排队设施，并安排引导人员在大厅引导客户；加大营业厅建设的检查力度，将营业厅硬件设施配置情况列入检查要点。

2）全面建立优质服务保障机制。在窗口应设有服务监控平台与服务评价器，对业务受理员业务办理时间、服务态度、文明用语进行监控；强化评价考核制度的落实，以客户评价结果和服务监控情况作为月度绩效考核依据，保证服务人员工作主动遵守供电服务规范，不断提升供电服务规范化水平。

3）对供电营业厅的排班制度进行剖析，逐步建立更为合理的排班制度，提高人员利用率，有效化解高峰时期服务压力。如设置辅班、备班人员或者采用其他更为科学合理的排班模式，有效应对高峰期客流。针对一些临时性、突发的高峰，制定应急的调整人员的机制。

（4）案例点评：耐心、真诚是对客户服务人员的最基本要求。无论面对怎样的客户、无论事情大小、无论处于如何繁忙的境况，都应以十二分的耐心和百分百的热忱做好客户服务工作，在服务能力相对不足的情况下，态度尤显重要。

Jc0002161014 供电服务分析。（100 分）

考核知识点：供电营业规则

难易度：易

技能等级评价专业技能考核操作工作任务书

一、任务名称

供电服务分析。

二、适用工种

农网配电营业工（综合柜员）高级技师。

三、具体任务

95598 供电服务热线接到一位低压 220V 供电客户王先生的咨询电话，王先生反映家中空调因电压低，有时启动不了，特别是中午和晚上。座席人员询问电压是多少，王先生说委托电工检查后发现电压为 199V，座席人员解释说：电压偏差超出允许范围、电压质量不合格，随后派工单给供电公司处理。供电公司回复说明：李先生家地处市郊工业开发区，近年来外来人口不断增加、用电量激增，公司拟增加一台 500kVA 的变压器，但因低压线路立杆位置需占用村民李先生家的土地，李先生不同意施工方案，多次阻挠施工，公司正积极协调拟与该村委会协商新的线路走廊通道，以便推进工程实施，届时该地区电力供需矛盾将会得到缓解。请问在此过程中，供电公司工作人员有哪些违规之处？并对这一事件暴露出的问题提出改进建议。

四、工作规范及要求

（1）自备钢笔或中性笔。

（2）文字描述条例清晰，简明扼要。

（3）分析供电公司工作人员有哪些违规之处，并指出这一事件暴露出的问题并提出改进建议。

五、考核及时间要求

本考核为实操任务，严格按照规定步骤完成，考核时间 30 分钟。

技能等级评价专业技能考核操作评分标准

工种	农网配电营业工（综合柜员）				评价等级	高级技师	
项目模块	用电营业与服务—优质服务			编号		Jc0002161014	
单位			准考证号			姓名	
考试时限	30 分钟	题型		单项操作		题分	100 分
成绩		考评员		考评组长		日期	
试题正文	供电服务分析						
需要说明的问题和要求	要求单人完成						

序号	项目名称	质量要求	满分	扣分标准	扣分原因	得分
1	供电公司工作人员有哪些违规之处	判断正确和完整	20	未答出扣 20 分，描述不清或有错别字酌情扣分		
2	指出这一事件暴露出的问题	正确指出问题	40	每少一条得分点扣 20 分，扣完为止；描述不清或有错别字酌情扣分		
3	提出改进建议	给出正确的改进建议	40	每少一条得分点扣 20 分，扣完为止；描述不清或有错别字酌情扣分		
	合计		100			

标准答案：

（1）违规条款：95598 座席人员认为 220V 供电的客户，受电端电压 199V 超出电压允许偏差范围，电压质量不合格，违反了《供电营业规则》第五十四条"在电力系统正常状况下，供电企业供到客户受电端的供电电压允许偏差为 220V 单相供电的，为额定值的 +7%，-10%"的规定。

（2）暴露问题：

1）座席人员业务水平不足。没有正确判断客户侧 220V 电压等级电压允许偏差（198～232V），199V 电压是符合规定的。

2）农村地区配网规划深度不够，一旦出现负荷满载或超负荷引起低电压时，往往因为线路走廊无法落实，而影响了电网改造工程的施工。

（3）措施建议：

1）加大农村地区配网规划和建设力度；充分尊重客户的利益，多与客户协商，争取客户的支持，为电力设施建设和维护工作创造良好的社会环境。

2）加强座席人员业务技能的培训。

Jc0002152015　家用电器损坏赔偿处理。（100分）

考核知识点：客户接待及投诉管理

难易度：中

技能等级评价专业技能考核操作工作任务书

一、任务名称

家用电器损坏赔偿处理。

二、适用工种

农网配电营业工（综合柜员）高级技师。

三、具体任务

2019年8月24日，因某供电所1号公用变压器中性线断落导致黄、吴、郑、李四家的家用电器损坏。26日供电所在收到黄、吴、李三家赔偿申请后，分别进行了调查，发现在这一事故中黄、吴、郑、李四家分别损坏电视机、电冰箱、电热水器、电饭煲各一台，且均不可修复。客户出具的购货票表明黄家电视机原价5000元，已使用了8年；吴家电冰箱购价4000元，已使用6年；李家电饭煲购价800元，已使用了3年；郑家热水器购价2000元，已使用2年，但未向供电所提出赔偿申请。供电所是否应向客户赔偿？如果需要赔偿，怎样赔付？

四、工作规范及要求

（1）自备计算器、钢笔或中性笔。

（2）计算公式、步骤正确，文字描述清晰、规范。

五、考核及时间要求

本考核为计算实操任务，严格按照规定步骤完成，考核时间20分钟。

技能等级评价专业技能考核操作评分标准

工种		农网配电营业工（综合柜员）			评价等级	高级技师
项目模块		用电营业与服务—优质服务		编号		Jc0002152015
单位			准考证号		姓名	
考试时限	20分钟	题型		综合操作题	题分	100分
成绩		考评员		考评组长	日期	
试题正文		家用电器损坏赔偿处理				
需要说明的问题和要求		要求单人完成				

序号	项目名称	质量要求	满分	扣分标准	扣分原因	得分
1	是否赔偿及赔偿依据	回答正确	20	错误一户扣5分，扣完为止		
2	赔偿金额	计算正确	80	错误一户扣20分，扣完为止		
	合计		100			

标准答案：

根据《居民客户家用电器损坏处理办法》，三客户家用电器损坏为供电部门负责维护的电气设备导致供电故障引起，应作如下处理：

（1）黄家及时投诉，应赔偿。赔偿金额＝5000×（1－8/10）＝1000（元）；

（2）吴家及时投诉，应赔偿。赔偿金额＝4000×（1－6/12）＝2000（元）；

（3）李家及时投诉，应赔偿。赔偿金额＝800×（1－3/5）＝320（元）；

（4）因供电部门在事发7日内未收到郑家投诉，视为其放弃索赔权，不予赔偿。

供电部门对黄、吴、李三家应分别赔偿1000元、2000元和320元，而对郑家则不予赔偿。

Jc0003151016 客户业扩报装及变更用电业务处理。（100分）

考核知识点：业务处理

难易度：易

技能等级评价专业技能考核操作工作任务书

一、任务名称

客户业扩报装及变更用电业务处理。

二、适用工种

农网配电营业工（综合柜员）高级技师。

三、具体任务

某电子厂用电类别为普通工业，用电容量为80kVA，后将该址卖给一房产商作为办公用房，到供电企业来办理更名手续。完成如下问题：

（1）客户能否办理更名业务？为什么？

（2）若不能，应办理什么业务？

（3）办理业务过程中，对客户受理员的服务质量如何要求？

四、工作规范及要求

（1）考生独立完成答题。

（2）正确描述案例中相关法律法规条款。

（3）为客户提供合理建议。

（4）考生不得询问与考试内容无关的问题，考评员不得提示与考试有关的内容。

五、考核及时间要求

本考核操作时间20分钟。

技能等级评价专业技能考核操作评分标准

工种	农网配电营业工（综合柜员）			评价等级	高级技师
项目模块	用电营业与服务—用电业务咨询		编号	Jc0003151016	
单位		准考证号		姓名	
考试时限	20分钟	题型	多项操作	题分	100分
成绩		考评员	考评组长	日期	
试题正文	客户业扩报装及变更用电业务处理				
需要说明的问题和要求	无				

序号	项目名称	质量要求	满分	扣分标准	扣分原因	得分
1	业务受理	正确描述客户办理业务相关的法律法规条款	40	相应法律法规条款描述不清扣10分；描述错误扣20分；以上扣分，扣完为止		

续表

序号	项目名称	质量要求	满分	扣分标准	扣分原因	得分
2	告知客户办理的业务					
2.1	原户	正确描述原客户应办理的业务类型	15	业务类型错误扣15分		
2.2	新户	正确描述新客户应办理的业务类型	15	业务类型错误扣15分		
3	服务质量要求	符合公司相关优质服务的标准	30	服务质量内容每项不合格扣6分，扣完为止		
	合计		100			

标准答案：

（1）根据《供电营业规则》，供电企业应按下列规定办理更名或过户：在用电地址、用电容量、用电类别不变的条件下，允许办理更名或过户。

由于新户房产商将此厂房用作办公用房，原户的用电类别为普通工业，新户的用电类别与原户不同，故不能办理更名业务。

（2）建议客户原户申请销户，新户根据实际情况按新装办理。

（3）服务质量要求：用词准确，语言简练；语气、语调得当，语速适中；发音准确，普通话标准；举止礼貌，精神饱满；态度热情，服务周到。

Jc0003162017　客户平均电价波动案例分析。（100分）

考核知识点：日常营业工作

难易度：中

技能等级评价专业技能考核操作工作任务书

一、任务名称

客户平均电价波动案例分析。

二、适用工种

农网配电营业工（综合柜员）高级技师。

三、具体任务

工业园区某大工业客户李厂长到供电公司营业厅反映某月因生产任务不足，用售电量比往月减少，但是平均电价却比上月增加，咨询造成该情形的原因。当值营业人员解释是由于功率因数调整电费增加造成的（基本电费按变压器容量收取，不考虑代征电价和调整电价因素，不执行峰谷分时电价）。客户对此十分困惑，表示不理解。该营业人员解释全面吗？该如何向客户解释？

四、工作规范及要求

确定营业厅人员解释是否全面，然后从专业的角度分析平均单价升高的原因，并提出合理建议，让客户满意。

五、考核及时间要求

本考核要求完成时间为20分钟，文字描述清晰，术语规范。

技能等级评价专业技能考核操作评分标准

工种	农网配电营业工（综合柜员）		评价等级	高级技师
项目模块	用电营业与服务—用电业务咨询	编号		Jc0003162017
单位		准考证号	姓名	
考试时限	20分钟	题型	综合操作题	题分	100分
成绩		考评员	考评组长	日期	
试题正文	客户平均电价波动案例分析			
需要说明的问题和要求	（1）要求单人完成。 （2）答案要点明确，从大工业电费的组成、平均单价的计算方法等方面着手分析平均单价升高的原因，并提出解决办法			

序号	项目名称	质量要求	满分	扣分标准	扣分原因	得分
1	回答营业厅人员解释是否正确	回答正确	10	错误扣10分		
2	写出大工业电费的组成及计算方法	写出3条，内容全面	30	错误一条扣10分		
3	写出平均电价的计算公式	方法正确	10	错误扣10分		
4	分析平均单价升高的原因	分析出2条及以上原因	20	错误一条扣10分		
5	提出建议	提出3条建议	30	错误一条扣10分		
	合计		100			

标准答案：

（1）该营业人员的解释不全面。

（2）解释大工业电费由目录电量电费、基本电费、功率因数调整电费三部分构成。其中：

1）目录电量电费＝电量电价×电量；

2）基本电费＝基本电价×变压器容量；

3）功率因数调整电费＝（目录电量电费＋基本电费）×功率因数调整系数。

大工业客户功率因数考核标准为0.90，当实际功率因数高于0.90时，减收电费；等于0.90时，电费不变；低于0.90时，加收电费。

（3）向客户解释：平均电价＝（目录电量电费＋基本电费＋功率因数调整电费）/总电量。

（4）分析平均电价高的原因：

1）当客户基本电费不变，用电量减少时，会使基本电费的比重上升，从而导致平均电价升高。

2）功率因数调整电费的影响也会造成平均电价升高，造成功率因数调整电费升高的可能原因有无功补偿容量不足或无功设备投切不当等。

3）峰段用电量大。峰、谷段电价是在平段基础上，上、下浮动40%计算，如果峰段用电量大，会造成客户平均电价升高。

（5）建议客户采用以下方式减少电费支出：

1）生产任务不足，建议其办理暂停或减容手续，降低基本电费，提高设备利用率。

2）根据生产情况，加强无功补偿设备管理，提高功率因数。

3）建议客户变更基本电费计费方式，由按容量计收变更为按最大需量计收。

4）建议客户避峰用电，尽量避开8:00～12:00、18:30～22:30用电，以减少电费支出。

Jc0004163018　10kV 高压客户用电方案确定。（100 分）

考核知识点：高压客户新装的办理

难易度：难

技能等级评价专业技能考核操作工作任务书

一、任务名称

10kV 高压客户用电方案确定。

二、适用工种

农网配电营业工（综合柜员）高级技师。

三、具体任务

某工业园区 10kV 新装工业客户，变压器安装于室外。客户总视在计算负荷为 3600kVA，其中一、二级负荷的视在计算负荷为 1800kVA，自然功率因数为 0.8。试选择该客户配电变压器型式、台数和容量。

四、工作规范及要求

（1）根据客户现场信息提供用电方案。

（2）根据客户的具体情况，并结合用电设备类型和电费的经济性原则进行选择。

五、考核及时间要求

本考核为计算实操任务，严格按照规定步骤完成，考核时间 40 分钟。

技能等级评价专业技能考核操作评分标准

工种	农网配电营业工（综合柜员）				评价等级	高级技师
项目模块	用电营业与服务—业扩报装			编号		Jc0004163018
单位			准考证号		姓名	
考试时限	40 分钟	题型		综合操作题	题分	100 分
成绩		考评员		考评组长		日期	
试题正文	10kV 高压客户用电方案确定					
需要说明的问题和要求	（1）要求单人完成。 （2）答案要点明确，条例清晰，术语规范					

序号	项目名称	质量要求	满分	扣分标准	扣分原因	得分
1	变压器类型	写出变压器型号、规格	20	类型、规格不明确各扣 10 分		
2	变压器台数	写出变压器台数及选择原因	10	台数及选择原因错各扣 5 分		
3	变压器容量	写出变压器容量	20	少此项扣 20 分		
		负荷级因素	10	少此项扣 10 分		
		负荷率因素	20	少此项扣 20 分		
		故障因素	20	少此项扣 20 分		
	合计		100			

标准答案：

（1）选择变压器型式。由于变压器安装于室外，可选用 S11 型油浸式三相变压器，额定变比为 10/0.4kV，无载调压，联结组别 Dyn11。

（2）选择变压器台数。因该客户有大量一、二级负荷，故采用两台等容量的变压器。

（3）选择变压器容量。根据规定该客户的功率因数考核标准为 0.9，采用无功补偿将功率因数从 0.8 提高到 0.9，则无功补偿后的总视在计算负荷＝3600×0.8/0.9＝3200（kVA）

其中一、二级负荷的视在计算负荷＝1800×0.8/0.9＝1600（kVA）

按规定每台变压器应满足下列条件：根据《国家电网公司业扩供电方案编制导则》的要求，客户的计算负荷宜等于变压器额定容量的 70%～75%。所以总变压器容量 S 为

S＝3200/0.75＝4267（kVA）

可选两台容量为 2000kVA 的变压器。

满足全部一、二级负荷需要，即大于 1600kVA。这样，当参数相同的 2 台变压器并列运行时，每台变压器各承受总计算负荷的 50%，即 1600kVA，负载率为 0.8。在一台变压器故障情况下，另一台变压器承受全部视在计算负荷时，过载 60%，室外允许运行时间为 45 分钟，在此期间可迅速切除三级负荷，确保一、二级负荷的正常用电。

根据上述情况，可选两台容量为 2000kVA 的变压器。

Jc0004151019 "互联网＋"操作分析。（100 分）

考核知识点： 客户低压新装的办理

难易度： 易

技能等级评价专业技能考核操作工作任务书

一、任务名称

"互联网＋"操作分析。

二、适用工种

农网配电营业工（综合柜员）高级技师。

三、具体任务

某供电所在推广使用"网上国网"App 进行用电业务线上报装时，为了提高推广效率，先由客户填写信息并提供相关资料，然后由台区经理统一在手机上发起业扩流程。请按照"互联网＋"相关要求，分析该业务办理过程中存在的问题，并制定整改措施。

四、工作规范及要求

自备计算器、铅笔、橡皮、钢笔、中性笔、直尺等。

五、考核及时间要求

本考核要求完成时间 20 分钟，要求图形规范、文字描述清晰。

技能等级评价专业技能考核操作评分标准

工种	农网配电营业工（综合柜员）			评价等级	高级技师
项目模块	用电营业与服务—业扩报装		编号		Jc0004151019
单位			准考证号	姓名	
考试时限	20 分钟	题型	综合操作题	题分	100 分
成绩		考评员	考评组长	日期	
试题正文	"互联网＋"操作分析				
需要说明的问题和要求	（1）要求单人完成。 （2）步骤规范、完整准确清晰				

续表

序号	项目名称	质量要求	满分	扣分标准	扣分原因	得分
1	字迹清晰	字迹规范、清晰	5	卷面不整齐字迹不规范扣5分		
2	问题表述	表述完整准确	60	不规范、表述错误扣25分，扣完为止		
3	整改措施	表述完整准确	25	每缺少一条扣15分，扣完为止		
4	答案表述完整性	答案表述完整	10	答案表述不完整缺漏一处扣4分，扣完为止		
	合计		100			

标准答案：

（1）存在问题：该地区电力公司未按照《加快推进"互联网＋"营销服务应用工作实施方案》（国家电网营销〔2016〕652号）中基于"网上国网"App、95598网站开通客户线上办理业扩申请服务的相关要求向客户推广电子服务渠道，也未实现客户注册数量的提高。

（2）整改措施：进一步扩大电子服务渠道影响力，提升电力客户服务体验，构建起"上下联动、传播高效"的常态化电子服务渠道推广模式。

（3）按照"线下为主、线上为辅、渠道协同、全面推进"的工作思路，线下结合日常工作与现场活动，吸引客户主动加入与使用，提高平台应用率；线上充分挖掘客户的需求与兴趣，完善渠道功能、开展各类互动活动，提高客户黏性与传播。

Jc0004152020 增容客户供用电合同变更案例分析。（100分）

考核知识点： 高压客户增容办理

难易度： 中

技能等级评价专业技能考核操作工作任务书

一、任务名称

增容客户供用电合同变更案例分析。

二、适用工种

农网配电营业工（综合柜员）高级技师。

三、具体任务

2021年3月某工业客户将其变压器由160kVA增容到630kVA，按照《电力供应与使用条例》的规定，供电公司应与客户需要重新签订供用电合同，合同变更的内容有哪些？

（1）什么情形下允许变更或解除供用电合同？

（2）该客户供用电合同应变更的内容有哪些？

四、工作规范及要求

问题回答全面，准确，条理清晰。

五、考核及时间要求

本考核要求完成时间为20分钟，文字描述清晰，术语规范。

技能等级评价专业技能考核操作评分标准

工种	农网配电营业工（综合柜员）			评价等级	高级技师
项目模块	用电营业与服务—业扩报装		编号		Jc0004152020
单位		准考证号		姓名	

续表

考试时限	20分钟	题型		综合操作题	题分		100分
成绩		考评员		考评组长		日期	
试题正文	增容客户供用电合同变更案例分析						
需要说明的问题和要求	（1）要求单人完成。 （2）答案要点明确，写出允许变更或解除供用电合同的情况，对已知客户供用电合同应变更的内容						

序号	项目名称	质量要求	满分	扣分标准	扣分原因	得分
1	允许变更或解除供用电合同的情况	写出共4条，内容正确全面	40	错误一条扣10分		
2	应变更的内容	写出共5条，内容正确全面	60	错误一条扣12分		
	合计		100			

标准答案：

（1）有下列情形之一的，允许变更或解除供用电合同：

1）当事人双方经过协商同意，并且不因此损害国家利益和扰乱供用电秩序。

2）由于供电能力的变化或国家对电力供应与使用管理的政策调整，使订立供用电合同时的依据被修改或取消。

3）当事人一方依照法律程序确定确实无法履行合同。

4）由于不可抗力或一方当事人虽无过失，但无法防止的外因，致使合同无法履行。

（2）合同应变更的内容如下：

1）用电容量由160kVA增容到630kVA。

2）电价类别由一般工商业变为大工业。

3）计量方式由高供低计变为高供高计。

4）功率因数调整电费考核标准由0.85变更为0.9。

5）原供用电合同的有效期限自变更之日止，新供用电合同的有效期限自变更之日起有效；产权分界图所示容量、开关等。

Jc0004163021　高压客户临时、正式用电供电方案的确定。（100分）

考核知识点： 业扩报装管理规定、供电方案的编制的知识

难易度： 难

技能等级评价专业技能考核操作工作任务书

一、任务名称

高压客户临时、正式用电供电方案的确定。

二、适用工种

农网配电营业工（综合柜员）高级技师。

三、具体任务

某村向当地供电公司申请安装一台160kVA变压器，用于建设电力排灌站泵房，六个月后电力排灌站建成，该变压器原址不变，变压器用于电力排灌站抽水灌溉农田。请问供电公司应为该客户办理何类用电业务？如何确定供电方案？收费项目有哪些？

四、工作规范及要求

（1）办理业务的名称。

（2）新装客户供电方案。

1）电源方案：明确负荷分类、电压等级、电源数量。

2）计量方案：明确计量点数量、计量方式、配置电能计量装置规格、数量、准确度等级。

3）计费方案：明确行业用电分类、电价类别、功率因数执行标准。

4）收费项目。

5）签订供用电合同类型。

（3）转正式用电后客户供电方案。

1）原客户费用的结算。

2）电源方案：明确负荷分类、电压等级、电源数量。

3）计量方案：明确计量点数量、计量方式。配置电能计量装置规格、数量、准确度等级。

4）计费方案：明确行业用电分类、电价类别、功率因数执行标准。

5）签订供用电合同类型。

五、考核及时间要求

本考核要求完成时间为 30 分钟，计算公式正确，文字描述清晰、规范。

技能等级评价专业技能考核操作评分标准

工种	农网配电营业工（综合柜员）			评价等级	高级技师
项目模块	用电营业与服务—业扩报装		编号		Jc0004163021
单位		准考证号		姓名	
考试时限	30 分钟	题型	单项操作	题分	100 分
成绩		考评员		考评组长	日期
试题正文	高压客户临时、正式用电供电方案的确定				
需要说明的问题和要求	（1）要求单人完成。 （2）方案完整，包括电源、计量、计费方案，方案的具体内容按工作规范及要求内容完成				

序号	项目名称	质量要求	满分	扣分标准	扣分原因	得分
1	办理业务名称	正确写出办理业务名称	4	错误扣 4 分		
2	新装客户供电方案					
2.1	客户电源方案	负荷分类正确	3	错误扣 3 分		
		电压等级正确	3	错误扣 3 分		
		电源数量正确	3	错误扣 3 分		
2.2	客户计量方案	计量点数量正确	3	错误扣 3 分		
		计量方式正确	3	错误扣 3 分		
		电能表数量正确	3	错误扣 3 分		
		电能表规格正确	6	错误扣 6 分		
		电能表准确度等级正确	3	错误扣 3 分		
		互感器数量正确	3	错误扣 3 分		
		互感器变比正确	6	错误扣 6 分		
		互感器准确度等级正确	3	错误扣 3 分		

续表

序号	项目名称	质量要求	满分	扣分标准	扣分原因	得分
2.3	计费方案	行业用电分类正确	3	错误扣 3 分		
		电价类别正确	3	错误扣 3 分		
		功率因数执行标准正确	3	错误扣 3 分		
2.4	收费项目及合同类型	收费项目及合同类型正确	3	每项错误扣 1.5 分，扣完为止		
3	用电类别变更后客户供电方案					
3.1	原客户费用的结算	结算方式正确	5	每项错误扣 2.5 分，扣完为止		
3.2	客户电源方案	负荷分类正确	2	错误扣 2 分		
		电压等级正确	2	错误扣 2 分		
		电源数量正确	2	错误扣 2 分		
3.3	客户计量方案	计量点数量正确	2	错误扣 2 分		
		计量方式正确	2	错误扣 2 分		
		电能表数量正确	2	错误扣 2 分		
		电能表规格正确	5	错误扣 5 分		
		电能表准确度等级正确	2	错误扣 2 分		
		互感器数量正确	2	错误扣 2 分		
		互感器变比正确	5	错误扣 5 分		
		互感器准确度等级正确	2	错误扣 2 分		
3.4	计费方案	行业分类正确	3	错误扣 3 分		
		电价类别正确	3	错误扣 3 分		
		功率因数执行标准正确	3	错误扣 3 分		
3.5	合同类型	合同类型正确	3	错误扣 3 分		
	合计		100			

标准答案：

（1）供电公司应先为客户办理临时用电业务，确定临时供电方案，待客户临时用电结束销户后，再按新装办理正式用电手续。

（2）临时用电供电方案。

1）电源方案：该户为三类负荷，应采用 10kV 公网线路、单电源供电。

2）计量方案：该户共设置一个计量点，采取高供低计计量方式。

$$I_{额} = \frac{S}{\sqrt{3}U_{额}} = \frac{160}{\sqrt{3} \times 0.38} = 243 \text{（A）}$$

用电计量装置：安装一只三相四线 1.5（6）A 智能电能表，准确度等级有功不低于 2.0 级，无功不低于 3.0 级，三只 250/5 低压电流互感器，准确度等级不低于 0.5S 级。

3）计费方案：该客户为临时施工用电，行业用电分类为房屋工程建筑，计量点用电量执行一般工商业（非工业）电价，功率因数标准执行 0.85。

4）费用确定及签订供用电合同类型：该户为临时用电与客户签订临时供用电合同。

（3）正式用电供电方案。

1）抄表结算临时用电电费，依据临时供用电合同对临时用电销户，按新装办理正式用电手续。

2）电源方案：该户为三类负荷，应采用 10kV 公网线路、单电源供电。

3）计量方案：该户共设置一处计量点，计量方式为高供低计。

$$I_{额} = \frac{S}{\sqrt{3}U_{额}} = \frac{160}{\sqrt{3} \times 0.38} = 243 \text{（A）}$$

用电计量装置：安装一只三相四线 1.5（6）A 智能电能表，准确度等级有功不低于 2.0 级，无功不低于 3.0 级，三只 250/5 低压电流互感器，准确度等级不低于 0.5S 级。

4）计费方案：该客户行业分类为农、林、牧、渔服务业中的农业排灌，电价执行农业排灌电价，功率因数执行 0.85 标准。

5）与客户签订高压供用电合同。

Jc0004162022　客户电价执行。（100 分）

考核知识点：客户电价执行

难易度：中

技能等级评价专业技能考核操作工作任务书

一、任务名称

客户电价执行。

二、适用工种

农网配电营业工（综合柜员）高级技师。

三、具体任务

根据《关于我区清洁供暖用电价格有关问题的通知》（宁价商发〔2017〕35 号）规定，"一户一表"居民客户和执行居民电价的非居民客户以及工商业客户，采暖期间如何申请？电价如何执行？

四、工作规范及要求

电价执行正确。

五、考核及时间要求

本考核要求完成时间为 30 分钟，答题完整，文字描述清晰、规范。

技能等级评价专业技能考核操作评分标准

工种	农网配电营业工（综合柜员）			评价等级	高级技师	
项目模块	用电营业与服务—业扩报装		编号		Jc0004162022	
单位			准考证号		姓名	
考试时限	30 分钟		题型	综合操作题	题分	100 分
成绩		考评员		考评组长		日期
试题正文	客户电价执行					
需要说明的问题和要求	（1）要求单人完成。 （2）答题完整，文字描述清晰、规范					

序号	项目名称	质量要求	满分	扣分标准	扣分原因	得分
1	如何申请	执行范围、要求正确	20	错误、不完整扣 5～20 分，扣完为止		
2	峰谷时段	确定正确	20	错误一项扣 10 分，扣完为止		
3	三类客户执行标准	执行正确	60	错误一项扣 10～20 分，扣完为止		
	合计		100			

标准答案：

（1）申请清洁供暖用电的"一户一表"居民客户、执行居民生活用电价格的非居民客户、采用电热式供暖的工商业客户，需要向供电营业厅提交申请，供电部门按规定进行现场勘察，符合政策要求的，按政策执行；客户可自愿选择执行峰谷分时电价政策，选择后一年内保持不变。

峰谷时段执行：22:00~8:00（10h）为谷段；8:00~22:00（14h）为峰段。

（2）三类客户电价执行标准。

1）"一户一表"居民客户峰谷电价执行标准：

a）峰段在现行电价标准基础上加 0.05 元/kWh，即 0.498 6 元/kWh；

b）谷段在现行电价标准基础上降低 0.2 元/kWh，即 0.248 6 元/kWh。

2）执行生活用电价格的非居民客户峰谷电价执行标准：

a）峰段在居民阶梯二档电价标准基础上加 0.05 元/kWh，即 0.548 6 元/kWh；

b）谷段在居民阶梯二档电价标准基础上降低 0.2 元/kWh，即 0.248 6 元/kWh。

c）采用地热泵、电热隔膜、蓄热式电锅炉、碳晶电热、量子锅炉等电热方式供暖的工商业客户，供暖用电设备容量达 315kVA 及以上的，执行对应电压等级的大工业用电价格，对于不足 315kVA 的，执行对应电压等级的一般工商业用电价格。

Jc0005151023　省级直收后营业厅现金交费冲正业务流程。（100 分）

考核知识点： 电费、业务费收取的相关工作标准及规定

难易度： 易

技能等级评价专业技能考核操作工作任务书

一、任务名称

省级直收后营业厅现金交费冲正业务流程。

二、适用工种

农网配电营业工（综合柜员）高级技师。

三、具体任务

请简述省级直收后营业厅现金交费冲正业务流程及注意事项。

四、工作规范及要求

（1）自备钢笔或中性笔。

（2）文字表述清楚，按顺序填写。

五、考核及时间要求

本考核要求完成时间 30 分钟。

技能等级评价专业技能考核操作评分标准

工种	农网配电营业工（综合柜员）			评价等级	高级技师
项目模块	用电营业与服务—用电营业管理		编号		Jc0005151023
单位		准考证号		姓名	
考试时限	30 分钟	题型	单项操作	题分	100 分
成绩	考评员		考评组长	日期	
试题正文	省级直收后营业厅现金交费冲正业务流程				

续表

| 需要说明的问题和要求 | （1）要求单人完成。
（2）自备计算器 | | | | | |

序号	项目名称	质量要求	满分	扣分标准	扣分原因	得分
1	操作流程	填写完整、准确	90	不完整或不准确每条扣 15 分，扣完为止		
2	注意事项	填写正确	10	不完整或不准确扣 10 分		
	合计		100			

标准答案：

（1）省级直收后营业厅现金冲正业务流程如下：

1）客户在营业厅柜台进行现金交费。

2）县（所）/地市公司收费员在坐收界面，对因错误收费产生的交费记录进行冲正。

3）县（所）/地市公司收费员填写冲正原因说明，并发送冲正申请。

4）县（所）/地市公司营业厅班长对冲正申请进行审核，审核不通过退回收费员进行正常收费；审核通过收费员进行冲正。

5）收费员对审核通过收费记录进行冲正，同时解款生成日报并发送。

6）营销业务应用系统自动对冲正报表进行生成凭证、审核记账。

（2）注意事项：收费员当日产生收费日报并解款，又进行冲正的，应将收费日报取消解款后与冲正记录合并形成"0"金额日报发送，禁止形成"一正一负"的对应日报。

Jc0005151024 电子发票冲红的操作。（100 分）

考核知识点： 电费票据管理的工作标准及规定

难易度： 易

技能等级评价专业技能考核操作工作任务书

一、任务名称

电子发票冲红的操作。

二、适用工种

农网配电营业工（综合柜员）高级技师。

三、具体任务

某集团客户，自 2021 年 2 月电费发行后，客户接到通知，于 2021 年 2 月 20 日，前往营业厅缴纳发行电费 8 户合计金额 16 754.68 元。客户代理员电费收取后，客户要求 8 户电费开成一张电费发票即可。对于此类情况，供电企业工作人员在系统中应如何操作？

四、工作规范及要求

（1）自备钢笔或中性笔。

（2）文字描述条理清晰，简明扼要。

（3）掌握电子发票开具的相关步骤。

五、考核及时间要求

本考核为电费票据开具的实操任务，严格按照规定步骤完成，考核时间 20 分钟。

技能等级评价专业技能考核操作评分标准

工种	农网配电营业工（综合柜员）			评价等级	高级技师
项目模块	用电营业与服务—用电营业管理		编号		Jc0005151024
单位		准考证号		姓名	
考试时限	20分钟	题型	单项操作	题分	100分
成绩		考评员	考评组长		日期
试题正文	电子发票冲红的操作				
需要说明的问题和要求	（1）要求单人完成。 （2）自备计算器				

序号	项目名称	质量要求	满分	扣分标准	扣分原因	得分
1	电子发票的合并	正确列出发票合并步骤	80	按操作步骤描述，每缺少一步扣10分，扣完为止		
2	电子发票的开具	正确描述纳税人信息变更的方法	10	不完整或不准确，每条扣5～10分，扣完为止		
3	注意事项	填写正确	10	不完整或不准确，每条扣5～10分，扣完为止		
	合计		100			

标准答案：

（1）电子发票合并的业务流程：

1）电子发票合并的操作步骤：收费账务管理→电费收缴→辅助功能→发票合并，输入所需要打印发票的客户户号，输入所需打印电费的年月，点击查询；界面显示出查询结果后，勾选要选定的记录，点击"发票合并"。

2）关联缴费户的操作，输入所需要打印发票的客户户号，输入所需打印电费的年月，输入临时关联缴费号，勾选"按关联缴费号"，点击查询；界面显示出查询结果后，勾选要选定的记录，点击"发票合并"。

（2）电子发票的开具：当一个客户在一个月内发行多笔电费，或关联缴费户需要出具一张总发票时，需要在"发票合并"功能将开票源数据进行合并，合并后在"电子发票查询及下载"功能为客户开具发票。

（3）注意事项：发票合并时，首先查看所有客户的发票状态是否为"有效数据但尚未开具"。若其中任一户不为此状态，则无法进行电子发票合并。

Jc0005142025　实收审核要素及异常处理。（100分）

考核知识点： 营业厅收费管理

难易度： 中

技能等级评价专业技能考核操作工作任务书

一、任务名称

实收审核要素及异常处理。

二、适用工种

农网配电营业工（综合柜员）高级技师。

三、具体任务

某工业客户2017年3月的应收电费为13 093.47元，客户于2017年3月15日进账（见图Jc0005142025），并于当日到供电公司营业厅缴费，收费员王某对此进账单在营销系统收费，结算方式选择"进账单"，收费金额为 13 039.47 元，解款银行选择为中国建设银行，收费解款后生成日报并发送至实收审核环节，实收审核员审核后发送至到账确认环节。

（1）以上案例收费员操作是否正确？

（2）实收审核员在审核工作中存在哪些问题？

（3）账务员在到账确认环节发现此笔收费错误后应如何处理？

（4）简述《日实收交接报表》的审核要素。

自助回单专用凭证　ICBC　**中国工商银行**　**业务回单**（付款）

日期：2017年03月15日　　回单编号：17074000024

付款人户名：XXXXX 勘探局矿区服务事业部 XX 物业服务处　　付款人开户行：×××支行
付款人账号（卡号）：***
收款人户名：国网 X X 电力公司 X X 供电公司　　收款人开户行：中国建设银行银川市开
收款人账号（卡号）：64001121500052515752　　发区支行
金额：壹万叁仟零玖拾叁元肆角柒分　　小写：13,093.47元
业务（产品）种类：跨行发报　　凭证种类：0　　凭证号码：0
摘要：**电费　　用途：**电费　　币种：人民币
交易机构：0290200075　　记账柜员：00029　　交易代码：52139　　渠道：其他
附言：**电费
支付交易序号：73547685　报文种类：大额客户发起汇兑业务　委托日期：2017-03-15
业务类型（种类）：普通汇兑　指令编号：HJD314428088-1　提交人：020090000273AAA.y.0200
最终授权人：

本回单为第1次打印，注意重复　　打印日期：2017年03月15日　　打印柜员：9　　验证码：1C5A73073006

图 Jc0005142025

四、工作规范及要求

（1）自备钢笔或中性笔。

（2）文字描述条理清晰，简明扼要。

五、考核及时间要求

本考核为电费账务实操任务，严格按照规定步骤完成，考核时间 30 分钟。

技能等级评价专业技能考核操作评分标准

工种	农网配电营业工（综合柜员）				评价等级	高级技师
项目模块	电费管理—收费管理		编号		Jc0005142025	
单位			准考证号		姓名	
考试时限	30 分钟	题型		综合操作	题分	100 分
成绩		考评员		考评组长	日期	
试题正文	实收审核要素及异常处理					
需要说明的问题和要求	要求单人完成					

序号	项目名称	质量要求	满分	扣分标准	扣分原因	得分
1	收费操作	正确指出收费错误	30	共两项错误，每缺一项扣 15 分		
2	实收审核	正确指出实收审核错误	20	审核错误共两项，每缺一项扣 10 分		
		正确描述审核要素	30	审核要素每缺一条扣 10 分，扣完为止		
3	到账确认	正确指出此异常应如何处理	20	处理方式错误扣 20 分		
	合计		100			

标准答案：

（1）不正确。收费金额与进账单金额不符；解款银行选择错误。

（2）实收审核员未审核出以下问题：

1）营销系统中解款银行与进账单不符。

2）营销系统中收费金额与进账单金额不符。

（3）收费时结算方式选择进账单，账务员发现错误后可在营销业务应用系统中进行以下操作：收费账务管理→账务管理→实收管理→到账确认→待确认交接单，在进账单列表中选中记录后做"退换票处理"。

（4）审核《日实收电费交接报表》的关键要素：

1）审核影像资料中进账单填写是否正确，如开户行、银行账号信息、大小写金额是否一致。

2）审核营销系统中"日实收电费交接报表"的金额、解款银行及日期与进账单是否一致。

3）审核进账单的付款方信息与收费明细中的客户名称是否一致。

Jc0005153026　破产客户催缴电费案例分析。（100 分）

考核知识点： 电费催收工作的内容及具体要求

难易度： 难

技能等级评价专业技能考核操作工作任务书

一、任务名称

破产客户催缴电费案例分析。

二、适用工种

农网配电营业工（综合柜员）高级技师。

三、具体任务

某电子厂受疫情影响，于 2020 年 10 月上旬申请破产，截至破产时，累计拖欠供电公司 2020 年 9～10 月电费合计 27 万元，供电公司营销人员上门催收电费时，该企业负责人认为该企业已申请破产，不再承担任何债务（且企业将于 12 月开始进行固定资产拍卖）。请问：

（1）破产清算有几种方法？

（2）供电企业对此类情况，应该采取什么方法收回拖欠电费？

四、工作规范及要求

（1）自备钢笔或中性笔。

（2）问题回答全面，准确，条理清晰。

五、考核及时间要求

本考核为电费催缴停电实操任务，严格按照规定步骤完成，考核时间 30 分钟。

技能等级评价专业技能考核操作评分标准

工种	农网配电营业工（综合柜员）			评价等级	高级技师
项目模块	电费管理—收费管理		编号		Jc0005153026
单位		准考证号		姓名	
考试时限	30 分钟	题型	综合操作	题分	100 分
成绩		考评员		考评组长		日期	

续表

试题正文	破产客户催缴电费案例分析					
需要说明的问题和要求	（1）要求单人完成。 （2）答案要点明确，写出收回拖欠电费的具体措施，和破产清算的方法					

序号	项目名称	质量要求	满分	扣分标准	扣分原因	得分
1	破产清算的方法	写出共 2 条，内容正确全面	50	错误一条扣 25 分		
2	措施建议	写出共 2 条，内容正确全面	50	错误一条扣 25 分		
	合计		100			

标准答案：

（1）破产清算有两种方法：

1）供电企业申请清算。对资不抵债、无力清偿到期债务的企业，如其要无限期拖延债务，迟迟不向法院申请宣告破产，则作为债权人的供电企业应主动向法院申请宣告债务人破产清算债务，并提供供用电合同、电费欠账清单、担保与抵押的证据等材料。

2）破产企业申请清算。企业主动申请破产清算债务，供电企业要关注法院受理案件的公告、立案时间，案件的债务人、债务数额，申报电费债权的期限、地点，第一次债权人会议召开的日期、地点，以便做好准备，充分行使法律赋予债权人的各种权利。

（2）采取电费催收的措施：

1）积极了解企业情况。供电公司一方面要求相关部门负责人主动上门向企业负责人问询，在企业破产过程中是否有需要供电公司协助解决和提供服务的工作。在得知该企业已成立破产领导小组的情况下，供电公司积极寻求企业破产领导小组的支持，同时密切关注该企业在破产过程中的每一个法定程序。

2）与企业积极沟通，提出还款方案。在得知该企业将于 11 月开始进行固定资产拍卖时，供电公司立即安排相关人员上门与企业破产领导小组进行商谈，最终得到了破产企业的同意，并承诺拍卖款一到账就偿还供电公司的电费。

Jc0005152027　实收审核异常处理及 POS 机刷卡账务处理。（100 分）

考核知识点： 实收审核处理

难易度： 中

技能等级评价专业技能考核操作工作任务书

一、任务名称

实收审核异常处理及 POS 机刷卡账务处理。

二、适用工种

农网配电营业工（综合柜员）高级技师。

三、具体任务

某供电公司实收审核员在 2020 年 11 月 12 日审核实收日报时发现，实收日报所扫描的进账单信息为 POS 机刷卡缴纳电费小票，审核员查看该客户明细账，当天收费记录显示见表 Jc0005152027。请分析：

（1）此日报有何异常？写出对应处理方法。

（2）POS 机刷卡客户如何进行对账解款的账务处理？

表 Jc0005152027

记录日期	电费年月	摘要	应收电费	实收电费	欠费余额	收款金额	预收费	操作员
2020110800:00:00	202011	发行电费	4396.64	0	4396.64	0	0	0
2020111811:38:48	202011	电力机构坐收现金缴费	0	4396.64	0	4396.64	0	安娜
2020111811:56:05	202011	非金融机构代收POS机刷卡缴费	0	0	0	4396.64	4396.64	644015600097

四、工作规范及要求

（1）自备钢笔或中性笔。

（2）文字描述条理清晰，简明扼要。

（3）实收日报异常处理正确。

（4）POS 机账务处理正确。

五、考核及时间要求

本考核为电费账务实操任务，严格按照规定步骤完成，考核时间 20 分钟。

技能等级评价专业技能考核操作评分标准

工种	农网配电营业工（综合柜员）			评价等级	高级技师
项目模块	电费管理—收费管理		编号		Jc0005152027
单位		准考证号		姓名	
考试时限	20 分钟	题型	单项操作	题分	100 分
成绩		考评员	考评组长	日期	
试题正文	实收审核异常处理及 POS 机刷卡账务处理				
需要说明的问题和要求	要求单人完成				

序号	项目名称	质量要求	满分	扣分标准	扣分原因	得分
1	实收审核	正确指出日报异常	10	异常描述不正确扣 10 分		
		正确指出发现异常时的处理方法	30	异常处理共两步，错误一步扣 15 分		
2	代收账务处理	正确指出 POS 刷卡客户的账务处理	60	按操作步骤描述，每错误一步扣 15 分，扣完为止		
	合计		100			

标准答案：

（1）经查客户在 POS 机刷卡后，实收重复记账。处理步骤如下：

1）由实收审核员在营销业务应用系统中进行以下操作：收费账务管理→电费收缴→坐收→实收审核，之后选中错误的日实收交接报表，进行"退单"处理。

2）对于坐收客户由收费员进行以下操作：收费账务管理→电费收缴→坐收→冲正，然后对该笔坐收记录进行"冲正"处理。

（2）POS 机刷卡客户，由实收审核员以地市公司为单位与银联进行交易对账，具体步骤如下：

1）在营销业务应用系统中进行以下操作：收费账务管理→电费收缴→代收→代收交易对账，查看对账文件。

2）如有单边账，点击"查看单边账"并处理。

3）处理完单边账后，进行以下操作：收费账务管理→电费收缴→坐收→自助缴费终端解款，选择相应的售电银行和日期，结算方式选择"POS机刷卡"进行解款，扫描进账单并生成日报后发送。

Jc0005163028　电费回收率计算、原因分析及整改措施。（100分）

考核知识点： 营业厅收费管理

难易度： 难

技能等级评价专业技能考核操作工作任务书

一、任务名称

电费回收率计算、原因分析及整改措施。

二、适用工种

农网配电营业工（综合柜员）高级技师。

三、具体任务

某供电所11月应收电费300万元。截至11月底，共收取电费295万元，其中预付电费50万元。请计算该公司11月的电费回收率，分析可能产生欠费的原因并提出整改措施。

四、工作规范及要求

列式计算电费回收率，原因分析至少5条，整改措施至少5条，数值保留两位小数。

五、考核及时间要求

本考核要求完成时间为20分钟，答题完整，文字描述清晰、规范。

技能等级评价专业技能考核操作评分标准

工种	农网配电营业工（综合柜员）				评价等级	高级技师	
项目模块	电费管理—收费管理			编号		Jc0005163028	
单位			准考证号			姓名	
考试时限	20分钟		题型	综合操作		题分	100分
成绩		考评员		考评组长		日期	
试题正文	电费回收率计算、原因分析及整改措施						
需要说明的问题和要求	（1）要求单人完成。 （2）电费回收率列式计算，原因分析正确，对应整改措施有效，文字描述清晰、规范						

序号	项目名称	质量要求	满分	扣分标准	扣分原因	得分
1	电费回收率计算	计算正确	20	公式错误扣10分； 计算结果错误扣10分		
2	原因分析	写出5条，分析正确	40	每条错误扣8分		
3	整改措施	写出5条，措施有效	40	每条错误扣8分		
	合计		100			

标准答案：

（1）电费回收率＝(当期实收电费金额÷当期应收电费金额)×100%

$$= (295 - 50) \div 300 \times 100\% = 81.67\%$$

（2）可能产生欠费的原因：

1）客户原因：

a）企业生产经营困难：企业由于自身经营不善，负债过多或严重亏损，企业资金周转困难，无力缴付电费。

b）客户恶意逃避电费：有的企业法治意识和信用观念薄弱，以各种手法拖欠电费。

2）供电企业管理原因：

a）由于抄表和核算过程中的错误造成客户拒付电费，形成欠费。

b）催费力度不够，制度考核不严；主观上对电力法律法规宣传不足，依法催费办法不够。

c）因供电企业供电服务质量不高，引发客户不满，拒缴电费表达其诉求。

3）其他原因：

a）地方行政干预。一些地方政府领导以缓解就业压力、维护社会稳定为由，阻止或限制供电企业催收电费。

b）政府部门政策性关停。这种情况主要针对环保不达标企业、煤矿、化工等能源开采和生产企业而言。

c）财政拨款电费由于受到政府结算中心资金划拨和银行间支票交换等中间流通环节的延期，制约资金的及时准确到账。

（3）整改措施：

1）客户原因造成欠费：

a）对于企业生产经营困难的客户，采取预购电办法，加强费控技术应用，通过技术手段解决客户欠费问题。

b）对于恶意逃避电费的，提前掌握客户信誉度，正确运用质押、依法起诉或申请仲裁等法律手段。

2）供电企业管理原因：

a）加强抄表、核算人员的责任意识和工作质量，规范电费回收考核工作管理，杜绝因内部差错形成客户拒付电费的情况出现。

b）加强电力法律法规的宣传，依法催费，把握回收电费的措施和技巧；建立严格的考核制度。

c）提高营销队伍素质，优质服务客户，杜绝因服务质量引发客户不满而拒交电费。

3）其他原因：

a）加强与政府部门的沟通，积极向政府汇报欠费情况，争取政府部门的支持与理解。

b）对于政府部门政策性关停的客户，多方位掌握客户生产动态，了解政策导向，提前做好电费回收工作。

c）财政拨款电费客户，采取月初结算上月末电量，尽早向政府结算中心提供电费金额，确保按时支付电费。

Jc0005153029 供电服务分析。（100分）

考核知识点：银行对账管理

难易度：难

技能等级评价专业技能考核操作工作任务书

一、任务名称

供电服务分析。

二、适用工种

农网配电营业工（综合柜员）高级技师。

三、具体任务

某大型高耗能企业是政府重点关注的企业之一，月均电费1500万元左右，由于该企业信誉一直很好，没有发生过拖欠电费的事情，该企业虽然有负控装置，供电部门也一直为对其采取负控购电的方式，延续了先用后缴的收费方式。2020年受节能减排政策影响，企业的电量锐减，供电部门为了防范电费风险，在征得该企业口头同意后，采取了负控预购电的结算方式，每月分4次预结算该户电费，将负控装置的跳闸回路接入，8月5日该企业支付了300万元购电款，15日又支付了200万元，19日支付了100万元，28日通过银行转账的形式又支付了140万元，但由于没有及时取到银行收账通知，未能刷新购电数据，零点结算电费时发行电费650万元，造成欠费50万元，致使负控装置跳闸，造成该企业生产车间停电2h，直接经济损失30万元，引起客户投诉，要求赔偿经济损失。请根据案例提供信息，分析供电公司是否应该承担赔偿责任？如果赔偿，依据是什么？从中得到什么启示？

四、工作规范及要求

（1）自备钢笔或中性笔。

（2）文字描述条理清晰，简明扼要。

五、考核及时间要求

本考核为实操任务，严格按照规定步骤完成，考核时间30分钟。

技能等级评价专业技能考核操作评分标准

工种	农网配电营业工（综合柜员）				评价等级	高级技师
项目模块	用电营业与服务—用电营业管理			编号		Jc0005153029
单位			准考证号		姓名	
考试时限	30分钟		题型	单项操作	题分	100分
成绩		考评员		考评组长		日期
试题正文	供电服务分析					
需要说明的问题和要求	无					

序号	项目名称	质量要求	满分	扣分标准	扣分原因	得分
1	判断供电公司是否承担赔偿责任	判断正确	10	判断错误不得分		
2	赔偿依据的描述	清楚准确描述供电公司承担赔偿责任的相关依据	60	描述错误不得分，描述不清楚的酌情扣分，扣完为止		
3	综合分析	分析此案例中得到的启示	30	根据答案要点酌情扣分，扣完为止		
	合计		100			

标准答案：

（1）根据《电力法》《电力供应与使用条例》《供电营业规则》相关条款，供电公司应承担赔偿责任。

（2）赔偿原因：

1）计算方式的变更需要重新签订结算协议，供电部门没有及时跟客户签订负控购电协议，仅凭口头承诺变更结算方式，没有法律效力，造成停电事实，应当承担责任。

2）客户已经支付了足额的电费款，由于供电部门人员的疏忽，没有及时查询银行回单，造成不能及时将客户购电款入账，存在主要过失。

3）重要客户的电费回收应当责任到人，重点盯防，停限电之前应该提前通知客户，并报送同级的管理部门或政府机关，供电部门没有及时提醒客户，工作上存在一定失职。

（3）启示：作为电费抄、核、收的工作人员，应当加强法律知识学习，增强法律意识，严格合同或协议的管理，合理规避经营防范风险。对于重点企业的欠费停限电，应当严格按照法律、法规的规定，实施先催后停，做好政策的宣传工作，及时跟政府部门沟通，取得外界的理解和支持。

Jc0005153030　填制电费回收情况统计表。（100 分）

考核知识点：抄核收统计报表的种类、内容及报表对应数据的分析方法

难易度：难

技能等级评价专业技能考核操作工作任务书

一、任务名称

填制电费回收情况统计表。

二、适用工种

农网配电营业工（综合柜员）高级技师。

三、具体任务

请根据电费回收情况统计表（见表 Jc0005153030-1）中已知数据，填制表内空白项。

表 Jc0005153030-1　　　　　电费回收情况统计表

填报单位：　　　　　　　××供电公司　　　　　　　　　　单位：万元

项目		欠费情况				本年度电费回收情况						陈欠电费回收情况					
		总额	其中			应收		实收		回收率（%）		结转		实收		回收率（%）	
			本年新欠	陈欠	其中上年发生	本月	累计	本月	累计	本月	累计	陈欠	其中上年发生	陈欠	其中上年发生	陈欠	其中上年发生
栏次		1	2	3	4	5	6	7	8	9	10	11	12	13	14	15	16
应收电费						6861	85 336	6861	84 816			2719	378	2361	293		
其中	售电收入					6767	84 219	6767	83 938			2624	355	2295	270		
	农网还贷资金					0	0	0	0			0	0	0	0		
	三峡基金					46	590	46	495			56	13	35	13		
	城市附加					0	0	0	0			0	0	0	0		
	库区移民资金					34	399	34	255			26	10	26	10		
	可再生能源附加					14	128	14	128			13	0	5	0		
备注																	

四、工作规范及要求

按项目填写表中对应数值，数值保留两位小数。

五、考核及时间要求

本考核要求完成时间为 30 分钟，如填写错误，须用双横线划去，在被修改数据上面重新填写，

不得直接涂改抹去。表中数据每空必填，如某一项无数据，则填零，不填视为错误。

技能等级评价专业技能考核操作评分标准

工种	农网配电营业工（综合柜员）		评价等级	高级技师
项目模块	用电营业与服务—用电营业管理	编号		Jc0005153030
单位		准考证号	姓名	
考试时限	30分钟	题型	综合操作	题分	100分
成绩		考评员	考评组长		日期
试题正文	填制电费回收情况统计表			
需要说明的问题和要求	（1）要求单人完成。 （2）表中数据每空必填，如某一项无数据，则填零，不填视为错误			

序号	项目名称	质量要求	满分	扣分标准	扣分原因	得分
1	欠费情况					
1.1	总额	数据正确填写	20	应收电费填写错误扣2分；其他值每空填写错误扣3分，扣完为止		
1.2	本年新欠	数据正确填写	8	每空填写错误扣2分，扣完为止		
1.3	陈欠	数据正确填写	8	每空填写错误扣2分，扣完为止		
1.4	上年发生电费	数据正确填写	8	每空填写错误扣2分，扣完为止		
2	本年度电费回收情况					
2.1	本月回收率	数据正确填写	14	每空填写错误扣2分，扣完为止		
2.2	累计回收率	数据正确填写	14	每空填写错误扣2分，扣完为止		
3	陈欠电费回收情况					
3.1	陈欠回收率	数据正确填写	14	每空填写错误扣2分，扣完为止		
3.2	上年发生回收率	数据正确填写	14	每空填写错误扣2分，扣完为止		
	合计		100			

标准答案：

将计算数据填入表 Jc0005153030-2 中。

表 Jc0005153030-2　　电费回收情况统计表

填报单位：　　　　　　　　××供电公司　　　　　　　　单位：万元

项目	欠费情况				本年度电费回收情况						陈欠电费回收情况					
	总额	其中			应收		实收		回收率（%）		结转		实收		回收率（%）	
		本年新欠	陈欠	其中上年发生	本月	累计	本月	累计	本月	累计	陈欠	其中上年发生	陈欠	其中上年发生	陈欠	其中上年发生
栏次	1	2	3	4	5	6	7	8	9	10	11	12	13	14	15	16
应收电费	878	520	358	85	6861	85 336	6861	84 816	100	99.39	2719	378	2361	293	86.83	77.51

续表

项目	欠费情况				本年度电费回收情况						陈欠电费回收情况					
	总额	其中			应收		实收		回收率（%）		结转		实收		回收率（%）	
		本年新欠	陈欠	其中上年发生	本月	累计	本月	累计	本月	累计	陈欠	其中上年发生	陈欠	其中上年发生	陈欠	其中上年发生
其中 一、售电收入	610	281	329	85	6767	84 219	6767	83 938	100	99.67	2624	355	2295	270	87.46	76.06
二、农网还贷资金	0	0	0	0	0	0	0	0	0	0	0	0	0	0	0	0
三、三峡基金	116	95	21	0	46	590	46	495	100	83.90	56	13	35	13	62.50	100.00
四、城市附加	0	0	0	0	0	0	0	0	0	0	0	0	0	0	0	0
五、库区移民资金	144	144	0	0	34	399	34	255	100	63.91	26	10	26	10	100.00	100.00
六、可再生能源附加	8	0	8	0	14	128	14	128	100	100.00	13	0	5	0	38.46	0.00
备注																

Jc0005163031　破产客户催缴电费案例分析。（100 分）

考核知识点： 电费催收工作的内容及具体要求

难易度： 难

技能等级评价专业技能考核操作工作任务书

一、任务名称

破产客户催缴电费案例分析。

二、适用工种

农网配电营业工（综合柜员）高级技师。

三、具体任务

某机械厂拖欠供电公司 254 万元电费，供电公司收到区人民法院发来参加某机械厂债权人清算庭审会的通知，针对该户拖欠 254 万元电费，对申请破产进行了分析，发现该户不是真破产而是破债。请问：

（1）债权人权利行使的内容包括有哪些？

（2）供电企业接到通知后，应该采取什么方法收回拖欠电费？

四、工作规范及要求

（1）自备钢笔或中性笔。

（2）问题回答全面，准确，条理清晰。

五、考核及时间要求

本考核为电费催缴停电实操任务，严格按照规定步骤完成，考核时间 30 分钟。

技能等级评价专业技能考核操作评分标准

工种	农网配电营业工（综合柜员）		评价等级	高级技师
项目模块	电费管理—收费管理	编号		Jc0005163031
单位		准考证号	姓名	
考试时限	30 分钟	题型	综合操作	题分	100 分
成绩		考评员	考评组长		日期

续表

试题正文	破产客户催缴电费案例分析					
需要说明的问题和要求	（1）要求单人完成。 （2）答案要点明确，写出收回拖欠电费的具体措施，和债权人权利的行使内容					
序号	项目名称	质量要求	满分	扣分标准	扣分原因	得分
1	债权人权利的行使内容	写出共4条，内容正确全面	40	错误一条扣10分		
2	措施建议	写出共4条，内容正确全面	60	错误一条扣15分		
	合计		100			

标准答案：

（1）债权人权利的行使内容包含：

1）积极参加债权人会议，并依法积极行使权利。

2）所有债权人均为债权人会议成员。

3）债权人会议成员享有表决权，但有财产担保的债权人未放弃优先收偿权利的除外。

4）在供电企业申请客户破产还债的情况下，如其上级主管部门申请整顿，并提出方案，供电企业认为可行，可通过债权人会议与企业达成和解协议。否则，则应申请法院裁定终结，宣告破产。

（2）采取电费催收的措施如下：

1）供电公司接到通知后办理正常的参会手续。

2）对企业的破产原因进行分析。针对该户拖欠254万元电费，供电公司对申请破产进行了分析，发现该户不是真破产而是破债。经与决策层接触了解到不是该单位申请破产，而是由其他债权人向区人民法院申请宣告债务人破产还债。

3）与企业积极沟通，提出方案。根据实际情况向其决策层宣传了有关破产企业未能偿还电费的政策，如若供电公司予以销户，终止供电，将给该单位带来极大的损失。通过双方沟通后，阐明了观点，希望破产后不要破电费，否则会投入更多的人力、物力和财力。由于该客户情况特殊，停一分钟电都不可能，最后双方达成一项协议，今后发生的电费按月交清，拖欠的254万元电费，先期支付100万元，其余欠费写了书面还款计划。

4）企业法人与债权人达成和解协议，经人民法院认可后中止破产还债程序，和解协议具有法律效力。

Jc0006162032　单相电能表抄读、异常处理、电费计算。（100分）

考核知识点： 抄表异常分析及处理

难易度： 中

技能等级评价专业技能考核操作工作任务书

一、任务名称

单相电能表抄读、异常处理、电费计算。

二、适用工种

农网配电营业工（综合柜员）高级技师。

三、具体任务

（1）抄读指定单相电能表，将铭牌信息和表内示数信息填入表Jc0006162032-1。

表 Jc0006162032 – 1

电能表铭牌参数		表内信息	
电能表出厂编号		当前总电量	
额定电压		剩余金额	
标定电流及最大电流		电压	
接线方式		电流	
准确度等级		功率	

（2）使用掌机读取当前表内阶梯电价执行套数及阶梯电价、费率电价执行套数及费率电价。

（3）已知该户为居民客户，判断表内电价执行是否正确，如不正确请改正（阶梯电价为 0.448 6 元/kWh、0.498 6 元/kWh、0.748 6 元/kWh）。

（4）经用电信息采集系统检查，该户自首次购电后，每月用电量均小于 170kWh，表 Jc0006162032 – 2 为该客户的购电记录，请计算应退补电费。

表 Jc0006162032 – 2

购电时间	购电类型	电卡购电次数	本次写卡金额	累计购电金额
2020 年 4 月 12 日	日常购电	6	1000	5500
2019 年 10 月 12 日	日常购电	5	1000	4500
2018 年 9 月 12 日	银行联网	4	1000	3500
2017 年 8 月 12 日	银行联网	3	1000	2500
2016 年 7 月 12 日	日常购电	2	1000	1500
2016 年 1 月 12 日	首次购电	1	500	500

四、工作规范及要求

（1）着装符合要求，穿全棉长袖工作服、绝缘鞋，戴安全帽、线手套。

（2）携带自备工具（钢笔或中性笔、计算器、线手套）进入现场，待考评员宣布许可工作命令后开始工作并计时。

（3）打开计量柜（箱）门之前必须对柜（箱）体验电，现场操作严格执行《国家电网有限公司营销现场作业安全工作规程（试行）》。

（4）工作结束清理现场，并向考评员报告。

五、考核及时间要求

本考核操作时间限定为 30 分钟，计时结束停止考评。

技能等级评价专业技能考核操作评分标准

工种	农网配电营业工（综合柜员）			评价等级	高级技师
项目模块	电费管理—收费管理			编号	Jc0006162032
单位		准考证号		姓名	
考试时限	30 分钟	题型	单项操作题	题分	100 分
成绩		考评员		考评组长	日期
试题正文	单相电能表抄读、异常处理、电费计算				
需要说明的问题和要求	（1）要求单人操作。 （2）操作时应注意安全，按照标准化作业指导书的技术安全说明做好安全措施				

序号	项目名称	质量要求	满分	扣分标准	扣分原因	得分
1	安全文明生产	佩戴安全帽；穿全棉长袖工作服；穿绝缘鞋；操作时戴线手套；打开柜门前需先验电	10	有一项未按要求进行扣 5 分，扣完为止		
2	电能表抄读	（1）电能表铭牌信息填写正确规范。 （2）表内示数信息填写正确规范	20	表格内每项数据未填写或填写错误扣 2 分，扣完为止		
3	电价抄读	（1）正确填写当前表内执行第几套阶梯电价。 （2）正确填写当前表内阶梯电价。 （3）正确填写当前表内执行第几套费率电价。 （4）正确填写当前表内执行费率电价	20	错答一项扣 5 分，扣完为止		
4	电价修改	电价修改正确	20	未正确修改电价扣 20 分		
5	电费计算	电费计算正确	20	电费计算方法错误扣 10 分； 结果计算错误扣 10 分		
6	现场恢复	操作结束后清理现场杂物，并将工器具归位摆放整齐	10	现场留有杂物或工器具未归位扣 10 分		
	合计		100			

标准答案：

（1）抄读指定的单相电能表，电能表相关信息填于表 Jc0006162032 - 3。

表 Jc0006162032 - 3

电能表铭牌参数		表内信息	
电能表出厂编号		当前总电量	
额定电压		剩余金额	
标定电流及最大电流		电压	
接线方式		电流	
准确度等级		功率	

（2）当前客户表内执行第二套阶梯电价，阶梯电价为 0.448 6 元/kWh、0.498 6 元/kWh、0.748 6 元/kWh；执行第一套费率电价，电价为 0.518 3 元/kWh。

（3）由于该户为居民客户，应执行电价为 0.448 6 元/kWh、0.498 6 元/kWh、0.748 6 元/kWh 阶梯电价，但实际客户执行电价为阶梯电价与费率电价叠加电价，执行 0.966 9 元/kWh，1.016 9 元/kWh、1.266 9 元/kWh 的电价。

（4）该户电价执行错误，只执行阶梯电价，需在 SG186 系统中通过电价下发模块查找、生成并推送任务，在采集闭环管理系统中通过现场电价调整模块查找到任务，派工至执行任务的掌机，掌机同步任务后现场设置电价，电价设置成功后同步工单，最后在 SG186 系统归档工单。

（5）通过表计读取该客户当前总电量为 5281kWh，剩余金额为 56.04 元，根据题意已知该户每月用电量均小于 170kWh，执行一档电价，因此客户在电价正常的情况下：

应发生电费 = 5281 × 0.448 6 = 2369.06（元）

由购电记录可知客户累计购电 5500 元，表内电价执行正确的情况下：

表内应剩余电费＝5500－2369.06＝3130.94（元）

但因电价错误，实际客户表内剩余金额为56.04（元），则

应退电费＝3130.94－56.04＝3074.90（元）

Jc0006151033　分布式发电客户抄表电量计算。（100 分）

考核知识点： 电费计算

难易度： 易

技能等级评价专业技能考核操作工作任务书

一、任务名称

分布式发电客户抄表电量计算。

二、适用工种

农网配电营业工（综合柜员）高级技师。

三、具体任务

图 Jc0006151033 为某低压分布式客户计量点方案接线图，已知 1 号表、2 号表表号，请完成以下操作。

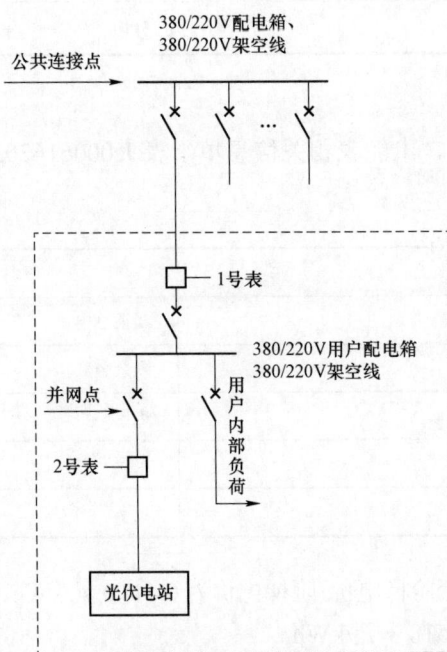

图 Jc0006151033

（1）分别抄读 1 号表、2 号表电能表相关信息，并将信息填入表 Jc0006151033－1、表 Jc0006151033－2 中。

表 Jc0006151033－1　　　　　1 号 表 信 息

电能表铭牌参数		表内信息	
电能表出厂编号		正向有功总	
参比电压		上一月正向有功总	
标定电流及最大电流		反向有功总	
接线方式		上一月反向有功总	

表 Jc0006151033-2 2号表信息

电能表铭牌参数		表内信息	
电能表出厂编号		正向有功总	
参比电压		上一月正向有功总	
标定电流及最大电流		反向有功总	
接线方式		上一月反向有功总	

（2）计算出客户当月发电量、上网电量、网购电量和用电量。

四、工作规范及要求

（1）着装符合要求，穿全棉长袖工作服、绝缘鞋，戴安全帽、线手套。

（2）携带自备工具（钢笔或中性笔、计算器、线手套）进入现场，待考评员宣布许可工作命令后开始工作并计时。

（3）打开计量柜（箱）门之前必须对柜（箱）体验电，现场操作严格执行《国家电网公司电力安全工作规程（配电部分）》。

（4）工作结束清理现场，并向考评员报告。

五、考核及时间要求

本考核操作时间限定为30分钟，计时结束停止考评。

技能等级评价专业技能考核操作评分标准

工种	农网配电营业工（综合柜员）			评价等级	高级技师
项目模块	电费管理—收费管理		编号		Jc0006151033
单位		准考证号		姓名	
考试时限	30分钟	题型	综合操作题	题分	100分
成绩		考评员		考评组长	日期
试题正文	分布式发电客户抄表电量计算				
需要说明的问题和要求	（1）要求单人操作。 （2）操作应注意安全，按照标准化作业书的技术安全说明做好安全措施				

序号	项目名称	质量要求	满分	扣分标准	扣分原因	得分
1	安全文明生产	佩戴安全帽；穿全棉长袖工作服；穿绝缘鞋；操作时戴线手套；打开柜门前需先验电	10	有一项未按要求进行扣5分，扣完为止		
2	电能表抄读	（1）电能表铭牌信息填写正确规范。 （2）表内示数信息填写正确规范	32	表格内数据未填写或填写错误每项扣2分，扣完为止		
3	电量计算	（1）发电量计算正确。 （2）上网电量计算正确。 （3）网购电量计算正确。 （4）用电量计算正确	48	每项错误扣12分		
4	现场恢复	操作结束后清理现场杂物，并将工器具归位摆放整齐	10	现场留有杂物或工器具未归位扣10分		
	合计		100			

标准答案：

（1）读取电能表信息，并将其填入表 Jc0006151033-3、表 Jc0006151033-4 中（表内空白处以考核现场电能计量装置参数示数值为准）。

表 Jc0006151033－3   **1 号 表 信 息**

电能表铭牌参数		表内信息	
电能表出厂编号		正向有功总	386.51
参比电压	220V	上一月正向有功总	156.24
标定电流及最大电流	5（60）A	反向有功总	2384.62
接线方式	单相	上一月反向有功总	1028.62

表 Jc0006151033－4   **2 号 表 信 息**

电能表铭牌参数		表内信息	
电能表出厂编号		正向有功总	2412.86
参比电压	220V	上一月正向有功总	1036.74
标定电流及最大电流	5（60）A	反向有功总	0
接线方式	单相	上一月反向有功总	0

（2）根据计量方案接线示意图可以得出，1 号电能表正向表码计量客户网购电量，反向表码计量客户上网电量；2 号电能表正向计量客户发电量。因此

客户当月发电量＝2412.86－1036.74＝1376（kWh）

当月上网电量＝2384.62－1028.62＝1356（kWh）

当月网购电量＝386.51－156.24＝230（kWh）

当月用电量＝客户发电量＋网购电量－上网电量＝1376＋230－1356＝250（kWh）

Jc0006163034　电力营销综合分析。（100 分）

考核知识点： 抄核收统计报表的种类、内容及报表对应数据的分析方法

难易度： 难

技能等级评价专业技能考核操作工作任务书

一、任务名称

电力营销综合分析。

二、适用工种

农网配电营业工（综合柜员）高级技师。

三、具体任务

某供电所 35kV 林场变电站 10kV 供电线路 515 养殖园线带 3 户专用变压器客户，1 台公用变压器，公用变压器下低压客户共 5 户，2021 年 1 月 31 日，515 养殖园线出口表电量 60 000kWh，公用变压器总表抄见电量为 6000kWh。客户相关信息见表 Jc0006163034－1，现行销售电价见表 Jc0006163034－2。

表 Jc0006163034－1

序号	客户名称	在运容量/负荷	用电类别	行业用电分类	当月电量（kWh）	电费（元）
1	×××家庭照明	10kW			150	
2	×××修理部	20kW			3000	
3	×××村1队抗旱机井	15kW			2000	
4	×××餐厅	20kW			400	

续表

序号	客户名称	在运容量/负荷	用电类别	行业用电分类	当月电量（kWh）	电费（元）
5	清真寺	15kW			200	
6	××镇派出所	50kVA			18 000	
7	×××有限公司	80kVA			20 000	
8	×××公司	50kVA			12 000	

表 Jc0006163034-2   单位：元/kWh

电价类别	不满 1kV	1～10kV
居民生活	0.448 6	0.448 6
工商业及其他用电（单一制）	0.488 3	0.468 3
符合国家民族政策的宗教公共活动场所	0.498 6	0.498 6
工商业及其他用电（两部制）	—	0.394 9
农业生产	0.473	0.463
农业排灌	0.302	0.292
多级扬水	0.106	0.106

（1）根据题意，填写表 Jc0006163034-1 中客户对应的用电类别、行业用电分类，并根据给定电量及电价计算各客户的电费。

（2）计算 515 养殖园线 1 月总售电量、总应收电费、到户平均单价，工业用电量和居民用电量所占比重。

（3）2021 年 1 月 515 养殖园线的售电量是 50 000kWh，请计算 1 月售电量增长率。

（4）截至 1 月底，该线路客户实收电费合计 25 000 元，请计算该线路客户 1 月电费回收率。

（5）供用电合同约定当月电费在月末结清，×××有限公司 1 月电费在 2 月 10 日结清，请计算该客户应缴纳的电费违约金。

（6）计算 1 月台区线损率和线路线损率。

（7）说明以上客户应签订的供用电合同类型，其有效期限分别是多少年？

四、工作规范及要求

（1）需列式计算或文字描述，数值保留两位小数，文字描述规范。

（2）客户明细表中数据直接填写。

（3）行业分类写至二级及以下。

五、考核及时间要求

本考核要求完成时间为 45 分钟，时间到停止答题，需列式计算的，不能直接填写答案。

技能等级评价专业技能考核操作评分标准

工种	农网配电营业工（综合柜员）			评价等级	高级技师
项目模块	用电营业与服务—用电营业管理		编号	Jc0006163034	
单位		准考证号		姓名	
考试时限	45 分钟	题型	综合操作	题分	100 分
成绩		考评员	考评组长	日期	
试题正文	电力营销综合分析				
需要说明的问题和要求	（1）要求单人完成。 （2）表格数据填写清楚，需列式计算写出计算步骤，需文字描述的描述清晰、规范				

续表

序号	项目名称	质量要求	满分	扣分标准	扣分原因	得分
1	填写客户明细表	用电类别正确	8	未正确填写每空扣1分，扣完为止		
		行业分类正确	8	未正确填写每空扣1分，扣完为止		
		电费正确	16	未正确填写每空扣2分，扣完为止		
2	总售电量	计算正确	5	不正确扣5分		
	总应收电费	计算正确	5	不正确扣5分		
	到户平均单价	计算正确	5	不正确扣5分		
	工业用电量比重	计算正确	5	不正确扣5分		
	居民用电量比重	计算正确	5	不正确扣5分		
3	售电量增长率	计算正确	5	不正确扣5分		
4	电费回收率	计算正确	5	不正确扣5分		
5	电费违约金	计算正确	5	不正确扣5分		
6	台区的线损率	计算正确	6	供、售电量不正确每项扣1分，扣完为止；线损率不正确扣4分		
	线路的线损率	计算正确	6	供、售电量不正确每项扣1分，扣完为止；线损率不正确扣4分		
7	供用电合同类型	正确	8	不正确每户扣1分，扣完为止		
	合同有效期	正确	8	不正确每户扣1分，扣完为止		
合计			100			

标准答案：

（1）客户对应的用电类别、行业用电分类和电费填入表 Jc0006163034-3 中。

表 Jc0006163034-3

序号	客户名称	在运容量/负荷	用电类别	行业分类	当月电量（kWh）	电费（元）
1	×××家庭照明	10kW	城镇居民	城镇居民	150	67.29
2	××修理部	20kW	非工业	居民服务业	3000	1464.90
3	××村1队抗旱机井	15kW	农业生产	农、林、牧、渔专业及辅助性活动中的排灌	2000	604
4	×××餐厅	20kW	商业	快餐服务	400	195.32
5	清真寺	15kW	非居民	宗教组织	200	99.72
6	××镇派出所	50kVA	非居民	公共安全管理机构	18 000	8429.40
7	×××有限公司	80kVA	普通工业	水泥制造	20 000	9366
8	×××公司	50kVA	普通工业	专用化学产品制造	12 000	5619.60

（2）总售电量 = 150 + 3000 + 2000 + 400 + 200 + 18 000 + 20 000 + 12 000 = 55 750（kWh）

总应收电费 = 67.29 + 1464.90 + 604.00 + 195.32 + 99.72 + 8429.40 + 9366 + 5619.60

= 25 846.23（元）

到户平均单价 = 总应收电费 ÷ 总售电量 × 1000

= 25 846.23 ÷ 55 750 × 1000 = 463.61（元/kWh）

工业用电量比重＝工业用电量÷总售电量×100%＝（20 000＋12 000）÷55 750×100%＝57.40%

居民用电量比重＝居民用电量÷总售电量×100%＝150÷55 750×100%＝0.27%

（3）电量增长率＝（本年当月售电量－上年当月售电量）÷上年当月售电量×100%

＝（55 750－50 000）÷50 000×100%＝11.50%

（4）电费回收率＝当月实收电费÷当月应收电费×100%＝25 000÷25 846.23×100%＝96.73%

（5）电费违约金＝5846.23×2‰×10＝116.92（元）

（6）台区供电量＝6000kWh

台区售电量＝150＋3000＋2000＋400＋200＝5750（kWh）

台区线损率＝（台区供电量－台区售电量）÷台区供电量×100%

＝（6000－5750）÷6000×100%＝4.17%

线路供电量＝60 000kWh；线路售电量＝56 000kWh

线路线损率＝（线路供电量－线路售电量）÷线路供电量×100%

＝（60 000－56 000）÷60 000×100%＝6.67%

（7）×××家庭照明、×××修路部、×××村 1 队抗旱机井、×××快餐店、清真寺应分别与供电公司签订低压供用电合同，合同有效期不超过 10 年；×××镇派出所、×××有限公司、×××公司应分别与供电公司签订高压供用电合同，合同有效期不超过 5 年。

Jc0006152035 高压双电源客户高可靠性费用收取。（100 分）

考核知识点： 高可靠性供电费用的收取政策

难易度： 中

技能等级评价专业技能考核操作工作任务书

一、任务名称

高压双电源客户高可靠性费用收取。

二、适用工种

农网配电营业工（综合柜员）高级技师。

三、具体任务

某房地产开发商小区建成后，对配套设施（消防、水泵等）申请 10kV 供电，请说明高可靠性供电费用的收取标准。

四、工作规范及要求

（1）自备钢笔或中性笔。

（2）正确说明高可靠性供电费用收取的相关规定。

五、考核及时间要求

（1）考评员可对考生着答剩余时间进行提醒，对回答内容考评员不得提示。

（2）本考核操作时间为 20 分钟。

（3）时间到应立即停止考评。

技能等级评价专业技能考核操作评分标准

工种	农网配电营业工（综合柜员）		评价等级	高级技师
项目模块	电费管理—收费管理	编号		Jc0006152035
单位		准考证号	姓名	

续表

考试时限	20分钟		题型		单项操作题		题分	100分
成绩		考评员		考评组长			日期	
试题正文	高压双电源客户高可靠性费用收取							
需要说明的问题和要求	无							

序号	项目名称	质量要求	满分	扣分标准	扣分原因	得分
1	高可靠性供电费用收取规定	文字表达规范完整，要点明确	60	每一条知识点不明确扣20分，扣完为止		
2	高可靠性供电费用	收取金额正确	40	结果错误一条扣20分，扣完为止		
	合计		100			

标准答案：

（1）对于公网线路采用架空方式的，高可靠性供电费按照架空收费标准收取；对于公网线路采用电缆方式的，高可靠性供电费按照架空收费标准的1.5倍收取；对于公网线路采用架空与电缆混合方式的，架空线路长的，高可靠性供电费按照架空收费标准收取，电缆线路长的，高可靠性供电费按照架空收费标准的1.5倍收取；对于从公网变电站直接接入客户建设的外部工程线路的，高可靠性供电费按照架空收费标准收取。

（2）对于在建居民住宅小区（含公寓），如项目业主单位同意在小区供配电设施建设完成后，将小区供配电设施无偿移交给国网宁夏电力有限公司的，免收其高可靠性供电费。

（3）该房地产开发商小区配套设施（消防、水泵等）申请10kV供电，若由电网公司投资建设，高可靠性供电费收费标准为210元/kVA，若由客户自建本级电压外部供电工程，高可靠性供电费收费标准为150元/kVA，地下电缆按架空线路费用1.5倍计收。

Jc0006153036 变损计算。（100分）

考核知识点： 变损的计算方法

难易度： 难

技能等级评价专业技能考核操作工作任务书

一、任务名称

变损计算。

二、适用工种

农网配电营业工（综合柜员）高级技师。

三、具体任务

某企业员工宿舍10kV照明用电，受电总容量200kVA，由两台10kV同系列100kVA节能变压器并列运行，其单台变压器铁损 $P_0=0.25$kW，铜损 $P_k=1.15$kW。2月因负荷变化，两台变压器负荷率都只有40%，问其是否有必要向供电企业申请暂停1台受电变压器？

四、工作规范及要求

计算准确，文字描述清晰、规范。

五、考核及时间要求

本考核要求完成时间为30分钟，答题完整，文字描述清晰、规范。

技能等级评价专业技能考核操作评分标准

工种	农网配电营业工（综合柜员）			评价等级	高级技师
项目模块	电费管理—收费管理		编号		Jc0006153036
单位		准考证号		姓名	
考试时限	30分钟	题型	综合操作题	题分	100分
成绩		考评员	考评组长	日期	
试题正文	变损计算				
需要说明的问题和要求	要求单人完成				

序号	项目名称	质量要求	满分	扣分标准	扣分原因	得分
1	两台变压器并列运行时损耗计算	公式选择数据计算正确	30	公式、计算错误扣30分		
2	单台运行时损耗计算	公式选择数据计算正确	30	公式、计算错误扣30分		
3	损耗大小判断	判断正确	20	判断错误扣20分		
4	总结回答	文字描述清晰、规范	20	回答错误扣20分		
	合计		100			

标准答案：

两台变压器并列运行时，其损耗为

$$P_{Fe} = 2 \times 0.25 = 0.500 \ (kW)$$

$$P_{Cu} = 2 \times 1.15 \times \left(\frac{40}{100}\right)^2 = 0.368 \ (kW)$$

$$P_\Sigma = P_{Fe} + P_{Cu} = 0.500 + 0.368 = 0.868 \ (kW)$$

若暂停一台变压器，其损耗为

$$P'_{Fe} = 0.25 \ (kW)$$

$$P'_{Cu} = 1.15 \times \left(\frac{80}{100}\right)^2 = 0.736 \ (kW)$$

$$P'_\Sigma = P'_{Fe} + P'_{Cu} = 0.250 + 0.736 = 0.986 \ (kW)$$

$$P'_\Sigma > P_\Sigma$$

因照明用电执行单一制电价，不存在基本电费支出，若停用一台配电变压器后，变压器损耗电量反而增大，故不宜申办暂停。

Jc0006163037 三相三线制电能计量装置接线分析。（100分）

考核知识点： 经电流互感器低压三相四线制电能计量装置接线分析

难易度： 难

技能等级评价专业技能考核操作工作任务书

一、任务名称

三相三线制电能计量装置接线分析。

二、适用工种

农网配电营业工（综合柜员）高级技师。

三、具体任务

请使用相位视在功率表完成指定三相三线制电能计量装置相关参数的测量并分析接线形式，计算错误接线的更正系数及退补电量。将以上信息填入三相三线制装置检查项目表（见表 Jc0006163037－1）。

四、工作规范及要求

（1）着装符合要求，穿全棉长袖工作服、绝缘鞋，戴安全帽、线手套。

（2）携带自备工具（钢笔或中性笔、计算器、三角尺）进入现场，待考评员宣布许可工作命令后开始工作并计时。

（3）打开计量柜（箱）门之前必须对柜（箱）体验电，现场操作严格执行《国家电网有限公司营销现场作业安全工作规程（试行）》。

（4）工作结束清理现场，并向考评员报告。

五、考核及时间要求

本考核操作时间为 30 分钟，时间到停止考评。

表 Jc0006163037－1

编号		姓名		工位号	
一、实测数据					

测定三相电压、电流

U_{12}	U_{32}	U_{13}	I_1	I_2

确定 B 相

U_{1n}	U_{2n}	U_{3n}

二、测定电压电流相位及确定相序

相位差	$\dot{U}_{32}$	$\dot{I}_1$	$\dot{I}_2$	电压相序判断	电压相别判断	U_1	U_2	U_3
$\dot{U}_{12}$								

三、错误接线相量图

四、错误接线示意图

五、判断结论

接线组别	第一元件：	说明：
	第二元件：	

六、写出错误接线的功率表达式

$P_1 =$　　　　　　　　　　　$P_2 =$

$P_总 =$

七、计算更正系数

八、计算退补电量

技能等级评价专业技能考核操作评分标准

工种		农网配电营业工（综合柜员）			评价等级	高级技师
项目模块		用电营业与服务—用电营业管理		编号		Jc0006163037
单位			准考证号		姓名	
考试时限	30分钟		题型	单项操作	题分	100分
成绩		考评员		考评组长		日期	
试题正文	三相三线制电能计量装置接线分析					
需要说明的问题和要求	（1）要求单人操作。 （2）操作应注意安全，按照标准化作业书的技术安全说明做好安全措施。 （3）考试使用电能表为仿真表，通过模拟装置进行参数设置，相电压分别为57.7、57.7、57.7V，相电流分别为2.0、2.0、2.0A。 （4）默认设置为三相三线制电能表，假定负荷三相平衡，表尾电压接线为abc，电流接线为ac					

序号	项目名称	质量要求	满分	扣分标准	扣分原因	得分
1	工具使用及安全措施					
1.1	相关安全措施的准备	安全帽、工作服、绝缘鞋、手套、验电笔	5	准备不齐全或着装不规范每项扣1分，扣完为止		
1.2	各种工器具正确使用	（1）正确使用验电笔。 （2）熟练正确使用相位视在功率表	10	未验电扣2分； 验电方法不当扣1分； 工器具掉落每次扣1分； 相位视在功率表使用不当每次扣1分； 测量过程摘手套扣2分； 测量完毕后再次申请测量扣3分； 依据操作，依次扣分，扣完为止		
2	数据测量	（1）正确填写电能表基本信息。 （2）正确记录实测数据并判断电压相序	5	电能表基本信息填写不正确每处扣1分，扣完为止； 测量数据不正确每项扣1分，扣完为止； 无单位每处扣0.2分，最多扣1分； 相序判断不正确扣2分； 以上扣分，扣完为止		
3	绘制错误接线图及相量图					
3.1	错误接线相量图	正确绘制错误接线相量图	10	电压、电流相量标记错误每项扣2分，无相量符号扣1分； 相量角度偏差超过15°每项扣2分； 未标记功率因数角每项扣2分； 以上扣分，扣完为止		
3.2	错误接线形式	正确判断错误接线形式	10	错误接线形式判断不正确每项扣2分，扣完为止		

序号	项目名称	质量要求	满分	扣分标准	扣分原因	得分
3.3	错误接线示意图	正确绘制错误接线示意图	10	电压、电流回路接线不正确每处扣2分，扣完为止； 中性线接线不正确扣2分； 未标注同名端扣2分 以上扣分，扣完为止		
4	计算功率表达式					
4.1	各元件的功率表达式	正确书写各元件的功率表达式	6	每个元件的功率表达式不正确扣3分，扣完为止		
4.2	计算总功率	正确计算总功率	4	每个元件的功率表达式不正确扣2分，扣完为止； 未化简扣2分		
5	计算更正系数	正确计算更正系数	10	更正系数表达式不正确扣10分； 未化简扣5分； 结果不正确扣5分		
6	计算退补电量	正确计算退补电量	10	退补电量公式列写不正确扣10分； 计算结果不正确扣5分		
7	现场恢复	恢复现场	10	未进行现场恢复扣10分		
8	作业时限	30min内完成	10	30min之内完成不扣分； 30~35min之内完成扣2分； 35~40min之内完成扣5分； 超时40min，结束操作，收取记录表，扣10分		
	合计		100			

标准答案：

将相关信息填入表 Jc0006163037-2 中。

表 Jc0006163037-2

编号		姓名		工位号	

一、实测数据

测定三相电压、电流					确定B相		
U_{12}	U_{32}	U_{13}	I_1	I_2	U_{1n}	U_{2n}	U_{3n}
100V	100V	100V	2.0A	2.0A	100V	0V	100V

二、测定电压电流相位及确定相序

相位差	$\dot{U}_{32}$	$\dot{I}_1$	$\dot{I}_2$	电压相序判断	电压相别判断	U_1	U_2	U_3
$\dot{U}_{12}$	300°	45°	285°	正		a	b	c

三、错误接线相量图

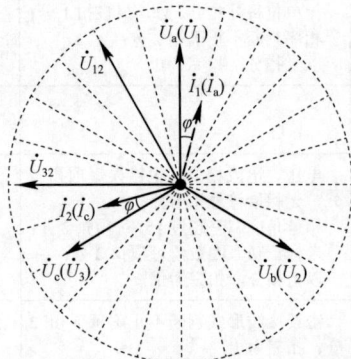

四、错误接线示意图

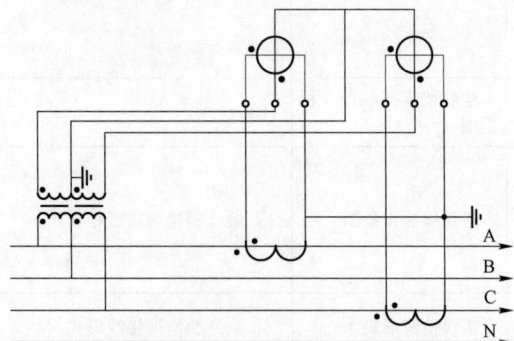

续表

五、判断结论

接线组别	第一元件：[$\dot{U}_{ab}; \dot{I}_a$]	说明：
	第二元件：[$\dot{U}_{cb}; \dot{I}_c$]	

六、写出错误接线的功率表达式

$$P_1 = UI\cos(30° + \varphi)$$
$$P_2 = UI\cos(30° - \varphi)$$
$$P_总 = P_1 + P_2 = \sqrt{3}UI\cos\varphi$$

七、计算更正系数

$$K = \frac{P_0}{P} = \frac{\sqrt{3}UI\cos\varphi}{\sqrt{3}UI\cos\varphi} = 1$$

八、计算退补电量
正确计量，无退补

Jc0006163038　经电流互感器低压三相四线制电能计量装置接线分析。（100 分）

考核知识点： 低压三相四线制电能计量装置接线分析

难易度： 难

技能等级评价专业技能考核操作工作任务书

一、任务名称

经电流互感器低压三相四线制电能计量装置接线分析。

二、适用工种

农网配电营业工（综合柜员）高级技师。

三、具体任务

请使用相位视在功率表完成指定经电流互感器低压三相四线制电能计量装置相关参数的测量并分析接线形式。将以上信息填入表 Jc0006163038－1 中。

四、工作规范及要求

（1）着装符合要求，穿全棉长袖工作服、绝缘鞋，戴安全帽、线手套。

（2）携带自备工具（钢笔或中性笔、计算器、三角尺）进入现场，待考评员宣布许可工作命令后开始工作并计时。

（3）打开计量柜（箱）门之前必须对柜（箱）体验电，现场操作严格执行《国家电网有限公司营销现场作业安全工作规程（试行）》相关规定。

（4）工作结束清理现场，并向考评员报告。

五、考核及时间要求

本考核操作时间为 30 分钟，时间到停止考评。

表 Jc0006163038－1

编号		姓名		工位号	
		一、电能表基本信息（有功）			
型号		准确度等级		出厂编号	
规格		V；　A		制造厂家	

续表

	二、实测数据			
线电压	$U_{12}=$	$U_{32}=$	$U_{13}=$	电压相序：
相电压	$U_1=$	$U_2=$	$U_3=$	四、错误接线形式：下标用 A、B、C 表示
电流	$I_1=$	$I_2=$	$I_3=$	第一元件：
				第二元件：
相位	$\dot{U}_1{}^{\wedge}\dot{U}_2=$	基准相：		第三元件：
	$\dot{U}_1{}^{\wedge}\dot{I}_1=$	$\dot{U}_1{}^{\wedge}\dot{I}_2=$	$\dot{U}_1{}^{\wedge}\dot{I}_3=$	

三、错误接线相量图

五、错误接线示意图

技能等级评价专业技能考核操作评分标准

工种	农网配电营业工（综合柜员）		评价等级	高级技师
项目模块	用电营业与服务—用电营业管理	编号		Jc0006163038
单位		准考证号	姓名	
考试时限	30分钟	题型	单项操作	题分	100分
成绩		考评员	考评组长	日期	
试题正文	经电流互感器低压三相四线制电能计量装置接线分析			

需要说明的问题和要求

（1）要求单人操作。
（2）操作应注意安全，按照标准化作业书的技术安全说明做好安全措施
（3）考试使用电能表为仿真表，通过模拟装置进行参数设置，相电压分别为220.0、220.0、220.0V、相电流分别为2.0、2.0、2.0A。
（4）默认设置为经电流互感器低压三相四线制电能表，假定负荷三相平衡，表尾电压接线为abc，电流接线为acb，第三元件反接，功率因数角为30°

序号	项目名称	质量要求	满分	扣分标准	扣分原因	得分
1	工具使用及安全措施					
1.1	相关安全措施的准备	安全帽、工作服、绝缘鞋、手套、验电笔	5	准备不齐全或着装不规范每项扣 1 分，扣完为止		
1.2	各种工器具正确使用	（1）正确使用验电笔。（2）熟练正确使用相位视在功率表	10	未验电扣2分，验电方法不当扣1分；工器具掉落每次扣1分；相位视在功率表使用不当每次扣1分；测量过程摘手套扣2分；测量完毕后再次申请测量扣3分；依据操作，依次扣分，扣完为止		

续表

序号	项目名称	质量要求	满分	扣分标准	扣分原因	得分
2	数据测量	正确填写电能表基本信息	5	电能表基本信息填写不正确每处扣1分，扣完为止		
		正确记录实测数据并判断电压相序	20	测量数据不正确每项扣1分，扣完为止； 无单位每处扣0.5分，最多扣2分； 相序判断不正确扣4分； 以上扣分，扣完为止		
3	绘制错误接线图及相量图					
3.1	错误接线相量图	正确绘制错误接线相量图	10	电压、电流相量标记错误每项扣2分，无相量符号扣1分； 相量角度偏差超过15°每项扣2分； 未标记功率因数角每项扣2分； 以上扣分，扣完为止		
3.2	错误接线形式	正确判断错误接线形式	10	错误接线形式判断不正确每项扣2分，扣完为止		
3.3	错误接线示意图	正确绘制错误接线示意图	20	电压、电流回路接线不正确每处扣2分，扣完为止； 中性线接线不正确扣2分； 未标注同名端扣2分 以上扣分，扣完为止		
4	现场恢复	恢复现场	10	未进行现场恢复扣10分		
5	作业时限	30min 内完成	10	30min 之内完成不扣分； 30～35min 之内完成扣2分； 35～40min 之内完成扣5分； 超时40min，结束操作，收取记录表，扣10分		
	合计		100			

标准答案：

将相关信息填入表 Jc0006163038－2 中。

表 Jc0006163038－2

编号		姓名		工位号	

一、电能表基本信息（有功）

型号		准确度等级		出厂编号	
规格		V； A		制造厂家	

二、实测数据

线电压	$U_{12} = 380V$	$U_{32} = 380V$	$U_{13} = 380V$	电压相序：abc
相电压	$U_1 = 220V$	$U_2 = 220V$	$U_3 = 220V$	四、错误接线形式：
电流	$I_1 = 2.0A$	$I_2 = 2.0A$	$I_3 = 2.0A$	第一元件：$\dot{U}_a, \dot{I}_a$
相位	$\dot{U}_1 \overset{\wedge}{} \dot{U}_2 = 120°$	基准相：$\dot{U}_1 = \dot{U}_a$		第二元件：$\dot{U}_b, \dot{I}_c$ 第三元件：$\dot{U}_c, -\dot{I}_b$
	$\dot{U}_1 \overset{\wedge}{} \dot{I}_1 = 30°$	$\dot{U}_1 \overset{\wedge}{} \dot{I}_2 = 270°$	$\dot{U}_1 \overset{\wedge}{} \dot{I}_3 = 330°$	

三、错误接线相量图	五、错误接线示意图
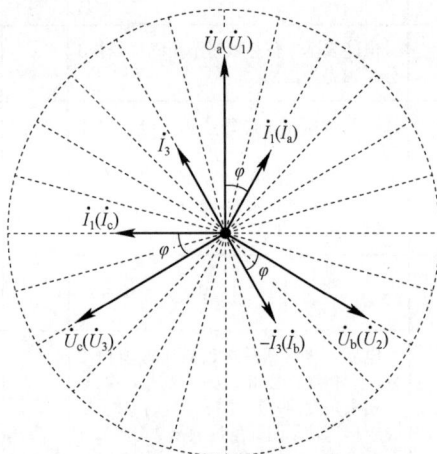	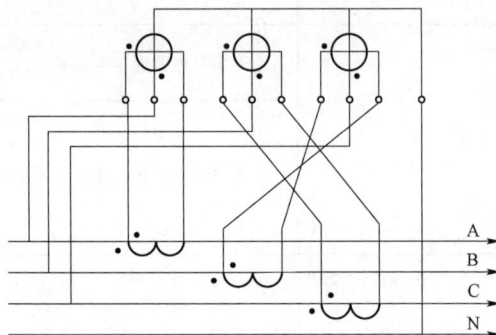

Jc0006163039　三相三线计量装置错误接线纠正。（100分）

考核知识点：计量装置接线分析

难易度：难

技能等级评价专业技能考核操作工作任务书

一、任务名称

三相三线计量装置错误接线纠正。

二、适用工种

农网配电营业工（综合柜员）高级技师。

三、具体任务

请使用相位视在功率表、相序表等仪器检测电能表接线，画向量图、计算有功功率更正系数。

四、工作规范及要求

（1）着装符合要求，穿全棉长袖工作服、绝缘鞋，戴安全帽、线手套。

（2）携带自备工具（钢笔或中性笔、计算器、三角尺）进入现场，待考评员宣布许可工作命令后开始工作并计时。

（3）打开计量柜（箱）门之前必须对柜（箱）体验电，现场操作严格执行《国家电网公司电力安全工作规程（配电部分）》。

（4）工作结束清理现场，并向考评员报告。

五、考核及时间要求

本考核操作时间为30分钟，时间到停止考评。

技能等级评价专业技能考核操作评分标准

工种	农网配电营业工（综合柜员）		评价等级	高级技师
项目模块	用电营业与服务—用电营业管理	编号		Jc0006163039
单位		准考证号	姓名	
考试时限	30分钟	题型	综合操作题	题分	100分
成绩		考评员	考评组长	日期	

试题正文	三相三线计量装置错误接线纠正
需要说明的问题和要求	（1）单人操作。 （2）操作时应注意安全，按照标准化作业指导书的技术安全说明做好安全措施。 （3）考试使用电能表为仿真表，通过模拟装置进行参数设置。 （4）默认设置为专用变压器计量柜指定三相三线电能表 3×100V、3×1.5（6）A，线电压分别为 100、100V，相电流分别为 1、1A，电压相序为 ABC，A 相电流反极性、三相负载平衡、感性、功率因数角为 14°

序号	项目名称	质量要求	满分	扣分标准	扣分原因	得分
1	安全文明生产	佩戴安全帽；穿全棉工作服；穿绝缘鞋；操作时戴线手套；打开柜门前需先验电	20	有一项未按要求进行扣 5 分，扣完为止		
2	正确使用仪器仪表、检测接线	正确使用相位视在功率表；数据测量正确	40	相位视在功率表使用不当一次扣 10 分；数据测量错误一次扣 10 分；以上扣分，扣完为止		
3	向量图	正确画出向量图	20	向量图错误 1 处扣 2 分，扣完为止		
4	计算结果	正确计算更正系数	10	更正系数计算错误扣 10 分		
5	现场恢复	操作结束后清理现场杂物，并将工器具归位摆放整齐	10	现场留有杂物或工器具未归位扣 10 分		
	合计		100			

标准答案：

（1）测量相序、电压、电流、相角，并将相关信息填入表 Jc0006163039。

表 Jc0006163039

参数	一元件	二元件
电压	100V	100V
电流	1A	1A
电压与电流相角	136°	16°
相序	ABC	

（2）根据实测数据画出向量图，向量图如图 Jc0006163039 所示。

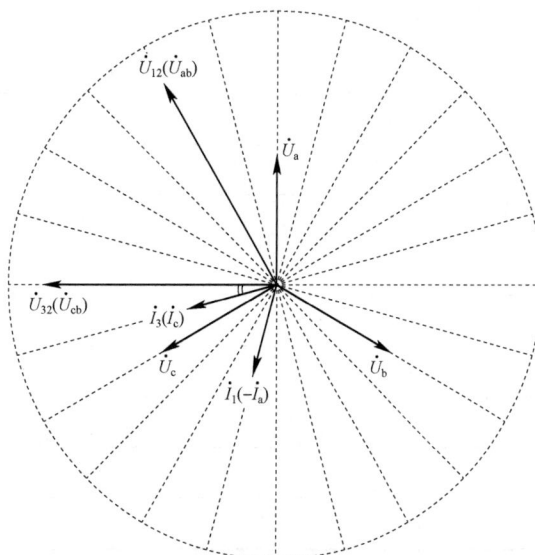

图 Jc0006163039

（3）列出错误接线有功功率表达式。

$$P_1 = U_{AB}I_A \cos(150° - \varphi), \quad P_2 = U_{CB}I_C \cos(30° - \varphi)$$

$$P = P_1 + P_2 = UI \sin\varphi$$

更正系数：$K_P = \dfrac{P_0}{P} = \dfrac{\sqrt{3}UI \cos\varphi}{UI \sin\varphi} = \sqrt{3} \cot\varphi$

Jc0006163040 填制全行业售电量情况统计表。（100分）
考核知识点： 抄核收统计报表的种类、内容及报表对应数据的分析方法
难易度： 难

技能等级评价专业技能考核操作工作任务书

一、任务名称
填制全行业售电量情况统计表。

二、适用工种
农网配电营业工（综合柜员）高级技师。

三、具体任务
根据客户电量电费清单（见表 Jc0006163040-1）填制全行业售电量情况统计表（见表 Jc0006163040-2）。

表 Jc0006163040-1

户名（用电性质）	用电容量（kVA 或 kW）	同期售电量（kWh）	本期售电量（kWh）
××城镇居民	5	160	200
××超市	8	280	300
派出所办公楼	50	2100	2000
××奶牛场	20	420	500
××镇抗旱机井	20	450	500
××高中建筑工地	315	5600	6000
××村大米加工厂	400	25 000	30 000
××村面包加工厂	15	450	400
××汽车修理厂	315	7000	8000
人保保险公司	50	2800	3000
×××冶炼炉	1000	180 000	200 000
××公司基站	30	850	800
××快递公司	10	400	500
××乡村居民	5	80	100
××宾馆	50	2500	3400
××物业公司	50	3000	2800
市场管理中心	20	560	750

表 Jc0006163040-2

填报单位：××供电公司

名称	同期售电量（kWh）	本期售电量（kWh）	本期净增电量（kWh）	本期增长率（%）	本期电量增长贡献率（%）
全社会用电总计					
A、全行业用电合计					
第一产业					
第二产业					
第三产业					
B、城乡居民生活用电合计					
城镇居民					
乡村居民					
全行业用电分类					
一、农、林、牧、渔业					
二、工业					
三、建筑业					
四、交通运输、仓储和邮政业					
五、信息传输、软件和信息技术服务业					
六、批发和零售业					
七、住宿和餐饮业					
八、金融业					
九、房地产业					
十、租赁和商务服务业					
十一、公共服务及管理组织					

四、工作规范及要求

按行业填写表中同期售电量、本期售电量、本期净增电量、本期增长率、本期电量增长贡献率。电量保留整数位，本期增长率、本期电量增长贡献率保留两位小数。

五、考核及时间要求

本考核要求完成时间为 60 分钟，如填写错误，须用双横线划去，在被修改数据上面重新填写，不得直接涂改抹去。表中数据每空必填，如哪一类无数据，则填零，不填视为错误。

技能等级评价专业技能考核操作评分标准

工种	农网配电营业工（综合柜员）			评价等级	高级技师
项目模块	用电营业与服务—用电营业管理		编号		Jc0006163040
单位		准考证号		姓名	
考试时限	60分钟	题型	综合操作	题分	100分
成绩		考评员	考评组长		日期
试题正文	填制全行业售电量情况统计表				
需要说明的问题和要求	（1）要求单人完成。 （2）表中数据按行业逐级填写，如哪一行业无客户电量，则填零，不填视为错误				

续表

序号	项目名称	质量要求	满分	扣分标准	扣分原因	得分
1	同期售电量	数据正确填写	20	每空错误扣1分，扣完为止		
2	本期售电量	数据正确填写	20	每空错误扣1分，扣完为止		
3	本期净增电量	数据正确填写	20	每空错误扣1分，扣完为止		
4	本期增长率	数据正确填写	20	每空错误扣1分，扣完为止		
5	本期贡献率	数据正确填写	20	每空错误扣1分，扣完为止		
	合计		100			

标准答案：

将相关信息填入表 Jc0006163040-3 中。

表 Jc0006163040-3

填报单位：××供电公司

名称	同期售电量（kWh）	本期售电量（kWh）	本期净增电量（kWh）	本期增长率（%）	本期电量增长贡献率（%）
全社会用电总计	231 650	259 250	27 600	11.91	100.00
A、全行业用电合计	231 410	258 950	27 540	11.90	99.78
第一产业	870	1000	130	14.94	0.47
第二产业	211 050	236 400	25 350	12.01	91.85
第三产业	19 490	21 550	2060	10.57	7.46
B、城乡居民生活用电合计	240	300	60	25.00	0.22
城镇居民	160	200	40	25.00	0.14
乡村居民	80	100	20	25.00	0.07
全行业用电分类	231 410	258 950	27 540	11.90	99.78
一、农、林、牧、渔业	870	1000	130	14.94	0.47
二、工业	205 450	230 400	24 950	12.14	90.40
三、建筑业	5600	6000	400	7.14	1.45
四、交通运输、仓储和邮政业	400	500	100	25.00	0.36
五、信息传输、软件和信息技术服务业	850	800	-50	-5.88	-0.18
六、批发和零售业	280	300	20	7.14	0.07
七、住宿和餐饮业	2500	3400	900	36.00	3.26
八、金融业	2800	3000	200	7.14	0.72
九、房地产业	3000	2800	-200	-6.67	-0.72
十、租赁和商务服务业	560	750	190	33.93	0.69
十一、公共服务及管理组织	9100	10 000	900	9.89	3.26

Jc0006163041　填制平均销售电价变化分析表。（100分）

考核知识点：抄核收统计报表的种类、内容及报表对应数据的分析方法

难易度：难

技能等级评价专业技能考核操作工作任务书

一、任务名称

填制平均销售电价变化分析表。

二、适用工种

农网配电营业工（综合柜员）高级技师。

三、具体任务

请根据平均销售电价变化分析表（见表 Jc0006163041－1）中已知数据，填写表内空白项。

表 Jc0006163041－1

填报单位：××供电公司

| 类别 | 电量（万 kWh） | | | 电量比重 | | | 单价 （元/千 kWh） | | | 对平均电价的影响（元/千 kWh） | | |
	本期	同期	增减量	本期	同期	比重增减量	本期	同期	增减量	电量结构变化对平均电价的影响	分类单价变化对平均电价的影响	合计
全行业	81 603.44	97 426.26					367.26	395.16				
大工业	79 071.4	95 193.22					362.85	391.91				
非普工业	358.42	407					683.39	731.7				
农业	587.55	564.11					368.44	369.96				
非居民	162.87	155.19					660.39	707.19				
居民照明	815.11	781.3					444.53	444.67				
商业	362.67	325.43					665.32	701.84				
大客户直接交易	245.42	0					430.53	0				
其他	0.01	0.01					364.09	364				

四、工作规范及要求

按项目填写表中对应数值，数值保留两位小数。

五、考核及时间要求

本考核要求完成时间为 45 分钟，如填写错误，须用双横线划去，在被修改数据上面重新填写，不得直接涂改抹去。表中数据每空必填，如某一项无数据，则填零，不填视为错误。

技能等级评价专业技能考核操作评分标准

工种	农网配电营业工（综合柜员）			评价等级	高级技师
项目模块	用电营业与服务—用电营业管理		编号		Jc0006163041
单位		准考证号		姓名	
考试时限	45 分钟	题型	综合操作	题分	100 分
成绩		考评员	考评组长	日期	
试题正文	填制平均销售电价变化分析表				
需要说明的问题和要求	要求单人完成				

续表

序号	项目名称	质量要求	满分	扣分标准	扣分原因	得分
1	电量增减量	数据正确填写	9	每空填写错误扣1分，扣完为止		
2	本期电量比重	数据正确填写	9	每空填写错误扣1分，扣完为止		
3	同期电量比重	数据正确填写	9	每空填写错误扣1分，扣完为止		
4	比重增减量	数据正确填写	9	每空填写错误扣1分，扣完为止		
5	单价增减量	数据正确填写	18	每空填写错误扣2分，扣完为止		
6	电量结构变化对平均电价的影响	数据正确填写	18	每空填写错误扣2分，扣完为止		
7	分类单价变化对平均电价的影响	数据正确填写	18	每空填写错误扣2分，扣完为止		
8	合计	数据正确填写	10	全行业值填写错误扣2分；其他值每空填写错误扣1分，扣完为止		
	合计		100			

标准答案：

将相关信息填入表 Jc0006163041－2 中。

表 Jc0006163041－2

填报单位：××供电公司

类别	电量（万kWh）			电量比重			单价（元/千kWh）			对平均电价的影响（元/千kWh）		
	本期	同期	增减量	本期	同期	比重增减量	本期	同期	增减量	电量结构变化对平均电价的影响	分类单价变化对平均电价的影响	合计
全行业	81 603.44	97 426.26	−15 822.82	100.00%	100.00%	0.00%	367.26	395.16	−27.9	−0.84	−27.34	−28.18
大工业	79 071.4	95 193.22	−16 121.82	96.90%	97.71%	−0.81%	362.85	391.91	−29.06	0.03	−28.16	−28.13
非普工业	358.42	407	−48.58	0.44%	0.42%	0.02%	683.39	731.7	−48.31	0.07	−0.21	−0.14
农业	587.55	564.11	23.44	0.72%	0.58%	0.14%	368.44	369.96	−1.52	−0.04	−0.01	−0.05
非居民	162.87	155.19	7.68	0.20%	0.16%	0.04%	660.39	707.19	−46.8	0.13	−0.09	0.03
居民照明	815.11	781.3	33.81	0.44%	0.80%	−0.36%	444.53	444.67	−0.14	−0.18	0.00	−0.18
商业	362.67	325.43	37.24	0.44%	0.33%	0.11%	665.32	701.84	−36.52	0.34	−0.16	0.18
大客户直接交易	245.42	0	245.42	0.30%	0.00%	0.30%	430.53	0	430.53	−1.19	1.29	0.11
其他	0.01	0.01	0	0.00%	0.00%	0.00%	364.09	364	0.09	0.00	0.00	0.00

Jc0006163042　填制电费收入变化分析表。（100分）

考核知识点： 抄核收统计报表的种类、内容及报表对应数据的分析方法

难易度： 难

技能等级评价专业技能考核操作工作任务书

一、任务名称

填制电费收入变化分析表。

二、适用工种

农网配电营业工（综合柜员）高级技师。

三、具体任务

请根据电费收入变化分析表（见表 Jc0006163042-1）中已知数据，填写表中空白数据。

表 **Jc0006163042-1**

填报单位：××供电公司

类别	电量（万kWh）		单价（元/千kWh）		对电费收入的影响（万元）		
	本期	同期	本期	同期	电量变化对售电收入的影响	单价变化对售电收入的影响	合计
全行业	56 333.02	87 332.23	383.04	402.96			
大工业	53 978.05	85 003.10	375.03	397.15			
非普工业	604.06	723.07	688.16	745.61			
农业	222.40	144.72	415.10	398.63			
非居民	188.92	198.10	678.50	748.79			
居民照明	924.86	889.52	441.30	440.93			
商业	412.81	371.28	701.26	793.26			
其他	1.91	2.44	364.10	364.10			

四、工作规范及要求

按用电类别填写表中电量变化对售电收入的影响值、单价变化对售电收入的影响值、合计值，数值保留两位小数。

五、考核及时间要求

本考核要求完成时间为 30 分钟，数据填写清楚，不能直接涂改，如填写错误，必须用双横线划掉，在上边重新填写，表中数据每空必填，如哪一类无数据，则填零，不填视为错误。

技能等级评价专业技能考核操作评分标准

工种	农网配电营业工（综合柜员）					评价等级	高级技师
项目模块	用电营业与服务—用电营业管理				编号		Jc0006163042
单位			准考证号			姓名	
考试时限	30分钟		题型		综合操作	题分	100分
成绩		考评员		考评组长		日期	
试题正文	填制电费收入变化分析表						
需要说明的问题和要求	（1）要求单人完成。 （2）表中数据每空必填，如哪一类无数据，则填零，不填视为错误						

序号	项目名称	质量要求	满分	扣分标准	扣分原因	得分
1	电量变化对售电收入的影响	数据正确填写	40	每空填写错误扣5分，扣完为止		
2	单价变化对售电收入的影响	数据正确填写	40	每空填写错误扣5分，扣完为止		
3	合计值	数据正确填写	20	每空填写错误扣2.5分，扣完为止		
	合计		100			

标准答案：

将相关信息填入表 Jc0006163042-2 中。

表 Jc0006163042-2

填报单位：××供电公司

类别	电量（万 kWh）		单价（元/千 kWh）		对电费收入的影响（万元）		
	本期	同期	本期	同期	电量变化对售电收入的影响	单价变化对售电收入的影响	合计
全行业	56 333.02	87 332.23	383.04	402.96	-12 491.44	-1122.15	-13 613.60
大工业	53 978.05	85 003.10	375.03	397.15	-12 321.60	-1193.99	-13 515.59
非普工业	604.06	723.07	688.16	745.61	-88.74	-34.70	-123.44
农业	222.40	144.72	415.10	398.63	30.97	3.66	34.63
非居民	188.92	198.10	678.50	748.79	-6.87	-13.28	-20.15
居民照明	924.86	889.52	441.30	440.93	15.58	0.34	15.92
商业	412.81	371.28	701.26	793.26	32.94	-37.98	-5.03
其他	1.91	2.44	364.10	364.10	-0.19	0.00	-0.19

Jc0006163043 填制售电分类情况统计表。（100 分）

考核知识点： 抄核收统计报表的种类、内容及报表对应数据的分析方法

难易度： 难

技能等级评价专业技能考核操作工作任务书

一、任务名称

填制售电分类情况统计表。

二、适用工种

农网配电营业工（综合柜员）高级技师。

三、具体任务

请根据客户电量电费清单（见表 Jc0006163043-1）填制售电分类情况统计表（见表 Jc0006163043-2）。

表 Jc0006163043-1

填报单位：××供电公司

户名	装机容量（kW）	售电量（kWh）	电费小计（元）	农网还贷基金（元/千 kWh）	城市附加费（元/千 kWh）	国家重大水利建设基金（元/千 kWh）	库区移民后期扶持基金（元/千 kWh）	可再生能源附加（元/千 kWh）	电费合计（元）
×××居民照明	5	200	89.25	0	0	0.23	0.24	0	89.72
×××超市	8	300	140.09	0	0	0.34	0.36	5.7	146.49
派出所办公楼	50	2000	893.95	0	0	2.25	2.4	38	936.6
×××奶牛场	20	500	230.94	0	0	0.56	0	0	231.5
×××村抗旱机井	20	500	116	0	0	0	0	0	116
×××高中建筑工地	315	6000	2681.85	0	0	6.75	7.2	114	2809.8
×××村加工厂	400	30 000	11 207.25	0	0	33.75	36	570	11 847
×××村面包加工店	15	400	186.79	0	0	0.45	0.48	7.6	195.32
×××汽车修理厂	315	8000	3575.8	0	0	9	9.6	152	3746.4
×××保险公司	50	3000	1340.93	0	0	3.38	3.6	57	1404.9
×××冶金公司直购电	1000	200 000	71 060	0	0	225	240	3800	75 325

表 Jc0006163043-2

类别	电量（kWh）	电费收入（元）	应收电费（元）	平均单价（元/千 kWh）	到户单价（元/千 kWh）
合计					
一、大工业					
二、一般工商业及其他					
1. 非普工业					
2. 非居民照明					
3. 商业					
三、农业生产用电					
四、居民生活用电					
五、趸售					
六、打水电量					
七、大客户直接交易					
八、其他					

四、工作规范及要求

按用电类别填写表中售电量、电费收入、应收电费、平均单价、到户单价数据，电量保留整数位，电费、单价保留两位小数。

五、考核及时间要求

本考核要求完成时间为 45 分钟，数据填写完整正确。如填写错误，须用双横线划去，在被修改数据上面重新填写，不得直接涂改抹去。表中数据每空必填，如哪一栏无数据填写零，不填视为错误。

技能等级评价专业技能考核操作评分标准

工种	农网配电营业工（综合柜员）			评价等级	高级技师
项目模块	用电营业与服务—用电营业管理		编号		Jc0006163043
单位		准考证号		姓名	
考试时限	45 分钟	题型	综合操作	题分	100 分
成绩		考评员		考评组长		日期	

试题正文	填制售电分类情况统计表
需要说明的问题和要求	（1）要求单人完成。 （2）表中八大类中，如哪一类无客户电量电费则填零，不填视为错误

序号	项目名称	质量要求	满分	扣分标准	扣分原因	得分
1	电量	数据正确填写	16	合计填写错误扣 1.7 分； 其他值每空填写错误扣 1.3 分； 以上扣分，扣完为止		
2	电费收入	数据正确填写	18	每空填写错误扣 1.5 分，扣完为止		
3	应收电费	数据正确填写	18	每空填写错误扣 1.5 分，扣完为止		
4	平均单价	数据正确填写	24	每空填写错误扣 2 分，扣完为止		
5	到户单价	数据正确填写	24	每空填写错误扣 2 分，扣完为止		
	合计		100			

标准答案：

将相关信息填入表 Jc0006163043 – 3 中。

表 Jc0006163043 – 3

填报单位：××供电公司

类别	电量（kWh）	电费收入（元）	应收电费（元）	平均单价（元/千kWh）	到户单价（元/千kWh）
合计	250 900	91 522.85	96 848.73	364.78	386.01
一、大工业	30 000	11 207.25	11 847.00	373.58	394.90
二、一般工商业及其他	19 700	8819.41	9239.51	447.69	469.01
1. 非普工业	14 400	6444.44	6751.52	447.53	468.86
2. 非居民照明	2000	893.95	936.60	446.98	468.30
3. 商业	3300	1481.02	1551.39	448.79	470.12
三、农业生产用电	1000	346.94	347.50	346.94	347.50
四、居民生活用电	200	89.25	89.72	446.25	448.60
五、趸售	0	0.00	0.00	0.00	0.00
六、打水电量	0	0.00	0.00	0.00	0.00
七、大客户直接交易	200 000	71 060.00	75 325.00	355.30	376.63
八、其他	0	0.00	0.00	0.00	0.00

Jc0006163044　编写售电量分析报告。（100 分）

考核知识点： 抄核收统计报表的种类、内容及报表对应数据的分析方法

难易度： 难

技能等级评价专业技能考核操作工作任务书

一、任务名称

编写售电量分析报告。

二、适用工种

农网配电营业工（综合柜员）高级技师。

三、具体任务

请根据某供电公司 2021 年 4 月份用电分类电量统计表（见表 Jc0006163044）中数据，按用电分类写出售电量分析报告。

表 Jc0006163044

供电单位：××供电公司

分类	售电量（万kWh）							本期售电量比重（%）
	本月	同期	上月	同比		环比		
				增减	±%	增减	±%	
全行业用电量	84 064	91 175.54	91 111.07	−7111.54	−7.80%	−7047.07	−7.73%	100
一、大宗工业	82 082.21	89 377.03	88 904.05	−7294.82	−8.16%	−6821.84	−7.67%	97.64
二、一般工商业及其他	555.76	526.17	536.22	29.59	5.62%	19.54	3.64%	0.66
三、农业生产用电	334.16	256.81	475.18	77.35	30.12%	−141.02	−29.68%	0.40
四、居民生活用电	779.35	753.52	827.05	25.83	3.43%	−47.7	−5.77%	0.93

续表

| 分类 | 售电量（万kWh） | | | | | | | 本期售电量比重（%） |
| | 本月 | 同期 | 上月 | 同比 | | 环比 | | |
				增减	±%	增减	±%	
五、趸售	0	0	0	0	0	0	0	0
六、打水电量	0	0	0	0	0	0	0	0
七、大客户直接交易	312.51	261.99	368.56	50.52	19.28%	−56.05	−15.21%	0.37
八、其他	0.01	0.01	0.01	0	0.00%	0	0	0

四、工作规范及要求

请按用电分类写出售电量分析报告，反映出同比、环比、本期占总电量比重，同比、环比超过±15%的分析原因。

五、考核及时间要求

本考核要求完成时间为30分钟，分析数据正确，原因合理。

技能等级评价专业技能考核操作评分标准

工种	农网配电营业工（综合柜员）		评价等级	高级技师
项目模块	用电营业与服务—用电营业管理		编号	Jc0006163044
单位		准考证号		姓名	
考试时限	30分钟	题型	综合操作	题分	100分
成绩		考评员	考评组长	日期	
试题正文	编写售电量分析报告			
需要说明的问题和要求	（1）要求单人完成。 （2）按用电分类写出售电量分析报告，反映出同比、环比、本期占总电量比重，同比、环比超过±15%的分析原因。分析报告逻辑严谨，数据准确，原因合理			

序号	项目名称	质量要求	满分	扣分标准	扣分原因	得分
1	当月总电量分析	同步、环比分析	12.5	缺一项扣6.25分		
2	大宗工业	同步、环比、占比分析	10.5	缺一项扣3.5分		
3	一般工商业及其他	同步、环比、占比分析	10.5	缺一项扣3.5分		
4	农业生产	同步、环比、占比、变化原因分析	14	缺一项扣3.5分		
5	居民生活	同步、环比、占比分析	10.5	缺一项扣3.5分		
6	趸售	同步、环比、占比分析	10.5	缺一项扣3.5分		
7	打水电量	同步、环比、占比分析	10.5	缺一项扣3.5分		
8	大客户直接交易	同步、环比、占比分析	10.5	缺一项扣3.5分		
9	其他	同步、环比、占比分析	10.5	缺一项扣3.5分		
合计			100			

标准答案：

4月公司售电量完成84 064万kWh，同比减少7111.54万kWh，减少7.8%，环比减少7047.07万kWh，减少7.73%。其中：

（1）大宗工业售电量82 082.21万kWh，同比减少7294.82万kWh，减少8.16%，环比减少6821.84万kWh，减少7.67%，占公司售电量97.64%。

（2）一般工商业及其他售电量 555.76 万 kWh，同比增加 29.59 万 kWh，增长 5.62%，随着地区经济的发展，新建商业区的增加，商业用电负荷同比增加使售电量增加。环比增加 19.54 万 kWh，增长 3.64%，占公司售电量 0.66%。

（3）农业生产售电量 334.16 万 kWh，同比增加 77.35 万 kWh，增长 30.12%，因今年自治区促进产业结构调整，扶持农业发展，本期农业生产用电负荷比同期增加使售电量增加，环比减少 141.02 万 kWh，减少 29.68%，因农业季节性用电负荷较大，本月排灌用电负荷减少使售电量减少，本月电量占公司售电量 0.40%。

（4）居民售电量 779.35 万 kWh，同比增加 25.82 万 kWh，增长 3.43%，环比减少 47.7 万 kWh，减少 5.77%，占公司售电量 0.93%。

（5）本月无趸售电量。

（6）本月无打水电量。

（7）大客户直接交易售电量 312.51 万 kWh，同比增加 50.52 万 kWh，增长 19.28%，环比减少 56.05 万 kWh，减少 15.21%。本月大客户直接交易的部分高耗能客户由于经济形势下滑，处于半停产状态，占公司售电量的 0.37%。

Jc0006163045　平均电价及电费收入变化分析。（100 分）

考核知识点： 抄核收统计报表的种类、内容及报表对应数据的分析方法

难易度： 难

技能等级评价专业技能考核操作工作任务书

一、任务名称

平均电价及电费收入变化分析。

二、适用工种

农网配电营业工（综合柜员）高级技师。

三、具体任务

某供电公司当月全行业平均销售电价 447.31 元/千kWh，当月大工业平均销售电价为 436.11 元/千kWh，当月全行业售电量 51.52 亿kWh，当月大工业售电量 45.44 亿kWh。同期全行业平均销售电价为 428.31 元/千kWh，同期大工业平均销售电价为 420.13 元/千kWh，同期全行业售电量 48.48 亿 kWh，同期大工业售电量 40.84 亿 kWh。请计算大工业售电量结构变化和单价变化对平均销售电价的影响值、合计变化影响值，计算当月全行业售电量和全行业平均销售电价变化对售电收入的影响值、合计影响值。

四、工作规范及要求

列式计算，数值保留两位小数。

五、考核及时间要求

本考核要求完成时间为 30 分钟，答题完整。

技能等级评价专业技能考核操作评分标准

工种	农网配电营业工（综合柜员）			评价等级	高级技师
项目模块	用电营业与服务—用电营业管理		编号		Jc0006163045
单位			准考证号	姓名	
考试时限	30 分钟	题型	综合操作	题分	100 分
成绩	考评员		考评组长	日期	

续表

试题正文	平均电价及电费收入变化分析					
需要说明的问题和要求	（1）要求单人完成。 （2）列式计算数据，步骤清晰，单位正确，答题完整					
序号	项目名称	质量要求	满分	扣分标准	扣分原因	得分
1	大工业售电量结构变化和单价变化对平均销售电价的影响值	结构变化影响值计算正确	30	公式错误扣20分；计算结果错误扣10分		
		单价变化影响值计算正确	20	公式错误扣10分；计算结果错误扣10分		
		合计变化影响值计算正确	5	计算结果错误扣5分		
2	当月全行业售电量和全行业平均销售电价变化对售电收入的影响值	售电量变化对销售收入的影响值计算正确	20	公式错误扣10分；计算结果错误扣10分		
		平均销售电价变化对售电收入的影响值计算正确	20	公式错误扣10分；计算结果错误扣10分		
		合计影响值计算正确	5	计算结果错误扣5分		
合计			100			

标准答案：

（1）大工业售电量结构变化和单价变化对平均销售电价的影响值：

本期大工业售电量结构比重＝（本期大工业售电量÷本期全行业售电量）×100%

$\quad\quad$ ＝45.44÷51.52×100%＝88.20%

同期大工业售电量结构比重＝（同期大工业售电量÷同期全行业售电量）×100%

$\quad\quad$ ＝40.84÷48.48×100%＝84.24%

售电量结构增减量＝本期售电量结构比重－同期售电量结构比重

$\quad\quad$ ＝88.20%－84.24%

$\quad\quad$ ＝3.96%

结构变化影响值＝售电量结构增减量×（同期大工业平均销售电价－同期全行业平均销售电价）

$\quad\quad$ ＝3.96%×（420.13－428.31）

$\quad\quad$ ＝－0.32（元/千kWh）

单价变化影响值＝（本期大工业平均销售电价－同期大工业平均销售电价）

$\quad\quad$ ×本期大工业售电量比重

$\quad\quad$ ＝（436.11－420.13）×88.20%

$\quad\quad$ ＝14.09（元/千kWh）

合计变化影响值＝结构变化影响值＋单价变化影响值

$\quad\quad$ ＝－0.32＋14.09

$\quad\quad$ ＝13.77（元/千kWh）

（2）当月全行业售电量和全行业平均销售电价变化对售电收入的影响值：

售电量变化对销售收入的影响值＝（本期全行业售电量－同期全行业售电量）

$\quad\quad$ ×同期全行业平均销售电价

$\quad\quad$ ＝（51.52－48.48）×428.31÷1000

$\quad\quad$ ＝1.30（亿元）

平均销售电价变化对售电收入的影响值＝（本期全行业平均销售电价－

$\quad\quad$ 同期全行业平均销售电价）×本期全行业售电量

$$= （447.31 - 428.31） \div 1000 \times 51.52$$

$$= 0.98（亿元）$$

合计影响值＝售电量变化对销售收入的影响值＋平均销售电价变化对售电收入的影响值

$$= 1.30 + 0.98$$

$$= 2.28（亿元）$$

大工业售电量结构变化对平均销售电价的影响量为－0.32 元/千 kWh，单价变化对平均销售电价的影响量为 14.09 元/千 kWh，合计变化影响量为 13.77 元/千 kWh。当月全行业售电量变化对售电收入的影响值为 1.30 亿元，全行业平均销售电价变化对售电收入的影响值为 0.98 亿元，合计影响值 2.28亿元。

Jc0006163046　电费差错率计算、原因分析及整改措施。（100 分）

考核知识点： 实抄率、抄表准确率、抄表差错率的概念及计算公式

难易度： 难

技能等级评价专业技能考核操作工作任务书

一、任务名称

电费差错率计算、原因分析及整改措施。

二、适用工种

农网配电营业工（综合柜员）高级技师。

三、具体任务

某供电所当月应抄表户数 5600 户，实抄表户数 5000 户，电费核算发行后，在核算检查中发现 1户少抄电量，1 户多抄电量，另有 1 户电价执行错误。请计算该供电所当月电费差错率，分析差错原因并提出整改措施。

四、工作规范及要求

列式计算电费差错率，原因分析正确，写出至少 5 条整改措施，数值保留两位小数。

五、考核及时间要求

本考核要求完成时间为 20 分钟，答题完整，文字描述清晰、规范。

技能等级评价专业技能考核操作评分标准

工种		农网配电营业工（综合柜员）			评价等级	高级技师
项目模块		电费管理—收费管理		编号		Jc0006163046
单位			准考证号		姓名	
考试时限	20 分钟		题型	综合操作题	题分	100 分
成绩		考评员		考评组长		日期	
试题正文	电费差错率计算、原因分析及整改措施					
需要说明的问题和要求	（1）要求单人完成。 （2）列式计算，分析原因正确，对应措施有效					

序号	项目名称	质量要求	满分	扣分标准	扣分原因	得分
1	电费差错率	计算正确	30	公式错误扣 20 分； 计算结果错误扣 10 分		
2	分析原因	写出 2 条，分析正确	20	每错、漏写一条扣 10 分		
3	整改措施	写出 5 条，措施有效	50	每错、漏写一条扣 10 分		
	合计		100			

标准答案：

（1）电费差错率＝（当期差错笔数÷当期核算笔数）×100%

$$= 3 \div 5000 \times 100\% = 0.06\%$$

（2）当月差错户数为3户，造成差错的原因如下：

1）抄表员错抄或估抄造成差错2户。

2）电价执行错误1户。

（3）整改措施：

1）对于错抄或估抄的客户进行重新抄表计算电费，对于电价执行错误的客户退补差额电费并更正电价。

2）依据电力营销相关管理规定，按照"四不放过"原则对相关责任人进行考核并教育。

3）严格按规定的抄表周期和抄表例日准确抄录客户用电计量装置记录的数据。加强电量电费核算管理，确保电量电费核算的各类数据及参数的完整性、准确性。

4）强化抄核收作业流程管理，加强作业质量稽查管控，降低电费差错率。

5）加强业务知识培训，提高员工业务技能水平，确保相关政策及管理规定执行到位。

Jc0007143047　制定光伏发电全额上网接入方案。（100分）

考核知识点： 清洁能源业务咨询及受理

难易度： 难

技能等级评价专业技能考核操作工作任务书

一、任务名称

制定光伏发电全额上网接入方案。

二、适用工种

农网配电营业工（综合柜员）高级技师。

三、具体任务

某供电所低压非工业客户李某，向辖区供电所申请分布式电源项目接入。项目名称为××镇××村8队30kW屋顶分布式光伏发电项目，发电量消纳方式为全额上网。请为该客户制定接入方案，具体为并网点方案、计量点方案、计费方案，说明该户发电客户类型、新能源补贴方式。

四、工作规范及要求

（1）写出并网点方案：明确并网点数量、接入公共线路电压等级、接入容量。

（2）写出计量方案：明确计量点数量、计量方式、计量点主用途类型、配置电能表规格、数量、准确度等级。

（3）写出计费方案：明确行业分类、电价类别、是否执行峰谷分时标志。

（4）说明该户的发电客户类型、新能源补贴方式。

五、考核及时间要求

本考核要求完成时间为20分钟，计算公式正确，文字描述清晰、规范。

技能等级评价专业技能考核操作评分标准

工种	农网配电营业工（综合柜员）				评价等级	高级技师
项目模块	电费管理—收费管理			编号		Jc0007143047
单位			准考证号		姓名	
考试时限	20分钟	题型		单项操作	题分	100分

续表

成绩		考评员		考评组长		日期	
试题正文	制定光伏发电全额上网接入方案						
需要说明的问题和要求	（1）要求单人完成。 （2）方案完整，包括并网点、计量点、计费点方案，计量装置配置合理						

序号	项目名称	质量要求	满分	扣分标准	扣分原因	得分
1	并网点方案	并网点数量正确	5	错误扣5分		
		接入公共电网电压等级正确	5	错误扣5分		
		接入容量正确	5	错误扣5分		
2	计量点方案	计量点数量正确	5	错误扣5分		
		计量方式正确	5	错误扣5分		
		计量点主用途类型正确	5	错误扣5分		
		电能表数量正确	5	错误扣5分		
		电能表准确等级正确	5	错误扣5分		
		电能表规格正确	10	错误扣10分		
3	计费方案	行业分类正确	10	错误扣10分		
		电价类别正确	10	错误扣10分		
		执行峰谷分时电价标志正确	10	错误扣10分		
4	发电客户类型	正确	10	错误扣10分		
5	新能源补贴方式	正确	10	错误扣10分		
	合计		100			

标准答案：

（1）并网点方案：该户共设置1处并网点，通过光伏电站所在线路，接入公共380V线路，接入容量30kW。

（2）计量点方案

$$I_{额} = \frac{P}{\sqrt{3}U_{额}\cos\varphi} = \frac{30}{1.732 \times 0.38 \times 0.8} = 57 \text{（A）}$$

该户共设置1处计量点，计量方式为低供低计，计量点主用途类型为发电（上网）关口，安装三相四线5（60）A智能电能表一只，有功准确度等级不低于2.0级，计量发电量（上网电量）。

（3）计费方案：该户行业分类为其他能源发电，执行分布式电源全额上网不满1kV电价，不执行峰谷分时电价。

（4）该户发电客户类型为第一类，新能源补贴方式为度电补助。

Jc0007143048　制定光伏发电自发自用余电上网接入方案。（100分）
考核知识点： 业扩报装管理规定，供电方案编制
难易度： 难

技能等级评价专业技能考核操作工作任务书

一、任务名称

制定光伏发电自发自用余电上网接入方案。

二、适用工种

农网配电营业工（综合柜员）高级技师。

三、具体任务

某供电所低压商业客户马某，用电容量 5kW，利用自家商住楼屋顶建设分布式光伏，向供电公司申请分布式电源项目接入，项目名称为××超市 3kW 屋顶分布式光伏发电项目，发电量消纳方式为自发自用余电上网。请为该客户制定接入方案，具体为并网点方案、计量点方案、计费方案。

四、工作规范及要求

（1）写出并网点方案：明确并网点数量、接入公共线路电压等级、接入容量。

（2）写出计量方案：明确计量点数量、计量方式、计量点主用途类型、配置电能表规格、数量、准确度等级。

（3）写出计费方案：明确行业分类、电价类别、是否执行峰谷分时标志。

五、考核及时间要求

本考核要求完成时间为 20 分钟，计算公式正确，文字描述清晰、规范。

技能等级评价专业技能考核操作评分标准

工种	农网配电营业工（综合柜员）				评价等级	高级技师
项目模块	用电营业与服务—业扩报装		编号		Jc0007143048	
单位		准考证号			姓名	
考试时限	20 分钟	题型	综合操作题		题分	100 分
成绩		考评员		考评组长		日期	
试题正文	制定光伏发电自发自用余电上网接入方案					
需要说明的问题和要求	（1）要求单人完成。 （2）方案完整，包括并网点、计量点、计费点方案，计量装置配置合理，电价写出分布式上网电价和分布式可再生能源补助电价即可					

序号	项目名称	质量要求	满分	扣分标准	扣分原因	得分
1	并网点方案	并网点数量正确	5	错误扣 5 分		
		接入公共电网电压等级正确	5	错误扣 5 分		
		接入容量正确	5	错误扣 5 分		
2	计量点方案	计量点数量正确	5	错误一处扣 2.5 分，扣完为止		
		计量方式正确	10	错误一处扣 5 分，扣完为止		
		计量点主用途类型正确	10	错误一处扣 5 分，扣完为止		
		电能表数量正确	10	错误一处扣 5 分，扣完为止		
		电能表准确等级正确	10	错误一处扣 5 分，扣完为止		
		电能表规格正确	10	错误一处扣 5 分，扣完为止		
3	计费方案	行业分类正确	10	错误扣 10 分		
		电价类别正确	10	错误一处扣 5 分，扣完为止		
		执行分时电价标志正确	10	错误一处扣 5 分，扣完为止		
	合计		100			

标准答案：

（1）并网点方案：该户共有 1 处并网点，通过光伏电站所在线路，接入客户配电箱 220V 线路，接入容量 3kW。

（2）计量点方案：该户共设置 2 个计量点。

计量点 1 为发电关口，计量方式为低供低计，安装单项 5（60）A 智能电能表一只，有功准确度等级不低于 2.0 级，计量发电量。

$$I_\text{额} = \frac{P}{U_\text{额}\cos\varphi} = \frac{3}{0.22 \times 1} = 14 \text{（A）}$$

计量点 2 为上网关口，计量方式为低供低计，安装单项 5（60）A 双向计量智能电能表一只，有功准确度等级不低于 2.0 级，计量客户公网用电量和上网电量。

$$I_\text{额} = \frac{P}{U_\text{额}\cos\varphi} = \frac{5}{0.22 \times 1} = 23 \text{（A）}$$

（3）计费方案：该户行业分类为其他能源发电，计量点 1 电能表计量电量执行分布式电源可再生能源补助不满 1kV 电价，不执行峰谷分时电价；计量点 2 电能表计量正向有功电量为客户公网用电量，执行一般工商业（商业）不满 1kV 电价，不执行峰谷分时电价，计量反向有功电量为发电客户上网电量，执行分布式电源上网不满 1kV 电价，不执行峰谷分时电价。